Bakteriologie Serologie und Sterilisation
im Apothekenbetriebe

Mit eingehender Berücksichtigung der Herstellung
steriler Lösungen in Ampullen
in Apotheke und Industrie

von

Dr. Conrad Stich
Leipzig

Sechste
völlig neubearbeitete Auflage

Mit 122 zum Teil farbigen Abbildungen

SPRINGER-VERLAG BERLIN HEIDELBERG GMBH

1950

ISBN 978-3-662-11222-9   ISBN 978-3-662-11221-2 (eBook)
DOI 10.1007/978-3-662-11221-2

Vorwort zur fünften Auflage.

Seit dem Erscheinen der vierten Auflage des kleinen Lehrbuches sind die Aufgaben der Praxis und der Ausbildung des Apothekers auf den behandelten Gebieten wesentlich erweitert worden. Für den Unterricht wie auch für die Praxis ist die neue Prüfungsordnung vom 8. Dezember 1934 wichtig. Diese fordert in der Vorprüfung als auch in der Staatsprüfung Kenntnisse der Bakteriologie und der Sterilisationsverfahren. Es wird gemäß der Prüfungsordnung auch eine dementsprechende Vorlesung an den Universitäten verlangt. — Wenn die Industrie der Apotheke auch manche Darstellungen sterilisierter Präparate abgenommen hat, so gilt es für den Apotheker heute mehr denn je festzuhalten an den Arbeiten seiner Kleintechnik, die unterstützt werden sollen von dem fachwissenschaftlichen Studium der Hochschule. Die Richtlinien bei der Bearbeitung der neuen Auflage des Buches wurden so gewählt, daß die Ergebnisse exakter Forschungen bei der praktischen Fragestellung der Sterilisation und Bakteriologie zur Geltung kommen. Es erschien besonders wichtig, biologisches Urteil, thermisches Verhalten der zu sterilisierenden Arzneikörper, genaue Ausführung bei geringem Zeitaufwand gemäß der Dringlichkeit der Rezeptur und einfache Mittel der Technik zu beobachten. Seine Erfahrungen sammelte der Verfasser in jahrzehntelanger Arbeit mit großen Universitäts- und Privatkliniken und einem umfangreichen Klientel praktischer Ärzte. Er bezweckt ferner mit seinem Werk, daß der Apotheker in seiner Berufsarbeit und in seinen Kenntnissen ein steter Arbeitskamerad des praktischen Arztes sein soll, um mit ihm alle gemeinschaftlichen Fragen der Therapie zu erörtern und seine präparativen Leistungen danach einzustellen. Geeignete Apparaturen und Gerätschaften des Apothekenlaboratoriums sind in reichhaltigem Bilderwerk veranschaulicht und zeigen, daß auch mit einfachen Mitteln technische Fragen gelöst werden können.

Zum weiteren Studium sei hingewiesen auf die größeren Werke wie KOLLE-HETSCH, GOTSCHLICH-SCHÜRMANN, KLIMMER und JANKE[1]. Weiter sind zu empfehlen die bekannten Bücher von

---

[1] KOLLE, W., u. H. HETSCH: Experimentelle Bakteriologie und Infektionskrankheiten, 9. Aufl. Berlin u. Wien: Urban & Schwarzenberg 1942. — GUNDEL-SCHÜRMANN: Lehrbuch der Mikrobiologie und Immunbiologie.

HEIM [1], LEHMANN-NEUMANN [2], KRUSE [3], ferner „Grundriß der theoretischen Bakteriologie" von TR. BAUMGÄRTEL (Berlin: Springer 1924) und „Mikroskopie und Chemie am Krankenbett" von LENHARTZ, elfte Auflage, 1934, bearbeitet von DOMARUS und SEYDERHELM (Verlag Julius Springer). Aus einigen dieser Werke sind zur Förderung der Anschauung verschiedene Abbildungen entnommen worden.

Möge das neue Buch unserem fachlichen Nachwuchs zur Erhöhung der Arbeitsfreude und zur ethischen Auffassung des Berufes ein Wegweiser sein.

Bei der Bearbeitung haben mich mit großer Hingabe meine Mitarbeiter unterstützt, wofür ich an dieser Stelle meinen Dank ausspreche. Für die gute Ausstattung des Buches danke ich wieder der Verlagsbuchhandlung Julius Springer.

Leipzig, im Juli 1938.

DR. CONRAD STICH.

Vorwort zur sechsten Auflage.

Die freundliche Aufnahme, die die fünfte Auflage meines Buches gefunden hat, machte in kurzem Abstand die sechste notwendig. Infolge der Zeitverhältnisse lag zwischen der Fertigstellung des Manuskriptes und der Drucklegung ein größerer Zeitraum.

Das Buch wurde eingehend durchgesehen und überarbeitet, Veraltetes weggelassen und neue Erkenntnisse berücksichtigt. Der Verfasser konnte sich jedoch nicht entschließen, die besonderen Bedingungen der Nachkriegszeit zu berücksichtigen, die vor allem auf dem Gebiet der Geräte aus Rohstoffgründen teilweise veränderte Verhältnisse geschaffen haben. Es werden spätere Aufgaben sein, die Erfahrungen der Zwischenzeit, die Bestand haben, zu würdigen.

Zugleich 2. Aufl. des Leitfadens der Mikroparasitologie und Serologie von E. GOTSCHLICH und W. SCHÜRMANN. Berlin: Springer 1939. — KLIMMER, M.: Technik und Methodik der Bakteriologie und Serologie. Berlin: Springer 1923. — JANKE, A.: Allgemeine technische Mikrobiologie. 1. Teil: Die Mikroorganismen. Technische Fortschrittberichte, Bd. 4. Dresden: Theodor Steinkopff 1924.

[1] HEIM: Lehrbuch der Bakteriologie, 6. u. 7. Aufl. Stuttgart: Ferdinand Enke 1922.

[2] LEHMANN-NEUMANN: Bakteriologische Diagnostik, 7. Aufl. München: J. F. Lehmann 1926/27.

[3] KRUSE, W.: Einführung in die Bakteriologie, 2. Aufl. Berlin u. Leipzig: W. de Gruyter & Co. 1931.

Wenn das vorliegende kleine Lehrbuch zunächst für den praktischen Apothekenbetrieb und für den Unterricht an den Hochschulen verfaßt wurde, so hat doch seine Verwendung in der Industrie, besonders in bezug auf die Technik der sterilen Füllung von Ampullen eine wesentliche Erweiterung erfahren. Die feinsinnigen Konstruktionen der Ampullenfüllapparate, wie sie in größeren Krankenhäusern Verwendung finden, kamen dem Buch zugute, ebenso die reichen medizinischen und technischen Erfahrungen des chirurgischen Facharztes Dr. Helmut Sickel.

Einen weiteren Ausblick bezüglich der Sterilisation hat die Durchsicht der Arzneibücher anderer Kulturländer, besonders der sechsten Auflage der italienischen Pharmakopöe, ergeben.

Natürlich sind die Richtlinien des kleinen Betriebes und der großen Werke bezüglich Zeit, Kosten für Räume und Apparate wesentlich verschieden. Während im kleinen Betriebe rezepturmäßig (recenter paratum) sehr verschiedenartige Füllungen gefordert werden, handelt es sich bei der Großdarstellung um verhältnismäßig wenige arzneiliche Lösungen, aber in Auflagen von vielen Tausenden. — Der Abschnitt über die Herstellung und Sterilisation von Arzneizubereitungen in Ampullen wurde darum, den erweiterten Bedürfnissen entsprechend, umgruppiert und besonders hinsichtlich der gerade in der Jetztzeit wichtiger und notwendiger gewordenen maschinellen Hilfsmittel ausführlicher gestaltet. Durch die weiter neu angefügten praktischen Hinweise für die Einrichtung der Ampullenstation soll die Auswahl der Geräte und Apparate und die Frage des Raumbedarfs und der zweckmäßigen Raumeinteilung und -gestaltung, je nach den im Einzelfall so verschiedenen Anforderungen, erleichtert werden.

Bei der Bearbeitung der vorliegenden Auflage hat mich mein früherer Schüler, Apotheker Herbert Hügel, Stuttgart, tatkräftig unterstützt, wofür ich an dieser Stelle ihm sowie dem Verlag, der die gewohnte gute Ausstattung trotz aller Schwierigkeiten ermöglichte, meinen Dank ausspreche.

Vor Jahrzehnten hat das kleine Buch seinen Weg sowohl in die Apotheken Deutschlands wie auch zum Teil des Auslandes gefunden. In zwei Auflagen erschien es in Spanien, so daß es von dort aus auch in Südamerika eingeführt wurde. — Möge auch die neue Auflage allen Berufskameraden in den Apotheken und in der Industrie von Nutzen sein und dem fachlichen Nachwuchs ein Wegweiser zur Berufsfreude.

Leipzig, im Oktober 1949.

Dr. Conrad Stich.

Inhaltsverzeichnis.

Erster Teil
Bakteriologie und Serologie.

Abkürzungen.

Apoth.-Ztg.	Apotheker-Zeitung
Arch. Hyg.	Archiv für Hygiene
Arch. Pharmazie	Archiv für Pharmazie
Ber. Dtsch. chem. Ges.	Berichte der Deutschen chemischen Gesellschaft
Bioch. Z.	Biochemische Zeitung
Chem.-Z.	Chemiker-Zeitung
Dt. Apoth.-Ztg.	Deutsche Apotheker-Zeitung
Dtsch. med. Wschr.	Deutsche medizinische Wochenschrift
Klin. Wschr.	Klinische Wochenschrift
Münch. med. Wschr.	Münchner medizinische Wochenschrift
Pharm. Acta Helv.	Pharmaceutica Acta Helvetiae
Pharm. Z.	Pharmazeutische Zeitung
Pharm. Zentralh.	Pharmazeutische Zentralhalle
Z. anal. Chem.	Zeitschrift für analytische Chemie
Z. Hyg.	Zeitschrift für Hygiene
Z. Immun.forsch.	Zeitschrift für Immunitätsforschung
Z. physik. Chem.	Zeitschrift für physikalische Chemie
Z. physiol. Chem.	Zeitschrift für physiologische Chemie
Zbl. Bakter.	Zentralblatt für Bakteriologie
Zbl. Pharmazie	Zentralblatt für Pharmazie

Bakteriologie und Serologie.

A. Bakteriologie.

Allgemeiner Abschnitt.

I. Einrichtung der Arbeitsstätte[1].

Als bakteriologische Arbeitsstätte richte man einen getrennt von den Apothekenräumen gelegenen, gut belichteten und verschließbaren Raum ein, dessen Fensterseite am besten nach Norden zu liegt. An Bodenfläche genügen 8—10 m². Die Wände läßt man vorteilhaft mit weißer Emaillefarbe streichen und den Fußboden mit Steinzeugfliesen, Klinkern, Xylolith oder Linoleum belegen. Der letztgenannte Belag eignet sich auch für den am Fenster aufzustellenden Arbeitstisch.

Der hier abgebildete Arbeitsplatz (Abb. 1) mit angrenzendem Abzug zeigt die für die mikroskopische Technik nötigen Apparate, Utensilien, Farbstoff- und Nährlösungen. Besonders sei auf die kleine Mikroskopierlampe von Zeiß hingewiesen. In die mit Glas belegte Tischplatte ist ein Porzellanbecken mit Abflußvorrichtung eingebaut, darüber befindet sich eine vernickelte Säule mit Wasserhahn. Ferner ist auf dem Tisch ein doppelter Gashahn angebracht. Wir sehen weiter vernickelte Gestelle für Reagensgläser, PETRI-Schalen und Platinösen.

Als zum Arbeitstisch gehöriger Stuhl empfiehlt sich ein Drehschemel, der so hoch geschraubt werden kann, daß es dem darauf Sitzenden keine Mühe macht, in das auf dem Tisch vertikal aufgestellte Mikroskop hineinzublicken. Erforderlich ist in dem Raum selbst Wasserleitung, womöglich mit eingeschaltetem

---

[1] Ein Abschnitt über die Einrichtung bakteriologischer Arbeitsstätten findet sich auch in der sehr empfehlenswerten Schrift: Apparate und Arbeitsmethoden der Bakteriologie von Dr. ADOLF REITZ, 2. Aufl Stuttgart: Franckhsche Verlagshandlung 1930. Weiter können in dieser Beziehung sämtliche Werke über Bakteriologie und Serologie empfohlen werden, wie z. B. das Handbuch der pathogenen Mikroorganismen von KOLLE, KRAUS und UHLENHUTH, 3. Aufl. Berlin u. Wien: Urban & Schwarzenberg 1928/31.

kleinem Heißwasserbereiter zur leichten Beschaffung warmen
Wassers. Mindestens aber muß ein hochgestellter Wasserbehälter
vorhanden sein, aus dem man jederzeit und bequem Wasser in
ein handliches Becken einlaufen lassen kann. Nicht fehlen dürfen
Gasbrenner (Bunsen- und Mikro-), die nötigenfalls durch Spiritus-,
Benzin- oder Petroleumlampen zu ersetzen sind. Zur Desinfektion von Abfallstoffen diene ein Bottich mit Phenolseifenlösung

Abb. 1. Arbeitstisch für die mikroskopische Technik. Aufnahme des Verfassers.

(5 + 3 ad 100), auch Liquor Cresoli saponatus des Arzneibuches
oder Sublimatlösung (1%ig). Für den Abfall ist ein Eimer mit
Fußtritt (Schnappauf) zu empfehlen. Reichlich sei ferner für
entfettete Watte, Verbandstoff, Zellstoff, alte Leinwand, Fließpapier, Wisch- und Handtücher sowie Schwämme gesorgt. Nicht
unerwähnt bleibe auch der leinene, öfter zu reinigende Arbeits-
mantel, der beim Aufenthalt in dem bakteriologischen Arbeitsraum stets zu tragen ist und hier verbleiben soll. Einer häufigen
gründlichen Reinigung des Raumes mit Phenolseifenlösung ist
besonderer Wert beizumessen.

Von größeren wichtigen Gebrauchsgegenständen seien außer
dem Mikroskop und der Sterilisationsapparatur, die an anderer

Stelle eine eingehendere Besprechung finden, der *Brutschrank* oder *Thermostat* (Brutofen, Vegetationskasten) genannt. Die zur Zucht von Bakterien bei einer bestimmten, sich gleichbleibenden Temperatur dienenden Thermostaten sind doppelwandige, meist aus Metall (am besten Kupfer) hergestellte, außen mit Filz, Asbest

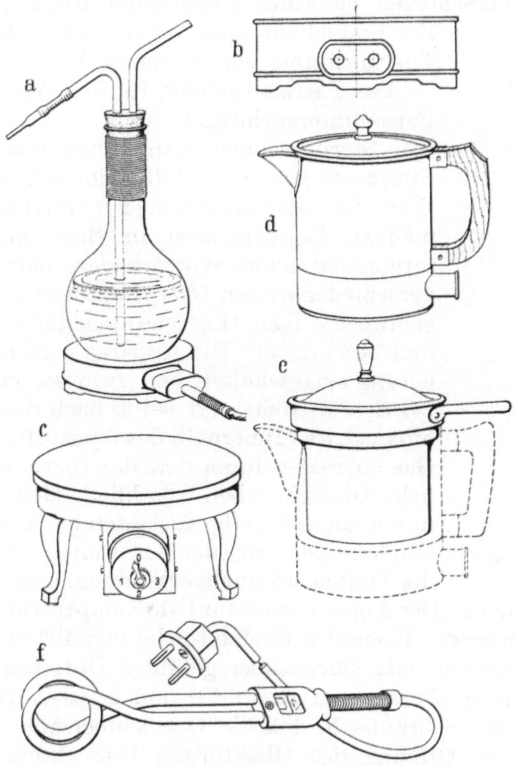

Abb. 2. Elektrische Wärme- und Kochplatten (a—c), Töpfe (d—e) und Tauchsieder (f).

oder Linoleum bekleidete Schränke, deren Türen durch Riegel oder Flügelschrauben unter Mitwirkung angebrachter Gummi- oder Filzdichtungen fest verschlossen werden. In der oberen Wandung befinden sich vier Öffnungen. Von diesen führen zwei in den Mantel und dienen zum Eingießen von Wasser, Glyzerin, Paraffin oder Öl; durch die beiden anderen ragen Thermometer und Thermoregulator in den Innenraum hinab. Zur Erhitzung der Brutschränke auf niedere (bis 40°) oder mittlere (50—80°) Temperaturen sind Gassparbrenner vorzusehen. Ein

1*

guter Notbehelf für diese sind sowohl die kleinen Petroleumlampen mit beweglichem Oberteil, die eine Brenndauer von ungefähr 24 Stunden haben, als auch die altbekannten kleinen,
auf Öl schwimmenden Nachtlichter. Jetzt werden in den meisten
Laboratorien elektrische Wärme- und Kochplatten und Töpfe,
wie auch verschieden geformte Tauchsieder benutzt (Abb. 2).

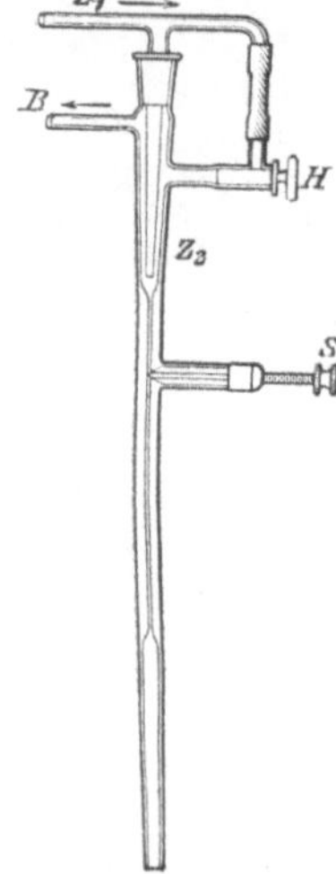

Zu empfehlen sind auch elektrisch heizbare
Thermostaten von Heraeus, Hanau.

Der *Thermoregulator*, für den Apotheker bei
Pepsinuntersuchungen und bei Ausführung
von Sterilisationen, namentlich fraktionierten
Sterilisationen (Tyndallisationen), auch von
Wert, ist eine Vorrichtung zur Erhaltung gleichmäßiger Temperaturen in Brut- und Sterili-
sationsschränken, Wasserbädern usw. Von den
verschiedenartigen *Gas*regulatoren sei der viel
gebrauchte REICHERTsche abgebildet (s. Abb. 3)
und beschrieben. Der Apparat wird in die Gas-
leitung eingeschaltet, und zwar so, daß das Gas
bei Z_1 einströmt und bei B nach dem Brenner
hin austritt. Innerhalb des Apparates kann das
Gas entweder durch den das thermometerähn-
liche Glasrohr oben abschließenden und nach
unten kanülenartig auslaufenden hohlen Glasstopfen streichen oder den weiteren Weg durch
die Gummischlauchverbindung und den Glas-

Abb. 3.   REICHERT-
scher Gasregulator.

hahn H nehmen. Der Apparat muß für jede Temperatur besonders
eingestellt werden. Kommt z. B. eine solche von 40⁰ in Betracht,
so stellt man sein mit Quecksilber gefülltes Unterteil zunächst
eine Zeitlang in Wasser von genau 40⁰ und bewirkt dann durch
Drehen an der Schraube S, daß die Quecksilbersäule steigt, bis
sie die untere Öffnung des Glastöpsels fast abschließt. Der
Glashahn H wird zweckmäßig nur so weit geöffnet, daß gerade
die zur Unterhaltung einer kleinen Notflamme hinreichende
Menge Gas hindurchstreichen kann, was nach völliger Ab-
sperrung des anderen Gaszuflußkanals (Z_2) durch Ausproben
festzustellen ist. Wird der so eingestellte Apparat durch die in
der oberen Wandung des Brutofens befindliche Öffnung in den
auf 40⁰ zu erwärmenden Innenraum hinabgeführt, so wird, falls
die Temperatur über diesen Wärmegrad hinausgeht, alsbald
ein Ansteigen der Quecksilbersäule die Gaszufuhr zum Brenner
verringern bzw. ganz unterbrechen und hierdurch ein Sinken
der Temperatur im Brutofen bewirken. Dies hat wieder zur Folge,

daß die Quecksilbersäule fällt und dem Gas wieder ein breiterer Weg zum Einströmen geöffnet wird.

Andere gebräuchliche Gasregulatoren sind der von LOTHAR MEYER verbesserte BUNSENsche [1], der v. KALESCHEWSKY-BOLMsche [2], den man sich bequem selbst herstellen kann, der SUTOsche [3] und der STOCKsche [4]. Ein einfacher Temperaturregler „Regulo" (Abb. 4), der aus einem von der Temperatur des beheizten Ofens beeinflußten Wärmefühler und einem die Gaszufuhr regelnden Ventil besteht, arbeitet bis zu 1^0 Differenz genau [5].

<table>
<tr><td align="center">Kalt.
Fühlerventil offen,
geringer Druck in R_1, R_2 und R_3,
Membrane im Regelventil angehoben,
Gasdurchgang frei.</td><td align="center">Warm.
Fühlerventil geschlossen,
hoher Druck in R_1, R_2 und R_3,
Membrane im Regelventil niedergedrückt,
Gasdurchgang gedrosselt.</td></tr>
</table>

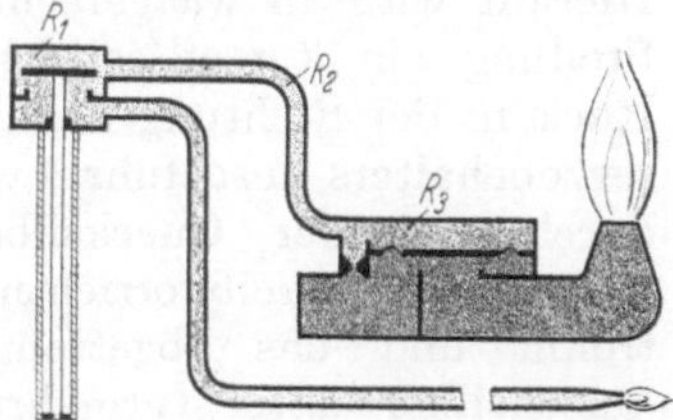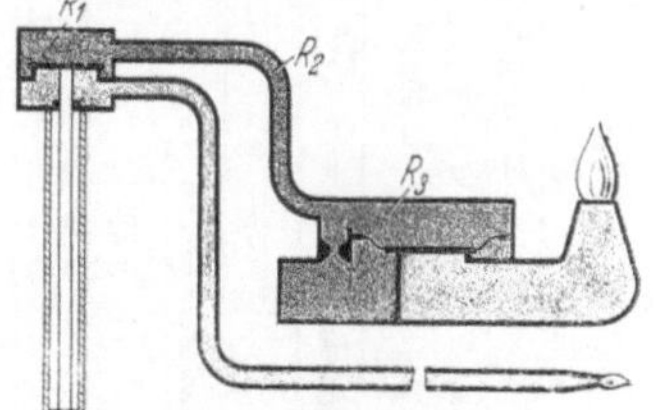

Abb. 4. Gaswärmeregler „Regulo". G. Kromschröder-Osnabrück.

Weit zuverlässiger in ihrem Gebrauch sind die *elektrischen* Thermoregulatoren. Der von VAN'T HOFF und MEYERHOFFER konstruierte Apparat [6] ist ein sog. Kontaktthermometer, d. i. ein Thermometer, dessen Quecksilbersäule beim Ansteigen auf eine bestimmte, beliebig einzustellende Temperatur in Berührung mit einem Platindraht tritt. Ein hierdurch geschlossener galvanischer Strom wirkt auf einen Elektromagneten derart ein, daß durch Vermittlung eines drehbaren Ankers der Gasschlauch zusammengedrückt und so die Gaszufuhr verringert wird. Wieder sinkende, den Kontakt aufhebende Temperatur schaltet die Wirkung des Elektromagneten aus, wodurch die Brennstärke der Flamme wieder zunimmt. Durch eine vorhandene kleine Nebenleitung wird das völlige Erlöschen der Gasflamme unmöglich

---

[1] BUNSEN: Realenzyklopädie der gesamten Pharmakologie, Bd. 12, S. 165; ferner THOMS: Handbuch der praktischen und wissenschaftlichen Pharmazie, Bd. I B. Berlin: Urban & Schwarzenberg 1929.

[2] KALESCHEWSKY-BOLM: Z. analyt. Chem. **25**, 190; **39**, 315.

[3] SUTO: Z. physiol. Chem. **41**, 363.

[4] STOCK: Chem. Z. **25**, 541.

[5] Pharm. Z. **1929**, 1465.

[6] VAN'T HOFF u. MEYERHOFFER: Z. physik. Chem. **27**, 77.

gemacht. — Von elektrisch heizbaren Thermostaten sei der Elektro-
ökonom, ein elektrischer Spar-, Koch- und Bratapparat erwähnt,
der durch automatische Ausschaltung des Stromes ein Überhitzen
vermeidet. Hergestellt wird dieser Apparat von Joh. Hennrich,
Freiburg-Lippenweiler, Baden. Ein weiterer, für die pharmazeutische Kleintechnik sehr wertvoller Temperaturregler ist das
Maximalkontaktthermometer für Elektrothermostaten (Abb. 5).
Die Einstellung dieses Thermometers auf einen beliebigen Kon-
taktgrad geschieht durch vor-
sichtiges Erwärmen des Queck-
silberteiles, bis der Faden den
gewünschten Grad auf der
linken Skalenseite erreicht hat.
Hierauf wird in waagerechter
Stellung ein kurzer seitlicher
Ruck in der Richtung des Re-
servebehälters ausgeführt, wodurch sich der Quecksilberfaden an der Abreißvorrichtung
trennt und das abgetrennte
Quecksilber unter vermehrter
Neigung des Thermometers in
den Reservebehälter abfließt.
Der Kontakt erfolgt auf dem
Grade der unteren Skala, den
der Quecksilberfaden beim Moment des Abtrennens gezeigt
hat. Bei vollständiger Ver-

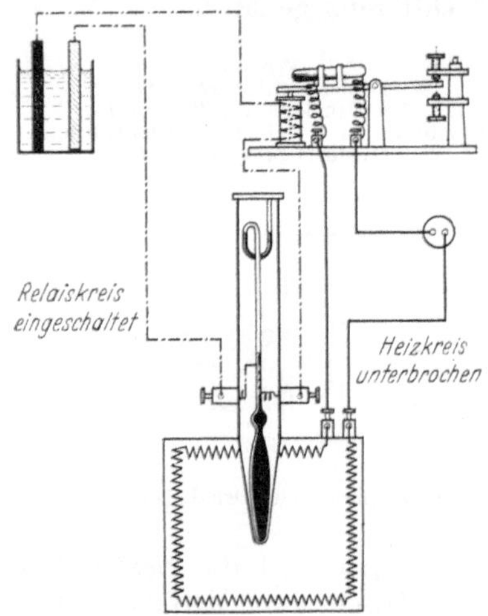

Abb. 5. Maximalkontaktthermometer für
elektrische Thermostaten.

einigung des Quecksilbers zeigt das Thermometer auf der rechten
Skalenseite die wirkliche Temperatur an.

An Stelle eines *Mikrotoms*, auf das hier nicht näher eingegangen werden soll, da es in den bakteriologischen Arbeitsstätten
der Apotheken in der Regel nicht anzutreffen sein wird, kann ein
auf einer Seite flach geschliffenes *Rasiermesser* Verwendung finden.
Zum Schleifen des letzteren eignet sich besonders der C. ZIMMER-
sche chinesische *Streichriemen*, der auf seinen vier Seiten mit
verschiedenem Schleifmaterial belegt ist.

Von kleineren Gebrauchsgegenständen der bakteriologischen
Arbeitsstätten seien folgende genannt (s. Abb. 6): Setz-, Leucht-
und Handlupen (A), gerade und gebogene Pinzetten aus Krupp-
stahl, auf Druck sich öffnende sog. CORNETsche Pinzette (B),
gerade und gebogene Scheren (C), Klemmen für Uhrgläser (D),
Präpariermesser (Skalpell), -nadel, Glasstab, Präparierspatel,

Platindraht und Stopfnadel, in Glasstäbe eingeschmolzen, Pinsel (E) und Pipetten (F). Von Glasgegenständen kommen weiter in Betracht: Standkolben und ERLENMEYERsche Kolben, Trichter, Spitzgläser (Sedimentiergläser), Uhrgläschen, kleine Spritzflasche mit Glasstopfenverschluß, Meßzylinder, PETRI-Schalen und Reagensgläser. Zur Aufnahme der letzteren bei der Sterilisation ist

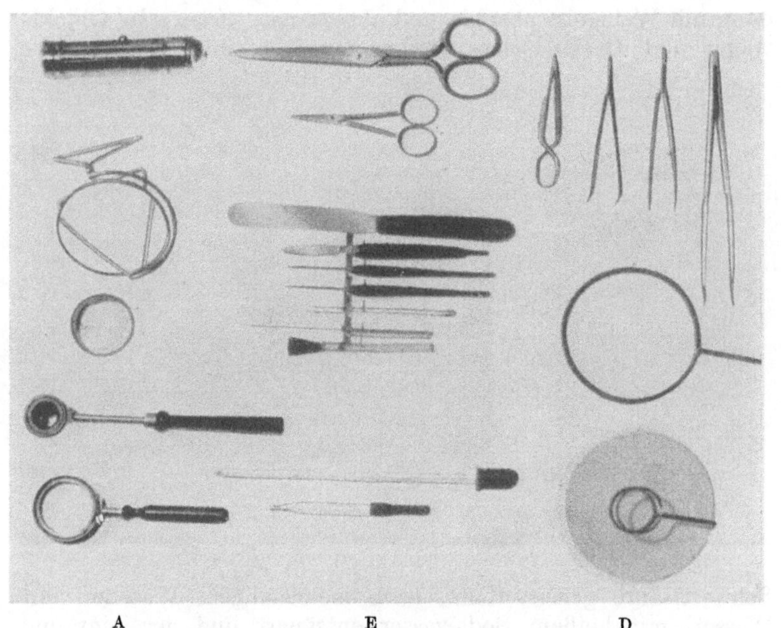

Abb. 6. Utensilien für mikroskopische und bakteriologische Arbeiten.
Aufnahme des Verfassers.

ein Drahtkorb vorzusehen, während die PETRI-Schalen zweckmäßig in zwei rechtwinklig gebogenen Blechrahmen, die kreuzweise gestellt und in Nieten drehbar sind, fest übereinander gelagert, in einer Kupferbüchse sterilisiert werden (s. Abb. 7). Sehr wichtige Glasgerätschaften sind Objektträger und Deckgläschen. Beide sollen aus fehlerfreiem weißem Glase geschnitten sein. Die Objektträger, von denen auch hohlgeschliffene nötig sind, haben am besten das Format 76×26 mm und die Deckgläschen eine Größe von 18 mm im Quadrat bei einer Dicke von 0,15—0,18 mm.

Reinigungsweise der Objektträger und Deckgläschen. Neue Gläser reinigt man mit einem Weingeist-Äthergemisch (āā part.)

oder billiger mit Benzin und Nachtrocknen mit Leinwand oder weichem Fließpapier. Zeigen die Gläser auch nach dieser Behandlung noch einen Anflug von Fett, so wiederholt man das angegebene Reinigungsverfahren. Man kann die letzten Fettspuren häufig auch leicht dadurch entfernen, daß man die Gläschen langsam durch die nicht leuchtende Flamme zieht oder sie zwischen zwei schwach eingeseiften Fingerkuppen zart reibt, dann mit Weingeist abspült und abtrocknet. *Gebrauchte* Objektträger und Deckgläschen werden zunächst einige Zeit in rohe

Abb. 7. Petri-Schalen und Reagensgläser nebst Behältern. Aufnahme des Verfassers.

Schwefelsäure gelegt, dann, nach mehrmaligem Waschen mit Wasser, mit heißem Sodawasser entsäuert und gereinigt und schließlich mit Wasser gut abgespült. Oder man kocht (nach Zettnow) die alten Gläschen 10 Min. mit einer Lösung von 100 g Kaliumdichromat in einer Mischung von 100 g roher Schwefelsäure und 1 Liter Wasser, wäscht sie dann gut mit verdünnter Natronlauge und läßt, nachdem dieser Reinigungsprozeß nötigenfalls noch einmal vorgenommen ist, ein gutes Abspülen mit Wasser folgen. Nicht mit Öl oder Balsam bedeckte Gläser können in 5%ige Phenollösung gelegt werden. Die auf die eine oder andere Weise gereinigten Gläschen werden schließlich noch dem für neue Gläschen vorgeschriebenen Reinigungsverfahren unterworfen. Am besten hält man zwei breite Präparatengläser mit eingeriebenem Stopfen, eins mit Phenolseifenlösung, das andere mit Benzol oder Xylol, auf dem Arbeitstisch zum Ablegen der Gläser bereit.

Als weitere Gegenstände für bakteriologische Arbeiten sind noch zu erwähnen die zum Färben von aufgeklebten Schnitten im Gebrauch befindlichen kleinen viereckigen Glaskästchen mit übergreifendem Glasdeckel (s. Abb. 8) und die größeren, an den Innenseiten gefurchten Kästchen, welche mehrere Objektträger hintereinander aufnehmen können, ferner ein Holzklotz, in den die zur Färbung der Deckglaspräparate mit Farblösung gefüllten Uhrgläser oder Glas- bzw. Porzellanschalen hineingesetzt werden, weiter ein Gestell zur Aufnahme der zu trocknenden Objektträger

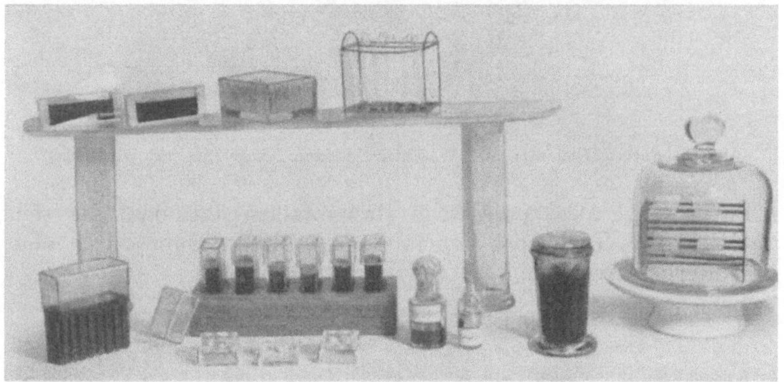

Abb. 8. Hilfsmittel zum Färben und Einbetten der Präparate. Aufnahme des Verfassers.

und der zur Einbettung der Präparate bestimmten Utensilien, sodann die Farbstoffe, die an anderer Stelle näher besprochen werden, und eine Anzahl Chemikalien und Drogen, unter anderem Äther, Ammoniakflüssigkeit, Anilin, arabisches Gummi, Chloroform, konzentrierte Essigsäure, Formaldehydflüssigkeit, Glyzerin. Jod, Jodkalium, Kali- und Natronlauge, Kaliumazetat, Kaliumdichromat, Kanadabalsam, Kollodium, Nelkenöl, Phenol, Quecksilberchlorid, Salz-, Salpeter- und Schwefelsäure, Vaselin, Verschlußlack, Weingeist, Xylol und Zedernöl. Als Gefäße für Farbstofflösungen, die man gern durch Einstellen in Holzklötze gegen Umfallen schützt (s. Abb. 9), sind verschiedene im Gebrauch. Solche mit eingeschliffener Pipette sind die saubersten; jedoch erfüllen gewöhnliche Arzneigläser mit Korkstopfen und durchgesteckter langer (20 cm) Augenpipette denselben Zweck billiger. Zedernöl, Kanadabalsam und Verschlußlack befinden sich am besten in Weithalsflaschen mit übergreifender und aufgeschliffener Glaskappe oder aufgelegtem Blechdeckel (s. Abb. 8, untere Reihe).

Zum Schluß seien noch Kartons, Holzkästchen und Mappen genannt, die zur Aufbewahrung der Präparate dienen. Mit Fettstift oder durch ein aufgeklebtes kleines Etikett unter Beifügung des Datums ihrer Herstellung werden letztere bezeichnet.

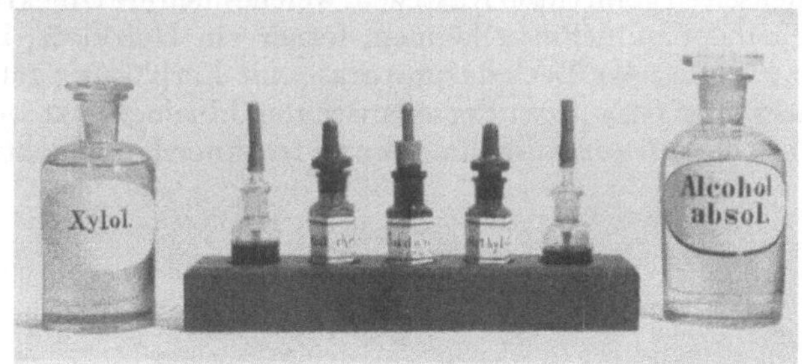

Abb. 9. Farbstoffbehälter und Waschflüssigkeiten. Aufnahme des Verfassers.

Abb. 10 zeigt zwei praktische Mappenkonstruktionen, die sich auch für den Transport eignen, da die Objektträger durch eine besondere Vorrichtung festgehalten werden.

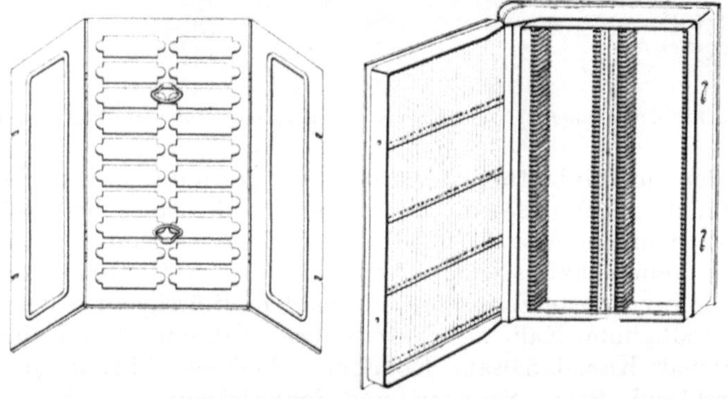

Abb. 10. Mappen zur Aufbewahrung der Dauerpräparate.

II. Allgemeines
über bakteriologische Untersuchungsmethoden.

1. Der mikroskopische Nachweis[1].

Zur mikroskopischen Untersuchung gelangen Bakterien sowohl in *ungefärbtem* als auch in *gefärbtem* Zustande. Ungefärbt, lebend

---

[1] Allen, die sich etwas mit der Beschaffenheit und der Behandlung des Mikroskopes sowie mit den einfachsten hierbei in Frage kommenden optischen Gesetzen vertraut zu machen wünschen, sei die kleine Schrift der

und auf keine Weise in ihren Lebensbedingungen gestört, können die Bakterien erstens in Form einer *Plattenkultur*[1] betrachtet werden, indem man eine die Kultur enthaltende Schale ohne Deckel, mit der Bodenseite nach oben, auf den Objekttisch stellt und ein schwaches Objektiv und den Hohlspiegel verwendet (Abblenden!). Diese Methode gestattet, sich über die morphologischen Eigenschaften der Kultur und die Wachstumseigentümlichkeiten der Bakterien zu unterrichten.

Ein zweites Untersuchungsverfahren für ungefärbte und lebende Bakterien besteht in ihrer Beobachtung in *flüssiger Suspension*. Es läßt neben den morphologischen Verhältnissen insbesondere erkennen, ob die Bakterien Eigenbewegung haben und dazu neigen, sich zusammenzulagern. Diese Eigenbewegung ist aber nicht zu verwechseln mit der sog. BRAUNschen Molekularbewegung, welche alle Körper, die eine gewisse Größe nicht überschreiten, in Flüssigkeit zeigen. Es handelt sich dabei um eine passive Beweglichkeit, die dadurch hervorgerufen wird, daß die Moleküle der Flüssigkeit von verschiedenen Richtungen gegen den kleinen Körper stoßen und dadurch eine Eigenbewegung desselben vortäuschen.

Das zur Untersuchung vorliegende Material ist im flüssigen Zustand (z. B. animalische Sekrete, Wasser) meist direkt verwendbar; festes Material (z. B. eingetrocknete Sekrete, Kahmhaut) macht man erst durch Verreiben mit steriler physiologischer Kochsalzlösung oder Bouillon[2] zur Untersuchung geeignet. Man hüte sich, zu viel Untersuchungsmaterial in den Tropfen zu bringen. Die Untersuchungsflüssigkeit darf nur geringe Mengen Bakterien enthalten, wenn man ein gutes mikroskopisches Bild erhalten will.

Man untersucht die Suspension am besten unter Anwendung der *Methode des hängenden Tropfens* und verfährt dann folgendermaßen: Mit der sterilen Platinöse bringt man einen kleinen flachen Tropfen der Untersuchungsflüssigkeit in die Mitte eines gut gereinigten, insbesondere auch fettfreien[3] Deckgläschens und drückt auf dieses einen hohlgeschliffenen Objektträger, den man mit einem feinen Pinsel um den äußeren Rand des Ausschliffs mit Vaselin eingefettet hat, so auf, daß die Ausschliffhöhlung den

---

Firma Leitz, Wetzlar: Das Mikroskop und seine Anwendung, empfohlen. Ferner sei hingewiesen auf: Das Mikroskop von A. EHRINGHAUS, 4. Aufl. Leipzig: B. G. Teubner 1949. — Mikroskopische Technik von HEINZ GRAUPNER. Leipzig: Akademische Verlagsgesellschaft 1934.

[1] Vgl. S. 39.

[2] Destilliertes Wasser beeinträchtigt die Beweglichkeit der Bakterien.

[3] Um die Gläschen vollständig von anhaftendem Fett zu befreien, erhitzt man sie zweckmäßig stark in einer nicht leuchtenden Flamme.

Tropfen luftdicht einschließt. Mit Salbe berandeter Fettstempel, passend für den Hohlschliff, ist vorteilhaft. Den Objektträger wendet man nun schnell um, so daß der Tropfen, ohne zu zerfließen, nunmehr hängt. Durch ganz schwache Erwärmung des zu benutzenden Objektträgers vermeidet man die oft störende Erscheinung, daß sich an der Innenwand der Ausschliffhöhlung infolge schneller Abkühlung ein feiner Belag von Kondenswasser ansetzt.

Unter dem Mikroskop sucht man nun zunächst, und zwar unter Verwendung eines schwachen Objektivs, einer engen (stecknadelkopfgroßen) Blendenöffnung und des Hohlspiegels den Tropfen*rand* auf. Auf diese Weise gelingt die Einstellung am leichtesten. Außerdem aber ist der Tropfenrand für die mikroskopische Beobachtung besonders deshalb geeignet, weil hier die Flüssigkeitsschicht am dünnsten ist und — im Vergleich zur Mitte des Tropfens — die Bakterien sich mehr in Ruhe befinden, so daß auch die Erkennung von Einzelheiten der morphologischen Beschaffenheit möglich ist.

Hat man den Tropfenrand genau in die Mitte des Gesichtsfeldes gebracht, so vertauscht man den Hohlspiegel mit dem Planspiegel [1], erweitert die Blendenöffnung bis etwa auf Erbsengröße und wechselt mit Hilfe der Revolvereinrichtung das schwache Objektiv gegen das Immersionssystem aus, nachdem man einen Tropfen Zedernöl [2] auf das Deckglas gebracht hat, das hierbei nicht verschoben werden darf. Ein Heben des Tubus und eine erneute Einstellung ist, wenigstens bei den guten Mikroskopen, nicht erforderlich. Wird die vorgeschriebene Tubuslänge eingehalten, so befindet sich, wenn mit einem Objektiv eingestellt war, beim Drehen des Revolvers jedes andere Objektiv ohne weiteres im richtigen Abstand vom Präparat; nur zur Feineinstellung ist eine geringe Drehung der Mikrometerschraube nötig.

Für ein mikroskopisch weniger geschultes Auge wird das Einstellen des Präparates erleichtert, wenn dem zu untersuchenden Tropfen ein ganz geringer Zusatz einer Farblösung (Fuchsin, Methylenblau DAB. 6) gemacht wird, der von keiner nachteiligen

---

[1] Bei Benutzung des Beleuchtungsapparates gebrauche man bei stärkeren Objektiven den Planspiegel; nur bei schwachen Objektiven ist die Anwendung des Hohlspiegels geboten, da hier der Planspiegel nahe Gegenstände, z. B. das Fensterkreuz, mit in das Gesichtsfeld bringen würde.

[2] Hierzu wird, im Gegensatz zu dem zum Aufhellen benutzten dünnflüssigen Öl, eingedicktes Öl verwandt, dessen Brechungskoeffizient dem des Glases gleich ist. — An Stelle von Zedernöl kann man auch Anisol benutzen. Vgl. H. GRAUPNER: Mikroskopische Technik. Leipzig: Akad. Verlagsgesellschaft 1934.

Wirkung auf die Bakterien ist. Der geübte Mikroskopiker kann gleich mit der Immersionslinse die Einstellung des Tropfens vornehmen. Nach Durchmusterung des Tropfenrandes geht man unter langsamer Verschiebung des Präparates dazu über, auch das Tropfen*innere* zu betrachten, das eine eventuelle Eigenbewegung und Neigung der Bakterien, sich zusammenzulagern, erkennen läßt.

Ist die Untersuchung beendet, so wird das Deckgläschen ein wenig gedreht, dann mit der Pinzette an einer der über den Rand des Objektträgers hinausragenden Ecken gefaßt, abgehoben und bis zur später erfolgenden Reinigung in eine bakterientötende Flüssigkeit gelegt.

Man kann ungefärbte und lebende Bakterien auch in der Weise mikroskopisch betrachten, daß man einen kleinen Tropfen der Untersuchungsflüssigkeit auf einen gewöhnlichen Objektträger bringt, ein Menschenhaar durch den Tropfen legt und ihn mit dem Deckgläschen zerteilt, wobei die Bildung von Luftbläschen verhütet werden muß. Die Methode des hängenden Tropfens ist aber vorzuziehen, denn der luftdichte Verschluß des Tropfens schützt ihn einerseits vor Verdunstung und ermöglicht so seine längere Beobachtung [1], andererseits schließt er Täuschungen aus, die hinsichtlich der Beweglichkeit der Bakterien leicht durch Verdunstungsströmungen hervorgerufen werden können. Auch ist die Möglichkeit einer Infektion der Hände und Instrumente beim hängenden, nach außen abgeschlossenen Tropfen viel geringer als beim Deckglaspräparat.

Eine andere Methode, Bakterien ungefärbt im natürlichen Zustand zu untersuchen, besteht darin, daß man ein wenig des zu untersuchenden Materials in einem Tropfen verdünnter chinesischer Tusche gründlich verreibt, eintrocknen läßt und dann mit Immersion untersucht. Die Mikroorganismen erscheinen dann hell auf dunklem Grunde.

Die beste Methode zur Untersuchung lebender Bakterien ist die Beobachtung im Dunkelfeld. Der große Vorzug dieses Verfahrens beruht darauf, daß man die Objekte, in unserem Falle die Bakterien, möglichst grell beleuchtet, während der Hintergrund völlig dunkel bleibt (s. Abb. 11). Hierdurch können mit Leichtigkeit Einzelheiten wahrgenommen werden, die bei Beobachtung im Hellfeld auch dem Geübtesten unsichtbar bleiben. Als Dunkelfeldkondensor ist sowohl der Paraboloidkondensor der Firma Zeiß, Jena, als auch der Spiegelkondensor der Firma Leitz, Wetzlar, zu empfehlen. Der Strahlengang in einem solchen Kondensor ist

---

[1] Über die Kultur im hängenden Tropfen vgl. S. 41.

aus Abb. 12a und b ersichtlich. Abb. 12a stellt den Strahlenverlauf in dem sog. Trockenkondensor Leitz D 0,80 dar. Abb. 12b
zeigt den Vorgang bei dem Immersionskondensor Leitz D
1,20 A. Erwähnt sei nur noch, daß man eine sehr starke Licht-
quelle, am besten direktes Sonnenlicht oder elektrisches
Licht (Kandemlampe) anwenden muß, um zu völlig be-
friedigenden Ergebnissen zu gelangen.

In *gefärbtem* Zustande kommen die Bakterien zur mikroskopischen Untersuchung in sog. *Ausstrich-*, *Klatsch-* und
Schnittpräparaten. Bei Herstellung der *Ausstrichpräparate* geht
man wiederum von in Flüssigkeiten suspendierten Bakterien aus.
Mit Hilfe des sterilen Platindrahtes bringt man einen kleinen

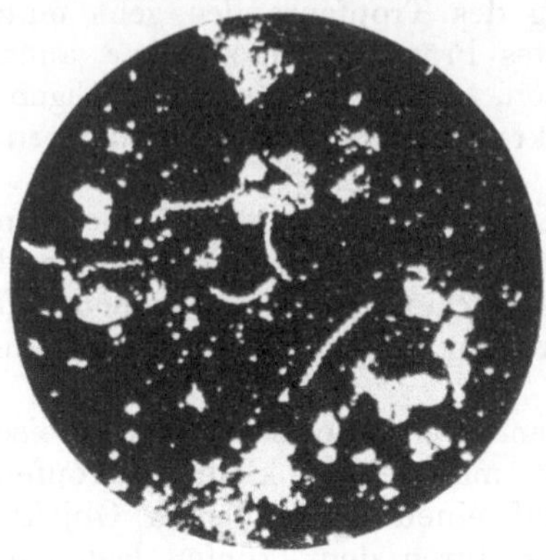

Abb. 11. Spirochaeta pallida bei
Dunkelfeldbeleuchtung.

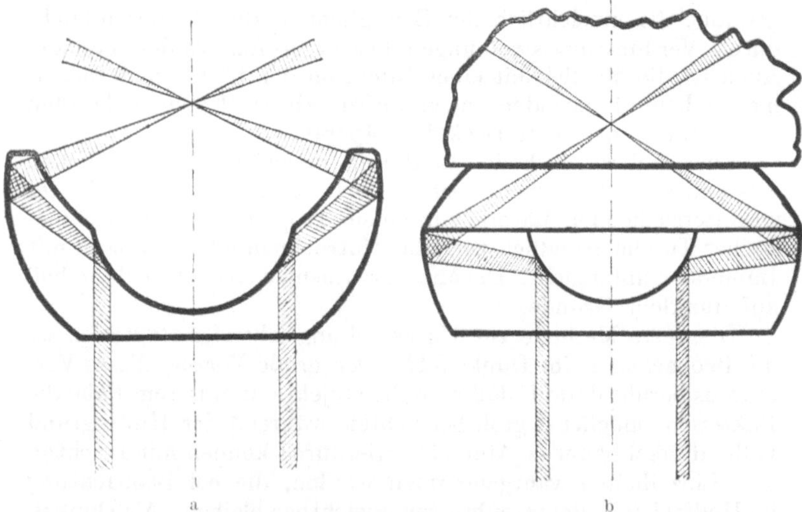

Abb. 12a u. b. Strahlenverlauf im Dunkelfeldkondensor.

Tropfen flüssigen Untersuchungsmaterials (z. B. Sputum, Gewebs-
saft, bakterienhaltiges Wasser) auf ein sauberes, insbesondere auch

völlig fettfreies Deckgläschen und streicht ihn dünn und möglichst
gleichmäßig aus. Es ist zu empfehlen, das Deckglas gleich von
Anfang an in eine CORNETsche Pinzette einzuklemmen und es
erst nach dem Trocknen aus dieser herauszunehmen. Von kon-
sistenterem Material (z. B. Bakterienkulturen von festen Nährböden, zentrifugierten Harnsedimenten) wird ein ganz kleines
Partikelchen mit einem Tropfen Wasser oder physiologischer
Kochsalzlösung auf dem Deckgläschen verrieben. Zähflüssige
Massen (z. B. dicke Sputa, Eiter) kann man auch in der Weise
verteilen, daß man sie zwischen zwei reine Deckgläschen bringt,
diese schwach aneinander drückt und dann voneinander trennt,
indem man sie mit Hilfe zweier CORNETscher Pinzetten in der
Richtung ihrer Berührungsebene voneinander zieht. Blut muß zur
Erhaltung der roten Blutkörperchen besonders vorsichtig ausge-
strichen werden. Man bringt einen Tropfen Blut auf den Objekt-
träger, setzt die kurze Kante eines zweiten Objektträgers vor den
Tropfen und verteilt ihn durch Hin- und Herbewegen in den
Falz zwischen beiden Objektträgern. Hierauf wird der aufgesetzte
Objektträger über den anderen hinweggezogen und dadurch der
Tropfen fein verteilt. Beabsichtigt man keine Dauerpräparate
herzustellen, so empfiehlt es sich, statt der Deckgläschen zwei
Objektträger zu verwenden. Gewebsstückchen kann man mit
einer Pinzette erfassen und mit ihnen mehrmals über das Deckglas
streichen (s. auch S. 76: Sputum bei Tuberkulose).

Die auf die eine oder andere Weise mit dem Untersuchungsmaterial beschichteten Deckgläschen bzw. Objektträger legt man
nun mit der Schichtseite nach oben an einen staubfreien, trockenen
Ort, bis sie vollständig getrocknet sind. Zur Beschleunigung des
Trocknens können die Gläschen unter eine elektrische Lampe ge-
legt oder es kann eine Chamottefliese, ein Asbestdeckel oder ein
Drahtnetz benutzt werden, die auf einem Dreifuß mit unter-
gestelltem Sparbrenner oder durch irgendeine andere vorhandene
Wärmequelle, z. B. eine elektrische Wärmeplatte aus Ton (Abb. 2,
S. 3), erwärmt werden.

Die weitere Behandlung des Präparates richtet sich erstens
darauf, der schleimigen Hüllsubstanz der Bakterien, die ihr
Anhaften an die Deckgläschenwandung bewirkt, ihre Quellbarkeit
in Wasser so weit zu entziehen, daß die Bakterienschicht nicht
mehr durch wäßrige Flüssigkeit vom Deckgläschen heruntergespült
wird, zweitens darauf, das Eiweiß zu „homogenisieren“, damit
sich bei der späteren Färbung keine Trübungen und Niederschläge
störend bemerkbar machen. Das „*Fixieren*“ des Präparates, wie
nan diesen Behandlungsprozeß nennt, geschieht meist durch

Erhitzung, und zwar so, daß man das mit der beschichteten Seite nach oben gekehrte Gläschen 3mal durch die nicht leuchtende Flamme eines Bunsenbrenners oder eine kräftige Spiritusflamme hindurchzieht, und zwar so langsam, als man den Finger eben durch die Flamme ziehen kann, ohne sich zu verbrennen.

Zu hohes Erhitzen beeinträchtigt die Eigenschaft der Bakterien, sich mit Farbstoff zu imprägnieren. Auf sicherem, aber zeitraubenderem Wege kommt man durch kurzes Einlegen des Deckgläschens (2—10 Min.) in einen auf 120—130⁰ erhitzten Trockenschrank zum Ziele. Statt durch Erhitzen kann man die Fixierung auch so bewirken, daß man die Deckgläschen mit der eingetrockneten Bakterienschicht einige Zeit in absoluten Alkohol, Alkoholäther (āā part.) oder 10%ige Formaldehydlösung einlegt.

Das sich anschließende *Färben* des Präparates geschieht in folgender Weise: Man träufelt auf die Schichtseite des zweckmäßig mit der CORNETschen Pinzette gehaltenen Deckgläschens mit Hilfe der Pipette, die das Präparat nicht berühren darf, einige Tropfen der Farblösung [1] und spült letztere, nach einer Einwirkungsdauer von $^1/_4$—5 Min. bei Zimmertemperatur und 10 Sek. bis 1 Min. bei gelinder Erwärmung, mit Wasser ab. Vor dem Fortgießen ist das Spülwasser, wenn es pathogene Keime zu enthalten verdächtig ist, keimfrei zu machen. Das Deckgläschen kann aber auch, mit der Schichtseite nach unten, in mit Farblösung beschickte Uhrgläser oder besser in feststehende Glasschälchen (z. B. kleine Salznäpfchen) hineingelegt werden.

Das fixierte und gefärbte Präparat kann sowohl in Wasser [2] als auch in Kanadabalsam mikroskopisch betrachtet werden. Im ersten Falle legt man das mit Wasser abgespülte Deckgläschenpräparat mit der beschichteten Seite auf einen Objektträger und trocknet die obere Seite des Deckgläschens mit Fließpapier ab. Bei der Untersuchung in Kanadabalsam läßt man das Deckgläschen zunächst an der Luft völlig trocknen, beschleunigt nötigenfalls das Trocknen durch schwaches Erwärmen hoch über einer Flamme und legt es schließlich mit der Schichtseite auf einen gut gereinigten Objektträger, auf dessen Mitte man vorher einen kleinen Tropfen mit Xylol bis zur dicken Sirupkonsistenz verflüssigten Kanadabalsam gebracht hat. Nach einiger Zeit, während welcher man das Deckgläschen zweckmäßig mit einer Spitzkugel beschwert, sind Deckgläschen und Objektträger infolge Erhärtung des Balsams fest verbunden. Ein solches Präparat, das,

---

[1] Näheres über Farblösungen S. 21f.

[2] Ein in Wasser gelegtes Präparat eignet sich gut zur Kapseldarstellung bei Bakterien, z. B. bei Milzbrandbakterien.

vor Licht geschützt aufbewahrt, gute Haltbarkeit zeigt[1], pflegt man auch als *gefärbtes Deckglasdauerpräparat* oder *Deckglastrockenpräparat* zu bezeichnen.

Zum Zwecke der mikroskopischen Betrachtung legt man die so hergerichteten Präparate auf den Objekttisch in die Mitte des Gesichtsfeldes des Mikroskopes[2], bringt auf das Deckgläschen einen Tropfen Zedernöl (bei den Präparaten, die in Wasser gelegt waren, Zusammenfließen von Zedernöl und Wasser vermeiden!) und vollzieht nun unter Verwendung der Immersionslinse die Einstellung, wie es bei der Untersuchung des hängenden Tropfens angegeben wurde. Der ABBEsche Beleuchtungsapparat tritt jedoch hier mit verhältnismäßig weiter Blendenöffnung und unter Anwendung des Planspiegels in Wirksamkeit. Es gilt überhaupt die Regel: gefärbte Präparate sind mit weiter, frische (zum Erkennen der Konturen) mit enger Blende zu untersuchen.

Nicht unerwähnt soll bleiben, daß man vielfach Trockenpräparate auch auf den leichter zu handhabenden Objektträgern fixiert und färbt, indem man, nicht zum wenigsten auch aus ökonomischen Gründen, von der Benutzung der teuren und leicht zerbrechlichen Deckgläschen völlig absieht. Man bringt in diesem Falle das Immersionsöl direkt auf die fixierten und gefärbten Präparate, die man auch zu mehreren auf einem Objektträger herstellen kann, und untersucht genau so, wie oben beschrieben wurde. Mit starken Trockensystemen, die mit Rücksicht auf die Benutzung der Deckgläschen korrigiert sind, können diese Präparate nicht untersucht werden.

Die zweite Art der gefärbten Präparate sind die *Klatsch-* oder *Kontaktpräparate*, die sog. bunte *Situsbilder* liefern, d. h. die Bakterien in ihrer natürlichen Lage gefärbt zur Veranschaulichung bringen. Man legt auf eine bei Betrachtung einer Plattenkultur[3] als geeignet befundene Stelle unter gelindem Druck ein Deckgläschen, hebt es, ohne daß es sich verschiebt, vorsichtig ab, läßt es trocknen, fixiert und färbt es wie ein Ausstrichpräparat. Sollten nur ihre obersten Schichten gefärbt erscheinen, was bei dicker Lagerung der Bakterien vorkommt, so kann man zwecks Verdeutlichung des Situsbildes die Färbung wiederholen.

Da *Schnittpräparate* in der Regel im bakteriologischen Laboratorium des Apothekers nicht angefertigt werden, soll, dem

---

[1] Über das Verblassen der Methylenblaupräparate vgl. S. 21.

[2] Man muß hierbei den Objektträger am Tisch des Mikroskopes festklemmen, da er sonst beim Einstellen vom Tubus mit hochgezogen wird.

[3] Vgl. S. 39.

Rahmen dieses Buches entsprechend, nur das Wichtigste hiervon mitgeteilt werden. Ganz über diese Präparate hinwegzugehen, scheint nicht angezeigt.

Die Schnittpräparate, die dritte Art der gefärbten Präparate, ermöglichen eine Orientierung über die natürliche Lagerung der Bakterien im tierischen Gewebe. Um schnittfähiges Material zu erhalten, werden die möglichst frischen, also eventuell bald post mortem dem Körper entnommenen Organe in nicht über haselnußgroßen Stücken zunächst *gehärtet*. Dies geschieht meist durch Lagerung in absolutem Alkohol[1], der vorher noch eine Behandlung mit 10%igem Formalin vorausgeht. Von den der Härtungsflüssigkeit entnommenen Organen werden kleine Stücke von etwa 1 cm^2 Grundfläche und 5 mm Höhe geschnitten und nach kurzer oberflächlicher Abdunstung mit Glyzeringelatine[2] oder Gummischleim auf kleine Korkstückchen oder Holzklötze geklebt. Kleine Gewebsstücke oder Gewebe, die im Innern Hohlräume enthalten, bettet man, um zusammenhängende Schnitte daraus zu gewinnen, in geeignete Massen ein, als welche vornehmlich Celloidin[3] und Paraffin in Frage kommen.

Das *Celloidin-Einbettungsverfahren* besteht darin, daß man die gehärteten Organstücke eine Zeitlang in eine sirupdicke, mit Alkoholäther (āā part.) angefertigte Lösung von Celloidin hineinlegt, dann die der Lösung entnommenen, durch kurzes Lagern an der Luft und darauffolgende längere Einwirkung von 60—70%igem Alkohol etwas erhärteten und schnittfähig gewordenen Stücke mit Celloidinlösung auf kleine Holz- oder Korkstückchen aufklebt.

Das *Paraffin-Einbettungsverfahren* verlangt, daß die in absolutem Alkohol gehärteten Organstücke nacheinander in Xylol[4], in eine Lösung von Paraffin[5] in Xylol (āā) und endlich im Thermostaten bei etwa 55° in geschmolzenes Paraffin gelegt werden. Nach ihrer Durchtränkung mit Paraffin werden die Stücke in kleine Einbettungsrahmen aus Metall oder steifer Papiermasse (evtl. Deckgläschenschachteln) gebracht, die dann mit Paraffin vollgegossen werden. Die nach einiger Zeit dem Rahmen entnommenen festen Blöcke sind schnittfertig. Paraffinschnitte klebt man am besten mit Eiweißglyzerin (vgl. Fußnote 3, S. 19),

---

[1] Zweckmäßig wird der absolute Alkohol, um ihn möglichst wasserfrei zu erhalten, über ausgeglühtem Kupfersulfat aufbewahrt.

[2] Zu bereiten aus 10 Teilen Gelatine, 20 Teilen Wasser und 40 Teilen Glyzerin.

[3] Celloidin ist weingeisthaltiges, von Äther befreites Kollodium in Tafelform.

[4] Siedepunkt 140° C.

[5] Schmelzpunkt etwa 55° C.

oder durch Antrocknen im Brutschrank direkt auf einen Objektträger und behandelt (Xylol, Alkohol, Wasser!) und färbt sie dort. Man kann sie dann nach Auflegen eines Deckgläschens in Kanadabalsam einschließen und aufbewahren.

Die Herstellung der mikroskopischen Schnitte geschieht entweder mit dem Rasiermesser oder vorteilhafter, wenn vorhanden, mit dem Mikrotom, in dessen Klemmen die mit den Organteilen verkitteten Holz- und Korkstückchen eingespannt werden. Man gibt den Schnitten meist eine Dicke von 0,02—0,03 mm, doch kann man mit dem Mikrotom auch Schnitte von nur 0,005 mm erzielen.

Ein aus nicht eingebetteten Gewebsstücken und Celloidinblöcken erhaltener Schnitt kommt zunächst in etwa 60%igen Alkohol, dann entweder direkt oder nach vorheriger Wasserbehandlung in eine geeignete Farblösung[1], die sich in Uhrgläschen oder besser in kleinen feststehenden Glasschälchen befindet.

Nach erfolgter Färbung wird der Schnitt mit Wasser abgespült, darauf *differenziert*[2] und kurze Zeit erst in absolutem Alkohol, dann in als Aufhellungsmittel wirkendem Xylol gelagert. Darauf wird er auf den Objektträger gebracht und kann nun nach Auftragung eines Tropfens Kanadabalsam, mit einem Deckgläschen überdeckt, zur mikroskopischen Untersuchung gelangen.

Präparate, die statt mit Xylol mit Zedern-, Nelken-, Bergamott- oder Origanumöl aufgehellt wurden, können zwischen Objektträger und Deckgläschen im Öl, ohne Verwendung von Kanadabalsam, untersucht werden.

Im Gegensatz zu den Celloidinschnitten, in denen das Einbettungsmittel beim Färben verbleibt, muß aus Paraffinschnitten das Paraffin vor dem Färbeprozeß entfernt werden. Mit Wasser oder ganz wenig Eiweißglyzerin[3] klebt man die Schnitte auf den Objektträger und erwärmt im Trockenschrank zunächst bei 37⁰ bis zur Trockne, dann bis zum Schmelzpunkt des Paraffins, entfernt letzteres durch Einlegen des Objektträgers in Xylol und läßt dann nacheinander noch eine Behandlung mit absolutem Alkohol und Wasser folgen.

Ein Einbettungsmittel, in das aus wäßriger Lösung entnommene Gewebsstücke unmittelbar eingebettet werden können, ist eine aus 1 Teil Gelatine, 6 Teilen Wasser, 7 Teilen Glyzerin und 1 Teil Phenol bereitete Glyzeringelatine[4].

---

[1] Vgl. S. 21f.
[2] Näheres hierüber s. S. 25.
[3] Eine filtrierte Lösung aus gleichen Teilen Glyzerin und Eiereiweiß.
[4] Über Glyzeringelatine als Klebmittel vgl. S. 18.

Bemerkt sei noch, daß es auch möglich ist, mit 4—10%iger Formalinlösung gehärtete und darauf etwa 1 Stunde gewässerte Gewebsstücke durch Einwirkung von Äther oder flüssiger Kohlensäure durch Gefrieren zu härten und schnittfertig zu machen. Dieses Verfahren wird namentlich unter Verwendung des JUNGschen Kohlensäuremikrotoms vielfach zur Stellung von Diagnosen in der Fleischbeschau verwendet.

Zur Gelatineeinbettung für Gefrierschnitte benutzt S. GRÄFF [1] nach einem abgeänderten Verfahren von GASKELL eine 12%ige und eine 25%ige Gelatine in 1%igem Phenolwasser. Da bei dieser Methode kein Alkohol verwendet wird, schrumpfen die Gewebe nicht, und die Möglichkeit, Fett durch Färbung nachzuweisen, bleibt erhalten.

Bei der mikroskopischen Untersuchung der Schnittpräparate verwendet man zunächst ein schwaches Linsensystem, um die öfters nur in Haufen an einzelnen Stellen anzutreffenden Bakterien leichter aufzufinden und ein allgemeines Bild der ganzen Schnittfläche zu bekommen. Später wird es für die nähere Betrachtung der Bakterien durch das Immersionssystem ersetzt.

Farbstoffe und Färbeverfahren [2]. Die Tatsache, daß Pharm. Helv. V und, ihrem Beispiel folgend, das Deutsche Arzneibuch 6 im Anschluß an das Verzeichnis der Reagenzien und volumetrischen Lösungen ebenfalls den zum ärztlichen Gebrauch bestimmten Reagenzien einen Abschnitt gewidmet und hierin auch die zum Nachweis der Bakterien und Protozoen gebräuchlichsten Färbemittel und Färbemethoden berücksichtigt haben, macht diesen Abschnitt zu einem sehr wichtigen.

Wie es die Berufspflicht des Apothekers ist, die verschiedensten Arzneimittel nicht nur arzneilich zu verarbeiten und zu verabfolgen, sondern sich auch über ihre allgemeine Wirkungsweise zu unterrichten, so wird er es auch als seine Aufgabe betrachten, sofern er weitere praktische und theoretische Kenntnisse in der Bakteriologie noch nicht hat, sich mit dem Wesen der bakteriologischen Färbemethoden wenigstens so weit vertraut zu machen, daß er über die Anwendungs- und Wirkungsweise der in sein Arzneibuch aufgenommenen Färbemittel orientiert ist.

Für das Färben der Bakterien in den verschiedenartigen mikroskopischen Präparaten dienen neben einigen anderen Farbstoffen, von denen namentlich das Carmin erwähnt sei, zumeist *Anilin-*

---

[1] GRÄFF, S.: Münch. med. Wschr. **1916 II**, 1482.

[2] BÖHM, E. u. K. R. DIETRICH: Reagenzien und Nährböden. Eine Zusammenstellung der wichtigsten Vorschriften nebst Farbstoff-Löslichkeitstabellen. Berlin: Urban & Schwarzenberg 1927.

farbstoffe. Von letzteren werden, je nachdem das Farbstoffmolekül sauren oder alkalischen Charakter hat, *saure und basische
Farbstoffe* unterschieden. Die basischen, die auch eine starke
Zellkernfärbung bewirken, sind als Bakterienfarbstoff brauchbar,
während die sauren mehr für diffuse Gewebe- oder Sekret-
färbungen geeignet sind und in der bakteriologischen Technik
meist nur zu der später näher zu erörternden „Gegenfärbung"
der Bakterien den Gewebselementen gegenüber angewandt werden.
Eine besondere Bedeutung haben die sauren Farbstoffe in der
protozoologischen Färbetechnik.

Von den basischen Anilinfarbstoffen sind die gebräuchlichsten
Fuchsin (Rubin, Magentarot), *Gentianaviolett*, *Methylenblau*,
Methylviolett und *Bismarckbraun* (Vesuvin), weniger gebräuchlich
unter anderen *Safranin*, *Methylgrün*, *Viktoriablau*, *Kristallviolett*
und *Azur II*; von den sauren seien als die wichtigsten *Eosin* und
Säurefuchsin, als weniger wichtige *Kongorot* und *Aurantia* genannt.

Die *Wahl der Farblösung* richtet sich neben der subjektiven
Vorliebe des Untersuchenden in erster Linie nach dem besonderen
Zweck der Färbungen. In dieser Beziehung ist zunächst folgendes
zu beachten: Mit Fuchsin, Gentiana- und Methylviolett erzielt
man sehr intensive und dauerhafte, d. h. im Laufe der Zeit nicht
merklich verblassende Färbungen; Methylenblau dagegen, das eine
weniger große Tinktionskraft hat, liefert Färbungen, die zwar sehr
zum Verblassen neigen, aber häufig in wünschenswerter Weise
noch Einzelheiten der gefärbten Bakterienzellen erkennen lassen.
Während die genannten vier Farbstoffe sowohl für Bakterien- als
auch für Gewebefärbungen geeignet sind, ist Bismarckbraun nur
als Gewebefarbstoff verwendbar.

Um bei den mikroskopischen Färbungen und bakteriologischen
Untersuchungen stets zuverlässige, übereinstimmend vergleich-
bare Ergebnisse zu erzielen, sollten nur Farbstoffe bekannter
Qualität verwendet werden. Die Mikrofarbstoffe von Dr. K. Hollborn & Söhne, Leipzig S 3, seien besonders empfohlen.

Mit Bezug auf die *Lösungsmittel* der Farbstoffe sei zunächst
darauf hingewiesen, daß zu Trockenpräparaten nur wäßrige oder
wäßrig-weingeistige, nicht aber mit absolutem Weingeist bereitete
Farbstofflösungen zur Bakterienfärbung geeignet sind. Der Grund
hierfür liegt darin, daß die Zelle in absolutem Weingeist nicht
aufquellen kann, was zur Aufnahme des Farbstoffs Bedingung
ist. Von Methylenblau, Fuchsin, Gentiana-, Methylviolett und
Bismarckbraun werden gewöhnlich mit Hilfe von 90- oder
95%igem Weingeist oder, weniger ökonomisch, mit absolutem
Weingeist gesättigte Lösungen, sog. *Stammlösungen* in der Weise

hergestellt, daß man in eine mit Weingeist nicht ganz vollgefüllte Flasche mehr Farbstoff, als sich zu lösen vermag, hineingibt und die durch wiederholtes Umschütteln erzielte gesättigte Lösung, an deren Boden noch ungelöster Farbstoff liegt, vorrätig hält[1]. Zur Bereitung einer Färbeflüssigkeit gießt, pipettiert oder filtriert man von einer solchen Stammlösung ein Quantum in die 5—20fache Menge Wasser hinein. Vielfach hält man auch den Verdünnungsgrad dann für richtig, wenn die Mischung in einer Schicht von 2 cm Dicke (Reagensglasweite) eben undurchsichtig geworden ist. Die Stärke der Färbeflüssigkeit kann also verschieden eingestellt werden. Als allgemeine Regel gilt, daß eine schwächere Farblösung im Vergleich zu einer stärkeren zwar längere Zeit einwirken muß, aber bessere Färbungen gibt.

Der Apotheker, der alle arzneilichen Lösungen mit der Waage herzustellen gewohnt ist, wird in der Regel kein Freund dieser gesättigten Stammlösungen sein. Er wird es daher mit Freuden begrüßt haben, daß die Vorschriften der Färbeflüssigkeiten im Deutschen Arzneibuch und in der Pharm. Helvet. wenigstens größtenteils so gehalten sind, daß eine abgewogene Menge Farbstoff in einer bestimmten Gewichts- oder Raummenge Flüssigkeit zu lösen ist[2].

Diese einfachen Farblösungen reichen nun nicht für alle Zwecke aus, z. B. nicht für die Färbung der Tuberkelbacillen. Man wendet daher, wo es erforderlich ist, zusammengesetzte Farbstofflösungen an, die mit *verstärkenden Zusätzen* bereit sind. Fuchsin-, Gentianaviolett- und Methylviolettlösungen verstärkt man dadurch, daß man sie mit Anilinwasser, dem eventuell auch noch ein wenig Natronlauge zugesetzt wird, bereitet.

Zur Erhöhung der Färbekraft der Fuchsin- bzw. Methylenblaulösung verwendet man auch Phenol bzw. Kalilauge und Borax. Weiter kann die Tinktionskraft der Farblösungen durch sog. *Beizen* gesteigert werden. Man versteht hierunter Stoffe, mit welchen die Präparate vor der Färbung behandelt werden, um sie

---

[1] K. Hollborn empfiehlt, zur Vereinfachung und zum sparsamen Verbrauch der mikroskopischen Farbstoffe bei Herstellung von *wäßrigen* Farbstofflösungen nicht eine „alkoholische Stammlösung“ zu verwenden, sondern stets eine sofort gebrauchsfertige, 0,5—1%ige wäßrige (im Wasserbad heiß gelöste, nach Erkalten filtrierte) Farbstofflösung, die durch einen Zusatz Alkohol zu konservieren ist. (Nur Aqua dest. verwenden!)

[2] Vgl. Löslichkeitsverhältnisse von Arneimitteln und Farbstoffen in Wasser, Weingeist, Äther und anderen Lösungsmitteln bei 20°. Handverkaufs- und Ergänzungstaxe der Deutschen Apothekerschaft 1936, S. 219 und 227. Danach werden überschüssige Farbstoffe erspart.

zur Aufnahme des Farbstoffs fähig zu machen bzw. ihre Farbstoffaufnahmefähigkeit zu erhöhen (z. B. Gerbsäure und Metallsalze). Drittens kann man eine intensivere Färbung dadurch erzielen, daß man die Farblösungen längere Zeit oder in der Wärme einwirken läßt.

Die gebräuchlichsten Farbstofflösungen sind folgende[1]:

1. *Löfflers *Methylenblaulösung*[2]. Eine Lösung von 0,5 g Methylenblau in 30 cm³ Weingeist wird mit einer Mischung von 2 cm³ $^1/_{10}$ Normal-Kalilauge (3 Tropfen Kalilauge DAB.) und 98 cm³ Wasser versetzt.

2. *Schwefelsaures Methylenblau.* 1 Teil Methylenblau ist in einer Mischung von 25 Teilen offizineller Schwefelsäure und 75 Teilen Wasser zu lösen.

3. *⁰*Boraxmethylenblaulösung.* 1 Teil Methylenblau ist in 50 Raumteilen siedender 5%iger Boraxlösung zu lösen.

4. *⁰*Karbolfuchsinlösung, starke* (Ziehl-Neelsensche Lösung). 1 Teil Fuchsin (Diamantfuchsin I in großen Kristallen) ist in 10 Teilen Weingeist zu lösen und die Lösung mit 60 Teilen 5%igem Phenolwasser zu mischen.

5. **Karbolfuchsinlösung, *verdünnte*, wird aus der vorigen durch Vermischen mit der 4fachen Menge Wasser bereitet.

6. ⁰*Karbolmethylenblaulösung* (nach Kühne). Eine Lösung von 1,5 g Methylenblau in 10 cm³ absolutem Weingeist wird mit 100 cm³ 5%igem Phenolwasser gemischt. Die Lösung ist vor Gebrauch zu filtrieren.

7. ⁰*Kristallviolettlösung.* 10 g Kristallviolett werden in 90 cm³ Weingeist gelöst.

8. *⁰*Karbolgentianaviolettlösung.* 1 Teil weingeistige Gentianaviolettlösung (1:10)[3] wird mit 9 Teilen 5%igem Phenolwasser gemischt. Die Lösung ist vor Gebrauch zu filtrieren.

9. **Anilinwasser-Gentianaviolettlösung.* 5 cm³ Anilin[4] werden mit 100 cm³ Wasser mehrere Minuten lang geschüttelt. Das so

---

[1] Die mit * bezeichneten Vorschriften sind dem DAB., die mit ⁰ bebezeichneten der Pharm. Helvet. entnommen. Die Firma Dr. K. Hollborn & Söhne, Leipzig S 3, Hardenbergstr. 3, liefert gebrauchsfertige Mikrofarbstofflösungen, wodurch nicht nur ein zuverlässiges, sondern auch ein billiges und vorteilhafteres Arbeiten möglich ist.

[2] Nach K. Hollborn, Leipzig, ergeben sich mit Fuchsin-Methylenblau BH oder RH bessere Bilder als mit Löfflers Methylenblaulösung.

[3] Das DAB. läßt hier eine gesättigte Lösung verwenden.

[4] Es ist möglichst helles Anilin zu verwenden; durch längere Aufbewahrung dunkel gefärbtes kann durch Rektifikation wieder farblos gemacht werden. Zumeist wird Anilinwasser durch 5%iges Phenolwasser ersetzt.

gewonnene milchig-trübe Anilinwasser wird durch ein angefeuchtetes Filter gegossen. Das Filtrat wird mit einer Mischung von 7 cm³ gesättigter weingeistiger Gentianaviolettlösung und 10 cm³ absolutem Weingeist versetzt.

10. ⁰*Anilinwasser-Methylviolettlösung* wird wie die vorige Lösung bereitet, nur verwendet man gesättigte weingeistige Methylviolettlösung statt der Gentianaviolettlösung. (Jetzt Phenolwasser, s. Anm. 4, S. 23.)

Zu den für die GRAMsche Färbung bestimmten Lösungen 8, 9 und 10 gehört noch eine *Jod-Jodkaliumlösung* (LUGOLsche Lösung), die aus 1 Teil Jod, 2 Teilen Jodkalium und 300 Teilen Wasser zu bereiten ist.

11. ⁰*Alaunhämatoxylin.* Man löst 2 g Hämatoxylin in 10 cm³ Weingeist, fügt 10 cm³ Essigsäure (96%ig), je 100 cm³ Glyzerin und Wasser und so viel Alaun zu, daß ein Teil davon ungelöst bleibt. Dann läßt man die Mischung in einer offenen Flasche so lange stehen, bis sie dunkelrot geworden ist.

12. Farblösung nach MAY-GRÜNWALD. Eine 1%ige Lösung von wasserlöslichem gelbem Eosin wird mit einer 1%igen Lösung von Methylenblau medicinale Höchst zu gleichen Teilen gemischt. Der Niederschlag wird nach einigen Tagen abfiltriert und mit Wasser gewaschen, bis dieses fast farblos abläuft. Dann wird von dem getrockneten Rückstand eine gesättigte Lösung in Methylalkohol hergestellt und (ohne Fixierung der Deckglasausstriche) zum Färben kalt benutzt. Die Einwirkungszeit kann einige Minuten bis Stunden betragen. Die gefärbten Präparate sind mit Wasser, dem einige Tropfen der Farblösung zugesetzt sind. abzuspülen. Zuverlässige und gleichmäßige Färbung ist mit der MAY-GRÜNWALD-Farbstofflösung Hollborn gewährleistet.

13. ⁰*Lösung für Chromatinfärbung* (ROMANOWSKY-Färbung. modifiziert von GIEMSA). 3 g Azur II-Eosin und 0,8 g Azur II werden im Exsikkator über Schwefelsäure gut getrocknet, feinst gepulvert, durch ein feines Haarsieb gerieben und in 250 g Glyzerin bei etwa 60⁰ unter Schütteln gelöst. Hierauf fügt man 250 g auf 60⁰ erwärmten Methylalkohol hinzu, schüttelt gut durch. läßt bei Zimmertemperatur 24 Stunden stehen und filtriert. Da es für das Gelingen der GIEMSA-Färbung unbedingt erforderlich ist, daß das zum Verdünnen der Lösung verwendete Wasser völlig säurefrei ist, empfiehlt GIEMSA, destilliertes Wasser zu verwenden. das zur Entfernung der Kohlensäure abgekocht werden muß. Von COLLIER [1] und BALINT [2] wird zur Ausschaltung von Wasser-

---

[1] COLLIER: Dtsch. med. Wschr. **1924 II**, 1325.
[2] BALINT: Klin. Wschr. **1926 I**, 147.

fehlern bei der Giemsa-Färbung nur gepuffertes Wasser verwendet. Nach Collier erzielt man die besten Färbungen bei p_H 7,1, nach Balint bei p_H 6,8—7. Bei der Schwierigkeit der Darstellung ist zu empfehlen das von Hollborn gelieferte gebrauchsfertige Giemsa-Hollborn-Original-Azurgemisch sicc. zur einfachen und schnelleren Herstellung der Giemsa-Stammlösung für die Romanowsky-Färbung bzw. Giemsa-Farbfixierlösung für die Schnellfärbung zu verwenden, ferner Weise-Original-Puffersalzgemisch zur Normalpufferung des destillierten Wassers bei der Giemsa-Färbung.

Was die *Haltbarkeit der Farblösungen* anlangt, so können die zusammengesetzten verstärkten Lösungen, deren Vorschriften soeben angegeben wurden, mit Ausnahme der Anilin enthaltenden, als haltbar bezeichnet werden. Gleichfalls haltbar sind die alkoholisch-wäßrigen Stammlösungen von Fuchsin, Gentiana-, Methylviolett und Methylenblau. Dagegen sind von den durch Verdünnen dieser Stammlösungen mit Wasser erhaltenen Farblösungen die Fuchsin- und Violettlösungen nicht lange haltbar. Bereits nach Verlauf mehrerer Wochen entstehen unter gleichzeitiger Abnahme der Tinktionskraft Trübungen, die ein häufigeres Filtrieren notwendig machen. Es empfiehlt sich daher, immer nur kleinere Mengen der Stammlösungen zu verdünnen. Eine große Haltbarkeit zeigt die Methylenblaulösung, auch wenn sie nur mit Wasser bereitet ist. Im Gegensatz zur Fuchsin- und den Violettlösungen verträgt sie aber kein Erhitzen.

Zum Schluß dieses Abschnittes ist noch einiges zur Erklärung der Begriffe „*Differenzierung*" und „*Gegen-*" oder „*Kontrastfärbung*" zu sagen.

Die einzelnen Farbstoffe haben zu den verschiedenen Bakterienarten keine gleiche Affinität (Adsorptionsvermögen). Es wurde bereits bemerkt, daß z. B. die einfachen Farblösungen nicht zur Färbung der Tuberkelbacillen ausreichen. Diese Unterschiede der Farbstoffaufnahmefähigkeit sind begründet in der chemischen Zusammensetzung der Bakterienkörper und der physikalischen Eigenart ihrer Membranen; doch dürften hier auch noch unbekannte Faktoren mitwirken.

Eine Ungleichmäßigkeit in der Färbung zeigt sich auch bei Schnittpräparaten, wenn ein dem Farbbade entnommenes, zunächst diffus gefärbtes Präparat eine weitere Behandlung mit anderen Flüssigkeiten, sog. *Entfärbungsflüssigkeiten* oder Differenzierungsmitteln, erfährt. Als solche kommen meist verdünnte Säuren und verdünnter Weingeist mit oder ohne Säurezusatz zur Verwendung. Das Deutsche Arzneibuch nennt als Entfärbungsmittel 20%ige Salpetersäure und 60%igen Alkohol; in den bakteriologischen Laboratorien verwendet man meist Salzsäure-alkohol[1]. Bei Einwirkung dieser Flüssigkeiten zeigt sich, daß im Gegensatz zu den dauerhafter gefärbten Zellkernen, deren Nuclein-säure mit dem Farbstoffmolekül eine chemische Verbindung ein-geht, bei den Bakterien sich Protoplasma und Interzellular-substanz leicht entfärben.

Ungleich wie hier äußert sich auch die Einwirkung der Differenzierungsmittel auf gefärbte Bakterien verschiedener Art, insofern als diejenigen Bakterien, die den Farbstoff leicht aufnehmen, ihn auch leicht wieder abgeben, während ihn die schwer färbbaren hartnäckig festhalten.

Man kann also auf diese Weise bei richtiger Auswahl der Entfärbungsflüssigkeit und richtig bemessener Einwirkungsdauer eine *isolierte Färbung, ein Differenzierungspräparat* erhalten und z. B. erreichen, daß in einem Präparat mit verschiedenen Bakterienarten nur noch *eine* Art und in einem Schnittpräparat nur noch Bakterien und Zellkerne gefärbt sind.

Imprägniert man nun nach dieser „primären Färbung" im ersten Präparat die entfärbten Bakterien bzw. im Schnittpräparat das entfärbte Gewebe „sekundär" mit einer anderen Farbe, deren Ton von der zuerst angewandten Farbe absticht, so erhält man eine als Gegen- oder Kontrastfärbung bezeichnete Doppelfärbung. Man kombiniert z. B. Fuchsin mit Methylenblau und die Violett-farben mit Bismarckbraun.

Im Anschluß an diese Ausführungen seien nun noch die Anleitungen zur Ausführung einiger *wichtiger besonderer Färbemethoden* gegeben. Für Einzelheiten der sehr ausgebildeten Färbetechnik muß auf die verschiedenen Anleitungen verwiesen werden.

I. Die GRAM*sche Färbung.*

1. Etwa 2—3 Min. färben mit Phenolwasser-Gentianaviolett-lösung.

2. Nach dem Abgießen der Farblösung 1—2 Min. LUGOLsche Lösung (s. S. 24) einwirken lassen. Dabei entsteht in bestimmten Bakterienarten eine in Alkohol unlösliche Jodverbindung mit dem Farbstoff (das Jodpararosanilin).

3. Entfärben mit Alkohol, bis das Präparat farblos erscheint.

4. Gegenfärben, z. B. mit verd. Karbolfuchsinlösung.

5. Abspülen mit Wasser usw.

Diejenigen Mikroorganismen, welche die Färbung behalten haben, erscheinen nun dunkel-blauschwarz, die anderen in der

---

[1] Ein Gemisch aus 3 cm³ offizineller Salzsäure und 100 cm³ Weingeist. (Das DAB. 6 läßt verdünnten Weingeist verwenden!)

Gegenfarbe, also rot. Die ersteren nennt man *grampositiv* = gramfest im Gegensatz zu gramnegativ = gramfrei.

II. Die ZIEHL-NEELSEN*sche* [1] *Färbemethode der säurefesten Bakterien, speziell der Tuberkelbacillen.*

1. Färben mit Karbolfuchsin (s. S. 23) 2—3 Min. unter Erwärmen bis zu deutlich sichtbarer Dampfbildung.

2. Abspülen mit Wasser.

3. Entfärben in Salzsäurealkohol (3% HCl), bis das Präparat farblos erscheint.

4. Abspülen mit Wasser.

5. Gegenfärben mit verdünnter Methylenblaulösung $1/_2$ Min.

6. Abspülen mit Wasser usw.

Im Präparat erscheinen die säurefesten Bakterien leuchtend rot, alles andere blau.

IIa. Vereinfachte ZIEHL-NEELSEN*sche Färbemethode.*

1. Färben mit Karbolfuchsin bis zur Dampfbildung.

2. Abspülen mit Wasser.

3. Gegenfärben mit schwefelsaurem Methylenblau (s. S. 23) etwa 10—15 Min.

4. Abspülen mit Wasser.

IIb. Tbc-Färbung nach SPENGLER.

1. Färben mit Karbolfuchsin.

2. Entfärben mit 30%iger Salpetersäure, 70%igem Alkohol.

3. Gegenfärbung mit Pikrinsäure (gesättigte wäßrige Lösung, Alkohol āā).

III. Sporenfärbung nach MÖLLER.

1. Entfetten des fixierten Präparats mit Chloroform, dann Abspülen mit Wasser.

2. 5 Sek. bis 10 Min. (an jedem Präparat muß man die erforderliche Zeit ausprobieren) mit 5%iger Chromsäurelösung behandeln.

3. Abspülen mit Wasser.

4. 1 Min. unter Aufkochen mit Karbolfuchsin (s. S. 23) färben.

5. $1/_2$ Min. entfärben in 5%iger Schwefelsäure.

6. Abspülen mit Wasser.

7. Gegenfärben mit Methylenblaulösung.

8. Abspülen mit Wasser usw.

Sporen werden bei dieser Methode rot gefärbt. Prinzip der Färbung: die Sporenmembran wird durch die Einwirkung oxydierender Stoffe besser aufnahmefähig für Farbstoffe. Man kann auch andere oxydierende Stoffe verwenden.

---

[1] ZIEHL-NEELSEN: Dtsch. med. Wschr. 1882.

IV. Geißelfärbung nach Löffler [1]. Man stellt sich Ausstrichpräparate einer stark verdünnten Aufschwemmung junger, lebenskräftiger Kulturen her, fixiert vorsichtig und färbt folgendermaßen:

1. 1 Min. unter Erwärmen behandeln mit Löfflers Beize, bestehend aus

10 cm³ einer 20%igen Tanninlösung (durch Erhitzen herzustellen),

5 cm³ einer kalt gesättigten Ferrosulfatlösung,

1 cm³ einer gesättigten alkoholischen Fuchsin- oder Methylviolettlösung.

2. Mit Wasser, dann mit Alkohol abspülen.

3. Färben mit neutraler [2], gesättigter Anilinwasser-Fuchsinlösung 1 Min. unter Erwärmen.

V. Neisser*sche Polkörperchenfärbung für Diphtheriebacillen* [3].

1. Färben 1 Min. mit einem Gemisch gleicher Teile folgender Lösungen:

Lösung I:	Methylenblau	1,0
	Alcohol. absol.	20,0
	Aqu. dest.	1000,0
	Acid. acetic. conc.	50,0
Lösung II:	Kristallviolett	1,0
	Alcohol. absol.	10,0
	Aqu. dest.	300,0

Vor dem Gebrauch wird Lösung I und II im Verhältnis 2 : 1 gemischt.

2. Abspülen mit Wasser.

3. Nachfärben 3 Sek. mit einer heiß bereiteten und filtrierten Lösung aus

Chrysoidin	2,0
Aqu. dest.	300,0

4. Abspülen mit Wasser.

Erfolg der Färbung s. unter Diphtheriebacillus S. 80.

Eine einfache, schnelle und trotzdem genügende Färbung der Diphtheriebacillen erreicht man mit milchsaurem Methylenblau.

---

[1] Sehr bekannt ist weiterhin die Geißelfärbung nach Zettnow (Z. Hyg. **30**, 99).

[2] Man setzt zu 100 g Farblösung vor dem Gebrauch etwa 5 Tropfen Normalkalilauge, damit sich der Farbstoff in „Schwebefällung" befindet.

[3] K. Hollborn, Leipzig, empfiehlt im Gegensatz zu der bisherigen Neisserschen Methode nur eine Farbstofflösung „Polychrom Hollborn" zu verwenden, die gleichzeitig die Diphtheriebacillen von frischen Kulturen gelbbraun und die Polkörnchen blau in 5—15 Min. färbt.

Methylenblau 0,2
Aqu. dest. 100,0
Milchsäure . . . . gtt. X

Man färbt nur wenige Sekunden und trocknet ohne Abspülen;
die Polkörner treten dann deutlich hervor.

VI. Modifikation der Unna-Pappenheim*schen Doppelfärbung
nach* Krystallowicz [1].

Färben $^1/_2$—1 Min. in folgender Lösung:

Methylgrün 0,15
Pyronin 0,25
Alcohol. absol.. 2,5
Glycerin 20,0
Aqu. phenolat. 2% ad 100,0

Erfolg der Färbung:

leuchtendrot: die Gonokokken,
hellrosa: das Protoplasma der Leukocyten,
hellgrün: die Leukocytenkerne,
dunkelrosa: das Protoplasma der Epithelien,
blauviolett: die Epithelienkerne.

VII. Die mit der Giemsa-*Lösung ausgeführte* Romanowsky-
Färbung [2].

1. Färben mit einer frisch bereiteten Mischung von 1 Tropfen
Giemsa-Lösung (s. S. 24) und 1 cm³ destilliertem Wasser 15 bis
20 Min.

2. Abspülen in gelindem Wasserstrahl.

Dies ist die Vorschrift für die gewöhnliche sog. Giemsa-
Färbung; eine von Giemsa angegebene Schnellfärbung für Spirochäten ist im speziellen Teil auf S. 91 angegeben.

VIII. K. Hollborn, Leipzig, empfiehlt zur Verhütung häufig
vorkommender und beobachteter Fehler bei der Färbung mit
Lösungen der „Neutral-Farbstoffe", bei denen der basische und
saure Bestandteil Farbstoff ist; wie z. B. May-Grünwald, Jenner,
Leishman, folgende gekürzte Anweisung:

a) Luftgetrocknete, frisch hergestellte Ausstriche werden mit
der Farbstofflösung durch Auftropfen völlig bedeckt. Hierdurch
wird zunächst nur eine Fixierung der Ausstriche durch den Methylalkohol der Lösung bewirkt, die aber schon nach 3—5 Min. voll-
endet ist. (Längere Zeit schädigt die darauffolgende Färbung, die
erst beim Zusatz von destilliertem Wasser eintritt.)

---

[1] Krystallowicz: Virchows Arch. 157.
[2] Giemsa, G.: Zur Praxis der Giemsa-Färbung. Zbl. Bakter. 1924, H. 5.
Auf Anforderung stellt die Firma Hollborn & Söhne die von Prof. Giemsa
gegebenen Richtlinien und Sondervorschriften „Anleitung St. für die
Giemsa-Färbung" zur Verfügung.

b) Danach ist sofort ebensoviel destilliertes Wasser hinzuzufügen und 10 Min. zu färben.

c) Abspülen mit destilliertem Wasser. Vorsichtig trocknen!

d) Dauereinschluß in Neutralbalsam „H" zur Verhütung des Ausbleichens der Färbungen!

NB.: Beim Verdünnen der Farbstofflösungen und zum Abspülen der Präparate darf *nur* destilliertes, absolut säurefreies Wasser benutzt werden.

2. Der kulturelle Nachweis.

Zweck der Bakterienkultur. Das Bakterienzüchtungs- oder Kulturverfahren erfüllt einen doppelten Zweck. Erstens kommt es für die Weiterzüchtung vorhandener Reinkulturen zur Verwendung, zweitens dient es der bakteriologischen Diagnostik, insofern es eine Isolierung der Bakterienarten, d. h. die Gewinnung von Reinkulturen aus einem Gemisch verschiedener Bakterien, und weiterhin die Identifizierung der reingezüchteten Bakterien durch das Studium sowohl ihrer Eigenschaften als auch ihrer physiologischen Wirkung ermöglicht. Die mikroskopische Untersuchungsmethode wird durch das Kulturverfahren oft wertvoll unterstützt und ergänzt, nicht selten ist es für jene sogar die Vorbedingung. Ist z. B. das vorliegende Untersuchungsmaterial sehr bakterienarm, oder sollen Bakterien darin festgestellt werden, die in bezug auf Färbbarkeit und Form Ähnlichkeit mit anderen haben, so ist es nicht direkt zur Anfertigung mikroskopischer Präparate geeignet. Man wird in diesen Fällen vielmehr auf dem Wege des Kulturverfahrens erst eine Vermehrung und Isolierung der nachzuweisenden Bakterienart zu erreichen suchen, um dann von der erhaltenen Reinkultur mikroskopische Präparate herzustellen.

Anlegung von Bakterienkulturen. Hierbei hat man verschiedenes zu beachten. Erstens muß zur Züchtung ein Nährboden (Nährsubstrat, Nährmedium) verwandt werden, der den betreffenden Bakterienarten zusagt. In dieser Hinsicht ist auch auf die Prüfung der chemischen Reaktion des Nährbodens Wert zu legen[1]. Zu dieser Prüfung bedient man sich der Bestimmung der Wasserstoffionenkonzentration (p_H-Zahl) mit Hilfe des MICHAELISschen Komparators und der CLARKschen Indikatoren. Infolge des Gehaltes der Nährböden an Phosphaten und Pepton besitzen sie den

---

[1] Man vermeide bei der Herstellung und Aufbewahrung der Nährböden Glasgefäße, die an wäßrige Flüssigkeiten Alkali abgeben.

Charakter von Pufferlösungen, und man kann sie verdünnen, ohne daß sich das p_H ändert, wobei sich als Verdünnungsflüssigkeit am besten eine etwa 0,85 %ige Kochsalzlösung eignet. Der Gesamtsalzgehalt bleibt auf diese Weise annähernd gleich. Die Indikatorverdünnungen braucht man nicht jedesmal frisch zu bereiten; man hält sie zweckmäßig vorrätig, da sie bei geeigneter Aufbewahrung sehr lange haltbar sind. Die Bestimmung ist in kurzer Zeit auszuführen und erfordert weniger Mühe als die Titration [1].

Zweitens ist die durch die Benutzung des Thermostaten (s. S. 3 und 4) ermöglichte Innehaltung bestimmter Temperaturgrade für das Gedeihen der Bakterien von Bedeutung. Die nicht pathogenen Arten wachsen meist am besten bei Zimmertemperatur (18—20°), die pathogenen dagegen bei Körpertemperatur (37°).

Drittens ist der Einfluß des Luftsauerstoffs auf das Wachstum der Bakterien zu berücksichtigen. Teils entwickeln sie sich nur bei Sauerstoffabschluß (Anaeroben), teils brauchen sie freien Sauerstoff zum Leben (Aeroben), ohne daß sie jedoch absterben, wenn gelegentlich für kurze Zeit die Sauerstoffzufuhr unterbrochen ist.

Nährböden.

Zur Züchtung der Bakterien dienen sowohl flüssige als feste Nährböden [2].

Flüssige Nährböden, die im Vergleich zu den festen nur wenig gebraucht werden, gelangen fast ausschließlich für vorliegende Reinkulturen zur Verwendung und dienen unter anderem dazu, Massenkulturen herzustellen und die verschiedenartigen Lebensäußerungen der Bakterien wahrnehmbar zu machen. So kommt z. B. in Betracht, ob sich Häutchen- oder Sedimentbildung entwickelt, ob Eigenbewegung der Bakterien vorliegt, ob bei ihrem Wachstum Farbstoff produziert wird, ob die Bildung von Indol, Schwefelwasserstoff oder auf Gärungsprozesse zurückzuführende Gasbildung erfolgt und ob sich Phosphoreszenz zeigt.

1. Nährbouillon (Fleischwasser nach KOCH), die sowohl als flüssiges Nährsubstrat viel verwandt wird als auch als Ausgangsmaterial für die gebräuchlichsten festen Nährböden (Nährgelatine und Nähragar) dient, wird in folgender Weise bereitet: 500 g feingewiegtes, fettfreies Rind- oder Pferdefleisch werden mit

---

[1] Ausführliche Mitteilungen über p_H-Konzentrationen und Nährböden: Z. Immun.forsch. Orig. **32** (1921). — MANSFIELD, CLARK W.: The Determination of Hydrogen Ions. Baltimore 1920. — Dtsch. med. Wschr. **1921**, 673.

[2] Nähere Angaben finden sich in KAHLFELDT, FR.: Bakteriologische Nährbödentechnik, 4. Aufl. Leipzig: Georg Thieme 1942.

1 Liter Wasser unter häufigem Umrühren entweder durch 24stündige Mazeration oder durch halbstündiges Kochen mit zweckmäßig vorangegangener halbstündiger Digestion bei 50⁰ oder durch einstündiges Erhitzen im Dampfbad extrahiert. In dem

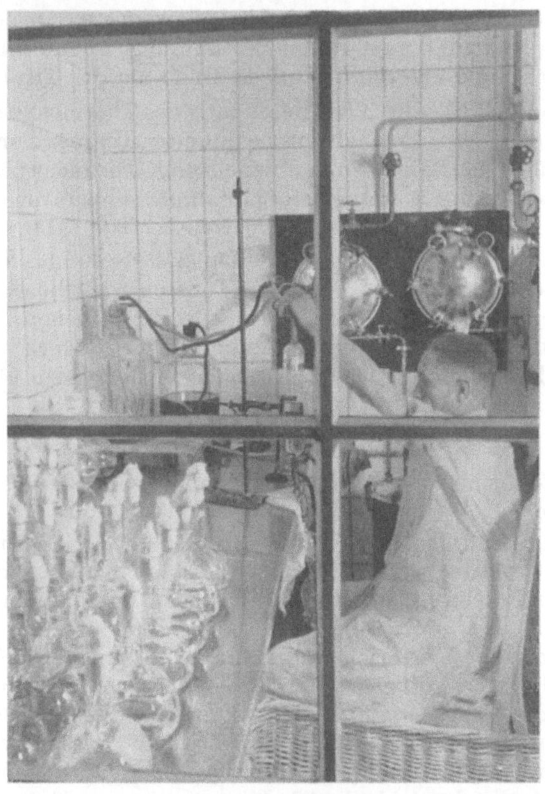

Abb. 13. Filtrieren von Nährbouillon im Laboratorium der Großindustrie.
Aufnahme: Behringwerke.

abgepreßten und 24 Stunden (eventuell im Eisschrank) kalt gestellten Fleischauszug löst man unter Erwärmen 10 g Pepton[1] und 5 g Kochsalz[2] und fügt zu der auf 1000 cm³ aufgefüllten

---

[1] Zu empfehlen ist Pepton „Witte". — Auch Fleischextraktgelatine wurde nach Klärung mit Magnesiumkarbonat als Nährboden empfohlen.

[2] Für gewisse Zwecke werden noch andere Zusätze gemacht; so werden für den Nachweis des Gärungsvermögens der Bakterien der Bouillon 1—2% Traubenzucker in Form einer konzentrierten sterilen Lösung zugesetzt.

Flüssigkeit soviel Natriumkarbonatlösung, daß bei Anwendung der Tüpfelprobe empfindliches blaues Lackmuspapier gerade nicht mehr gerötet wird. Nachdem man sodann zwecks Klärung das mit wenig Wasser durchgeschüttelte Weiße eines Hühnereies zugemischt hat, wird die Bouillon 1 Stunde im strömenden Dampf erhitzt, darauf durch ein doppeltes Filter filtriert, nochmals auf ihre Reaktion geprüft und nötigenfalls von neuem, wie angegeben, auf den Neutralitätspunkt eingestellt. Von dem fertigen Nährboden bringt man in eine Anzahl sterilisierter Reagensgläser je 5—10 cm³, während mit dem Rest 100 cm³ fassende Arzneiflaschen fast bis zum Halse gefüllt werden. Diese sowie die Reagensgläser werden mit einem Rohwattepfropfen verschlossen und zum Zwecke der Sterilisation an drei aufeinanderfolgenden Tagen je $^1/_4$ Stunde im Dampfsterilisator auf 100° oder einmal $^1/_4$ Stunde im Autoklaven auf 120° erhitzt.

Statt des Fleisches kann man auch Fleischextrakt[1] als Ausgangsmaterial verwenden. Die Fleischextraktlösung erhält man durch Auflösen von 0,5—1,0 g LIEBIGschem Fleischextrakt oder 1,0 g Ochsena in 100 cm³ Wasser. Das Fleischextraktwasser hat dem Fleischwasser gegenüber den Vorteil, daß es keine gärfähigen Substanzen — wie beispielsweise das Pferdefleischwasser das Glykogen — enthält.

2. Sterilisiertes Peptonwasser (Peptonkochsalzlösung), das für gewisse Zwecke (z. B. für die Choleradiagnose) an Stelle der Nährbouillon Verwendung findet, ist eine wäßrige, sterilisierte Lösung von 1—2% Pepton und 0,5—1% Kochsalz. Ist die Prüfung auf Indolbildung beabsichtigt, so muß der Lösung außerdem 0,01% Kaliumnitrit und 0,02% kristallisiertes Natriumkarbonat zugefügt werden.

3. Blutserum wird so hergestellt, daß man frisches Blut der Schlagadern von Schlachttieren (z. B. vom Rind, Pferd oder Schwein) 24 Stunden kalt stehen läßt, dann das oberhalb des Blutkuchens abgeschiedene Serum abhebert und in Mengen von 5—10 cm³ in mit Wattepfropfen zu verschließende sterilisierte Reagensgläser einfüllt. Hat man diese Prozedur vollständig steril ausgeführt, so kann man, wenn auch nicht mit Sicherheit, den so erhaltenen Nährboden als keimfrei ansehen. Im anderen Falle kann man eine Sterilisation des Serums dadurch zu erzielen suchen, daß man die Gläschen 10 Tage hintereinander je 2—3 Stunden

---

[1] Für Fleischextrakt kann in vielen Fällen Hefeextrakt für bakteriologische Zwecke nach H. LIEBMANN (Hersteller: Chemische Fabrik J. Blaes & Co., G. m. b. H., München 25, Zielstattstraße 38) verwendet werden. Vgl. Zbl. Bakter. 1942, 148, 406.

auf 60—65⁰ erhitzt, dem Inhalt der Reagensgläser 1% Chloroform
zusetzt und letztere dann, mit einer sterilisierten Gummikappe
oder Gummistopfen verschlossen, 3—4 Wochen stehen läßt. In
Anbetracht der nicht völligen Sicherheit dieses Sterilisationsverfahrens empfiehlt es sich, in jedem Falle vor dem Gebrauch die
Reagensgläser 2—3 Tage in den Brutschrank bei 37⁰ zu stellen,
wobei das Chloroform aus den von den Kappen bzw. Stopfen
befreiten Gläschen verdunstet. Alle dann nicht klar durchsichtig
gebliebenen Reagensgläser werden als unbrauchbar ausgeschieden.

Daß auch das Ei[1] und die Milch als flüssige Nährböden im
Gebrauch sind, sei noch kurz erwähnt.

Feste Nährböden. Im Gegensatz zu den flüssigen Nährsubstraten liegt die Bedeutung fester Nährböden hauptsächlich darin, daß man mit ihrer Hilfe leicht Reinkulturen von Bakterien
erhalten kann. In einem flüssigen Nährmedium wachsen darin
vorhandene verschiedene Bakterien durcheinander, da dessen
flüssige Beschaffenheit die Lage der Keime nicht zu fixieren vermag, so daß es selbst bei stärkster Verdünnung eines infizierten
flüssigen Nährbodens nur mit großer Mühe gelingt, einen bestimmten Keim zu isolieren. In dem festen Nährboden liegen dagegen
die Keime der verschiedenen Bakterienarten unbeweglich an
ihrem Platze und wachsen so, mehr oder weniger voneinander getrennt, zu Kolonien aus, von denen leicht einzelne Keime zur
Gewinnung von Reinkulturen in andere sterile Nährböden über-
geimpft werden können.

Drei Arten fester Nährböden sind zu unterscheiden: 1. solche,
die dauernd feste Konsistenz aufweisen, 2. solche, die ursprünglich flüssig sind, aber durch Erhitzen eine feste Beschaffenheit
annehmen und diese dann beibehalten, und 3. solche, die bei
gewöhnlicher Temperatur fest sind, bei höheren Wärmegraden
sich aber verflüssigen.

Zu der erstgenannten Art gehören der Brotbrei sowie die
Kartoffel.

Brotbrei, der namentlich für Schimmelpilzkulturen angewandt
wird, ist im trockenen Zustande geriebenes, angefeuchtetes Brot,
das in Höhe von etwa 3 cm in mit Wattepfropfen zu verschließende
Reagensgläschen eingefüllt und hierin zwecks Sterilisation 3 Tage
hintereinander je ¹/₄ Stunde im Dampf erhitzt wird.

Kartoffeln können, nachdem sie äußerlich gründlich gereinigt,
von den Augen befreit und ¹/₂ Stunde mit 0,1%iger Sublimatlösung
behandelt sind, ³/₄ Stunden im Dampfapparat gekocht, dann mit

---

[1] Das Ei kommt roh als flüssiger oder gekocht als fester Nährboden
zur Verwendung.

sterilem Messer halbiert und in sog. *feuchte Kammern* gebracht werden. Hierunter versteht man Glasdoppelschalen, deren Boden mit angefeuchtetem Filtrierpapier belegt ist (KOCHsches Verfahren). Besser werden die geschälten und in Scheiben geschnittenen Kartoffeln in sterilisierte Doppelschalen gelegt und in diesen an 3 aufeinanderfolgenden Tagen je $^1/_4$—$^1/_2$ Stunde bei 100° sterilisiert (v. ESMARCHsches Verfahren). Endlich kann man mit einem weiten Korkbohrer auch aus den gereinigten und geschälten rohen oder gekochten Kartoffeln Zylinder ausstechen und diese durch einen schrägen Schnitt in zwei Keile teilen. Jeden dieser Keile bringt man mit dem breiten Teil nach unten in ein Reagensglas, das dann, mit einem Wattepfropfen verschlossen, wie beim vorigen Verfahren sterilisiert wird (Verfahren nach BOLTON, GLOBIG und ROUX).

Blutserum, ein festes Nährsubstrat der zweiten Art, erhält man dadurch, daß man den flüssigen Blutserumnährboden in ziemlich horizontal gelegten Reagensgläschen bei 65—68° erstarren läßt. Der Wert dieses Nährbodens liegt einerseits darin, daß er manchen pathogenen Bakterienarten sehr zusagt, deren Züchtung auf anderen Nährsubstraten nicht oder nur schwer gelingt. Andererseits schätzt man seine Durchsichtigkeit [1], die eine gute makro- und mikroskopische Betrachtung des Auswachsens der Keime gestattet.

Noch wertvoller als das Blutserumsubstrat sind Nährgelatine und Nähragar, welche die dritte Art der Nährböden verkörpern. Sie sind wie jenes durchsichtig, bieten aber außerdem den Vorteil, daß sie sich durch Erwärmen beliebig oft wieder verflüssigen lassen.

Nährgelatine. In Nährbouillon (s. S. 31) bringt man 10%, in der warmen Jahreszeit 12—15% beste weiße Speisegelatine, läßt letztere zunächst quellen und erwärmt dann auf höchstens 60°, bis Lösung erfolgt ist. Die erhaltene Flüssigkeit wird, wie bei Nährbouillon angegeben wurde, neutralisiert [2] und nach Zumischung des Weißen eines Hühnereies durch $^1/_4$stündiges Erhitzen im Wasserdampf bei 100° geklärt. Darauf ist sie entweder im Heißluftsterilisator oder unter Verwendung eines Wasserbadtrichters durch ein vorher mit Wasser angefeuchtetes Filter bei einer Temperatur von höchstens 60° zu filtrieren. Das Filtrat wird nochmals auf seine Reaktion geprüft, eventuell von neuem, wie

---

[1] Beim Erhitzen über 70° C geht die Durchsichtigkeit verloren. Ein undurchsichtig erstarrtes Blutserumsubstrat ist aber z. B. für die Diphtheriediagnose noch zu verwenden.

[2] Vgl. S. 33; für einige Bakterienarten ist ein geringer Alkaliüberschuß vorteilhaft.

angegeben, auf den Neutralitätspunkt eingestellt und dann in
Mengen von etwa 10 cm³ derart in sterile Reagensgläser gefüllt,
daß sich kein Flüssigkeitstropfen an dem oberen Teil der inneren
Glaswandung ansetzt. Nach Verschluß mit einem Wattepfropfen
werden die Gläser an drei aufeinander folgenden Tagen je 15 Min.
im strömenden Dampf sterilisiert. Von den sterilisierten Gläsern
läßt man die, welche zu Stichkulturen (s. S. 41) Verwendung
finden sollen, in senkrechter, die, welche zu Strichkulturen gebraucht werden sollen, in schräger Lage erstarren.

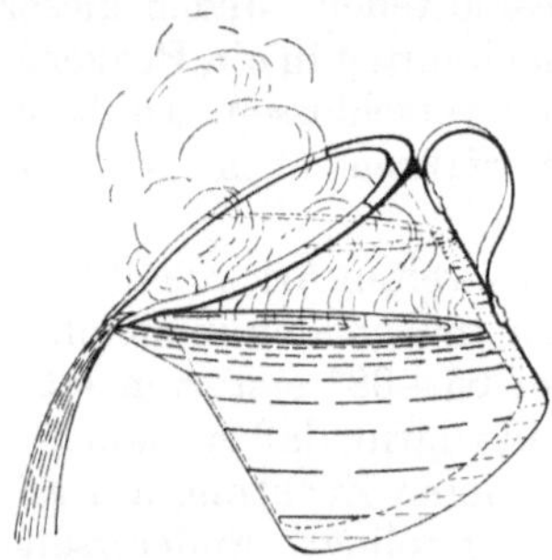

Abb. 14. Dahlener Doppeltopf.

Als geeignete Gefäße zur Herstellung verschiedenartiger flüssiger
Nährböden seien der *Dahlener* Doppeltopf [1] (s. Abb. 14) oder ein elektrisch geheizter Topf mit Einsatz
erwähnt.

Nährgelatine wird bei 29⁰ flüssig.
Da der Verflüssigungspunkt sich entsprechend der Dauer und dem Grade
der Erhitzung erniedrigt, vermeide
man jedes unnötige Erhitzen und sehe
von der Benutzung des Autoklaven
beim Erhitzen bzw. Sterilisieren ganz

ab. Infolge ihres niedrigen Verflüssigungspunktes ist die Nährgelatine als fester Nährboden für Bakterienzüchtungen im Brutofen (bei 37⁰) ungeeignet und nur bei Zimmertemperatur verwendbar.

Nähragar. Man löst in Nährbouillon 1,5—2% feingeschnittenen
oder gepulverten Agar [2], den man vorher gut hat quellen lassen,
durch Erhitzen auf und verfährt weiter wie bei der Bereitung
der Nährgelatine. Zu bemerken ist, daß die Filtration des Nähr-
agars durch Filtrierpapier Schwierigkeit macht. Man beschränkt
sich daher, indem man auf die Erlangung eines ganz blanken
Nährsubstrates verzichtet, vielfach darauf, die Agarlösung durch
Watte, Flanell oder Cambricsieb zu gießen, oder man läßt sie
warmgestellt in einem hohen zylindrischen Gefäß längere Zeit
absetzen und gießt oder hebert dann die obere klare Schicht
vom flockig trüben Bodensatz ab. Auch kann man von der
dem Zylinder entnommenen erstarrten Agarmasse den Bodensatz durch Abschneiden mit einem Messer entfernen. Zur Einstellung auf den Neutralitätspunkt ist bei dem Agarnährboden

---

[1] Nach Angabe von Apotheker Dr. BULNHEIM, Dahlen i. S.

[2] Der vierkantige, aus lose zusammenhängender Masse bestehende
„Säulenagar“ ist als reineres Präparat dem „Federkielagar“ vorzuziehen.

meist weniger Alkali nötig als bei der Nährgelatine, da der Agar neutral, die Gelatine dagegen häufig sauer reagiert.

Fleisch-Natronagar. 500 g mageres zerkleinertes Rindfleisch oder in Würfel geschnittenes Fischfleisch wird in 250 cm³ Normalnatronlauge gelöst. Nach dem Erkalten wird filtriert (Cambricsieb), sterilisiert und mit Neutralagar im Verhältnis 3:7 gemischt.

Im Gegensatz zur Nährgelatine erleidet der Nähragar hinsichtlich seines Erstarrungsvermögens durch längeres und höheres Erhitzen keinen Schaden. Er wird bei 90—100⁰ flüssig und erst beim Abkühlen auf etwa 40⁰ wieder fest. Bei seinem Erstarren macht sich eine Ausscheidung von Flüssigkeitstropfen, die man als Kondenswasser bezeichnet, bemerkbar. Da Agar kein Eiweißkörper ist, findet bei den Agarnährböden eine Verflüssigung durch peptonisierende Bakterien, die bei der Nährgelatine große diagnostische Bedeutung hat, nicht statt.

Für die Züchtung gewisser pathogener Bakterien (Diphtheriebacillen, Streptokokken, Tuberkelbacillen) benutzt man eine mit 4—6% Glyzerin gemischte Agarlösung. Zur Anaerobenzüchtung werden die Röhrchen höher gefüllt (mit etwa 10 cm³) und kurz vor der Einsaat nochmals gekocht. Oft fügt man noch ein Stück Leber oder Niere in Größe einer halben Mandel von einem normalen Kaninchen hinzu.

Bemerkt sei noch, daß man für gewisse Zwecke auch eine Mischung der genannten Nährböden vornimmt; so verwendet man z. B. ein Gemisch von Nährgelatine, Nähragar oder Bouillon mit Blutserum.

Die Vorschriften für besondere Nährböden zur Züchtung bestimmter Keime finden sich im speziellen Teil bei der Besprechung der einzelnen Mikroorganismen. Nur zwei von diesen seien hier angeführt:

1. Nährgelatine für Wasseruntersuchungen:

Aqu. dest.	100,0
Extr. carnis Liebig . .	1,0
Pepton Witte	1,0
Natr. chlorat.	0,5

Eine halbe Stunde kochen (Dampfbad), erkalten und absetzen lassen, filtrieren; zu 900,0 dieser Lösung 100,0 Gelatine hinzufügen. Nach Quellen und Erweichen der Gelatine bis höchstens ¹/₂ Stunde kochen (Dampfbad). Neutralisieren der heißen Lösung mit NaOH, ¹/₄ Stunde erhitzen (Dampfbad). Prüfen und nötigenfalls verbessern der Reaktion; auf 1 Liter 1,5 g kristallisierte

(nicht verwitterte!) Soda zufügen, $^1/_2$—$^3/_4$ Stunde kochen (Dampfbad). Filtrieren, abfüllen, sterilisieren[1].

2. Der Lackmus-Nutrose-Agar nach CONRADI-DRIGALSKI: 750 g
gehacktes Pferdefleisch mit 2 Liter Wasser 24 Stunden lang
stehen lassen; das so erhaltene Fleischwasser 1 Stunde kochen,
filtrieren, mit 10 g Pepton Witte, 10 g Nutrose und 5 g Natriumchlorid 1 Stunde lang kochen. Nach Zusatz von 30 g Agar 2 bis
3 Stunden im Dampfstrom oder 1 Stunde im Autoklaven erhitzen;
schwach mit Sodalösung alkalisieren, filtrieren, 1 Stunde kochen;
eine Lösung von 10 g Nutrose in 100 cm³ Wasser hinzufügen,
gut mischen, in Kolben von je 100 cm³ abfüllen und an 2 aufeinanderfolgenden Tagen je 20 Min. im Dampfstrom sterilisieren.
Dann wird der etwas abgekühlten Flüssigkeit unter gutem
Durchschütteln eine 40—50⁰ warme Lackmus-Milchzuckerlösung
beigemischt, die bereitet wird, indem man 130 cm³ Lackmuslösung
10 Min. kocht, darauf 15 g reinen Milchzucker zufügt und nochmals 15 Min. kocht. Sollte die Reaktion der Mischflüssigkeit
nicht mehr alkalisch sein, so ist sie zu korrigieren. Darauf gibt
man zu der Mischung 4,5 cm³ heiße, sterile, 10%ige wäßrige
Lösung von wasserfreier Soda und 20 cm³ folgender Lösung:
0,1 g Kristallviolett B, 100 cm³ warmes, steriles Wasser. Von
der so hergestellten Mischung gießt man dicke Agarplatten und
füllt noch eine Anzahl 10 cm³-Röhrchen ab.

Übrigens enthält fast jedes bakteriologische Werk kleine
Abänderungen in der Vorschrift, wie auch die Autoren selbst
solche vornehmen.

Die Art der Beimpfung des Lackmus-Nutrose-Agars mit
Typhusbacillen ist auf S. 70 angegeben.

Das Abfüllen flüssiger oder verflüssigter Nährböden geschieht
zweckmäßig in folgender Weise: Auf den Hals des Kolbens oder
der Flasche, in die man den Nährboden eingefüllt hat, setzt
man einen sterilisierten, doppelt durchbohrten Gummistopfen,
durch dessen eine Bohrung ein bis auf den Boden des Gefäßes
reichendes Glasrohr führt, während in die andere Bohrung ein
kürzeres Glasrohr eingefügt ist, das durch ein mit einem Quetschhahn versehenes Stück Gummischlauch mit einem etwas längeren
Glasrohr verbunden wird. Man stellt das Gefäß dann mit dem Hals
nach unten in den Ring eines Stativs ein und kann nun ohne
Schwierigkeit den Nährboden so in die Reagensgläser einfüllen,
daß sich am oberen Teil ihrer Innenwandung keine Flüssigkeit

---

[1] Zweckmäßige Vorschriften für die Laboratoriumspraxis finden sich
weiter auch in dem Buch: Reagenzien und Nährböden von Dr. BÖHM
und Dr. DIETRICH. Berlin: Urban & Schwarzenberg 1927.

ansetzt und auch das Eindringen von Luftkeimen in den Nährboden nach Möglichkeit ausgeschlossen ist. Es darf hierbei kein
Nährboden von unten in das bis auf den Boden des Abfüllgefäßes
reichende Glasrohr hineingelangen. Das Gefäß darf daher nur
etwa zur Hälfte mit Nährboden gefüllt sein und muß in schräger
Lage mit dem Stopfen verschlossen werden. Sollen bestimmte
Mengen eines flüssigen Nährbodens in die Reagensgläser eingefüllt
werden, so versieht man diese am besten vorher mit einem entsprechenden Markierstrich.

Zum Versand von Bakterienkulturen und sterilen Nährböden
eignen sich die von B. Braun, Melsungen, in den Handel gebrachten
Sterilgläschen.

Die verschiedenen Kulturmethoden.

Die Plattenkultur, die von den verschiedenen für die Bakterien-
züchtung angewandten Methoden an erster Stelle genannt werden
muß, ist das gebräuchlichste Verfahren zur Trennung verschiedener
Bakterienarten. Es besteht darin, daß man einen festen und
durchsichtigen Nährboden verflüssigt, dann mit wenig Bakterienmaterial gut durchmischt und durch Ausstreichen und Verdünnen
mit Platinöse oder Glasspatel in dünner Schicht über eine große
Fläche ausbreitet, so daß die einzelnen Keime in dem bald
erhärtenden Nährboden ihrer Lage nach fixiert sind und, voneinander getrennt, zu Kolonien auswachsen können.

Gelatine- und Agarplatten, die eine sehr verbreitete Verwendung
finden, werden in folgender Weise bereitet: Von 3 numerierten
und in ein Wasserbad von 35—40⁰ gestellten Gelatineröhrchen
nimmt man zunächst Röhrchen I so in die linke Hand, daß es
schräg nach oben gerichtet und mit der Mündung nach rechts
zwischen Daumen und Zeigefinger der nach oben gekehrten
Handfläche liegt. Man entfernt dann mit der rechten Hand unter
drehender Bewegung den Wattepfropfen und klemmt letzteren
zwischen zwei Finger der linken Hand fest, ohne den zum Einführen in das Röhrchen bestimmten unteren Pfropfenteil zu
berühren. Mit der Platinöse werden nun von einem vorliegenden
flüssigen Impfmaterial, je nach dem Bakteriengehalt, 1—3 Ösen
auf den verflüssigten Nährboden übertragen, während konsisten-
teres Material entweder in geringer Menge an der Innenwand des
Röhrchens unter Benutzung des Platindrahtes mit dem Nährsubstrat verrieben oder vorher in sterilisiertem Mörser mit etwas
Nährbouillon in die Form einer flüssigen Suspension gebracht
wird. Nachdem durch geeignetes Drehen des schräg gehaltenen
Röhrchens eine gleichmäßige Verteilung des überimpften Bakterien-

materials in dem wieder mit dem Wattepfropfen verschlossenen, als „*Original*" bezeichneten Röhrchen bewirkt ist, nimmt man Röhrchen II aus dem Wasserbade, legt es parallel zu Röhrchen I in die linke Hand, entfernt beide Wattepfropfen, von denen der eine zwischen Mittel- und Ringfinger, der andere zwischen Zeige- und Mittelfinger der linken Hand festgeklemmt wird, und impft nun 3 Ösen aus Röhrchen I in Röhrchen II über, worauf beide wieder mit dem Wattepfropfen geschlossen werden und Röhrchen I beiseite gestellt wird. Darauf wird in analoger Weise mit dem gut gemischten, als „*erste Verdünnung*" bezeichneten Inhalt des Röhrchens II eine Impfung des Röhrchens III vorgenommen, das dann die „*zweite Verdünnung*" enthält. Die so überimpften Nährböden der 3 Röhrchen gießt man schließlich in 3 numerierte Petrische Glasdoppelschalen von 9—10 cm Durchmesser aus, die vorher in Büchsen durch 2stündiges Erhitzen auf 150—160⁰ sterilisiert worden sind. Beim Füllen der Schalen hebt man, um das Einfallen der Luftkeime nach Möglichkeit zu verhindern, den Schalendeckel einseitig nur so weit hoch, daß das Röhrchen ausgegossen werden kann. Bei der Herstellung der Plattenkultur ist auch zu beachten, daß Platindraht bzw. Platinöse in ganzer Drahtlänge, ebenso auch das untere Ende des Glasstabes unmittelbar vor und nach jedem Gebrauch auszuglühen bzw. abzuflammen sind und erst nach dem Erkalten wieder benutzt werden dürfen; ferner, daß man ebenfalls behufs Abtötung anhaftender Keime zweckmäßig vor dem Öffnen eines Reagensglases dessen Wattepfropfen oberflächlich absengt und den äußeren Rand der Öffnung des Glases durch die Flamme zieht.

Wird Nähragar für die Plattenkultur verwandt, so empfiehlt es sich, den Nährboden, damit er zu einer gleichmäßig ebenen Fläche erstarrt, nicht zu sehr abgekühlt, vielmehr 40—42⁰ warm in die etwas angewärmten Schalen auszugießen. Die Beimpfung des verflüssigten Agars muß stets bei 42⁰ C vorgenommen werden.

Mit überimpftem Nähragar beschickte Schälchen bringt man, nachdem das Nährsubstrat erhärtet ist, in den Brutofen bei 37⁰, und zwar mit dem Deckel nach unten, damit das beim Erstarren dieses Substrates austretende Kondenswasser abtropfen kann und nicht durch Ausbreitung auf der Oberfläche des Substrates dem getrennten Auswachsen der Keime entgegenwirkt. Schälchen mit abgeimpften Gelatinenährböden werden dagegen zum Auskeimen meist in ein etwa 20⁰ warmes Zimmer gestellt.

Strichkulturen werden sowohl auf Kartoffeln angelegt als auch auf Gelatine-, Agar- und Blutserumnährböden, die in Reagensgläsern schräg erstarrt oder in Petrische Schalen ausgegossen sind. Man zieht entweder mit der infizierten Platinöse einen bzw. wenige „Impfstriche" auf den Nährboden oder verreibt (bei Nähragar und Kartoffel) das Impfmaterial auf der Oberfläche des Nährsubstrates. Bei Beimpfung von Agarschrägnährböden in Reagensgläsern führt man die das Impfmaterial enthaltende Öse ohne Berührung der Glaswand bis nahe auf den Grund des Glases, legt die Öse dem Nährboden flach auf und zieht sie in gerader oder geschlängelter Linie über den Nährboden. In der Regel wiederholt man dasselbe mit der anderen Fläche der Öse. Meist wird dieses „*Oberflächenkulturverfahren*" für die Züchtung von Bakterienreinkulturen benutzt; es ermöglicht aber auch die Isolierung verschiedener Bakterienarten. Wenn man nämlich mit der Platinöse, ohne sie jedesmal neu zu sterilisieren, mehrere Röhrchen nach der gegebenen Anweisung nacheinander abimpft, so werden die zuletzt abgeimpften, wie erwünscht, meist eine geringe Zahl für die Gewinnung von Reinkulturen geeigneter Kolonien auswachsen lassen.

Stichkulturen sind Reagensglaskulturen, die in der Weise angelegt werden, daß man mit der infizierten Platinnadel einmal in den im senkrecht stehenden Röhrchen erstarrten Nährboden einsticht. Für die Züchtung der Anaeroben ist ein tiefer Stich erforderlich. Führt man den Stich in der Nähe der Reagensglaswandung aus, so kann man mit dem Mikroskop bei Einstellung einer schwachen Vergrößerung das Auswachsen der Kulturen verfolgen.

Flüssigkeitskulturen erhält man dadurch, daß man in Bouillon, Peptonwasser usw. eine Öse Bakterienmaterial hineinbringt. Als Unterart ist hier auch die *Kultur im hängenden Tropfen* (vgl. S. 11) zu erwähnen. In einem nach dieser Methode hergestellten mikroskopischen Präparat findet bei richtig einwirkenden Temperaturverhältnissen ein Wachstum der vorhandenen Bakterien statt, dessen Fortschreiten man mit dem Mikroskop in bester Weise beobachten kann.

Flüssige Nährböden sind in den gebräuchlichen Kulturgläsern nicht versandfähig, da die Flüssigkeit den Wattebausch benetzt, wodurch das Kulturröhrchen natürlich unbrauchbar wird. Das gleiche gilt von Agarnährböden wegen des vom Agar ausgeschiedenen Kondenswassers. Dagegen kann man Kulturen schon auf Schrägagar, Agarstich oder Gelatine verschicken.

Untersuchung und Abimpfung der Plattenkulturen.

Im Verlauf von 1—3 Tagen werden die abgeimpften Platten mehrmals betrachtet, und zwar sowohl makroskopisch als auch

mit Lupe oder Mikroskop bei etwa 50facher Vergrößerung unter
Verwendung des Hohlspiegels und starker Abblendung des
ABBEschen Beleuchtungsapparates. Entweder untersucht man
die Platten bei abgehobenem Schalendeckel von oben oder man
legt sie mit dem Boden nach oben unter das Mikroskop. Zunächst
wird die Zahl der ausgewachsenen Kolonien festgestellt. Als
Hilfsmittel dazu sei die in Abb. 15 dargestellte Zählplatte[1], die
von F. Bergmann und P. Altmann K.G., Berlin NW 7, zu beziehen
ist, empfohlen, da bei deren Verwendung umständliche Rech-
nungen erspart bleiben. Sind
die Kolonien so zahlreich, daß
man nicht die ganze Schale
auszählen will, so genügt es,
wenn man einige Teile genau
auszählt und aus deren Durchschnitt die Zahl der Kolonien
der ganzen Platte berechnet[2].
Sodann wird festgestellt, in
welcher Art, z. B. in bezug
auf räumliche Ausdehnung
und Gestaltung des Randes,
das Wachstum der Kolonien
erfolgt, ob Farbstoffbildung
oder Verflüssigung der Gelatine wahrnehmbar ist. Bei

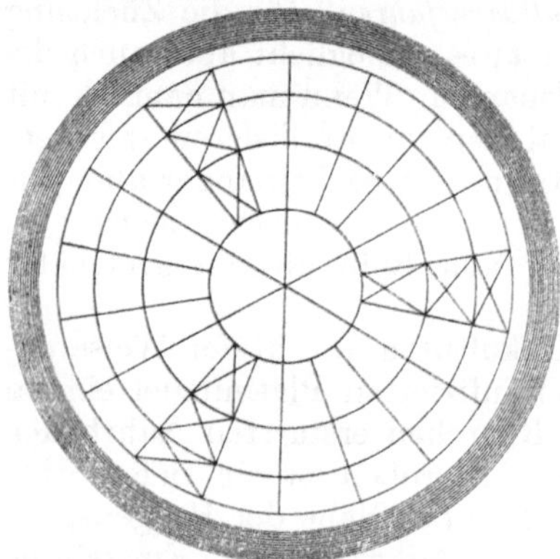

Abb. 15. Zählplatte für PETRIsche
Doppelschalen· nach LAFAR.

der Beurteilung des Wachstums ist zu berücksichtigen, daß die
Kolonien der gleichen Bakterienart, je nachdem sie auf oder in dem
Nährboden wachsen, vielfach ein verschiedenes Aussehen zeigen.
Man kann auch ein Deckglas auf die Plattenkultur legen und
dann die Untersuchung mit stärkerem Linsensystem vornehmen.
Ferner eignet sich eine Platte mit nicht zu alten Kulturen auch
zur Herstellung von *Situsbildern in Klatschpräparaten*[3]. Von den
hierfür benutzten Plattenstellen darf natürlich kein Material zur
Abimpfung entnommen werden.

Zwecks Abimpfung „fischt" man von den ausgewählten,
isoliert stehenden Kolonien durch Betupfen mit der an der
Spitze etwas umgebogenen Platinnadel unter sorgsamer mikro·
skopischer Kontrolle etwas Material, das einerseits zu Präparaten im hängenden Tropfen und zu gefärbten Trockenpräpa-

---

[1] Für Wasserkeimzählung auch Zählplatte nach WOLFHÜGEL.

[2] HABS: Bakteriologisches Taschenbuch, 34. Aufl. Leipzig: Johann
Ambrosius Barth 1948.

[3] Siehe S. 17.

raten, andererseits zur Züchtung von Reinkulturen benutzt wird.
Für letztere Zwecke kommen meist die Stich- und Strichkulturen in Betracht.

Anaerobenzüchtung.

Die Gegenwart freien Sauerstoffs, die für das Wachstum der
meisten Bakterienarten Bedingung ist, wirkt auf gewisse Bakterien
entwicklungshemmend. Man unterscheidet daher „Aeroben" und
„Anaeroben". Zwischen diesen beiden Extremen stehen die
„fakultativ Anaeroben", die den Sauerstoff nicht zum Leben
brauchen, durch seine Anwesenheit aber auch nicht in ihrem
Wachstum gehindert werden. Manche von ihnen neigen mehr
zum aeroben, andere zum mehr anaeroben Typus.

Zwecks vorteilhafter Beeinflussung des Wachstums der Anaeroben erhalten die Nährböden einen Zusatz von Traubenzucker
(1%), Natriumformiat (0,3—0,5%) oder indigschwefelsaurem
Natrium (0,1%). Auch werden sie zweckmäßig kurz vor der
Beimpfung durch einmaliges Aufkochen vom Sauerstoff möglichst
befreit und dann schnell abgekühlt. Unter Verwendung so prä-
parierter Agar- oder Gelatinenährböden lassen sich von den nicht
sehr sauerstoffempfindlichen Anaeroben mit Erfolg Stichkulturen
anlegen, indem man mit der infizierten Platinnadel in das im
Reagensglas erstarrte, etwa 10 cm hohe Nährsubstrat tief einsticht. Man kann auch verflüssigten Nährboden impfen und nach
dessen Erstarren eine Schicht Agarsubstrat oder auch sterilisiertes
Paraffin oder Öl darauf gießen. Beimpften Bouillonnährboden,
den man mit Paraffin überschichten will, läßt man am besten
vorher gefrieren. Auch Strichkulturen kann man mit einer Schicht
aus Agarsubstrat oder Paraffin bedecken.

Für die zur Züchtung der streng Anaeroben erforderliche völlige
Entfernung des Sauerstoffs kommen Verfahren mechanischer
und chemischer Art in Betracht.

Mechanische Verfahren. Man erwärmt die beimpften, oberen
kanülenartig ausgezogenen Kulturröhrchen im Wasserbad gelinde
(Gelatineröhrchen auf 30—35°, Agarröhrchen auf 42°), evakuiert
sie mit der Wasserstrahlluftpumpe und schmilzt sie dann an der
verengten Stelle zu (Methode von GRUBER). Oder man verschließt
die überimpften Reagensgläser gut mit einem Kautschukstopfen,
durch den (wie bei der Spritzflasche) ein längeres und ein kürzeres
Glasrohr hindurchreichen. Durch ersteres läßt man reinen, vorher
nacheinander durch wäßrige Jodkalium- und alkalische Pyrogallussäurelösung hindurchgeleiteten Wasserstoff so lange in das Gläschen eintreten, bis die Luft dadurch entfernt ist, worauf beide

Röhrchenenden zugeschmolzen werden. Plattenkulturen stellt man in einen tubulierten Exsikkator, aus dem man die Luft in analoger Weise verdrängt (Methode von FRAENKEL-HÜPPE).

Chemisches Verfahren. Es beruht auf der Eigenschaft der alkalischen Pyrogallussäurelösung, den Sauerstoff chemisch zu binden. Man stellt das überimpfte, nur lose mit dem Wattestopfen geschlossene Kulturröhrchen in einen etwa 100 cm³ fassenden Glaszylinder, der 5 cm³ einer 20%igen Pyrogallussäurelösung enthält, läßt zu dieser noch 3 cm³ 15%ige Kalilauge fließen und verschließt den Zylinder dann sofort mit einem gut paraffinierten eingeschliffenen Glas- oder Kautschukstopfen. Plattenkulturen bringt man in einen gut schließenden Exsikkator, auf dessen Boden eine Schale für die Aufnahme der alkalischen Pyrogallussäurelösung steht (Methode von BUCHNER).

Zweckmäßig kann man auch das chemische Verfahren mit einem der mechanischen kombinieren. Die Röhrchen bzw. der Exsikkator, in denen die chemische Bindung des Sauerstoffs erfolgen soll, werden dann gleichzeitig entweder evakuiert oder mit Wasserstoff gefüllt.

3. Der Nachweis durch den Tierversuch.

Wie das Kulturverfahren dient auch der Tierversuch zur Ergänzung und Unterstützung des mikroskopischen Untersuchungsergebnisses. Der Tierversuch ermöglicht eine Prüfung der krankheitserregenden Wirkung der Bakterien. Für die sichere Identifizierung gewisser Bakterienarten kann er nicht entbehrt werden und ist namentlich da von größter Bedeutung, wo es sich um die endgültige Bestätigung eines Seuchenverdachtes handelt.

Liegt ein mehrere Bakterienarten enthaltendes oder ein bakterienarmes Untersuchungsmaterial vor, so erreicht man durch den Tierversuch häufig unschwer auch die für die mikroskopische Untersuchung wertvolle Isolierung bzw. Anreicherung einer Bakterienart.

Für die Fortzüchtung von Bakterienkulturen ist der Tierversuch insofern von Bedeutung, als es gelingt, Kulturen, die durch wiederholtes Überimpfen auf künstliche Nährböden Einbuße an ihrer pathogenen Wirksamkeit erlitten haben, durch die „*Tierpassage*" wieder virulent zu machen. So erzielt man z. B. mit den LÖFFLERschen Mäusetyphusbacillen einen sicheren Erfolg, wenn man für die Durchtränkung der zu verfütternden Brotstücke die wäßrige Suspension eines erst kurz vor dem Gebrauch in seiner Virulenz durch die „Tierpassage" gestärkten Bakterienmaterials benutzt.

Als Versuchstiere verwendet man am meisten Mäuse (weiße oder graue Hausmäuse und Feldmäuse) sowie Ratten, Meerschweinchen, Kaninchen, Tauben und Hühner. Man wählt für den Versuch eine Tierart, die auf den Infektionserreger gut reagiert.

Den Tierkörper kann man auf verschiedene Weise mit Bakterienmaterial infizieren, und zwar durch Verfütterung, Einatmung und Impfung.

Die *Verfütterung*, das einfachste und natürlichste, wenn auch nicht sicherste Infektionsverfahren, nimmt man in der Weise vor, daß man das Bakterienmaterial entweder der Nahrung der Tiere zusetzt oder es ihnen mit der Schlundsonde in den Magen einführt.

Die Methode, Tiere durch *Einatmung* zu infizieren, besteht darin, daß man sie Luft einatmen läßt, in der eine Bakterienaufschwemmung verstäubt ist.

Die *kutane Impfung* wird in der Weise vorgenommen, daß der Impfstoff in die rasierte geritzte Haut mit Hilfe einer vorher steril gemachten Platinöse eingerieben und die betreffende Körperstelle mit einem Kollodiumüberzug bedeckt wird.

Die *subkutane Impfung* erfolgt zweckmäßig so, daß man mit steriler Schere einen kleinen Einschnitt in eine vorher mit 0,1%iger Sublimatlösung entkeimte Hautstelle macht und die infizierte Platinöse möglichst tief unter die Haut einführt. Flüssiges Bakterienmaterial kann, eventuell mit physiologischer Kochsalzlösung vermischt, auch mit der Pravaz-Spritze injiziert werden. Mäuse und Ratten impft man oberhalb der Schwanzwurzel, Kaninchen am Grunde eines Ohres oder am Schenkel, wegen der regionären Drüsenschwellung auch an der Innenseite des Hinterbeines, Meerschweinchen an der Bauch- oder Brustseite, Tauben und Hühner auf der Brust.

Die *intravenöse Impfung* wird meist in die Ohrvenen der Kaninchen gemacht.

Die *intraperitoneale Impfung* nimmt man (z. B. an Meerschweinchen zwecks Nachweis von Tuberkelbacillen in Milch, Butter und Harn) in der Nähe des Nabels vor, indem man nach Durchschneiden der Bauchstelle eine stumpfe Kanüle durch die Muskeln und durch das Peritoneum einführt.

Die *intraokulare Impfung* findet am kokainisierten Auge statt, und zwar so, daß man durch die dicht am Rande der Hornhaut eingestochene Kanüle einige Tropfen der Impfflüssigkeit in die vordere Augenkammer einfließen läßt.

Geimpfte Tiere werden, möglichst abgesondert, in geeigneten Behältern, welche leicht zu desinfizieren sind, untergebracht.

Für größere Tiere (z. B. Kaninchen) eignen sich Steintöpfe, für kleinere Tiere (z. B. Mäuse) Einmachgläser. Die durch aufgelegte Drahtnetze zu verschließenden Gefäße werden äußerlich gekennzeichnet.

Die Sektion der Versuchstiere geschieht möglichst bald nach ihrem Tode unter Verwendung steriler Instrumente. Die Gewinnung reinen Versuchsmaterials läßt es häufig auch zweckmäßig erscheinen, den Tod der Tiere künstlich (z. B. durch Schlag oder Chloroform) herbeizuführen. Den Tierkadaver spannt man auf ein Brett, befeuchtet die Haare mit 70%igem Alkohol und öffnet sein Inneres, um Herz, Milz, Leber, Lymphdrüsen usw. zwecks Entnahme von Infektionsmaterial für die Anlegung von Kulturen und die Anfertigung von Präparaten freizulegen. Man macht Präparate von der Impfstelle, der Flüssigkeit der Körperhöhlen und von den inneren Organen.

Die Tierkadaver werden schließlich verbrannt. Vor und nach der Sektion sind alle benutzten Gebrauchsgegenstände und Instrumente sorgfältig zu sterilisieren und die Hände gründlich zu desinfizieren.

4. Der serodiagnostische Nachweis.

Dieser soll aus praktischen Gründen im Anschluß an den Abschnitt „Die wichtigsten für den Menschen pathogenen Mikroorganismen" behandelt werden (s. S. 95).

Spezieller Abschnitt.

I. Die wichtigsten für den Menschen pathogenen Mikroorganismen.

Einer der Gründe, die eine gewisse Kenntnis der krankmachenden Mikroorganismen für den Apotheker als unbedingt erforderlich erscheinen lassen, ist, daß sich die Ausführung bakteriologischer Untersuchungen zur Stellung oder Sicherung von Krankheitsdiagnosen mit der häuslichen Tätigkeit des Apothekers naturgemäß sehr bequem verbinden läßt, während ein vielbeschäftigter praktischer Arzt oft nur sehr schwer die Zeit zu diesen Arbeiten finden wird, die meist eine mehr oder weniger lange Laboratoriumstätigkeit erfordern.

Zur Systematik der pathogenen Mikroorganismen.

Es liegt kein Grund vor, die Bakterien als kleinste aller Lebewesen zu betrachten, da es eine ganze Anzahl unsichtbarer Krankheitserreger gibt, die durch bakteriendichte Filter hindurchgehen und deshalb als filtrierbare Keime bzw. Stoffe (Virus) bezeichnet werden (Aphanozoen, transvisible Ultramikroben). Sie besitzen nicht die Fähigkeit, in künstlichen Nährböden zu wachsen. Nach der heute geltenden Definition ist ihre biologische Natur zu charakterisieren als Erreger, die

1. sehr klein sind, zum Teil unter mikroskopischer Sichtbarkeit liegen,

2. sich mit lebenden Zellen in enger Symbiose erhalten,

3. vermehrungsfähig sind und sich meist intrazellulär vermehren,

4. bei geeigneten Wirten typische und gleichartige Krankheiten hervorrufen,

5. bei einer Infektion oft bestimmte Zellen befallen,

6. eine bestimmte Antigenstruktur haben, die zur Bildung spezifischer Antikörper Anlaß gibt,

7. eine große Variationsfähigkeit besitzen.

Vgl. das umfassende Werk über Virus und Viruskrankheiten bei Menschen, Tieren und Pflanzen von G. Seiffert. Dresden: Theodor Steinkopff 1938.

Die Mehrzahl der pathogenen Keime steht auf der niedrigsten Stufe organischer Entwicklung und hat noch keine ausgesprochen pflanzlichen oder tierischen Eigenschaften aufzuweisen. Aus praktischen Gründen ist es aber unerläßlich, sie in bestimmter Weise ins Pflanzen- und Tierreich einzuordnen. Man hat sich daher, in der Tat hauptsächlich nur aus dem eben angeführten Grunde, dahin geeinigt, die Bakterien, die die weitaus größte Zahl der Krankheitserreger stellen, den Pflanzen zuzurechnen, während man die übrigen von den niedrigst stehenden pathogenen Keimen, die den Protozoen angehören, mit diesen dem Tierreiche zuzählt. Außer den genannten gibt es nun noch eine Reihe krankmachender Mikroparasiten, die, mit schon etwas mehr ausgesprochen pflanzlichen Eigenschaften ausgestattet, zum Teil eine Art Übergangsform zu den echten niederen Pflanzen, speziell den echten Pilzen darstellen, zum Teil diesen auch selbst angehören. Wir kommen so zu der im folgenden durchgeführten Einteilung.

Im Interesse der Übersichtlichkeit und um ein recht rasches Auffinden des Gesuchten beim Nachschlagen zu ermöglichen, wird das Verhalten der einzelnen Arten immer nach folgenden vier Gesichtspunkten dargestellt:

a) Vorkommen und Art der pathogenen Wirkung im Menschen,

b) Befund im mikroskopischen Bild,

c) Verhalten gegenüber künstlichen Nährböden,

d) Verhalten beim Tierversuch.

Bei dem rein praktischen Zweck dieses Buches könnte manches im folgenden vielleicht zu ausführlich behandelt erscheinen. Wir betonen daher ausdrücklich, daß es in erster Linie gerade praktische Rücksichten waren, die es uns erforderlich erscheinen ließen, daß der mit pathogenen Keimen Arbeitende sich auch über das Wesentlichste der Art und Weise und der wichtigsten Lokalisation ihrer krankmachenden Wirkungen im Menschen sofort unterrichten kann.

Im allgemeinen wird es nicht Aufgabe des Apothekers sein, Tierversuche anzustellen. Einerseits gehören aber wenigstens die allerwichtigsten Angaben über die Ergebnisse dieser Versuche zu einer einigermaßen vollständigen Darstellung der pathogenen Keime, und andererseits kann doch gelegentlich dieser oder jener in die Lage kommen, allein oder in Gemeinschaft mit dem Arzte Tierexperimente ausführen zu müssen.

a) Pathogene Mikroorganismen des Pflanzenreiches [echte Bakterien (Eubacteria) und Mykobakterien [1]].

Die Aufstellung eines natürlichen Systems der Bakterien ist noch nicht gelungen. Man ist daher gezwungen, eine Art provisorisches System aufzustellen, in dem die einzelnen Formen nach rein äußeren Merkmalen untergebracht sind. Um eine möglichst klare Übersicht der für uns in Frage kommenden Formen zu geben, lassen wir eine Übersichtstafel folgen (s. S. 50).

α) Eubacteria.

Coccaceae.

1. Staphylococcus pyogenes (eitererregender Traubencoccus), syn. Micrococcus pyogenes, ist in drei Rassen bekannt: Micrococcus pyogenes aureus, Micrococcus pyogenes citreus und Micrococcus pyogenes albus.

a) Staphylococcus pyogenes und Streptococcus pyogenes (s. S. 56) sind die häufigsten Ursachen von Eiterungen, und man pflegt sie daher meist kurzweg als Eitererreger [2] zu bezeichnen.

---

[1] Betreffs Morphologie und Physiologie der Bakterien im allgemeinen verweisen wir auf die Lehrbücher der Bakteriologie. Ein kleines, zur Einführung aber sehr empfehlenswertes Buch ist in der Sammlung Wissenschaft und Bildung erschienen: MIEHE, HUGO: Bakterien und ihre Bedeutung im praktischen Leben, 3. Aufl. Leipzig: Quelle & Meyer 1931. Wesentlich eingehender ist das größere Werk: W. KRUSE: Einführung in die Bakteriologie, 2. Aufl.   Berlin-Leipzig: W. de Gruyter & Co. 1931.

[2] Den Begriff „spezifischer Eitererreger" kann man nicht aufrechterhalten, da die große Mehrzahl der pathogenen Keime, vor allem der Bakterien, Eiterbildung veranlassen kann.

Fast regelmäßig auch auf der gesunden Haut nachweisbar, veranlaßt der Staphylococcus die weitaus größte Zahl der eitrigen Prozesse an der Haut und in ihren Anhangsorganen (Acne, Furunkel, Karbunkel, Abszesse, Phlegmonen meist mehr circumscripter Natur); außerdem ist er der häufigste Erreger eitriger Knochenerkrankungen, ganz besonders der akuten eitrigen Knochenmarkentzündung (Osteomyelitis). Auch bei bakterieller Endokarditis soll er oft die Veranlassung sein. Ganz allgemein ist zu sagen, daß er an jedem Organ bei eitrigen Prozessen die alleinige Ursache oder wenigstens an deren Zustandekommen mitbeteiligt sein kann. Auch das Bild einer allgemeinen Sepsis kann er hervorrufen, indem er in den Blutkreislauf eindringt. Relativ selten findet man ihn bei Entzündungen seröser Häute. — Seine Haltbarkeit im Körper ist sehr bedeutend; in abgekapselten Herden kann er jahrzehntelang entwicklungsfähig bleiben.

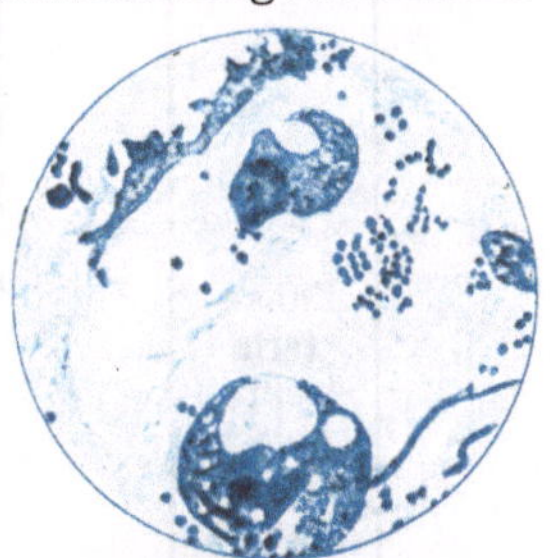

Abb. 16. Staphylococcus pyogenes aus Eiter.

b) Praktisch kommen für die mikroskopische Untersuchung fast nur Präparate von Eiter (s. Abb. 16) oder von künstlichen Kolonien in Frage. Das Charakteristische am mikroskopischen Bild, was dem Keim auch seinen Namen gegeben hat, ist die Anordnung der unbeweglichen, durchschnittlich $0{,}7\,\mu$ im Durchmesser großen Kugeln in unregelmäßigen, an die Form von Weintrauben erinnernden Verbänden. Je nach der Fähigkeit Farbstoff zu bilden, unterscheidet man die schon oben erwähnten 3 Rassen: Micrococcus pyogenes aureus, Micrococcus pyogenes citreus und Micrococcus pyogenes albus. Praktisch der wichtigste ist der aureus, doch ist zu bemerken, daß die Farbstoffbildung oder ihr Fehlen nicht sehr konstante Eigenschaften sind. — Er färbt sich mit allen gebräuchlichen Anilinfarbstoffen und ist grampositiv.

c) Auf den künstlichen Nährböden (besonders Gelatine, Agar, Kartoffeln, Bouillon) wächst er schon bei Zimmertemperatur, besser bei höherer Temperatur (Wachstumsoptimum bei 37^0), aerob besser als anaerob. In bezug auf p_H ist er nicht anspruchsvoll. Er bildet meist sehr üppige, scheibenförmige (beim aureus orangegelbe), scharfrandige Kolonien mit dunklerem Zentrum und hellerer Peripherie. Gelatine verflüssigt er. In den von ihm gebildeten Giften sind blutlösende Substanzen enthalten.

d) Bei Versuchstieren kann man, virulente Kulturen vorausgesetzt, durch subkutane Impfungen Abszesse hervorrufen. Beim

Stellung der pathogenen Bakterien im System.

Bacteria	Eubacteria (echte, typische Bakterien)	Coccaceae (Kugelform)	*unbeweglich*	Micrococcus einzeln oder zu Paaren — („Diplococcus“)	pyogenes gonorrhoeae intracellularis	\} auch „Diplococcus“
				Streptococcus (Ketten bildend)	lanceolatus pyogenes	
				Sarcina (Paketform)		
			beweglich	Planococcus (einzeln)	keine pathogenen Arten	
				Plano·arcina (Paketform)		
		Bacteriaceae [1] (Stäbchenform)		Bacterium (unbeweglich)	anthracis phlegmonis emphysematosae dysenteriae influenzae pestis pneumoniae rhinoscleromatis ulceris cancrosi duplex coli	
				Bacillus (beweglich)	oedematis maligni tetani botulinus typhi	
		Spirillaceae [2] (Schraubenform)		Vibrio	cholerae	
				Spirillum	keine pathogenen Arten	
	Mycobacteriaceae [3] (Pilzbakterien)			Mycobacterium	tuberculosis leprae	
				Corynebacterium	diphtheriae mallei	
	Trichobacteriaceae (Fadenbakterien)				keine pathogenen Arten	
	Myxobacteriaceae (Schleimbakterien)					

Menschen ist experimentell festgestellt worden, daß Einreibung von Staphylokokken-Kulturen in die gesunde, unverletzte Haut die Entstehung von Furunkeln veranlaßt. Bringt man St. ins Knochenmark, so entsteht eine akute Osteomyelitis, vor allem, wenn es sich um verletzte Knochen oder um Knochen junger Tiere handelt. Durch intravenöse Injektion kann man akute Endokarditis experimentell hervorrufen. In stärkerer Dosis in den Kreislauf von Tieren gebracht, geben St. die Symptome allgemeiner Sepsis, an der die betreffenden Tiere meist in einigen Tagen zugrunde gehen. Am empfänglichsten sind Kaninchen, auch weiße Mäuse eignen sich sehr gut.

2. **Gonococcus** (NEISSER 1879), syn. Micrococcus gonorrhoeae, Diplococcus gonorrhoeae:

a) **Er erzeugt die als Gonorrhoe (Tripper) bekannte Erkrankung**, die im wesentlichen nur Schleimhäute befällt. Nicht alle Schleimhäute sind aber gleich empfänglich für die Infektion, sondern praktisch kommen fast ausschließlich nur die folgenden in Betracht: die Schleimhaut der Blase und der Harnröhre nebst ihren drüsigen Anhangsorganen, die der inneren weiblichen Genitalorgane (Gebärmutter, Eileiter), des Mastdarmes, bei Kindern auch die der Scheide (die gefürchtete Vulvovaginitis kleiner Mädchen) und der Augenbindehaut (früher die häufigste Ursache der Erblindung). Etwas weniger infektionsempfänglich, aber im Falle der Infektion um so schwerer heilbar, ist die Augenbindehaut Erwachsener; wesentlich geringer ist die Infektionsmöglichkeit der Mundschleimhaut. Von den Genitalorganen aus kann eine Infektion der Bauchhöhle (bei dem eitrigen Eileitertripper der Frauen) oder auch eine Weiterverbreitung der

Anmerkungen zu nebenstehender Übersichtstafel.

[1] Innerhalb der Familie der Bacteriaceae herrscht bezüglich der Namen der beiden Gattungen Bacterium und Bacillus große Unklarheit, da von manchen Autoren — wie auch von uns — das Vorhandensein von Geißeln, von anderen — z. B. von BENECKE — die Fähigkeit der Sporenbildung als Unterscheidungsmerkmal herangezogen wird.

[2] Früher rechnete man die Spirochäten mit zu den Spirillaceen; jetzt jedoch zählt man sie überhaupt nicht mehr zu den Bakterien, sondern zu den Flagellaten. Auch wir wollen sie bei den Flagellaten besprechen. Während es unter den typischen Bakterien keine flexilen Formen gibt, sind die Spirochäten flexil. Bei den Trichobacteriaceen und bei den Myxobacteriaceen finden wir Flexilität.

[3] Die Vertreter der Mycobacteriaceen rechnete man früher zur Familie der Bacteriaceen. Jetzt werden sie — z. B. von LEHMANN-NEUMANN — zu den Aktinomyceten gezählt. Wir besprechen sie als besondere Gruppe im Anschluß an die echten Bakterien. Bei den Mycobakterien kommt Verzweigung vor, die den typischen Bakterien fehlt.

Keime auf dem Lymph-, ja selbst dem Blutwege erfolgen und so zu einer Allgemeininfektion des Körpers führen. Als Prädilektionsstellen für die Festsetzung der Keime in den letztgenannten Fällen erweisen sich vor allem Herzklappen (gonorrhoische Endokarditis) und Gelenke (sog. Tripperrheumatismus).

b) Für den mikroskopischen Gonokokkennachweis kommt in der Praxis in allererster Linie das Ausstrichpräparat vom Harnsediment[1] oder von mehr oder weniger reinem Eiter (s. Abb. 17) der betreffenden erkrankten Schleimhaut in Frage. Da nur in Ausnahmefällen eine künstliche Züchtung erforderlich ist, so wird man auch nur relativ selten in die Lage kommen, eine Untersuchung der etwa erhaltenen Kolonien vornehmen zu müssen. — Die bei gewöhnlicher Färbung dunkel erscheinenden Gonokokken sind leicht durch die folgenden drei sehr wichtigen Charakteristika zu diagnostizieren: 1. Meist sind zwei Kokken mit abgeplatteten Berührungsflächen aneinandergelagert und bilden so semmel- oder kaffeebohnenförmige sog. Diplokokken. Da diese sich immer bei der

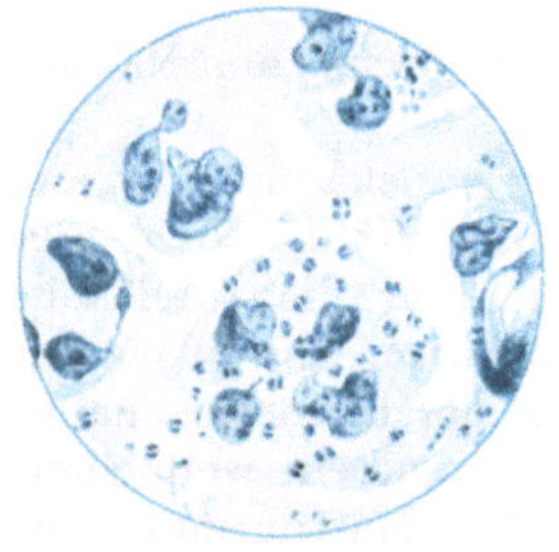

Abb. 17. Gonococcus.
Trippereiter.

Teilung gleich in zwei neue Diplokokkenpaare spalten, sieht man nicht selten Vierergruppen. 2. Lagerung der einzelnen Diplokokken in Haufen. Diese gehört zu einer zuverlässigen Diagnose [2]. Einzeln liegende Diplokokken sind nur mit der allergrößten Vorsicht zu deuten. 3. Lagerung von Diplokokkenhaufen in Eiterzellen (der Kern bleibt frei!) und haufenförmige Auflagerung auf Epithelzellen. — Die gebräuchlichste und bequemste Färbungsmethode ist die mit LÖFFLERscher Methylenblaulösung (s. S. 23). Von Spezialfärbungen haben größere praktische Bedeutung: die GRAMsche Färbung, welche diagnostisch besonders wertvoll ist, da sich bei ihr die Gonokokken im Gegensatz zu den meisten anderen Kokken [3] entfärben (also bei Gegenfärbung z. B. mit Fuchsin rot erscheinen), und die UNNA-PAPPENHEIMsche Doppelfärbung (s. S. 29), bei der sie dunkelrot werden. Diese letztere Färbung gibt bei guter Ausführung sehr instruktive

---

[1] Vor Herstellung der Präparate wiederholt auswaschen!

[2] Bei längerem Bestehen des Trippers kann die Färbung nach GRAM, die Form und die Lagerung der Kokken abweichende Formen annehmen. Bei der Beurteilung des weiblichen Scheidensekrets mit seiner meist außerordentlich reichhaltigen Bakterienflora ist größte Vorsicht geboten.

[3] Die sog. Pseudogonokokken im Harnsediment usw.

Bilder[1]. Die eben genannten Färbemethoden haben sich in der Praxis so gut bewährt, daß hier keine anderen angeführt zu werden brauchen.

c) Will man eine Kultivierung versuchen, so hat man, um möglichst zuverlässige Resultate zu erhalten, vor allem zweierlei zu beachten: 1. Die Gonokokken sterben, aus dem Körper genommen, sehr rasch infolge ihrer großen Empfindlichkeit gegen niedere Temperaturen ab; man muß daher das vermeintlich gonokokkenhaltige Material vom Körper weg sofort in den auf ihr Wachstumsoptium, d. i. 37^0, erwärmten Nährboden einbringen. 2. Die Gonokokken sind in ihren Wachstumsbedingungen ganz ausgesprochen auf den menschlichen Körper eingestellt. Man bietet ihnen daher die besten Lebensbedingungen, wenn man sie auf ausschließlich oder besser noch nur zum Teil vom Menschen gewonnenen Nährböden züchtet (Agar mit menschlichem Blutserum oder Ascites- oder Hydrocelenflüssigkeit 2:1[2]). — Gelingt die Kultivierung, so sieht man nach 24—48 Stunden kleine zarte, durchscheinende, später höckerig aussehende weißlichgraue Kolonien. — Übrigens sind Gonokokken gegen hohe Temperaturen ebenso empfindlich wie gegen niedrige (daher gehen gonorrhoische Affektionen bei stark fieberhaften Prozessen vorübergehend zurück). Sie sind fakultativ anaerob.

d) Tiere sind gegen spezifische Gonokokkeninfektionen immun. Immerhin kann man durch Einbringen von Gonokokken, z. B. in die vordere Augenkammer von Kaninchen heftige Iritis, in die Bauchhöhle Peritonitis erzeugen; die Tiere gehen aber nicht zugrunde.

3. Micrococcus intracellularis (WEICHSELBAUM 1887), syn. Micrococcus meningitidis, Diplococcus meningitidis:

a) Er ist die Ursache der übertragbaren Genickstarre (Meningitis cerebrospinalis). Die Ansteckung erfolgt in erster Linie durch Einatmung von fein versprühtem bakterienhaltigem Nasen- und Rachensekret Erkrankter oder Gesunder (sog. „Bacillenträger"). Die Keime setzen sich zunächst im Nasenrachenraum fest, mit besonderer Vorliebe an hypertrophischen Tonsillen und gelangen von da auf dem Blut- oder Lymphwege zu den weichen Hirnhäuten, an denen sie eine (im ausgebildeten Zustand fibrinös-eitrige)

---

[1] Gewisse Bestandteile des Harns scheinen allerdings zuweilen die Färbung nach PAPPENHEIM zu beeinträchtigen.

[2] Ein Nährboden, der sich zur Züchtung von Gonokokken sehr gut eignet, ist der von LEVINTHAL ursprünglich zur Züchtung von Influenzabacillen empfohlene Kochblutagar (s. S. 62). STREMPEL (Dtsch. med. Wschr. 1924 II, 1574) empfiehlt besonders, Menschenblut zu verwenden.

Entzündung hervorrufen. Fast immer erzeugen sie auch eine Mittelohr- und Keilbeinhöhleneiterung.

b) Für den Nachweis der Keime kommen am Lebenden das Nasenrachensekret (nebst Mittelohr- und Keilbeinhöhleneiter), das Lumbalpunktat, das Blut und der Urin in Frage, an der Leiche auch innere Organe, in erster Linie natürlich das Exsudat der weichen Häute des Gehirns und Rückenmarks. — In Größe, Form, Anordnung in Eiterzellen und färberischem Verhalten ähnelt der Micrococcus intracellularis außerordentlich dem Gonococcus (vgl. Abb. 18). Die GRAMsche Färbung ist kein sicheres Diagnostikum, da es neben dem gramnegativen WEICHSELBAUMschen Typus noch einen grampositiven JÄGER-HEUBNERschen Typus gibt. Negativer Ausfall der GRAM-Färbung macht Meningococcus nur wahrscheinlicher!

c) Bei der Züchtung von Meningokokken hat man zu beachten, daß sie oft nur in geringer Zahl vorhanden, daß sie sehr empfindlich gegen Austrocknung und Abkühlung, und daß sie wie die Gonokokken auch ganz außerordentlich in ihren Lebensbedingungen auf den menschlichen Körper eingestellt sind. Demnach wäre zur Erhaltung möglichst zuverlässiger Resultate für die künstliche Züchtung vorzuschreiben, recht reichlich vom zu untersuchenden Material sofort auf zum Teil vom Menschen stammende Nährböden (s. S. 53) zu bringen, die man vorher auf 37^0 erwärmt hat. Die Agarkolonien sind grau, durchscheinend, nie gefärbt. Der Micrococcus intracellularis ist fakultativ anaerob.

d) Eine der menschlichen Genickstarre ähnliche Erkrankung hat man bei Ziegen und Affen durch Impfung mit dem Micrococcus intracellularis hervorrufen können. Andere Tiere, z. B. Meerschweinchen, Mäuse, Kaninchen sterben zwar nach Injektion virulenter Kulturen, aber nicht unter typischen Erscheinungen.

4. Streptococcus lanceolatus (FRÄNKEL-WEICHSELBAUM 1886), syn. Diplococcus lanceolatus s. lanceolatus capsulatus, Pneumococcus:

a) Seine weitaus größte Bedeutung hat er als Erreger der croupösen (s. fibrinösen s. genuinen, oft auch katarrhalischen), immer, wenn der Prozeß bis an die Oberfläche der Lunge heranreicht, mit Entzündung der Pleura verbundenen Pneumonie, bei der er auch recht häufig im Blute nachzuweisen ist. Nicht selten verursacht er auch eine der Pneumonie folgende Vereiterung der Brusthöhle: ein metapneumonisches Empyem. Außerdem kann er aber auch an jedem anderen Organ entzündliche Prozesse hervorrufen. Die praktisch wichtigsten dieser Erkrankungen seien hier genannt: Perikarditis, Endokarditis, Otitis, Meningitis

(s. Abb. 19), Conjunctivitis, Ulcus serpens corneae, Gelenk- und
Knocheneiterungen, eitrige Nierenentzündungen. Bei vielen Gesunden findet man ihn im Mundspeichel.

b) Den eben gemachten Angaben entsprechend wird sich die
mikroskopische Untersuchung im wesentlichen mit der Diagnose
von Ausstrichpräparaten des pneumonischen Sputums (das in
typischen Fällen die bekannte rostbraune Färbung aufweist),
beziehentlich des Exsudats der anderen genannten entzündlichen
Affektionen oder der aus Blut gezüchteten Kulturen zu befassen
haben. — Die Pneumokokken bieten meist ein sehr charakte-

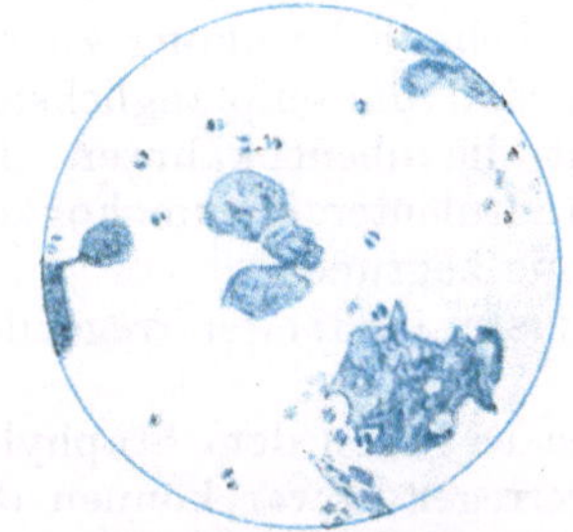

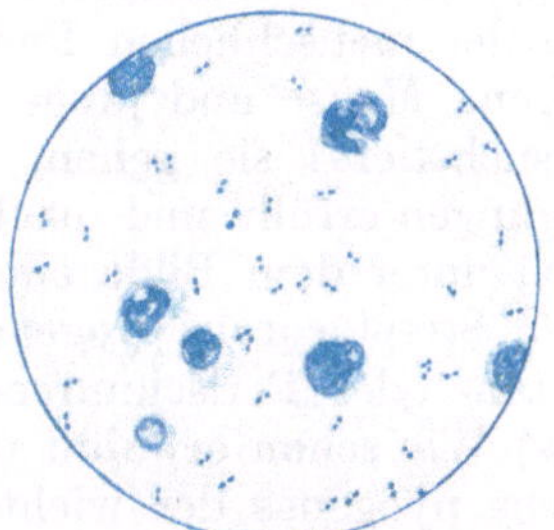

Abb. 18. Meningococcus intracellularis.   Abb. 19. Pneumokokken.
Eiter aus dem Meningealsack.

ristisches Aussehen dar (s. Abb. 19): Zwei kerzenflammenförmige
oder lanzenspitzenförmige („lanceolatus“), unbewegliche Kokken
sind mit ihren breiten Enden zu Diplokokken aneinandergelagert
und von einer Kapsel umgeben („capsulatus“); seltener kommen
längere Ketten vor. In künstlichen Nährböden erfolgt im allgemeinen keine Kapselbildung (bezüglich der Ausnahmen verweisen wir auf die Lehrbücher der Bakteriologie). — Der Pneumococcus färbt sich im virulenten Zustand intensiv mit den
üblichen Anilinfarbstoffen, während die Kapsel dabei blaß erscheint. Nach GRAM behält er die Färbung.

c) Er wächst bei schwach alkalischer Reaktion [1] auf den meisten
Nährböden, aber nicht gerade gut, unter 22—24° erfolgt kein
Wachstum, das beste zeigt er bei 35—37°. Meist stirbt er in
künstlichen Kulturen sehr bald ab, nachdem er vorher seine
Virulenz verloren hat. Er kann aber monatelang auf der Kultur
lebensfähig erhalten werden, wenn man nach 24stündiger Be-
brütung den Sauerstoffzutritt vermeidet, indem man die Kultur

---

[1] HEIM bezweifelt die alleinige Bedeutung der alkalischen Reaktion der
Nährböden für das Zustandekommen des Wachstums. — DERNBY [J. of
exper. Med. 28, 345 (1918)] fand ein Optimum des Wachstums bei $p_H = 7{,}9$.

mit flüssigem sterilisiertem Paraffin überschichtet. Als günstigsten Nährboden hat WEICHSELBAUM eine Mischung von Menschenblutserum und Nähragar 1:2 angegeben. Er wächst fakultativ aerob und bildet im allgemeinen nur kleine, auf Agar und Blutserum tautröpfchenähnliche Kolonien. Bouillon trübt er. Nach den neueren Untersuchungen unterscheidet man 4 Haupttypen oder Gruppen, von denen besonders die 4. Gruppe noch zahlreiche Untergruppen hat. Die Bestimmung der Typen durch spezifisch agglutinierende Seren ist für die Behandlung der Lungenentzündung mit spezifischen Seren von Bedeutung.

d) Unter bestimmten Bedingungen ist es gelungen, bei Tieren eine der menschlichen Pneumonie ähnliche Erkrankung zu erzeugen. Mäuse und junge Kaninchen sind die empfänglichsten Versuchstiere: sie gehen, wenn nicht die obenerwähnten Bedingungen erfüllt sind, nach Injektion virulenter Pneumokokken rasch unter dem Bilde einer Septicämie zugrunde.

5. Streptococcus pyogenes (F. FEHLEISEN 1883; eitererregender Ketten- oder Perlschnurcoccus):

a) Wie schon erwähnt (s. S. 48), ist er neben dem Staphylococcus pyogenes der wichtigste Eitererreger. Zwar können die durch ihn hervorgerufenen Erkrankungen von der verschiedensten Intensität sein, im allgemeinen lehrt aber die Erfahrung, daß sie gegenüber den Staphylokokkeninfektionen meist wesentlich bösartiger verlaufen; sie zeigen durchschnittlich weit mehr Tendenz, über die lokale Infektionsstelle hinaus auf dem Lymph- oder Blutwege sich im Körper zu verbreiten (Streptokokkensepsis). Außerdem erzeugen sie gewöhnlich viel heftiger wirkende Toxine, die in den Kreislauf gelangen und zum Auftreten ausgesprochener Allgemeinerscheinungen führen: intensiveres Krankheitsgefühl, Fieber, mitunter Benommenheit. Abgesehen von den gewöhnlichen Wundeiterungen ist der Streptococcus fast ausnahmslos der Erreger des Erysipels, der bösartigen Phlegmonen, der meisten Anginen, des Puerperalfiebers (im Grunde genommen fast immer ebenfalls Wundinfektionen). Außerdem hat er eine sehr große, oft für den Ausgang entscheidende Bedeutung als komplizierendes Moment bei vielen Infektionskrankheiten, besonders Scharlach, Diphtherie, Lungentuberkulose.

b) Im mikroskopischen Bilde (s. Abb. 20) sieht man die unbeweglichen Kokken häufig zu mehr oder weniger langen Ketten angeordnet („Ketten- oder Perlschnurcoccus"). Meist sind längere Ketten vorwiegend bei den auf künstlichen Nährböden (Bouillon) gezüchteten Streptokokken zu beobachten, während im Körper gewöhnlich nur kürzere gebildet werden. Da es neben den pathogenen auch nichtpathogene Streptokokken gibt, wäre es von Wert, durch das Mikroskop entscheiden zu können, ob man virulente Formen vor sich hat. Dies ist jedoch bei vom Menschen direkt entnommenem Material nicht möglich. Wenn man aber auf Bouillon Kulturen anlegt, so findet man, daß die nichtpathogenen Arten gewöhnlich nur kurze („Streptococcus brevis"), die pathogenen dagegen längere („Streptococcus longus") Ketten bilden; eine sichere Entscheidung dieser Frage ist aber nur durch den Tierversuch zu erbringen. — Der Streptococcus ist leicht mit den basischen Anilinfarben färbbar und grampositiv (mit verschwindenden Ausnahmen).

c) Er wächst bei Zimmertemperatur auf allen Nährmedien, besser bei höherer Temperatur (Optimum 37⁰), aber immer ziemlich langsam, meist in kleinsten, punktförmigen, durchscheinenden Kolonien (im Gegensatz zu den üppigen Kolonien der Staphylokokken), bald besser aerob, bald besser anaerob. Die günstigste p_H-Konzentration ist

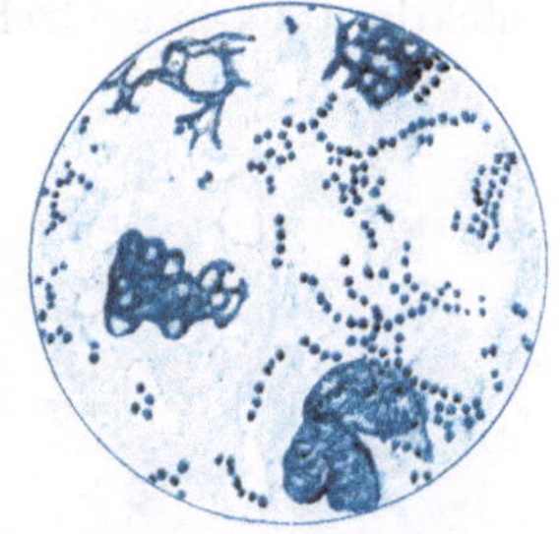

Abb. 20. Streptococcus pyogenes aus Abszeßeiter.

7,5—7,7. Gelatine verflüssigt er nicht; er bildet hämolytische Substanzen. Durch besondere Kulturverfahren, wobei vornehmlich Milchnährböden Verwendung finden, kann er näher bestimmt werden.

d) Die Virulenz der Streptokokken ist sehr verschieden und läßt sich auch leicht durch Veränderungen in den äußeren Lebensbedingungen beeinflussen. So verlieren die Streptokokken auf den meisten künstlichen Nährböden sehr rasch ihre Virulenz, manche Stämme erhalten sie länger, andere fast gar nicht. Erhalten läßt sie sich nach MARMOREK sehr gut auf einer Mischung von 2 Teilen Menschen- oder Pferdeserum mit 1 Teil Bouillon oder 1 Teil Ascites- oder Pleuraexsudatflüssigkeit mit 2 Teilen Bouillon. Außerdem besteht auch eine sehr ausgesprochene spezifische Virulenz einzelner Streptokokkenstämme für bestimmte Tierspezies, und es läßt sich diese auch noch durch wiederholte Passage durch Individuen derselben Tierart beträchtlich steigern, wobei in dem selben Maße die Virulenz für Tiere anderer Spezies herabgesetzt wird. So ist es verständlich, daß die Tierexperimente oft recht abweichende Resultate liefern und daher nur eine untergeordnete Rolle spielen können. Meist sind Mäuse und Kaninchen am empfänglichsten. Von Interesse ist, daß bei hoher Virulenz im allgemeinen weniger Neigung zu Eiterbildung besteht.

Eine Darstellung der verschiedenen Versuche, die einzelnen Streptokokkenrassen in Unterarten einzuordnen, würde über den Rahmen dieses Buches hinausgehen.

Bacteriaceae.

1. Milzbrandbacillus (POLLENDER 1849, KOCH), Bacterium anthracis:

a) Er kommt am häufigsten beim Rind und Schaf vor und verursacht hier den wegen seines akuten Verlaufs und seiner hohen Infektiosität sehr gefürchteten Milzbrand. Beim Menschen gelangt der Milzbrandbacillus weitaus in der Mehrzahl der Fälle durch wunde Hautstellen in den Körper und veranlaßt hier zunächst die Bildung eines sog. Milzbrandkarbunkels (Pustula maligna). In den schweren Fällen, die meist in verhältnismäßig kurzer Zeit mit dem Tode enden, erfolgt von der Infektionsstelle aus eine Allgemeininfektion des Körpers mit Milzbrandbacillen (Milzbrandsepsis), bei der man den Keim dann im Blute und in inneren Organen nachweisen

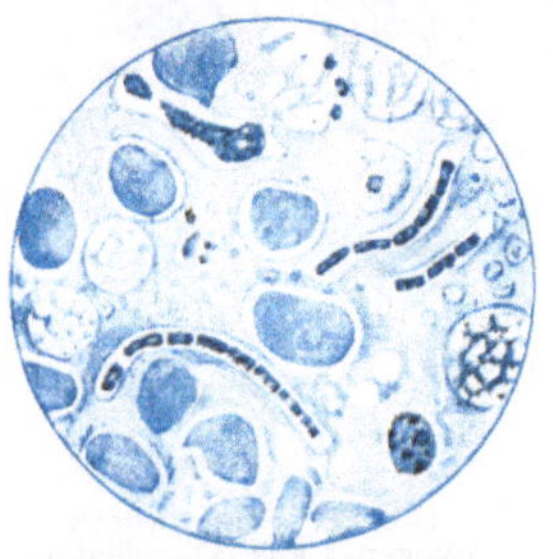

Abb. 21. Milzbrandbacillen. Blut. (Kapselfärbung.)

kann. Seltener, aber äußerst bösartig, ist eine von der Lunge ausgehende Infektion, die meist als sog. „Hadernkrankheit" durch Inhalation milzbrandsporenhaltigen Staubes (beim Zerzupfen von Wolle, Sortieren von Lumpen zur Papierfabrikation) erfolgt. In einzelnen Fällen ist auch Milzbrand nach Genuß von ungenügend gekochtem Fleisch kranker Tiere beobachtet worden.

b) Die mikroskopische Untersuchung hat sich in der Praxis im allgemeinen nur mit der Deutung von Blutausstrichen (s. Abb. 21), Ausstrichen vom Gewebe einer Pustula maligna oder Präparaten von künstlichen Kulturen zu befassen. — Die Milzbrandbacillen sind relativ sehr große, völlig unbewegliche, mit einer Schleimkapsel ausgestattete, plumpe Stäbchen (3—$10\,\mu$ lang, 1—$1,2\,\mu$ breit), die einzeln liegen oder in Ketten, in Kulturen oft in langen Fäden, angeordnet sind. Ihre Endflächen erscheinen im frischen Präparat deutlich abgerundet, im gefärbten dagegen scharf abgeschnitten, ja bisweilen sogar leicht konkav. Sie bilden Sporen bei Zimmertemperatur, besser bei höherer, am besten bei 37^0, aber niemals im Körper. Sie färben sich mit allen Anilinfarben und auch nach GRAM, wobei um die Kapsel herum zuweilen eine Farbstoffansammlung der Gegenfarbe als feine Linie sichtbar wird. Die Sporen kann man sehr schön darstellen, wenn man nach

ZIEHL-NEELSEN (s. S. 27) färbt, da sie einen gewissen Grad von Säurealkoholfestigkeit besitzen: sie erscheinen dann leuchtend rot gegenüber den blauen Milzbrandbacillen. Aber nur kurz entfärben!

c) Sie wachsen auf den gebräuchlichen Nährböden schon bei Zimmertemperatur (untere Grenze 15⁰), am besten bei 37⁰, aerob, meist ziemlich rasch und üppig. Gelatine verflüssigen sie, und ihre Kolonien auf Gelatine zeigen, allerdings nicht immer, ein von den pathogenen Keimen nur ihnen eigenes charakteristisches Aussehen: die Ränder sind eigentümlich höckerig oder lockig, in feine Windungen und Zöpfe aufgelöst (die ganze Kolonie kann so den Vergleich mit einem Medusenhaupt nahelegen). Sehr üppige Kulturen erhält man auf Agar. Bouillon trübt der Milzbrandbacillus nicht, da die Bacillenballen einen Bodensatz bilden. Gegenüber äußeren Einflüssen sind Milzbrandbacillen sehr wenig, die meisten (nicht alle!) Milzbrandsporen dagegen ganz außerordentlich widerstandsfähig, und sie können sich auch viele Jahre hindurch entwicklungsfähig erhalten (z. B. nach SZEKELY $18^1/_2$, nach B. FISCHER sogar 28 Jahre).

d) Als Versuchstiere eignen sich besonders Mäuse und Meerschweinchen. Kaninchen gehen durch nicht hochvirulente Kulturen nicht mit Sicherheit zugrunde. Weiße Mäuse sterben in 24—36 Stunden. Man findet bei der Sektion reichlich Stäbchen im Blut, besonders aber in Leber und Milz.

2. Bacterium phlegmonis emphysematosae [1]:

a) Sehr häufig ist malignes Ödem (s. S. 65) kombiniert mit einer Infektion durch das Bacterium phlegmonis emphysematosae oder verwandte Keime, die man unter diesem Namen zusammenzufassen pflegt, oder es kommt zu einer phlegmonösen Hauterkrankung durch dieses Bacterium allein. Diese Phlegmonen zeigen dann einen stark nekrotisierenden Charakter mit fauliger, widerlich riechende Gase erzeugender Zersetzung der abgestorbenen Gewebsteile. Außer bei den genannten Infektionen von außen (gelegentlich auch bei Injektionen beobachtet) spielt das Bacterium phlegmonis emphysematosae aber offenbar auch eine Rolle bei gasbildenden Entzündungen seröser Häute (Peritonitis, Meningitis) und der Bauch-, speziell der Genitalorgane, in die es ganz offenbar vom Darm aus eindringt.

b) Bacterium phlegmonis emphysematosae zeigt in morphologischer Beziehung Ähnlichkeit mit dem Milzbrandbacillus: es ist

---

[1] Die Einheitlichkeit dieser Art ist noch nicht als erwiesen zu betrachten, daher finden sich auch in der Beschreibung der Morphologie und Biologie gerade dieses Bacteriums besonders viele Abweichungen.

ein ziemlich plumpes, unbewegliches Stäbchen, das nur ausnahmsweise unter bestimmten, noch unbekannten Bedingungen Sporen bildet. Nach der GRAMschen Methode behandelt, behält es deutlich die Farbe.

c) Es wächst streng anaerob und entwickelt, besonders auf zuckerhaltigen Nährböden, reichlich Gas. Gelatine verflüssigt es. Außer hämolytischen Substanzen bildet es auch ein tryptisches Enzym.

d) Bei Meerschweinchen und Sperlingen kann man durch subcutane Einimpfung der Keime Gasgangrän hervorrufen.

3. Dysenteriebakterien:

a) Sie sind die Erreger der meist epidemisch auftretenden Bakteriendysenterie (Bakterienruhr). Es kommen zwei einander sonst sehr ähnliche, serologisch aber (s. S. 106) und durch die Mannitprobe (s. S. 61) als nicht identisch erweisbare Arten von Dysenteriebakterien vor: die eine, Bacterium dysenteriae, ist 1898 von SHIGA entdeckt und 1900 von KRUSE beschrieben worden, die andere, Bacterium pseudodysenteriae (fälschlich als „FLEXNERscher Typus" bezeichnet), ist von KRUSE gefunden worden. Die Pseudodysenteriebakterien zerfallen in mehrere Unterarten, die sich im wesentlichen nur durch spezifisch agglutinierende Seren unterscheiden lassen [1]. Der pathologisch-anatomische Prozeß bei der Bakteriendysenterie weist manche Analogien mit den Vorgängen bei der Amöbendysenterie (s. S. 87) auf: die in den Darm gelangten Bakterien dringen in die Schleimhaut des Dickdarms, in schweren Fällen auch des unteren Dünndarms ein, vermehren sich dort und führen, nachdem eine kurze Zeit katarrhalische Schwellung bestanden hat, durch die Wirkung ihrer Toxine zu einer Nekrose zunächst des Epithels, bald aber auch tieferer Schichten. Indem sich dann diese abgestorbenen Zellagen der Darmwand mit den ihnen aufgelagerten fibrinösen Pseudomembranen abstoßen, entstehen ausgedehnte Geschwürflächen, die in schweren Fällen den größten Teil der Schleimhaut einnehmen können. Zu diesen lokalen Prozessen einer schweren ulcerösen Enteritis gesellen sich nun noch allgemeine Vergiftungserscheinungen, hervorgerufen durch die in den Kreislauf gelangten Dysenterietoxine. Die Dysenteriebakterien selbst gelangen in der Regel nicht ins Blut, wenn sie auch häufig bis in die mesenterialen Lymphdrüsen vordringen [2].

---

[1] Für Einzelheiten siehe Lehrbücher.

[2] THOMS: Handbuch der praktischen und wissenschaftlichen Pharmazie, Bd. IV C. Ausgewählte Untersuchungen. — Sammelreferat WALTER SEIFFERT: Dtsch. med. Wschr. **1924 I**, 191.

b) In Ausstrichpräparaten von Stuhl oder von Kulturen erweisen sich die beiden Arten der Dysenteriebakterien als einander sehr ähnlich; es sind mittelgroße Stäbchen, die wie die Typhusbacillen, keine Sporen bilden und sich nicht nach GRAM färben, aber plumper sind und keine Eigenbewegung besitzen.

c) Kulturell zeigen sie ebenfalls Ähnlichkeit mit den Typhusbacillen: sie wachsen fakultativ anaerob, schon bei Zimmer-, besser bei Körpertemperatur, verflüssigen Gelatine nicht, bilden auf CONRADI-DRIGALSKI-*Agar* (s. S. 38) blaue Kulturen, spalten Traubenzucker nicht unter Gasbildung und bringen Milch nicht zur Gerinnung. Lackmusmannitagar (10% Tinktur, 1% Mannit) wird von Pseudodysenteriebakterien — wie von Typhusbacillen — gerötet, von echten Dysenteriebakterien nicht. Indol bildet nur das Bacterium pseudodysenteriae, aber auch nicht regelmäßig.

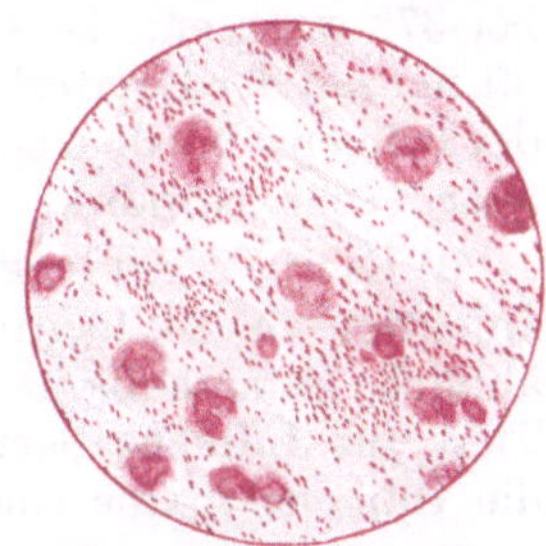

Abb. 22. Influenzabacillen im Sputum.

d) Vom Darm aus kann man bei Tieren keine Dysenterieerkrankung erzeugen. Durch intravenöse und subkutane Applikation von lebenden oder toten Keimen kann man aber Kaninchen und Meerschweinchen in kurzer Zeit töten (Toxinwirkung!).

4. Influenzabacillus (R. PFEIFFER 1891—1892), Bacterium influenzae[1]:

a) Indem der sehr kleine, nur etwa $^1/_3$ der Länge des Tuberkelbacillus messende Influenzabacillus (Abb. 22) in den Atmungsorganen sich festsetzt, erzeugt er dort eine lokale eitrige Entzündung, je nach dem Fall nur im Nasenrachenraum oder weiter hinab bis zur Lunge, eventuell unter Beteiligung der Pleura. Seine Toxine gelangen von da aus in den Kreislauf und rufen so die bekannten Allgemeinsymptome der Influenzaerkrankung (besonders am Nervensystem, Herzen und Magen-Darmkanal) hervor. Eine Verbreitung der Influenzabacillen im Blute selbst erfolgt, besonders bei Erwachsenen, nur in sehr seltenen Fällen.

b) In dem eitrigen Belag der erkrankten Organe findet man meist massenhaft (aus je tieferen Stellen des Respirationstraktes das entnommene Material stammt, desto mehr in Reinkultur) die

---

[1] Der Influenzabacillus wird heute von vielen Forschern nicht mehr als der Erreger der Influenza angesehen, sondern als Begleiter eines eigentlichen, wahrscheinlich unsichtbaren Erregers (Virus). SEIFFERT, G.: Virus und Viruskrankheiten. Dresden: Theodor Steinkopff 1938.

äußerst kleinen unbeweglichen Stäbchen (1,2 μ lang, 0,4 μ breit)[1]. Sie sind allerdings nicht sehr leicht, mit den üblichen Farblösungen zu färben, nicht nach GRAM. Am besten gelingt die Färbung mit verdünnter Karbolfuchsinlösung (1:10) 5—10 Min. lang.

c) Für das Wachstum der streng aeroben Keime ist das Vorhandensein von Hämoglobin unbedingt erforderlich. Man impft daher zweckmäßig das vorher mit Bouillon verdünnte Aussaatmaterial auf Agar, den man mit Menschen- oder, besonders vorteilhaft, mit Taubenblut gemischt oder bestrichen hat, und läßt bei 37⁰ wachsen. Es bilden sich dann nach 24 Stunden kleine, oft nur mit der Lupe erkennbare glashelle Kolonien. Zur Züchtung der Influenzabacillen hat sich ferner der LEVINTHALsche Kochblutagar [2] sehr bewährt.

d) Es ist R. PFEIFFER gelungen, bei Affen durch intratracheale Injektion von Influenzabacillen eine der menschlichen Influenza ähnliche katarrhalische Infektion hervorzurufen. Im übrigen sind Tiere für Influenzabacillen meist sehr wenig empfänglich, aber die Influenzatoxine sind, z. B. für Kaninchen, sehr verderblich.

5. Pestbacillus (YERSIN 1894), Bacterium pestis:

a) Je nach der Lokalisation der Infektion in den Lymphdrüsen, die dadurch bald zur Vereiterung kommen, oder in den Lungen unterscheidet man die durch den Pestbacillus hervorgerufenen Erkrankungen in Bubonen- (s. Beulen-, s. Drüsen-) Pest und Lungenpest. Beide Arten, besonders aber die letztere, führen in dem größten Teil der Fälle in kürzester Zeit zum Tode. Pathologisch-anatomisch läßt sich die Pesterkrankung als eine (besonders bei Mischinfektion) zur Vereiterung neigende Entzündung charakterisieren. Dringen die Keime ins Blut ein, so erfolgt unter dem Bilde einer schweren allgemeinen Sepsis (Pestsepsis) in ganz kurzer Zeit der Tod.

b) Im Auswurf der Lungenpestkranken, in den Bubonen, besonders den noch nicht vereiterten, bei der Beulenpest, findet man reichlich die kurzen, dicken, unbeweglichen Bacillen mit abgerundeten Enden (s. Abb. 23). Im Blute findet man sie nur selten zahlreich; über die Reichlichkeit und Häufigkeit ihres Vorkommens im Urin differieren die Angaben. Sporen bilden sie nicht. Bei der Färbung mit basischen Anilinfarben nehmen sie fast regelmäßig den Farbstoff besser an den Enden auf (Polfärbung). Nach GRAM färben sie sich nicht.

---

[1] Nicht bei allen Influenzaepidemien hat man den Influenzabacillus gefunden.

[2] LEVINTHAL: Z. Hyg. **86**, 1 (1918).

c) Auf künstlichen Nährböden wächst der Pestbacillus bereits bei sehr niedriger Temperatur (nach FORSTER noch bei 4—7⁰, nicht mehr bei 0⁰), besser bei höherer, am besten bei 37⁰, obere Grenze 43,5⁰. Das Wachstum, besonders der Bacillen von Bubonenpest, ist ein üppiges. Gelatine verflüssigt der Pestbacillus nicht. Die Agarkolonien sind weißgrau, transparent, mit irisierenden Rändern.

d) Die Pest ist eine ganz ausgesprochene Rattenkrankheit, und die Ratten sind es auch in erster Linie, die die Verbreitung der Epidemien bewirken. Die Übertragung erfolgt durch Flöhe, welche die an der Pest verstorbenen Ratten verlassen und auf den Menschen übergehen. Man kann Ratten sowohl durch subkutane Impfung als auch durch Fütterung mit infektiösem Material pestkrank machen; sie sterben in 1—3 Tagen. Etwas weniger empfänglich für Pestbacillen sind Mäuse, Meerschweinchen und andere Nager. Tauben und manche andere Vögel sind immun.

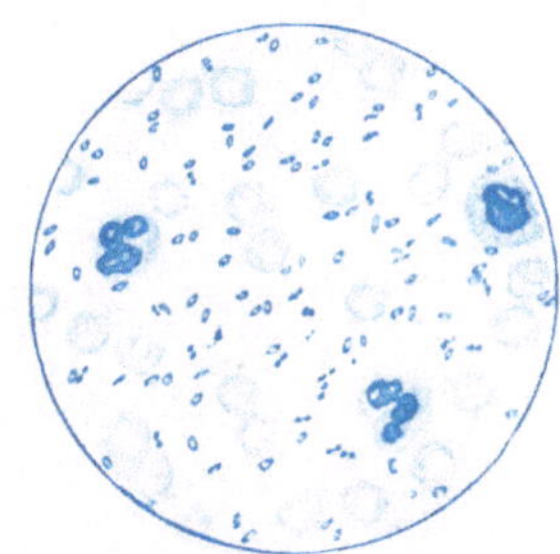

Abb. 23. Buboneneiter mit Pestbacillen.

6. Bacterium pneumoniae (FRIEDLÄNDER 1883):

a) Bei der croupösen Pneumonie ist es in seltenen Fällen der Erreger. Außerdem hat man es gelegentlich bei Schnupfen, akuter Mittelohrentzündung, Cholecystitis, Osteomyelitis, Meningitis cerebrospinalis und zahlreichen anderen eitrigen Prozessen gefunden. Auch im Speichel und im Nasenrachenraum bei Gesunden ist es manchmal nachzuweisen.

b) In Ausstrichpräparaten, die vom Kranken direkt herstammen, sieht man das im Vergleich mit dem Pneumococcus (s. S. 55) wesentlich größere (0,6—3,2 μ lang, 0,5—0,8 μ breit), nicht selten zu Diploform oder auch längeren Verbänden angeordnete unbewegliche Bacterium von einer Kapsel umgeben, die den durch künstliche Züchtung erhaltenen im allgemeinen fehlt. Es färbt sich mit den üblichen Farblösungen, nicht aber nach GRAM (im Gegensatz zum Pneumococcus).

c) Auf den üblichen bakteriologischen Nährmedien wächst es aerob und anaerob sowohl bei Zimmer- als auch bei Bruttemperatur. Auf Gelatine, die es nicht verflüssigt, bildet es Kolonien, die als porzellanartig weiß-glänzende Knöpfchen über die Oberfläche hervorragen; bei Gelatinestichkulturen kommt es so zu Formen, die an einen Nagel mit breitem Kopf erinnern (FRIEDLÄNDERS Nagelkulturen).

d) Das geeignetste Versuchstier ist die Maus, die nach subkutaner Impfung in 2 Tagen oder etwas darüber zugrunde geht. Meerschweinchen und Kaninchen sind weniger geeignet, man müßte sie mindestens intravenös impfen.

7. Streptobacillus des Ulcus molle, Bacterium ulceris cancrosi:

a) Die Infektion mit dem Streptobacillus erfolgt beinahe ausnahmslos an den Genitalien: die Bacillen gelangen in wunde Hautstellen und veranlassen dort innerhalb weniger Tage die Entstehung eines weichen Schankergeschwürs, das im allgemeinen in nicht zu langer Zeit zur Abheilung kommt. In einzelnen Fällen, besonders bei unzweckmäßiger Behandlung, schreitet die Infektion auf dem Lymphwege fort und führt zu Entzündung und gelegentlich auch zu Abszedierung der Leistendrüsen. Seltener sind bösartigere (sog. serpiginöse) Formen, die sich durch ein fortgesetztes Weitergreifen des Geschwürs auf der einen Seite bei gleichzeitigem Abheilen auf der anderen Seite auszeichnen. Eine mit ausgedehntem Gangrän einhergehende sehr seltene Form des weichen Schankers hat sich als eine Mischinfektion herausgestellt.

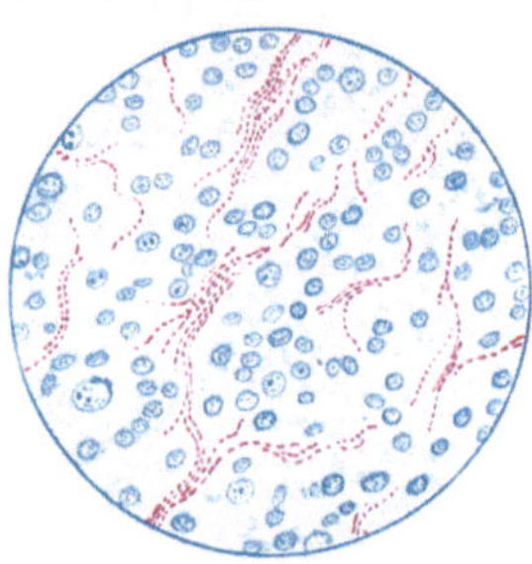

Abb. 24. Schnitt durch ein Ulcus molle.

b) Im Geschwüreiter und auch im erkrankten Gewebe finden sich die ziemlich dicken unbeweglichen Stäbchen mit abgerundeten Enden (1,5—2 μ lang, 0,5—1 μ breit vgl. Abb. 24). Sie zeigen sich oft in langen, parallel laufenden Ketten angeordnet („Streptobacillen"). Zur Färbung verwendet man am besten Methylenblau, nach GRAM färben sie sich nicht.

c) Die Kultivierung gelingt nur sehr schwer, aber immer noch am besten auf Nährböden, die reichlich Menschen- oder Tierblut enthalten (der einfachste ist: $^2/_3$ Agar, $^1/_3$ Kaninchenblutserum), und es ist größte Sorgfalt darauf zu verwenden, die Bacillen aus dem Geschwür in Reinkultur zu erhalten. Die Kulturen sind wenig widerstandsfähig.

d) Außer mehrfach ausgeführten erfolgreichen Übertragungsversuchen von Reinkulturen auf den Menschen hat man nur bei Affen damit Erfolg gehabt.

8. Diplobacillus (MORAX-AXENFELD), Bacterium duplex:

a) Chronische Augenbindehautentzündungen werden, soweit sie nachweisbar bakteriellen Ursprungs sind, in erster Linie durch den Diplobacillus Morax-Axenfeld hervorgerufen. Diese Erkrankungen sind sehr ansteckend, und es kommt nur wegen der meist geringen

Sekretabsonderung gewöhnlich nicht zum Ausbruch wirklicher Epidemien. Akute Formen des sog. „Diplobacillenkatarrhs" sind Ausnahmefälle.

b) In dem meist spärlichen, zähen Sekret, besonders vom inneren Lidwinkel, findet man, oft sehr reichlich, die ziemlich dicken, unbeweglichen, teils frei, teils in Zellen (besonders Epithelien) meist zu zweit zusammengelagerten Stäbchen (2—3 μ lang, etwa 1 μ breit), die keine Sporen bilden. Bei der GRAMschen Färbung erscheinen sie in der Gegenfarbe.

c) Die künstliche Züchtung gelingt mit Sicherheit nur auf Serum, serumhaltigem Agar oder Nährmedien, denen man menschliche Körperflüssigkeit beigemischt hat. Die Reaktion muß alkalisch sein.

d) Eine Übertragung auf Tiere ist nicht gelungen. Am Menschen hat man den Diplobacillus experimentell als Erreger der genannten chronischen Bindehauterkrankungen festgestellt.

9. Bacillus des malignen Ödems, Bacillus oedematis maligni:

a) Unter bestimmten Bedingungen, besonders bei sehr geschwächten Individuen, kommt es durch die Infektion wunder Stellen mit Material (z. B. Gartenerde), das die Bacillen des malignen Ödems enthält, zur Entstehung äußerst bösartiger, durch starkes Ödem ausgezeichneter phlegmonöser Erkrankungen des Unterhautgewebes, die, offenbar infolge sehr starker Toxinbildung, meist rasch zum Tode führen.

b) Durch seine Form (große, plumpe Stäbchen) erinnert der Bacillus des malignen Ödems an den Milzbrandbacillus, doch ist er schlanker als dieser, hat auch im gefärbten Präparat abgestumpfte Enden (vgl. den Milzbrandbacillus) und ist mit Geißeln besetzt, die ihm eine, nicht sehr lebhafte, Eigenbewegung verleihen. Er bildet an den aufgetriebenen Enden mittelständige Sporen, färbt sich mit allen üblichen Farbstoffen, auch nach GRAM (nachgewiesen von KUTSCHER im Gegensatz zu früheren Angaben).

c) Er wächst streng anaerob auf den gewöhnlichen Nährböden bei Zimmer- und bei Körpertemperatur. Am charakteristischsten ist sein Wachstum auf Gelatine, die er verflüssigt.

d) Meerschweinchen und Mäuse sind als Versuchstiere am besten geeignet. Sie gehen an subkutanem Ödem zugrunde. Die Impfung muß aber unter besonderen Kautelen vorgenommen werden: Vermeiden von O-Zutritt.

10. Tetanusbacillus (NICOLAIER 1884), Bacillus tetani:

a) Er ist der Erreger des Wundstarrkrampfes (Tetanus). Wunden jeder Art, neben einfachen Verletzungen, vor allem auch

die Nabelwunde der Neugeborenen und die entbundene Gebärmutter, können mit Tetanuskeimen infiziert werden. Diese finden
sich besonders häufig in Gartenerde, Straßenstaub, Kehricht
u. dgl.; praktisch äußerst wichtig ist ihr Vorkommen auch in
Gelatine (s. S. 199) und erdigen Streupulvern (s. S. 215) und in
Catgut. Eine Entwicklung der Keime in der infizierten Wunde
und somit eine Wundstarrkrampferkrankung kommt jedoch
nur dann zustande, wenn den Tetanusbacillen Gelegenheit gegeben ist, bei Abwesenheit von Luft- und Blut-O oder bei gleichzeitiger Anwesenheit aerober Bakterien (Mischinfektionen, be-

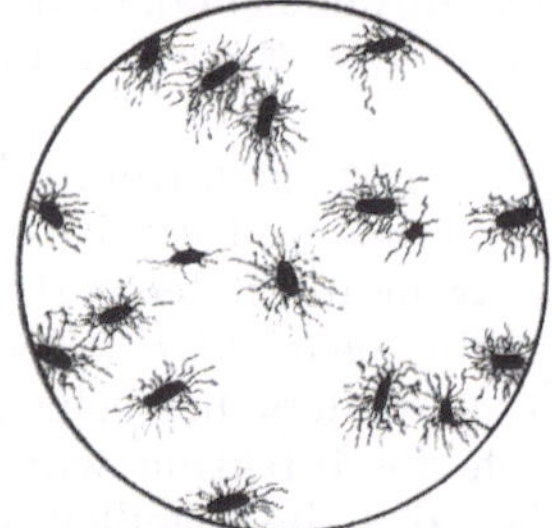

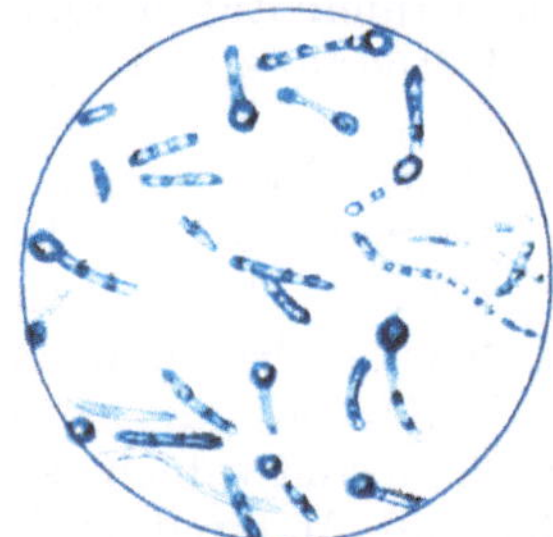

Abb. 25. Tetanusbacillen. Geißeln.   Abb. 26. Tetanusbacillen. Reinkultur.

sonders mit Eitererregern!) zu wachsen. Mit ganz verschwindenden Ausnahmen entwickeln sie sich streng lokal an der infizierten
Wundstelle und rufen die Symptome des Starrkrampfes nur
durch ihre außerordentlich heftigen Toxine [1] hervor, die in den
Kreislauf gelangen und besonders durch die peripheren Nerven
den motorischen Zellen des Zentralnervensystems zugeführt
werden, um sie in den Zustand einer ganz außerordentlich ge-
steigerten Erregbarkeit zu versetzen.

b) Da es nur sehr schwer gelingt, direkt im Ausstrichpräparat
des Wundsekrets den Tetanusbacillus nachzuweisen, so wird es
sich meist bei der mikroskopischen Untersuchung um die Beurteilung künstlicher Kulturen handeln (s. Abb. 25 und 26). —
Der Tetanusbacillus ist ein schwach bewegliches, schlankes, meist
mit einer endständigen Spore versehenes Stäbchen (Trommel-
schlegelform), das zahlreiche, stark geschlängelte Geißeln besitzt.
Er ist färbbar mit allen Anilinfarben, auch nach GRAM. Die
Geißeln sind natürlich nur durch eine spezifische Geißelfärbung
sichtbar zu machen (s. S. 28).

[1] Berechnungen haben ergeben, daß 1 g Tetanustoxin hinreichen würde,
um 40000 Menschen umzubringen. Wollte man dies mit Strychnin erreichen, so würde man etwa 5 kg brauchen. H. MIEHE: Bakterien und ihre
Bedeutung im praktischen Leben, 3. Aufl. Leipzig: Quelle & Meyer 1931.

c) Er wächst, wenn man ihm O-freie Nährböden bietet, auf allen gebräuchlichen Nährmedien, bei Körpertemperatur besser als bei Zimmertemperatur (untere Grenze 14°). Er verflüssigt Gelatine. Stichkulturen zeigen ein eigenartiges tannenbaumähnliches Aussehen. Die Kulturen haben einen widerwärtigen Geruch. — Die Herstellung von Tetanusreinkulturen hat für den Praktiker nur wenig Interesse, der Tierversuch (s. unten) führt schneller und sicherer zum Ziele. Die von KITASATO (dem es als erstem 1889 gelang, Tetanusreinkulturen zu erhalten) angegebene Methode zur Gewinnung von Tetanusreinkulturen, die auf der größeren Widerstandsfähigkeit der Tetanussporen gegenüber vegetativen Bakterienformen beruht, ist in den Lehrbüchern der Bakteriologie zu finden.

d) Zum Tierversuch am geeignetsten sind weiße Mäuse und Meerschweinchen, denen man kleine Fremdkörper (z. B. Holzstückchen), die man mit dem verdächtigen Material verunreinigt hat, unter die Haut bringt. Die Tiere gehen in $1^1/_2$—2 Tagen unter Krampfzuständen, besonders der hinteren Extremitäten

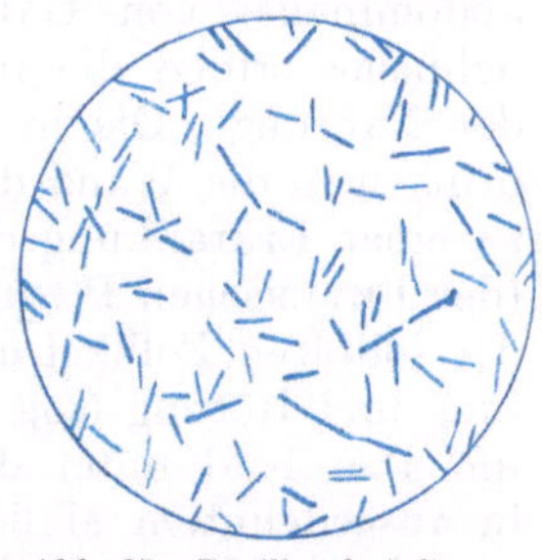

Abb. 27. Bacillus botulinus. Reinkultur.

(Robbenstellung), zugrunde, wenn das verwendete Untersuchungsmaterial Tetanusbacillen oder -sporen enthielt. Neben den genannten Tieren ist besonders das Pferd infektionsempfänglich für Tetanus.

11. Bacillus der Wurstvergiftung, Bacillus botulinus:

a) Der Bacillus botulinus vermehrt sich nicht im menschlichen Körper; er wirkt nur durch die mit der Nahrung aufgenommenen Gifte, die vom Magen-Darmkanal resorbiert werden. Er ruft die unter dem Namen Botulismus bekannten Krankheitserscheinungen hervor: Pupillenerweiterung, Akkommodationslähmung, Lähmung der Pharynxmuskeln und der Zunge, Atemnot, Störungen der Herztätigkeit usw.

b) Er ist leicht nach GRAM färbbar. Das mikroskopische Bild zeigt kräftige Stäbchen; Sporen meist endständig oval; Geißeln 4 bis 9.

c) Wie der Tetanusbacillus ist auch der Bacillus botulinus obligat anaerob. Zur Züchtung eignen sich am besten alkalische Traubenzuckernährböden. Während Traubenzucker sehr intensiv unter Gasbildung zerlegt wird, werden Milch- und Rohrzucker kaum angegriffen.

d) Durch Verfüttern kann bei Mäusen, Meerschweinchen und Affen ein dem menschlichen Botulismus ähnliches Krankheitsbild hervorgerufen werden. Im Gegensatz zum Tetanustoxin wirkt also das Toxin des Bacillus botulinus vom Magen-Darmkanal aus. Man kann jedoch das Krankheitsbild des Botulismus auch durch Subkutaninjektion von Kulturfiltraten der Bacillen hervorrufen.

12. Typhusbacillus (EBERTH 1880, KOCH 1881, GAFFKY 1884), Bacillus typhi:

a) 1884 ist er als Erreger des Unterleibstyphus (Typhus abdominalis) von GAFFKY erkannt worden. Wohl fast ausnahmslos erfolgt die Infektion durch Aufnahme der Keime mit der Nahrung. Die in den Verdauungstrakt gelangten Bacillen dringen in die Wand des Darmes ein und führen in erster Linie zu einer Erkrankung des lymphatischen Apparates des Darmes (der PEYERschen Plaques des Ileums und unteren Jejunums und der solitären Follikel des Dickdarms), der zunächst mit Schwellung und Rötung (sog. „markiger Schwellung") darauf reagiert, um aber bald unter der Einwirkung der Typhusbacillentoxine in ausgedehntem Maße zu nekrotisieren und durch Abstoßung der abgestorbenen Follikel zu weitgehenden Geschwürbildungen im Innern des Darmes Anlaß zu geben. Während dieser Vorgänge in der Darmwand dringen Typhusbacillen im lymphatischen System rasch weiter vor auf dem Wege über die regionären Mesenterialdrüsen, um schließlich ins Blut zu gelangen. Die Folgen der so entstandenen EBERTH-Bacillensepsis (einerseits intensive toxische Symptome, andererseits echte Bacillenmetastasen) kombinieren sich nun im weiteren Verlauf der Erkrankung mit den schon vorhandenen Erscheinungen, die durch die bereits vorher in den Kreislauf resorbierten Toxine hervorgerufen wurden. Die wesentlichsten toxischen Symptome sind Benommenheit und Degenerationsprozesse an Zellen, besonders der Muskeln und der Nieren, während die echten Typhusbacillenmetastasen vor allem in der Haut (Roseolen) und von inneren Organen besonders in der Milz, Leber und den Nieren auftreten. Ausgeschieden werden die Typhusbacillen vom Kranken besonders im Stuhl und, oft massenweise, im Urin.

b) Da der mikroskopische Bacillennachweis im direkt vom Menschen gewonnenen Material nur in den seltensten Fällen zum Ziele führt, werden meist künstliche Kulturen zu untersuchen sein. Man muß dabei berücksichtigen, daß die Typhusbacillen sowohl morphologisch als auch färberisch nicht von den Colibakterien zu unterscheiden sind. Bei beiden handelt es sich um plumpe, an den Enden abgerundete Stäbchen ($0{,}1—3{,}2\,\mu$ lang, $0{,}6—0{,}8\,\mu$ breit), die mittels zahlreich vorhandener Geißeln (s. Abb. 28 und 29) sich lebhaft bewegen (Colibakterien zeigen weniger Geißeln und weniger lebhafte Bewegung). Sie färben sich mit den gewöhnlichen Anilinfarben, besser mit LÖFFLERs Methylenblau (s. S. 23) und ZIEHLs Karbolfuchsin (s. S. 23); nach GRAM färben sich beide nicht.

c) Schon bei Zimmertemperatur wächst der Typhusbacillus auf allen Nährböden. Von zur Untersuchung kommendem Material nennen wir als wesentliches: Stuhl, Harn, Blut, Roseolenflüssigkeit, von der Leiche besonders die Milz, von Nahrungsmitteln hauptsächlich Milch und Wasser. Für die äußerst wichtigen Blutuntersuchungen bei Typhuskranken empfiehlt es sich, das einer Armvene entnommene Blut zunächst in Röhrchen mit steriler Ochsengalle[1] einzubringen, die man zur Speicherung der Keime erst 24 Stunden in den Brutschrank stellt, um dann, mit Agar gemischt, in Platten auszugießen. Zur Anreicherung empfiehlt

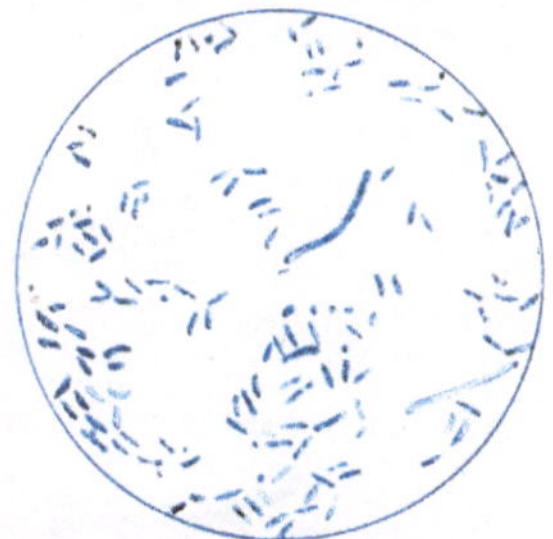

Abb. 28. Typhusbacillus. Reinkultur.

sich die Aussaat des zu untersuchenden Materials auf Malachitgrünnährboden (Malachitgrün Lösung 1:500, davon 1—1,5% zum Nährboden). Entstehen auf den Platten dann Typhuskolonien, so färben sie das Blut in ihrer Umgebung schwarzgrün bis schwarz. Impft man solche Kolonien auf Bouillon ab, so erhält man in 12—24 Stunden die lebhaft beweglichen Stäbchen, die man eventuell noch durch Agglutination (s. Anhang über Serodiagnostik S. 102) identifizieren kann. Differentialdiagnostisch, speziell für Stuhl- und Wasseruntersuchungen, kommt in erster Linie wieder das Bacterium coli in Frage. Es gibt nun mehrere, auf der intensiven chemischen Wirkung der wachsenden Colibakterien gegenüber den Typhusbacillen beruhende Züchtungsmethoden, die eine Trennung der beiden Arten ermöglichen. Die wichtigsten seien angeführt: 1. Colibakterien bringen sterile Milch binnen 1—2 Tagen zur Gerinnung, während Typhusbacillen sie auch bei längerer Wachstumsdauer unverändert lassen. 2. In Gelatinenährböden mit einem Zusatz von 2% Traubenzucker veranlassen Colibakterien durch Spaltung des Zuckers Gasbildung (CO_2) und einen widrigen Geruch, Typhusbacillen nicht. 3. Bei Zusatz von Natriumnitrit und H_2SO_4 zur Bouillonkultur geben

---

[1] Von MERCK in den Handel gebracht.

Colibakterien die Indolreaktion[1] (Rotfärbung), Typhusbacillen nicht. 4. Nährböden, denen Milchzucker und ein Indikator, wie beispielsweise Lackmuslösung zugesetzt sind, werden von Colibakterien infolge Spaltung des Milchzuckers in ihrer Farbe abgeändert, während der Typhusbacillus sie unverändert läßt. Auf dem Prinzip der Lactosespaltung beruht auch die Verwendung des Endo- und CONRADI-DRIGALSKIschen Agars (S. 38). Der letztere wird in der Praxis am häufigsten gebraucht. Es seien daher an

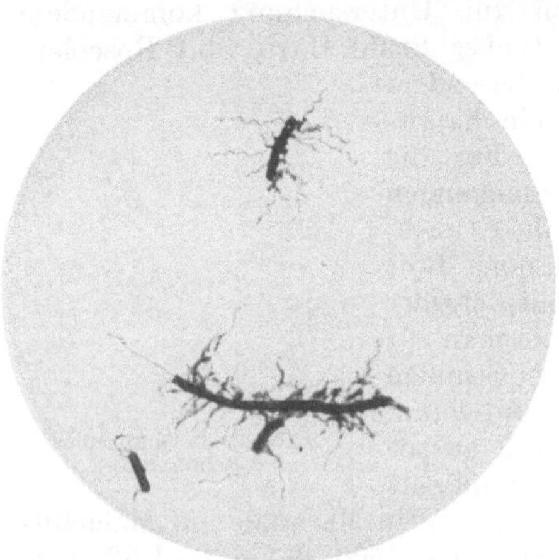

Abb. 29. Typhusbacillen mit Geißelfärbung.

dieser Stelle kurz die für seine Verwendung notwendigen Vorschriften angegeben: Man verreibt von dem zu untersuchenden Stuhl direkt oder nach Verdünnung mit einem flüssigen Nährboden eine Öse mittels eines rechtwinklig abgebogenen Glasstabes auf den dick ausgegossenen Platten, läßt sie etwa $^1/_2$ Stunde offen stehen, damit das Kondenswasser verdampft und setzt sie dann 12—24 Stunden lang, den Deckel nach unten, einer Temperatur von 37⁰ aus. Untersucht man dann, so findet man die Kolonien von Typhus und Paratyphus (s. S. 71) 1—3 mm groß, blau, tautropfenähnlich, glasig, nicht doppelt konturiert, während die Colikolonien 2—5 mm groß, leuchtend rot, nicht durchsichtig sich darstellen. — Zum Nachweis von Typhusbacillen im Harn sei das HESSEsche Verfahren empfohlen: 0,1 g Kieselgur werden mit 100 cm³ Wasser ausgekocht und durch ein BERKEFELD-Filter (s. S. 148) gesaugt. Hierauf wird der zu untersuchende — möglichst frische — Harn filtriert. Durch einen mittels Druckpumpe erzeugten möglichst kräftigen Stoß werden nunmehr 3—6 cm³ Wasser rückläufig durch die Kerze gepreßt. Hierdurch hebt

---

[1] Indolprobe nach EHRLICH:
1. Paradimethylamidobenzaldehyd . .   4 cm³
   96%iger Alkohol 380,0
   Konzentrierte Salzsäure 80,0
2. Gesättigte Lösung von Kaliumpersulfat. Zu 10 cm³ der Kultur je 0,5 der Lösungen; Rötung in 5 Min.

sich der Kieselgurmantel, der jetzt die Typhusbacillen enthält, ab und kann auf Nährböden verteilt werden.

d) Bei Tieren kann man keine typische Typhuserkrankung hervorrufen. Doch gehen z. B. Meerschweinchen bei intraperitonealer Einimpfung virulenter Kulturen sehr rasch zugrunde, aber im wesentlichen durch die Wirkung der Toxine.

Anmerkung zum Typhus abdominalis. Relativ selten kommen Fälle von Abdominaltyphus vor, bei denen man statt der echten EBERTH-Bacillen diesen verwandte Formen findet. Im Gegensatz zu den echten Typhusbacillen verursachen sie (wie auch der Bacillus proteus, botulinus u. a.) oft die sog. Fleischvergiftungen. Pathologisch-anatomisch sind diese Krankheitsfälle noch nicht genügend geklärt, da sie meist günstig enden und daher nur selten zur Sektion kommen. — Man nennt diese Bakterien Paratyphusbacillen und unterscheidet zwei Formen: Paratyphus A und Paratyphus B mit verschiedenen Untergruppen, deren Abgrenzung gegeneinander im wesentlichen durch Agglutination mit spezifisch eingestellten Seren stattfindet. Zu ihrer Charakteristik diene die folgende Tabelle, die ihre differentialdiagnostisch wichtigsten Eigenschaften gegenüber den Typhus- und Colibakterien enthält[1].

	Gerinnung von steriler Milch	Spaltung von Traubenzucker	Indolbildung	Lackmusmolke	CONRADI-DRIGALSKI Kulturen
Paratyphus A .	nein	ja	nein	sauer	blau
Paratyphus B .	nein	ja	nein	erst sauer, dann alkalisch	blau
Typhus . . .	nein	nein	nein	schwach sauer	blau
Coli	ja	ja	ja	sauer	rot

13. Bacterium abortus (BANG) [2]:

a) Er ruft bei dem tragenden Rinde eine spezifische Erkrankung des Uterus, der Fruchthüllen und des Fötus hervor, die zu einer vorzeitigen Ausstoßung der Frucht führt (infektiöses Verkalben der Rinder). Das Bacterium ist sehr nahe verwandt

[1] Als Differentialdiagnostikum für Typhus und Paratyphus werden die LÖFFLER-Grünlösungen I und II benutzt.

[2] Literatur siehe KOLLE, KRAUS u. UHLENHUTH: Handbuch der pathogenen Mikroorganismen, 3. Aufl., Bd. 6. Wien u. Berlin: Urban & Schwarzenberg 1928/31.

mit dem Erreger des Maltafiebers des Menschen (Brucella militensis) und auf den Menschen durch Genuß von Milch erkrankter Kühe oder durch Kontakt mit kranken Tieren übertragbar.

b) Der Abortuserreger ist ein kokkenähnliches Bacterium, das in frischem Krankheitsmaterial mehr längliche, auf der Kultur mehr rundliche Formen aufweist. Er ist unbeweglich, nach GRAM nicht färbbar und bildet keine Sporen. Die Färbung gelingt mit den üblichen Farbstoffen. Besonders gute Färbungen werden mit 1:10 verdünntem Karbolfuchsin und einer folgenden kurzen Differenzierung mit 1%iger Essigsäure erzielt.

c) Da der Abortuserreger nur bei bestimmter Sauerstoffspannung gedeiht (10 oder 19%), bedient man sich bei seiner Züchtung besonderer Verfahren. Man entnimmt mit einer Öse Krankheitsmaterial und verstreicht dieses auf Agar- oder DRIGALSKI-Platten. Die beimpften Kulturen setzt man hierauf mit einer mit Colibakterien infizierten Platte, die immer zuunterst gesetzt werden muß, in ein luftdicht verschlossenes Einmachglas. Durch das Wachstum der Colibakterien wird dann etwa so viel Sauerstoff verbraucht, daß das Wachstumsoptimum für den Abortuserreger (19% Sauerstoff) erreicht wird. Der Sauerstoffgehalt kann selbstverständlich auch durch Zulassen von anderen Gasen (Leuchtgas, Kohlensäure usw.) herabgemindert werden. Als Krankheitsmaterial entnimmt man beim Menschen Blut, bei den Tieren Mageninhalt des Fötus oder Fruchthüllenbestandteile.

d) Zum Tierversuch eignet sich besonders das Meerschweinchen.

14. Bacterium coli:

a) Es findet sich von den ersten Stunden des extrauterinen Lebens an regelmäßig im Darm und kann daher unter normalen Verhältnissen nicht als pathogener Mikroorganismus angesehen werden. Nur unter bestimmten Bedingungen wird es zur Krankheitsursache. Seinem normalen Aufenthalt im Darm entsprechend sind die drei wichtigsten Lokalisationen der durch ihn hervorgerufenen Erkrankungen: 1. die Gallenwege, in denen es nicht selten durch chronisch entzündliche Prozesse die Bildung von Gallensteinen einleitet und gelegentlich zur Entstehung von Leberabszessen Veranlassung gibt, 2. die Bauchhöhle, in die es bei Darmperforationen gelangt und Peritonitis hervorruft, 3. die Harnwege, in denen es bis zur Niere aufsteigende schwere eitrige Prozesse erzeugen kann. In der Art seiner pathogenen Wirkung ähnelt es den sog. Eitererregern (s. S. 48) und kann wie diese auch zu einer Sepsis mit Metastasen führen.

b) und c) Nachweis und Züchtung s. unter Typhus.

d) Intravenöse Applikation von Bacterium coli tötet z. B. Meerschweinchen und Kaninchen in kurzer Zeit.

Spirillaceae.

Cholerabacillus, Vibrio cholerae (KOCH 1883):

a) Wenn die Keime entwicklungsfähig durch den Magen hindurch in den Darm kommen und dort günstige Wachstumsbedingungen, über deren Wesen man noch wenig unterrichtet ist, vorfinden, so entsteht das Bild der ausgesprochenen Choleraerkrankung, deren Symptome sich im wesentlichen aus den Folgen einer äußerst heftigen Enteritis (absolute Unfähigkeit der Nahrungsaufnahme und höchstgradige Wasserverarmung des Körpers durch anhaltende Diarrhöen und Erbrechen) und den durch die Giftresorption hervorgerufenen allgemeinen Intoxikationserscheinungen herleiten (besonders am Nervensystem und an den Nieren, deren Funktion oft völlig darnieder liegt).

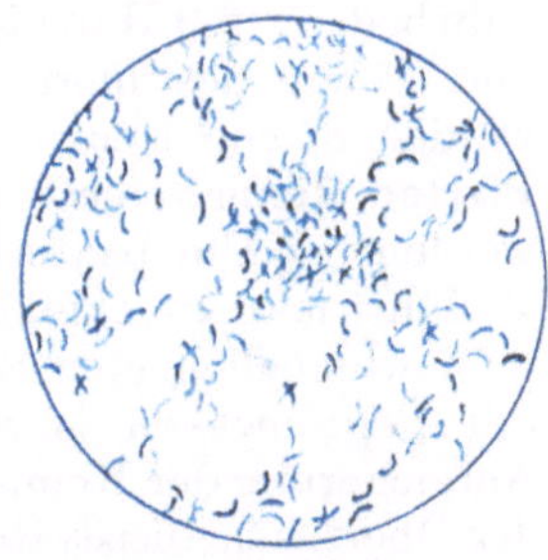

Abb. 30. Kommavibrionen der Cholera asiatica. Reinkultur.

b) Zur mikroskopischen Untersuchung gelangen Erbrochenes und Dejektionen der Kranken, oft auch sind künstliche Kulturen zu untersuchen. Die aus dem kranken Körper stammenden Keime erscheinen gewöhnlich als kommaförmig gekrümmte Stäbchen, Bruchteile einer Spirale. In Kulturen, besonders solchen, deren Nährsubstanz der Erschöpfung nahe ist, findet man dagegen oft längere Schraubenwindungen. Die Kommastäbchen sind etwa $2\,\mu$ lang und $0{,}4\,\mu$ breit, im lebensfrischen Zustand lebhaft beweglich durch eine endständige Geißel. Am besten lassen sie sich mit verdünnter Fuchsinlösung färben; nach GRAM färben sie sich nicht. Zur Darstellung der Geißeln verwendet man die LÖFFLERsche Methode (s. S. 28), doch kann man nur bei lebensfrischen Kulturen auf Erfolg rechnen.

c) Kulturell ist der Cholerabacillus sehr anspruchslos. Er wächst auf allen Nährmedien, doch verlangt er eine schwach alkalische Reaktion. Er besitzt ein Alkaleszenzoptimum, das auch bei der amtlich herausgegebenen Anleitung zur Herstellung von Nährgelatine für die „bakteriologische Feststellung der Cholerafälle" Berücksichtigung gefunden hat. Gegen freie Säuren, besonders Mineralsäuren, ist der Cholerabacillus ganz außerordentlich empfindlich (nach KITASATO hemmt bereits ein Zusatz von

0,07—0,08% HCl oder HNO_3 zu neutralem Nährboden das Wachstum). Bestimmte Temperaturverhältnisse (Optimum 21—22° C) vorausgesetzt, zeigt er auf Gelatine ein sehr typisches Wachstum: es entstehen rundliche, etwas unregelmäßig höckerig begrenzte Kolonien, die bei schwacher Vergrößerung wie aus feinsten Glasbröckelchen zusammengesetzt erscheinen; die Gelatine wird mäßig rasch verflüssigt. Agarkolonien sind leicht bläulich, durchscheinend. Bewährt hat sich Blutalkaliagar (100 cm³ gewöhnlicher Nähragar mit 30 cm³ einer gekochten Auflösung von Rinderblut in Normalsodalösung). Coli und andere Bacillen wachsen darauf fast nicht. Prof. Dr. P. Esch gibt folgende Vorschrift für einen Choleranährboden: 5,0 Hämoglobin werden in 5 cm³ Normalnatronlauge und 15 cm³ destilliertem Wasser gelöst. 15 cm³ dieser Mischung werden 85 cm³ Neutralagar zugesetzt. Nach dem Ausgießen in Platten können diese sofort nach dem Abtrocknen verwendet werden. — Um bakteriologisch eine Choleradiagnose zu stellen, verfährt man zweckmäßig so: von dem verdächtigen Stuhl nimmt man womöglich eine Schleimflocke, bringt sie in ein Röhrchen mit Peptonwasser (s. S. 33) und stellt dies nun zunächst zur Anreicherung der Keime 6—12 Stunden in den Brutschrank. Von der Oberfläche dieses Röhrchens macht man dann mikroskopische Präparate. Das Peptonwasserröhrchen kann man noch zur Anstellung der Cholerarotreaktion verwenden. Zusatz von etwas freier HCl oder H_2SO_4 gibt eine rosarote bis intensiv burgunderrote Färbung: Nitrosoindolreaktion (Indol + salpetrige Säure = Rotfärbung [1]).

d) Das am meisten verwendete Versuchstier ist das Meerschweinchen. Es ist gelungen, bei ihm durch Einbringen von Cholerakulturen in den Magen, dessen Inhalt man vorher neutralisiert hatte, bei gleichzeitiger Herabsetzung der Darmperistaltik (durch Opium) eine echte Choleraerkrankung hervorzurufen. Durch intraperitoneale oder venöse Applikation virulenter Kulturen kann man Meerschweinchen in kürzester Zeit töten (durch Toxinwirkung).

Anmerkung zur Cholera. Betreffs der serologischen Verfahren, Cholerabacillen zu erkennen, s. Serodiagnostik im Anhang (S. 107).

---

[1] Nährboden für Cholerarotreaktion nach Wölfel:

Peptonum siccum . . .	2,0
Natrium chloratum . .	0,5
Kalium nitricum	0,0075
Natrium carbonicum . .	0,2
Aqua destillata ad . . .	100,0

Die Reaktion ist nach 24 Stunden schon deutlich. Z. Hyg. 70, H. 3.

β) Mycobacteriaceae.

1. Tuberkelbacillus (R. Koch 1882—1884), Mycobacterium tuberculosis [1]:

a) Er ist einer der verbreitetsten pathogenen Keime überhaupt. Geradezu an jedem Organ kann er seine krankmachende Wirkung entfalten. Wegen des beschränkten Raumes verzichten wir auf eine Erwähnung der äußerst vielgestaltigen Krankheitsprozesse, die er im menschlichen Körper hervorzurufen in der Lage ist, und greifen unter besonderer Berücksichtigung des zur Untersuchung kommenden Materials nur die wichtigsten Fundorte für Tuberkelbacillen im Körper heraus. Er ist meist im Sputum vorhanden bei allen den verschiedenen Formen der Lungentuberkulose und den tuberkulösen Erkrankungen im gesamten übrigen Respirationstrakt, im Harn bei Urogenitaltuberkulose, im Stuhl bei Darmtuberkulose, im Eiter von tuberkulösen Abszessen der verschiedensten Organe und Organsysteme und von eitrigen Exsudaten seröser Häute, in der Haut bei Lupus und anderen tuber-

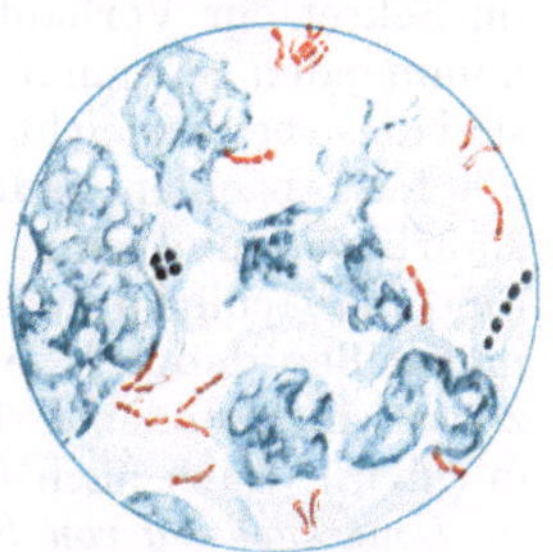

Abb. 31. Tuberkelbacillen. Sputum bei Lungentuberkulose.

kulösen Hautaffektionen, endlich im Blut bei Miliartuberkulose. Daß er auch in Schnitten von tuberkulösen Organen vorliegt, ist selbstverständlich, doch kommen solche Untersuchungen in der Praxis im allgemeinen seltener vor.

b) Auf eine Darstellung der charakteristischen Veränderungen, die der Tuberkelbacillus im Gewebe hervorruft, müssen wir trotz der auch praktisch außerordentlich großen Bedeutung derselben verzichten, da eine solche Beschreibung weit über den Rahmen dieses Buches hinausgehen würde. Wir beschränken uns daher auf den mikroskopischen Bacillennachweis (s. Abb. 31). Die Tuberkelbacillen sind kleine, schlanke, gerade oder etwas gekrümmte Stäbchen ohne Eigenbewegung ($1,5—4\,\mu$ lang, $0,4\,\mu$ breit); sie liegen einzeln oder in Gruppen. Farbstoffe nehmen sie nur sehr schwer auf, halten sie aber, einmal gefärbt, zäh fest

---

[1] Auf die Streitfrage, inwieweit der Erreger der Menschentuberkulose mit dem der Rindertuberkulose identisch ist, kann hier nicht näher eingegangen werden. Man unterscheidet jetzt einen Typus humanus, einen Typus bovinus, einen Typus gallinaceus (Hühnertuberkelbacillus) und einen Typus poikilothermus (Kaltblütertuberkelbacillus). Zwischen ihnen nimmt man Übergangsformen, sog. „atypische Stämme", an. Die Behandlung des umfangreichen Schrifttums über Tuberkulose ist hier nicht möglich.

und geben sie, vor allem bei Einwirkung von Säure oder Alkohol, nicht oder doch nur sehr schwer ab („Säure-“ bzw. „Alkoholfestigkeit“). Auf dieser Eigenschaft beruhen die spezifischen Tuberkelbacillenfärbungsmethoden, von denen die ZIEHL-NEELSENsche die gebräuchlichste ist (s. S. 27). Bei dieser erscheinen die Tuberkelbacillen leuchtend rot, während andere Bakterien die rote Farbe durch die Einwirkung des Salzsäurealkohols wieder abgeben. Nur wenige Arten von Bacillen zeigen nach dieser Richtung hin annähernd das gleiche Verhalten wie die Tuberkelbacillen: Die Leprabacillen [1] (s. S. 78) und einige Saprophyten, wie beispielsweise die im Sekret der Vorhaut, zwischen den Labien und am Anus vorkommenden Smegmabacillen (Mycobacterium smegmatis). Doch sind diese beiden leicht von den Tuberkelbacillen zu unterscheiden: die Leprabacillen dadurch, daß eine Züchtung auf künstlichen Nährböden und eine Übertragung auf Tiere nicht gelingt, die Smegmabacillen durch das Fehlen jeder Pathogenität. (Die Smegmabacillen dadurch mit Sicherheit auszuschalten, daß man den zu untersuchenden Urin mit dem Katheter entnimmt, ist nicht möglich.) Auch nach GRAM färben sich die Tuberkelbacillen.

Untersuchung von Sputum auf Tuberkelbacillen. Das Sputum ist in einer Glasschale oder auf einem schwarzen Porzellanteller ausgebreitet. Man sucht nun mittels Pinzette gelbliche oder weißliche Körnchen oder Krümel heraus und quetscht diese zwischen zwei Objektträgern auseinander. Dann wird getrocknet, fixiert und nach ZIEHL-NEELSEN (s. S. 27) gefärbt.

Um jedoch auch in den Fällen, wo die Tuberkelbacillen in geringer Zahl vorhanden sind, zu sicheren Ergebnissen zu gelangen, wende man folgende „Anreicherungsmethode“ an:

Man verdünnt Antiformin [2] mit der doppelten Menge Wasser und setzt von dieser Verdünnung dem Sputum so viel zu, daß dieses bei heftigem Umschütteln eben völlig homogenisiert wird. Zum Homogenisieren nur Liq. Natrii hypochlorosi zu verwenden, wie mehrfach in der Literatur empfohlen wurde, können wir nicht raten, weil die Trennungsschicht dauernd schaumig bleibt. Es ist zweckmäßig, das Antiformin gleich dem Gefäß zuzusetzen, in dem sich das Sputum befindet, um hierdurch dieses gleichzeitig zu desinfizieren. Dann schüttet man das Gemisch in einen etwa 15—20 cm hohen und 2—2$^1/_2$ cm breiten Glaszylinder, den man am besten mit einem Gummistopfen verschließt, um ein

---

[1] Für die Praxis des Apothekers dürften Leprabacillen wohl kaum in Frage kommen.

[2] Antiformin: Liq. Natrii hypochlorosi 10,0, Liq. Kal. caust. 15,0, Aqu. dest. 25,0.

Hervordringen des Inhaltes beim Umschütteln zu vermeiden. Wieviel Antiformin nötig ist, richtet sich nach der Konsistenz des Sputums; Erfahrung ist auch hier der beste Lehrmeister. Dann setzt man eine 2—3 cm hohe Schicht Ligroin oder Benzin zu, schüttelt nochmals kräftig um und wartet, bis völlige Trennung der beiden Flüssigkeitsschichten erfolgt ist. Zur Beschleunigung kann man einige Tropfen Spiritus hinzufügen. Der Grenzschicht entnimmt man mittels Pipette Material, das auf Objektträger oder Deckglas getrocknet, fixiert und nach ZIEHL-NEELSEN (s. S. 27) gefärbt wird. Die Keime sind gegen die Homogenisierungs- flüssigkeit längere Zeit widerstandsfähig, jedoch empfiehlt es sich, bei Anstellung von Kultur- oder Tierversuchen das Antiformin nicht konzentrierter als 15%ig zu verwenden. Die angesetzten Mischungen können dann im Notfall über Nacht aufbewahrt werden. Schnell erzielt man mit dem homogenisierten Sputum nach einer halben Stunde ein Zentrifugat, das nach wiederholtem Auswaschen mit sterilisiertem Wasser zur Färbung benutzt werden kann[1].

Untersuchung von Faeces auf Tuberkelbacillen. Sie wird kaum dem Apotheker überlassen werden[2].

Untersuchung des Harns auf Tuberkelbacillen. Zentrifugieren des Harns; Abgießen vom Sediment; Behandeln des Sedimentes mit Antiformin usw. wie bei Sputumuntersuchung. Meist wird hier eine geringe Menge Antiformin genügen; nur bei schleimiger Konsistenz des Sedimentes wird man entsprechend mehr zu nehmen haben[3].

Untersuchung von Milch auf Tuberkelbacillen. Entweder durch Zentrifugieren wie bei Harn oder durch Homogenisieren wie bei Sputum.

c) Um Tuberkelbacillenkulturen vom Körper weg herzu- stellen, verwendet man nach KOCHS Angabe Serum (am besten vom Hammel, Rind oder Kalb), das man gegen Austrocknung schützend hat erstarren lassen. Sehr vorteilhaft ist ein Zu- satz von Glyzerin, 2—4%. Das Wachstum erfolgt nur äußerst langsam, nicht bei Temperaturen unter 29°, am besten bei 37—38°. O-Zutritt und ein sorgfältiger Schutz gegen Austrocknung sind erforderlich. Mikroskopisch nach 5—6, makroskopisch erst nach

---

[1] Zur Desinfektion des Auswurfs eignet sich Sublimat nicht, da es nicht in die Sputumballen einzudringen vermag, dagegen sind Chloramin, Phenole, Kresole, Alkalysol, Sagrotan, Zephirol dafür geeignet.

[2] Schrifttum: KOLLE u. HETSCH: Experimentelle Bakteriologie.

[3] Bei Untersuchung von Harn auf Tuberkelbacillen können leicht Smegmabacillen Anlaß zu Irrtümern geben, s. S. 76, ferner auch KOLLE u. HETSCH: Experimentelle Bakteriologie, 9. Aufl. 1942.

10—15 Tagen sind kleine, trockene, weiße, der Oberfläche des Nährbodens lose aufliegende, brüchige Kolonien zu erkennen. Für Weiterzüchtung der so gewonnenen Reinkulturen eignen sich nun auch andere Nährböden, besonders Agar, Bouillon (nach BONHOFF vor allem Kalbslungenbouillon), Kartoffeln; reichliche Kulturen erhält man aber nur bei Glyzerinzusatz. Die Tuberkelbacillenkulturen haben einen blumenartigen Geruch. Neuerdings wird besonders das HOHNsche Kulturverfahren zur Züchtung von Tuberkelbacillen aus frischem Krankenmaterial empfohlen[1]. Es hat sich auch nach unseren Erfahrungen gut bewährt. Bei diesem Verfahren wird das Krankheitsmaterial mit 15% Schwefelsäure verrieben und nach 20 Min. langer Einwirkung der Schwefelsäure die Verreibung zentrifugiert. Hierauf entnimmt man mit einer Platinöse Bodensatz und verstreicht diesen auf Eiernährböden (Eiernährboden nach LUBENAU oder PETRAGNANI). Die Methode hat in der Humanmedizin, besonders zur Untersuchung von Sputum- und Harnproben auf Tuberkelbacillen, Anklang gefunden. Sie soll sogar ebenso gute Ergebnisse wie der Tierversuch zeitigen.

d) Zum Tierversuch verwendet man am besten das Meerschweinchen, nächst diesem ist das Kaninchen am geeignetsten. Man injiziert subkutan, intraperitoneal oder in die vordere Augenkammer. Im Laufe von 4—8 Wochen bildet sich dann die Erkrankung aus, an der besonders Meerschweinchen bald zugrunde gehen.

2. Leprabacillus (A. HANSEN 1880), Mycobacterium leprae:

a) Die durch diesen Keim hervorgerufene Erkrankung ist die Lepra oder der Aussatz: ein ausgesprochen chronisches Leiden, das durch die außerordentlich entstellenden Veränderungen, die es an den Kranken hervorruft, von jeher den heftigsten Abscheu erregt hat. Die Infektion erfolgt wahrscheinlich meist von der Nase aus. Man unterscheidet der Hauptsache nach zwei, häufig miteinander kombinierte Formen: die Lepra nodosa oder tuberosa. Sie führt zu sehr häßlichen Knoten- und Wulstbildungen der Haut, besonders des Gesichtes und der Dorsalflächen der Extremitäten. Ferner die Lepra anaesthetica, die infolge Zerstörung peripherer Nerven durch eingedrungene Leprabacillen zustande kommt und sich einerseits durch die Folgen der Unempfindlichkeit des befallenen Teils (Geschwürbildungen infolge von fortgesetzten Verletzungen jeder Art ohne genügende Heilreaktion von seiten des Körpers), andererseits durch sog. trophoneurotische Störungen

---

[1] Zbl. Bakter. I Orig. **98**; Münch. med. Wschr. **1926 I**, 609, **II**, 2162; **1929 II**, 1120, 1508.

(Knochenatrophien, die oft bis zum völligen Schwund von Phalangen führen), auszeichnet. Auch ins Blut können die Leprabacillen eindringen und dann jedes Organ befallen.

b) Sowohl in den Lepraknoten als auch in den erkrankten Nerven findet man reichlich die den Tuberkelbacillen sehr ähnlichen, meist aber etwas kürzeren, schmalen, unbeweglichen Stäbchen, die zum größten Teil in zigarrenbundähnlichen Haufen oder auch einzeln intracellulär gelagert, daneben aber auch extracellulär zu beobachten sind (s. Abb. 32). Wie oben erwähnt, verhalten sie sich auch färberisch ähnlich wie die Tuberkelbacillen, indem sie wie diese säurefest sind. Sie zeigen aber diese Eigenschaft nicht so ausgesprochen, da sie nicht nur die Färbung etwas leichter annehmen, sondern sie auch entsprechend leichter wieder abgeben. Wie die Tuberkelbacillen färben sie sich auch nach GRAM.

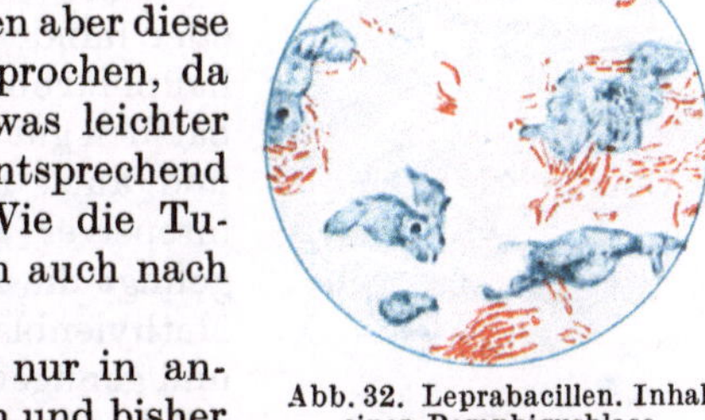

Abb. 32. Leprabacillen. Inhalt einer Pemphigusblase.

c) Der Leprabacillus ist nur in anaeroben Kulturen zu züchten und bisher auch dann nicht mit Sicherheit. In flüssigen Nährböden wächst er nicht. Auf Agar + 1% Traubenzucker soll er bei 37—40° gutes Wachstum [1] zeigen.

d) Tierversuche haben bis jetzt noch nicht zu völlig einwandfreien Ergebnissen geführt.

3. Diphtheriebacillus (LÖFFLER 1884), Corynebacterium diphtheriae:

a) Er ist die Ursache der echten Diphtherie. Die Infektion erfolgt in den allermeisten Fällen von den Mandeln aus, seltener sind die Rachen- und Nasenhöhle oder das Kehlkopfinnere, nur ganz vereinzelt die Bindehaut der Augen, die Scheidenschleimhaut oder kleine Hautverletzungen Ausgangspunkt der Erkrankung. Zur Abnahme verdächtiger Beläge durch den Arzt werden Glasstäbchen in sterilen Reagensgläsern benutzt. — Die krankmachenden Eigenschaften des Diphtheriebacillus sind lokale und allgemeine: lokal entsteht an der Infektionsstelle durch die Diphtherietoxine eine Epithelnekrose und im Anschluß daran die Bildung einer fibrinösen Pseudomembran; die allgemeinen Symptome sind die einer je nach dem Fall mehr oder weniger schweren Vergiftung durch die in den Kreislauf übergetretenen

[1] LEHMANN-NEUMANN: Bakteriologische Diagnostik, 7. Aufl., Bd. 2, S. 756. München: J. F. Lehmann 1927.

Diphtherietoxine. Nur in seltenen Fällen gelangen die Diphtheriebacillen selbst in den Kreislauf.

b) Ausstrichpräparate von Pseudomembranen und künstlichen Kulturen kommen für die mikroskopische Untersuchung in erster Linie in Frage. Man sieht dann die Bacillen meist in unregelmäßigen Haufen angeordnet als unbewegliche, ziemlich schlanke, gerade oder auch gekrümmte, häufig an den Enden kolben- oder in der Mitte spindelförmig aufgetriebene Stäbchen, die nicht selten nur teilweise gefärbt sind, indem einige Stellen hell, von Farbstoff frei geblieben sind. Besondere Wachstumsbedingungen führen zu Involutionsformen: Riesenformen, mehr oder minder lange Fäden. Soweit überhaupt färbbar, färben sich die Diphtheriebacillen gut mit den üblichen Farbstoffen und auch nach GRAM bei nicht allzu intensiver Entfärbung. Besonders gut gelingt die Färbung mit LÖFFLERschem Methylenblau (s. S. 23). Eine schnelle und genügende Färbung erzielt man mit milchsaurem Methylenblau (vgl. S. 28).

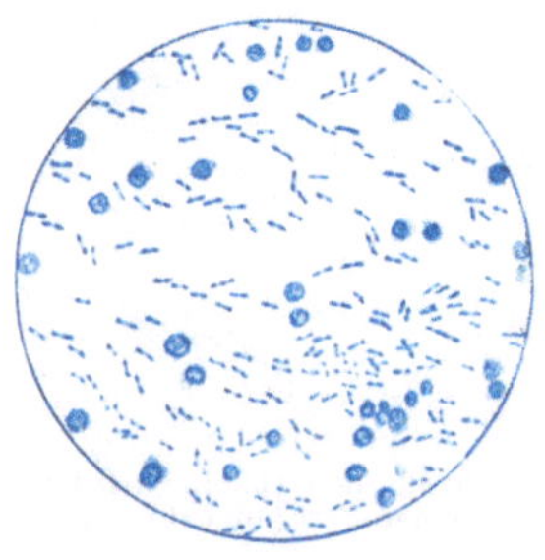

Abb. 33. Diphtheriebacillen.

Die NEISSERsche Polkörperchenfärbung (s. S. 28) hat in erster Linie den Zweck Diphtheriebacillen von diphtherieähnlichen zu unterscheiden: die Diphtheriebacillen zeigen zur angegebenen Zeit meist blaue Körnchen an den Polen (seltener in der Mitte) des braun gefärbten Bacillenleibes. Völlig sicher ist die Methode jedoch nicht, da auch Pseudodiphtherie- und Xerosebacillen Polkörperchenfärbung zeigen können.

c) Die Züchtung gelingt nicht unter 20°, am besten bei 33 bis 37° auf LÖFFLERschem Blutserum (3 Teile Blutserum, 1 Teil Peptonbouillon mit 2% Traubenzucker) als Strichkultur. Nach etwa 10 Stunden sieht man porzellanweiße bis mattgraue, feine oder gröbere flache Häufchen[1].

d) Der Tierversuch hat gegenüber den Färbemethoden nur geringe Bedeutung. Am geeignetsten sind Meerschweinchen, denen man nach P. EHRLICH 1 cm³ einer 24stündigen Bouillonkultur oder weniger in der Gegend des Schwertfortsatzes subkutan injizieren soll. War die Kultur virulent genug, so gehen

---

[1] Für die Diagnose werden die Diphtherienährböden nach CLAUBERG verwendet, und zwar a) Normaltellurplatte [Zbl. Bakter. I Orig. **128**, 154 (1933)] und b) Tellurindikatornährplatte [Zbl. Bakter. I Orig. **134**, 271 (1935)]. Näheres über die Bereitung siehe MERCK: Medizinisch-chemische Untersuchungsmethoden, 3. Aufl., S. 160/161. 1939.

die Tiere in 2—4 Tagen zugrunde. Besonders charakteristisch ist dann bei der Sektion eine starke Schwellung beider Nebennieren und starkes hämorrhagisches Infiltrat an der Injektionsstelle.

Anmerkung zum Diphtheriebacillus. Man unterscheidet jetzt 3 Typen: 1. den milden (mitis), 2. den schweren (gravis) und 3. den zwischen beiden stehenden (intermedius). Für die Differentialdiagnose der Diphtheriebacillen hat sich in letzter Zeit der tellurhaltige Nährboden (nach CLAUBERG) besonders für Massenuntersuchungen eingebürgert. Die Diphtheriebacillen wachsen auf demselben blau. — Der Pseudodiphtheriebacillus (Corynebacterium pseudodiphtheriticum) ist dem Diphtheriebacillus sehr ähnlich, wächst aber bereits bei 18⁰ auf Gelatine üppig und ist nicht pathogen für Meerschweinchen; ebenso ist der gleichfalls dem Diphtheriebacillus ähnliche Xerosebacillus (Corynebacterium xerosis) nicht tierpathogen.

4. Rotzbacillus (LÖFFLER u. SCHÜTZ 1882), Corynebacterium mallei:

a) Durch Infektion von wunden Stellen, besonders der Haut oder der

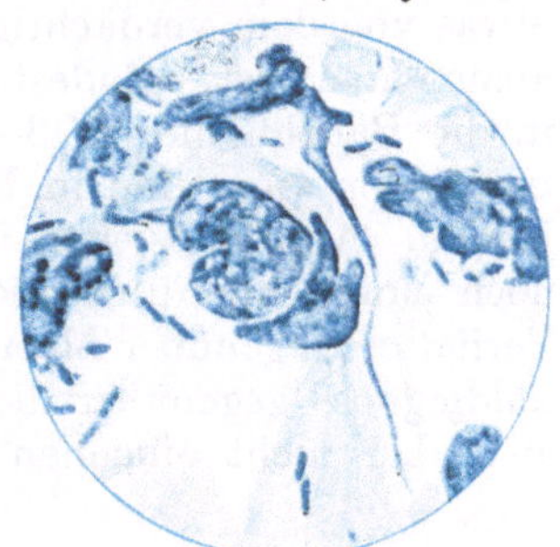

Abb. 34. Rotzbacillen. Abszeßeiter.

Nasenschleimhaut des Menschen mit Rotzbacillen (die in der Regel von rotzkranken Pferden, Eseln oder Maultieren stammen), entsteht die beim Menschen äußerst seltene Rotzkrankheit (Malleus): es bilden sich zunächst lokal eiternde Geschwüre, und von da aus kommt es (auf dem Lymphwege), wohl immer durch Eindringen von Rotzbacillen in den Kreislauf, zur Rotzsepsis, die sich in der Bildung von multiplen Metastasen, besonders Rotzknoten in Muskeln, Gelenkschwellungen und pustulösem Hautausschlag kundgibt; auch schwere Bronchitiden und Pneumonien können sich ausbilden. Meist endet die Krankheit tödlich, in den akuten Fällen nach Wochen, in chronischen gelegentlich erst nach mehreren Jahren.

b) Der mikroskopische Bacillennachweis steht an Bedeutung dem Tierversuch wesentlich nach. Am sichersten findet man die Parasiten noch in den frischen Gewebsneubildungen der Rotzknoten: Es sind kleine, den Tuberkelbacillen ähnliche, nur etwas plumpere, unbewegliche Stäbchen (2—3 μ lang, 0,4 μ breit), die sich (frisches Material vorausgesetzt!) mit allen Anilinfarbstoffen deutlich färben, nicht aber nach GRAM (Abb. 34). Sporen bilden die Rotzbacillen nicht.

c) Sie wachsen auf den üblichen künstlichen Nährböden, gut aber nur bei höherer Temperatur. Am besten gedeihen sie auf Glyzerinagar und Pferde- und Hammelblutserum, schlechter auf gewöhnlichem Agar und Rinderserum. Als besonders charakteristisch gilt ihr Wachstum auf Kartoffeln, wo sie anfangs gelbliche, später, besonders am Rande der Kolonien, mehr braunrot werdende Beläge bilden.

d) Rotzbacillen sind pathogen für sehr viele Tiere. In der Praxis hat sich zur Sicherung der oft sehr schwer zu stellenden Diagnose folgendes Verfahren (J. STRAUSS) bewährt: Man injiziert etwas von dem verdächtigen Material (wenn eine Mischinfektion anzunehmen ist, mindestens drei) männlichen Meerschweinchen in die Bauchhöhle: in 3—4 Tagen erfolgt dann, wenn Malleus vorhanden war, eine in Eiterung übergehende Entzündung der Hoden. Absolut sicher ist diese Methode jedoch nicht, da es noch einige, allerdings recht seltene Arten gibt, die das gleiche Verhalten gegenüber Meerschweinchen zeigen. Auf die Differentialdiagnose gegenüber diesen sehr seltenen Formen können wir hier aber nicht eingehen.

γ) Actinomyces, Strahlenpilz. (B. v. LANGENBECK 1845.)

Über seine Stellung im System können wir hier keine Erörterungen anstellen [1].

a) Die Übertragung der Erkrankung (Aktinomykose) auf den Menschen erfolgt, wie bei der weit häufigeren Aktinomykose der grasfressenden Tiere, durch actinomycessporenhaltige Grannen von Getreide und anderen Grasarten. Meist geht der Prozeß von einer Stelle des Verdauungstraktes, seltener von der Lunge (durch Aspiration) oder von Hautwunden aus. Pathologisch-anatomisch besteht er in einer von Pilzfäden durchzogenen, unaufhaltsam fortschreitenden Granulationswucherung, die große Neigung zur Bildung von Abszessen zeigt, in deren Eiter man dann meist reichlich die sog. Actinomyceskörper (s. Abb. 35) vorfindet. Außer der bei unterbleibender oder erfolgloser Radikaloperation erwähnten lokalen Granulationswucherung erfolgt aber schließlich auch eine Verbreitung der Keime auf dem Blutwege, die zu Metastasen in allen Organen führen kann.

b) Mikroskopisch findet man, wie oben angedeutet, in den entzündlichen Gewebswucherungen Geflechte von Pilzfäden. Charakteristisch und für die Diagnose ausschlaggebend ist der Nach-

---

[1] Siehe LIESKE, M.: Morphologie und Biologie der Strahlenpilze. Berlin: Gebr. Bornträger 1921.

weis der im Eiter befindlichen, schon makroskopisch wahrnehmbaren kleinsten bis stecknadelkopfgroßen, mattgrau bis gesättigt gelb gefärbten Actinomyceskörper (gelegentlich auch grünschwärzlich, besonders in der Leber). Diese bestehen, wenn man sie unter dem Mikroskop leicht zerdrückt betrachtet, aus einzelnen sog. Actinomycesdrusen, deren Struktur am besten in mit GRAM-Färbung behandelten Ausstrich- oder Schnittpräparaten erkennbar ist. Man sieht dann, daß von einem dichten zentralen Fasergeflecht nach allen Seiten feine Fäden ausgehen, die oft Sporen einschließen und, besonders bei älteren Exemplaren, hier und da in keulenförmige Endanschwellungen (Involutionsformen) ausgehen. Neben diesen fadenartigen Gebilden sieht man auch bakterienähnliche Formen.

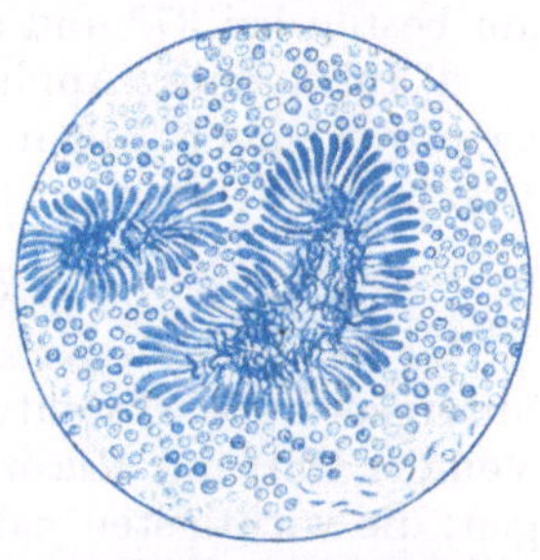

Abb. 35. Actinomyces.
Druse mit Kolbenbildung.

c) und d) Künstliche Züchtung und Tierversuche haben ergeben, daß es verschiedene Rassen von Actinomyces geben muß. Die einen wachsen aerob, die anderen anaerob, die einen lassen sich auf Tiere übertragen, die anderen nicht, usw.

Um nun zu den bereits etwas höher stehenden pflanzlichen Krankheitserregern überzugehen, wollen wir betreffs der zu den Blastomyceten gehörigen

δ) Hefepilze

nur im Vorübergehen erwähnen, daß gelegentlich pathogene Formen in sarkomähnlichen Wucherungen beobachtet worden sind.

Eine etwas größere praktische Bedeutung besitzt sodann der von den Blastomyceten zu den (den Phykomyceten angehörenden) Schimmelpilzen hinüberführende

ε) Soorpilz, Oidium albicans [1]. (ROBIN.)

a) Mitunter auch in den Belägen der oberen Partien des Verdauungstraktes Gesunder nachweisbar, siedelt er sich unter günstigen Bedingungen, besonders gern bei sehr heruntergekommenen Individuen, speziell schlecht gepflegten Säuglingen, im Epithel der genannten Teile an und bildet lockere weißliche Auflagerungen. Er vermag auch durch das Epithel in das Unterhautgewebe

---

[1] Nach den Untersuchungen PLAUTS soll der Soorpilz mit der zu den Torulaceen gehörigen Monilia candida identisch sein.

hineinzuwuchern, sogar in Blutgefäße vorzudringen (allerdings nur
äußerst selten) und dann Metastasen in inneren Organen zu erzeugen.

b) Mikroskopisch erweisen sich die Soorbeläge als Epithelzellen,
mit den dazwischen gelagerten Parasiten, deren Formen zum Teil
an die Mycelfäden der Fadenpilze, zum Teil an die Gestalten
der Sproßpilze (Gonidien) erinnern. Die Soorfäden färben sich
leicht nach GRAM.

c) Sie sind leicht zu kultivieren, z. B. in Bouillon, wachsen
am besten bei 37⁰ und streng aerob.

d) Intravenöse Applikation von Soorreinkulturen tötet Kaninchen in wenigen Tagen, indem abszeßartige Knötchen in inneren
Organen auftreten.

ζ) Schimmelpilze.

Sie besitzen als Krankheitserreger für den Menschen nur eine
untergeordnete Bedeutung. Daher seien sie nur kurz erwähnt:
Von der Gattung *Mucor* sind nur einige sehr seltene Arten pathogen; die wichtigsten pathogenen Arten stellt die Gattung *Aspergillus*, und zwar im *Aspergillus fumigatus* und *Aspergillus niger*.
Meist siedeln sie sich erst sekundär in bereits bestehenden nekro-
tischen Herden, z. B. in der Lunge an, führen aber dann dort
ihrerseits selbst zu immer weiter fortschreitenden Zerstörungen.
Morphologisch ist zu erwähnen, daß im menschlichen Körper die
Mycelformen wesentlich die Sporenformen, was Häufigkeit und
Menge des Vorkommens anbetrifft, überragen. Will man sie
färben, so kann man LÖFFLERS Methylenblau (s. S. 23) oder
GRAMsche Färbung verwenden. Sie lassen sich leicht kultivieren,
z. B. auf sterilem Brotbrei (s. S. 34), verlangen aber O-Zutritt
und saure Reaktion. Auch Tierversuche fallen positiv aus.

Für die praktische Untersuchung kommen hauptsächlich in
Betracht die vier Vertreter der

η) echten Pilze, Eumyceten [1].

Sie sind die Erreger der vier höher pflanzlich-parasitären Hautkrankheiten, der sog. *Dermatomykosen* oder *Hyphomykosen:*
Pityriasis versicolor, Erythrasma, Trichophytie und Favus.

Gemeinsam ist ihnen, daß sie nur die obersten Schichten der
Epidermis oder der epidermoidalen Organe ergreifen, daß sie
kontagiös sind (wobei aber die jeweilige Disposition der einzelnen
Individuen eine sehr große Rolle spielt), daß sie sich gut nach
GRAM färben und sich züchten lassen.

---

[1] Allgemeines s. in den botanischen Lehrbüchern.

1. Das *Mikrosporon furfur*. a) Mit besonderer Vorliebe siedelt es sich auf trockener, dünner, zarter Haut an und ruft dort die als Pityriasis versicolor bezeichnete Erkrankung der in Abstoßung begriffenen Epithelzellen hervor. Sie bevorzugt die von der Kleidung bedeckten Hautstellen. Absolut harmlos, besteht sie lediglich im Auftreten kosmetisch störender, hellgelber bis braunschwarzer, kleienartig schuppender (Kleienflechte) Flecke von sehr verschiedener Größe.

b) Das mikroskopische Bild ist sehr charakteristisch: die feinen Schüppchen bestehen fast aus Reinkulturen der Pilze. Zwischen ziemlich breiten, gekrümmten, wenig verzweigten Fäden finden sich außerordentlich zahlreiche, traubenförmig angeordnete große Gonidien.

2. Das *Mikrosporon minutissimum*. a) Ebenso harmlos wie die Kleienflechte ist die durch das Mikrosporon minutissimum hervorgerufene, als Erythrasma bezeichnete Erkrankung wohl nur als eine auf gewisse Körperpartien angepaßte Abart der Pityriasis versicolor aufzufassen. Das Erythrasma findet sich immer nur an solchen Körperstellen, wo zwei Hautflächen dauernd aufeinander reiben, wo also leicht Intertrigo entsteht.

b) Das mikroskopische Bild ist gewissermaßen nur Mikrosporon furfur in Miniatur.

3. und 4. Das *Trichophyton tonsurans* und das *Achorion Schönleini*. a) Das Trichophyton tonsurans und das Achorion Schönleini stehen zu den beiden Mikrosporonarten betreffs ihrer pathologischen Bedeutung in vollkommenem Gegensatz: während die letzteren für ihren Wirt völlig indifferent sind, rufen die ersteren eine energische Reaktion in Form einer ausgesprochenen lokalen Erkrankung hervor. — Das Trichophyton tonsurans erzeugt die unter dem Namen Trichophytie (Bartflechte) zusammengefaßten ganz außerordentlich vielgestaltigen Krankheitsbilder, die aber alle einige gemeinsame Momente aufweisen: in allen Fällen handelt es sich um entzündliche, umschriebene Hauterkrankungen, die mit vollkommener restitutio ad integrum enden. Das Achorion Schönleini ist die Ursache des sog. Erbgrinds (Favus), einer in erster Linie spezifischen Erkrankung der behaarten Kopfhaut, die immer in eine lokale Zerstörung des Haarwachstums ausgeht und immer, auch dann, wenn sie an irgendeiner beliebigen anderen Körperstelle auftritt, ein ganz bestimmtes Charakteristikum aufweist: die Bildung sog. Scutula, kleiner, gelber, schildartiger Massen, die einen aufgeworfenen Rand und eine zentrale Delle besitzen und Reinkulturen des Achorion Schönleini darstellen.

b) und c) Während die klinischen Bilder von Trichophytie und Favus leicht zu unterscheiden sind, sind ihre Erreger mikroskopisch und kulturell nicht immer mit Sicherheit voneinander zu trennen. Von diesem Standpunkt aus ist die folgende Gegenüberstellung der beiden zu bewerten: Um Präparate von Trichophyton tonsurans herzustellen, hellt man das Material zunächst mit Kalilauge auf und muß dann oft sehr lange suchen, bis man etwas findet, während man beim Favus in den Scutulis und in kranken Haaren meist leicht das Achorion Schönleini findet, wenn man die Scutula nur etwas in Wasser zerdrückt hat. Die Myzelfäden des Achorion Schönleini sind im allgemeinen plumper, derber, knorriger, oft mit rechtwinkligen Verzweigungen, seine Sporen oft relativ groß. Demgegenüber sind die Myzelfäden des Trichophyton tonsurans meist sehr zart, nicht häufig verzweigt, seine Sporen fein und gewöhnlich in Ketten angeordnet. Kulturell unterscheiden sich die beiden vor allem dadurch, daß das Achorion Schönleini N-reiche Nährböden verlangt, auf kohlenhydratreichen nur kümmerlich wächst und sein Wachstumsoptimum bei 37⁰ hat, während das Trichophyton am besten auf eiweißarmen, kohlenhydratreichen Nährmedien gedeiht, und zwar am besten bei 33⁰. Beide verflüssigen Gelatine.

d) Auf Tiere sind beide übertragbar.

b) Pathogene Mikroorganismen des Tierreiches.

Sie gehören dem Stamm der *Protozoen* an, und von denen, die wir hier erwähnen wollen, rechnet man

zu den Rhizopoden die Amöben,
zu den Flagellaten die Trypanosomen und die Spirochäten [1],
zu den Sporozoen die Hämosporidien.

α) Rhizopoden.

Erreger der Amöbendysenterie:

a) *Entamoeba coli* Lösch = *Entamoeba histolytica* Schaudinn = *Entamoeba tetragena* Viereck gilt als Erreger der tropischen Amöbendysenterie, deren Auftreten gegenüber dem mehr epidemieartigen der Bakteriendysenterie ein vorwiegend endemisches für gewisse Gegenden ist. Die Entamoeba coli Lösch unterscheidet sich von der fälschlich auch Entamoeba coli genannten häufig vorkommenden, meist harmlosen Entamoeba hominis durch größere Beweglichkeit ihres Protoplasmas (Pseudopodien). In ihren Symptomen, vor allem aber in ihrem pathologisch-anatomischen

---

[1] Vgl. Anmerkung 2 auf S. 51.

Charakter weist die Amöbendysenterie gegenüber der Bakteriendysenterie neben manchen Analogien auch große Verschiedenheiten
auf (s. S. 60, Bakteriendysenterie). Der Prozeß beginnt mehr in
der Tiefe der Schleimhaut, und die dort sich vermehrenden Amöben
veranlassen die Entstehung von Abszessen, die nach kurzer Zeit
eine Nekrotisierung des darüber hinwegziehenden Epithels be-
dingen und dann in das Darmlumen durchbrechen, um tiefe,
kraterförmige Geschwüre zurückzulassen. Auf diese Art kann
der größte Teil der gesamten Schleimhautfläche zerstört werden.
Außerdem besteht eine große Neigung zur Entstehung von Leberabszessen und zum Chronischwerden der Erkrankung.

b) Um mikroskopisch eine Diagnose auf Amöbendysenterie
zu stellen, muß man frisch entleerten, noch warmen Stuhl untersuchen (am besten im hängenden Tropfen in physiologischer NaCl-
Lösung), weil man nur dann noch bewegliche Amöben zu sehen
bekommt. Von der harmlosen, bei vielen Menschen im Anfangsteil des Dickdarms lebenden Entamoeba coli unterscheiden sich
die beiden pathogenen Entamöben, die einander selbst sehr ähnlich
sind, durch ein deutlich entwickeltes, völlig homogenes, stark
lichtbrechendes Ektoplasma. Den sehr chromatinarmen Kern
macht man durch Zusatz von Essigsäure deutlicher sichtbar.
Jodzusatz zum frischen Präparat färbt die Amöben braun.

c) Die besten Kultivierungsresultate hat man dadurch erzielt,
daß man den Amöben Bakterien als Nahrung gab, die derselben
Quelle wie sie selbst entstammten.

d) Von Versuchstieren sind Katzen am geeignetsten. Um sie
zu infizieren, verreibt man ihnen Kotpartikelchen von Kranken
auf der Rectalschleimhaut. Sie sterben in etwa zwei Wochen an
einer typischen Amöbendysenterie.

β) Flagellaten.

Trypanosomen.

Erreger der Schlafkrankheit. *Trypanosoma gambiense* (J. E.
DUTTON 1901):

a) Durch den Stich der Glossina palpalis, einer Stechfliege,
erfolgt die Übertragung der in Afrika fortwährend unzählige
Opfer fordernden Trypanosomenkrankheit (Trypanosomiasis). Die
Trypanosomen dringen durch die Infektion ins Blut ein und können
lange Zeit nur sehr wenig und nur sehr unbestimmte Symptome
hervorrufen. Meist tritt bald eine Lymphdrüsenschwellung am
Halse auf. Dann beobachtet man häufig sehr unregelmäßig
sich einstellende Fieberattacken, Erytheme der Haut, Ödeme,

Anämie, Herz- und Atmungsstörungen, Milzschwellung. Übersteht der Kranke dieses Stadium, das man mit dem Namen *Trypanosomenfieber* zu bezeichnen pflegt, so tritt mit dem Eindringen der Trypanosomen in die Cerebrospinalflüssigkeit der Symptomenkomplex auf, dem man schon vor der Entdeckung der Trypanosomen den Namen *Schlafkrankheit* gegeben hatte: unter einer unaufhaltsam zunehmenden Apathie verfallen die Kranken in Zeit von mehreren Monaten immer mehr, bis sie an allgemeiner Schwäche zugrunde gehen.

b) Lebend oder im gefärbten Präparat kann man die Trypanosomen im Blut wie auch in dem mit der PRAVAZ-Spritze entnommenen Saft der geschwollenen Drüsen leicht nachweisen, immer frei, nie in Zellen. Es sind kleine (etwa 2—3mal so lang wie der Durchmesser roter Blutkörperchen), spindelförmige, etwa an die Form kleiner Fischchen erinnernde Gebilde. Sie besitzen an einer ihrer Längsseiten eine undulierende Membran, die von einem Randsaum (Randfaden) begrenzt wird, der eine Fortsetzung der am Vorderende befindlichen Geißel darstellt. Wie der genannte Randfaden und

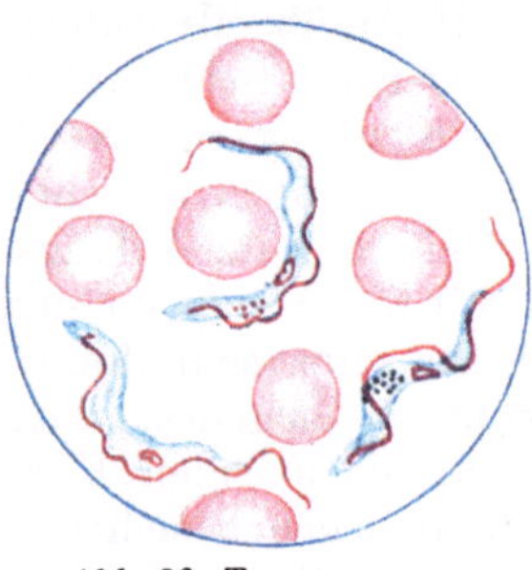

Abb. 36. Trypanosoma gambiense. Blut.

die Geißel, so erscheinen bei der ROMANOWSKY-Färbung (mit verdünnter GIEMSA-Lösung 20—30 Min.; s. S. 24) auch ein etwa in der Mitte des Tierkörpers liegendes größeres (Kern) und ein am Hinterende befindliches kleineres (als „Blepharoblast" bezeichnetes) Chromatinkorn in leuchtend roter Farbe.

c) Die Kultivierung der Trypanosomen ist zwar möglich, aber sehr schwierig.

Spirochäten.

1. **Erreger des Rückfallfiebers** (OBERMEIER 1868). *Spirochaeta recurrentis, Spirochaeta Obermeieri:*

a) Man unterscheidet neben der europäischen Form eine nord- und mittelafrikanische, eine indische und eine amerikanische, die aber vielleicht nur als Spielarten anzusehen sind. Die Infektion mit dem Keim erfolgt in Europa durch (Kleider-) Läuse, vielleicht auch durch Wanzen, für Afrika hat R. KOCH Zecken als Überträger festgestellt (Ornithodorus moubata). Die Krankheitserscheinungen (das sog. Rückfallfieber) sind für die europäische Form etwas andere als für die afrikanische: während in Europa der erste Fieberanfall 6—7 Tage zu dauern pflegt, um

meist nach 5—6tägigen, immer länger werdenden Pausen von
jedesmal kürzeren Fieberattacken gefolgt zu werden, erstreckt
sich der erste Fieberanfall in Afrika nicht über 3 Tage. Die Anfälle zeichnen sich im allgemeinen durch eine bei der Höhe der
Temperatur auffällig geringe Beteiligung des Sensoriums aus.
Überhaupt ist die Krankheit im Durchschnitt nicht als sehr
bösartig zu bezeichnen.

b) Zur Zeit der Fieberanfälle findet man die zarten, langen,
lebhaft beweglichen Spirochäten, bei den europäischen Fällen
zahlreich, bei den afrikanischen nur
spärlich, im Blute (Abb. 37.) Die Färbung gelingt mit den üblichen Anilinfarbstoffen, nicht nach GRAM. Meist
wendet man die GIEMSA - Färbung an
(s. S. 29).

c) Die Spirochäten lassen sich in
flüssigem Kaninchenserum züchten, das
mit Paraffinöl überschichtet ist, und behalten dabei ihre Virulenz.

d) Künstliche Übertragung des Rückfallfiebers ist beim Menschen und Affen

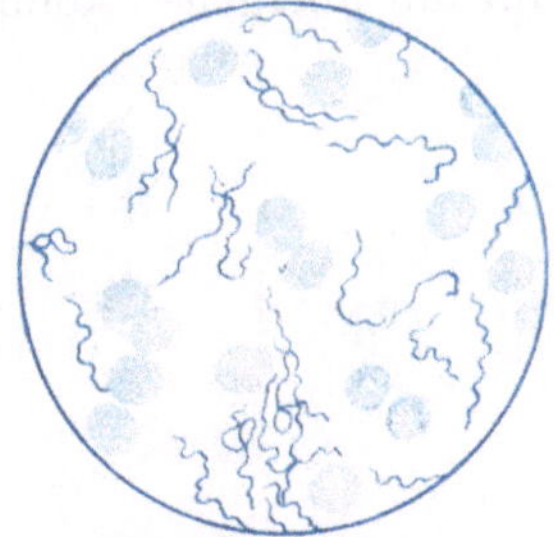

Abb. 37. Spirochaeta
Obermeieri.

erfolgreich gewesen. KOCH hat auch Ratten durch Insektenstich
und Mäuse von der Bauchhöhle aus infizieren können.

2. **Erreger der Syphilis,** *Spirochaeta pallida* (SCHAUDINN 1905):

a) Neben erworbener Lues kommt häufig auch angeborene vor.
Erworben wird Syphilis dadurch, daß Keime in verletzte Haut-
oder Schleimhautstellen, ganz besonders häufig in der Genital-
gegend, eindringen. Die dann in bestimmten Zeitabschnitten auftretenden Krankheitserscheinungen pflegt man in drei Stadien
einzuteilen: Im ersten Stadium bildet sich der sog. Primäraffekt,
eine schmerzlos entstehende entzündliche Gewebsneubildung der
Haut oder Schleimhaut, die manchmal ulceriert („Ulcus durum").
Indem die Keime regelmäßig auf dem Lymphwege nun zunächst
in die regionären Lymphdrüsen vordringt, bereitet sich das sekundäre Stadium vor, das zustande kommt durch den Übertritt der
Keime in die Blutbahn und sich vor allem durch Lymphknoten-
schwellungen am ganzen Körper und durch das Auftreten multipler
luischer Haut- und Schleimhauterkrankungen zu erkennen gibt.
Am vielgestaltigsten endlich sind die Erscheinungsmerkmale des
tertiären Stadiums, die an den verschiedensten Organen zu beobachten sind und im allgemeinen in zwei Formen auftreten:
entweder als diffuse interstitielle Entzündungen oder in Gestalt
von umschriebenen Knoten, sog. Gummiknoten, die infolge ihrer

großen Neigung zum Zerfall die bekannten schweren tertiär-
luischen Zerstörungen herbeiführen. Betreffs der kongenitalen
Lues ist zu sagen, daß die Art der Infektion des Fötus noch
keineswegs in allen Punkten geklärt ist; doch steht so viel fest,
daß von beiden Eltern die Übertragung möglich ist und daß
lueskranke Eltern, besonders wenn sie sich in den Frühstadien
der Erkrankung befinden, auch fast ausnahmslos luische Kinder
bekommen. Die Übertragung auf den Fötus geschieht in der
Weise, daß nach der Erkrankung der Placenta die Spirochäten
auf ihn übergehen können, das Filter ist undicht geworden. Die

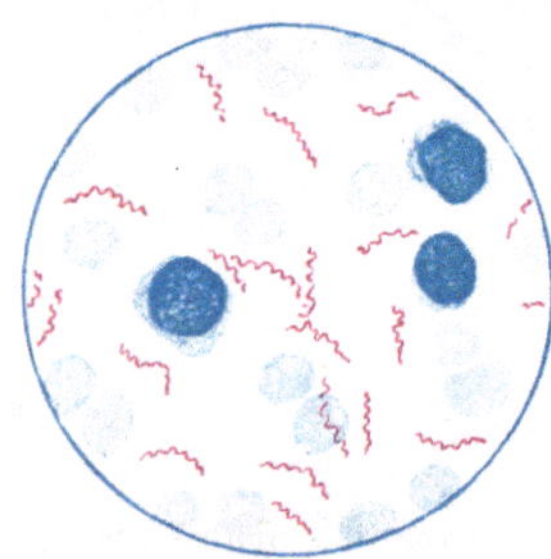

Abb. 38.
Spirochaeta pallida (GIEMSA-
Färbung). (Ausstrichpräparat.)

Übertragung von seiten des Mannes
geht über die Ansteckung der Frau und
von dort auf das Kind. Nachkrankheiten
der Lues sind Tabes und progressive
Paralyse.

b) In den meisten Fällen primärer und
sekundärer Lues sind die Spirochäten
nachzuweisen. Ebenso findet man sie,
und zwar meist in ganz enormer Menge,
bei kongenitaler Syphilis (ganz besondere
Prädilektionsstellen scheinen Leber, Milz
und Nebennieren zu sein). Dagegen hat
man bei tertiär-luischen nur selten und

nur spärlich Spirochäten gefunden. — Die Spirochaeta pallida
(s. Abb. 38, ferner auch Abb. 11 auf S. 14) stellt sich als ganz
außerordentlich feiner Faden von kaum meßbarem Durchmesser dar. Ihre Windungen sind sehr starr und steil, und ihre
Zahl variiert sehr stark: von nur 3—4 bis zu 20 und darüber
kommen alle Übergänge vor. Die Enden sind zugespitzt und
besitzen je einen Geißelfaden. Im frischen Präparat zeigt sie lebhafte Beweglichkeit. Zu ihrer Färbung sind besondere Methoden
erforderlich. Nach GRAM färbt sie sich nicht. Von den vielen
für die Spirochaeta pallida seither angegebenen Färbemethoden
hat sich bis heute noch immer am meisten die mit der GIEMSA-
schen Lösung ausgeführte ROMANOWSKY-Färbung bewährt, die
schon von SCHAUDINN angewandt wurde. Für eine von PREISS
angegebene Modifikation dieser Methode zur Schnellfärbung der
Spirochaeta pallida hat GIEMSA auf Grund der chemischen
und physikalischen Eigenschaften seiner Farblösung [1] mehrere
durchgreifende Änderungen vorgeschlagen. Wir geben hier wegen
der ganz außerordentlich großen praktischen Bedeutung des
Spirochätennachweises die genauen, von GIEMSA in der genannten

---

[1] GIEMSA: Dtsch. med. Wschr. **1909 I.**

Wochenschrift zusammengefaßten Vorschriften für die Ausführung dieser *Schnellfärbung* im folgenden [1] wieder. Die gewissenhafteste Befolgung der Vorschrift ist unbedingt erforderlich, wenn man zuverlässige Resultate erzielen will.

1. Ausstrich. An der Peripherie unbehandelter Papeln oder Schanker kratzt man mit einem Skalpell oder scharfen Löffel die oberflächlichen Epithelschichten ab und macht nach der Art von Blutpräparaten (s. S. 15) auf einem Objektträger einen möglichst dünnen Ausstrich von dem ausgesickerten Serum. Dabei muß man bemüht sein, Verunreinigungen des Serums mit Blut möglichst zu vermeiden.

2. Fixieren. Nachdem die Präparate gut lufttrocken geworden sind, fixiert man entweder in absolutem Alkohol (10 Min.) oder durch 3maliges vorsichtiges Hindurchziehen durch die Flamme (der Bunsenbrenner soll nicht rauschen). Zur Fixation Osmiumsäure zu verwenden, widerrät GIEMSA wegen der Gefahr des Überfärbens nach Blau hin.

3. Färben. a) Einklemmen des Ausstriches in einen absolut sauberen, insbesondere nicht mit Farbflecken behafteten Objektträgerhalter, Schichtseite nach oben. b) Herstellung des frischen wäßrigen Farbgemisches: 10 Tropfen der Farbstammlösung [2] werden mit 10 cm³ unbedingt säurefreien Wassers in einem völlig sauberen Mischzylinder von mindestens 3 cm lichtem Durchmesser unter gelindem Umschwenken bis zur gleichmäßigen Verteilung der beiden Flüssigkeiten gemischt. (Der Hauptgrund für die Angabe aller dieser Vorschriften ist die Gefahr des Ausfallens von Farbstoff aus der Lösung.) c) Unbedingt sofortiges Übergießen des Ausstriches mit der Farblösung und Erwärmen (etwa 5 cm über der Flamme) bis zu schwacher Dampfbildung, $^1/_4$ Min. beiseite stellen, Farblösung abgießen. Ohne Pausen diese Prozedur etwa 4mal ausführen, das letzte Mal die Farblösung 1 Min. lang einwirken lassen. d) Ganz kurzes Abwaschen in gelindem Wasserstrahl.

4. Mikroskopische Untersuchung. Man hat die größten Aussichten, die intensiv dunkelrot erscheinenden Spirochäten zu finden, wenn man zunächst mit starkem Trockensystem dünne Stellen sucht, an denen sich Erythrocyten, mit größeren kernlosen, rein blau gefärbten Gewebselementen durchsetzt, befinden, und dann dort die Ölimmersion anwendet. (Gute Charakteristik auch

---

[1] Der Text ist nicht genau wörtlich übernommen, enthält aber alle Vorschriften GIEMSAS.

[2] GIEMSAS Farblösung zur Erzielung der ROMANOWSKY-Färbung bei Dr. K. Hollborn & Söhne, Leipzig.

im Dunkelfeld des Tuschepräparates.) — Die unter dem Namen Spirochaeta refringens zusammengefaßten, differentialdiagnostisch in Frage kommenden anderen Spirochätenformen erkennt man leicht an ihrer größeren Dicke, ihrer stärkeren Färbbarkeit, ihrem mehr bläulichen Farbton bei der GIEMSA-Färbung und ihren gröberen, flacheren Windungen. Eine neue Schnellfärbung der Spirochaeta pallida mit Viktoriablau ist angegeben [1].

Auf die zur Zeit noch nicht befriedigend geklärte Frage, ob die Spirochäten Sporen bilden, kann hier nicht eingegangen werden. Besonders von französischen Forschern wird neuerdings wieder ausdrücklich behauptet, daß die Spirochäten in kleine Kügelchen zerfallen können, die eine Art Dauerform darstellen.

c) und d) Die Züchtung der Spirochaeta pallida, die anfangs große Schwierigkeiten bereitete, gelingt jetzt besser. NOGUCHI verwendete Ascitesagar mit Zusatz von Kaninchenniere, während SCHERESCHEWSKI u. a. erstarrtes Blutserum benutzen. Zur Weiterzüchtung empfiehlt SCHERESCHEWSKI die Stichkultur in Ascitesagar. TOMASCZEWSKI hat aus einem syphilitischen Primäraffekt des Penis eine Spirochätenkultur erhalten, die noch in 12. Passage auf künstlichem Nährboden wuchs und für Kaninchen pathogen war. Auch sonst sind Übertragungen von Kulturen auf Tiere zuweilen von Erfolg begleitet gewesen, jedoch hat ARNHEIM festgestellt, daß bei längerer Züchtung eine mit dem Auftreten von Involutionsformen Hand in Hand gehende Abnahme der Virulenz zu beobachten ist.

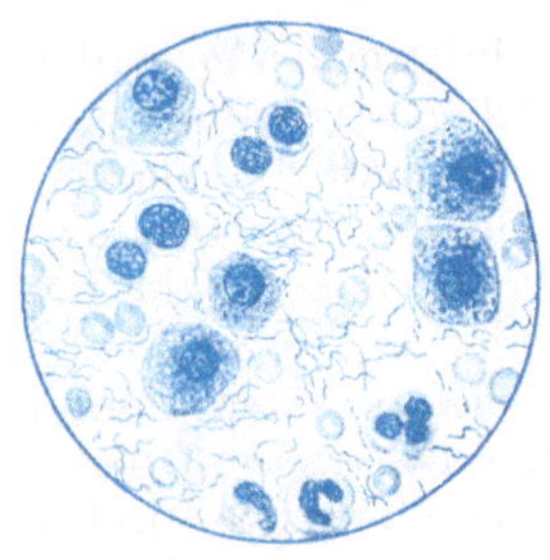

Abb. 39.
Spirochaeta icterogenes. (Ausstrich aus der Leber eines infizierten Meerschweinchens.)

3. Erreger der WEILschen Krankheit (Icterus infectiosus), *Spirochaeta icterogenes* [2]:

a) Die WEILsche Krankheit wurde zuerst 1886 von WEIL als fieberhafte Erkrankung mit einem Symptomenkomplex von Ikterus, Milzschwellung, Nephritis und Muskelschmerzen beschrieben. Die Spirochäten befinden sich hierbei im Blutstrom.

---

[1] Pharm. Z. **1926**, Nr 12, 181.

[2] KOLLE-HETSCH: Experimentelle Bakteriologie, 9. Aufl., Wien und Berlin: Urban & Schwarzenberg 1942. Ferner: GUNDEL-SCHÜRMANN: Lehrbuch der Mikrobiologie und Immunbiologie. Zugleich 2. Aufl. des Leitfadens der Mikroparasitologie von GOTSCHLICH-SCHÜRMANN. Berlin: Springer 1939.

Ihre Übertragung gelingt durch Verimpfung des Blutes. Träger der Spirochäten sind wahrscheinlich Ratten, die sie in ihrem Kot und Urin ins Wasser ausscheiden.

b) Färben läßt sich Spirochaeta icterogenes im Ausstrichpräparat nach GIEMSA.

c) Die Züchtung gelingt in einer halbstarren Mischung, zur Hälfte bestehend aus sterilem Kaninchen- oder Pferdeserum, verdünnt mit der 4fachen Menge Kochsalzlösung, zur anderen Hälfte aus dem gleichen Substrat mit einem Zusatz von Agar.

d) Das geeignetste Versuchstier ist das Meerschweinchen. Spuren defibrinierten Blutes werden intraperitoneal eingeimpft. Die subkutane Impfung ist nicht zuverlässig.

γ) Sporozoen.

Erreger der Malaria, *Plasmodium malariae* (LAVERAN 1880), *Plasmodium vivax* und *Plasmodium praecox*:

a) Durch den Stich von Moskitos der Gattung Anopheles erfolgt die Infektion des menschlichen Blutes mit Sporozoiten der Plasmodien. Nachdem sich dann im Laufe von 6—21 Tagen eine genügende Zahl Parasiten durch Vermehrung gebildet hat, beginnt die Krankheit mit einem heftigen Fieberanfall, der dadurch hervorgerufen wird, daß eben eine neue Merozoitengeneration ausschwärmt und jeder Merozoit ein rotes Blutkörperchen anfällt. Während der Entwicklung dieser Merozoiten in den von ihnen befallenen Erythrocyten geht der Fieberanfall bald zurück, um sich aber nach 1-, 2- oder 3mal 24 Stunden (bei ausbleibender Therapie) mit dem Ausschwärmen von wieder neuen Merozoitengenerationen in derselben Weise zu wiederholen. Je nachdem die Anfälle nach 1-, 2- oder 3mal 24 Stunden eintreten, spricht man von Malaria quotidiana, tertiana oder quartana. Die Malaria tertiana und quartana werden durch verschiedene Parasitenarten hervorgerufen, während die quotidiana durch Kombination mehrerer Stämme von tertiana oder quartana oder beider zustande kommt. Außer den genannten gibt es noch eine Form der Malaria, die sich durch einen mehr unregelmäßigen Fieberverlauf und durch ganz außerordentliche Bösartigkeit auszeichnet: die Malaria perniciosa oder tropica. Während die quartana und tertiana auch bei uns vorkommt, findet sich die perniciosa nur in den Tropen und nur im Hochsommer und Herbst auch im südlichen Europa (das bekannte Sommer-Herbstfieber oder Ästivoautumnalfieber Italiens). Die wesentlichsten pathologisch-anatomischen Symptome der Malaria sind: akuter Erythrocytenzerfall (daher Anämie), reichliches Auftreten von Pigment im Blute und in inneren Organen und Vergrößerung der Milz. — Gelegentlich wird die Malaria auch chronisch.

b) Die Malariadiagnose muß immer durchs Mikroskop gesichert werden. Man fertigt Blutausstrichpräparate an (s. S. 15) und färbt sie nach GIEMSA (s. S. 29). Es kommen für die einzelnen Formen der Malaria drei voneinander verschiedene Parasitenarten in Frage, und zwar

für die tertiana   Plasmodium vivax,
 ,, ,, quartana   ,,   malariae,
 ,, ,, tropica   ,,   immaculatum.

Der Entwicklungsmodus der drei Arten ist in den Grundzügen der gleiche: eine geschlechtliche Generation in der Anopheles wechselt mit einer unbestimmten Zahl ungeschlechtlicher Generationen im menschlichen Blut. Die Endprodukte der geschlechtlichen Generation sind sehr zahlreiche feinste, sichelförmige Keime („Sichelkeime" oder „Sporozoiten"). Diese

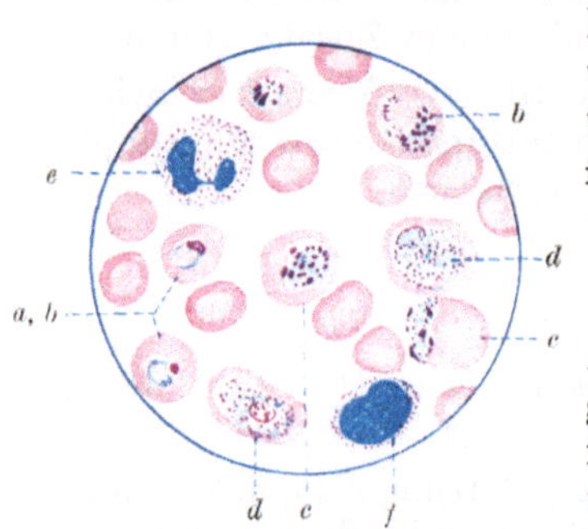

Abb. 40. Blutbild bei Malaria tertiana. *a* kleiner, *b* großer Ring, *c* männlicher, *d* weiblicher Gamet, *e* polynucleärer neutrophiler Leukocyt, *f* großer mononucleärer Leukocyt (GIEMSA - Färbung). (Nach GOTSCHLICH-SCHÜRMANN.)

gelangen durch den Speichel der Moskitos beim Stich in das menschliche Blut und siedeln sich dort je in einem roten Blutkörperchen an, um sich in ein amöbenartiges Gebilde, Schizont genannt, zu verwandeln. Unter starker Vermehrung seines Kernchromatins und seines braunschwarzen körnigen Pigments (Melanin) auf Kosten des roten Blutkörperchens wächst der Schizont heran und zerfällt schließlich unter Zurücklassung eines zentralen, das Pigment enthaltenden Restkörpers in eine mehr oder weniger große Zahl sektorenförmiger Gebilde, sog. Merozoiten. Wenn dann jeder Merozoit beim Ausschwärmen von neuem ein rotes Blutkörperchen anfällt (um sich dort zu einem Schizonten zu entwickeln usw.), tritt ein neuer Fieberanfall auf. Neben diesen ungeschlechtlichen Merozoiten bilden sich nun aber im Menschen auch die Ausgangsformen für die geschlechtliche Generation im Moskito: Makrogametocyten und Mikrogametocyten. Diese bleiben unverändert im Blut des Menschen, bis sie in den Darm einer blutsaugenden Mücke gelangen. Auf eine genauere Darstellung dieser geschlechtlichen Generation können wir hier verzichten.

Die Hauptmerkmale der einzelnen Plasmodiumarten sind folgende:

Das *Plasmodium vivax* (Abb. 40) wächst ziemlich rasch zu beträchtlicher Größe heran, veranlaßt eine bedeutende Vergrößerung des befallenen Erythrocyten, zeigt lebhafte amöboide Beweglichkeit und bildet 16—24 maulbeerartig angeordnete Merozoiten.

Das *Plasmodium malariae* wächst langsamer und nicht zu solcher Größe wie das Plasmodium vivax, vergrößert die Erythrocyten nicht, enthält reichlicher lebhaft tanzende Körnchen von Melanin und bildet nur 6—12 rosetten- oder gänseblümchenförmig angeordnete Merozoiten.

Das *Plasmodium praecox* hat dieselbe Entwicklungsdauer wie das Tertianaplasmodium, ist sehr klein, vergrößert das Blutkörperchen nicht, zeigt infolge einer sehr großen zentralen Nahrungsvakuole Ringform („Tropenring"), ist nur im Anfang amöboid beweglich und bildet wenig Melanin. Die Merozoitenbildung (12—15) erfolgt fast ausschließlich in den Kapillaren innerer Organe. Sehr charakteristisch ist die Form der Gametocyten: eine Kombination von Mondsichel- und Wurstform.

c) und d) Künstliche Züchtung und Übertragung auf Tiere, selbst höhere Affen, ist bisher erfolglos gewesen.

Anhang.

Das Wichtigste aus der Lehre vom biologischen Verhalten des Blutserums gegenüber den pathogenen Keimen und die serodiagnostischen Methoden.

Abgesehen davon, daß für jeden, der sich ein gewisses Verständnis für die moderne bakteriologische Wissenschaft erwerben will, die Kenntnis wenigstens der wichtigsten Lehren vom biologischen Verhalten des Blutserums gegenüber den pathogenen Keimen absolut unerläßlich ist, empfiehlt es sich für den Apotheker aus rein praktischen Gründen, diesem immer größere Bedeutung gewinnenden Gebiet der medizinischen Wissenschaft Interesse entgegenzubringen. Wenn auch nur wenige sich selbständig mit serodiagnostischen Untersuchungen befassen werden, so ist es doch ganz gewiß sehr wünschenswert, daß der Apotheker, der doch in den meisten Fällen alle Serumpräparate zu therapeutischen und diagnostischen Zwecken für den Arzt von den betreffenden Instituten zu besorgen hat, wenigstens mit den Grundzügen der Serologie vertraut ist. Da wir weiterhin der Ansicht sind, daß es oft von großem Vorteil sein würde, wenn

Arzt und Apotheker solche Untersuchungen gemeinschaftlich ausführten, so empfehlen wir es sogar jedem Pharmazeuten, sich die dazu erforderlichen, etwas eingehenderen Kenntnisse anzueignen. Daß der Apotheker allein serodiagnostische Untersuchungen anstellt, halten wir nicht für zweckmäßig, wenn er nicht an Universitätsinstituten oder an gleich zuverlässiger Quelle die entsprechende Vorbildung genossen hat. Ganz falsch würde es sein, die Ausführung solcher Untersuchungen ungenügend geschultem Personal lediglich auf technische Anleitung hin zu überlassen. Das Gesagte gilt ganz besonders für die ziemlich komplizierte Wa.R.

Aus den angeführten Erwägungen glaubten wir es nicht unterlassen zu dürfen, den mehr oder weniger rein technischen Anleitungen für die Ausführung der serodiagnostischen Reaktionen eine, wenn auch möglichst kurz gefaßte, theoretische Einleitung vorauszuschicken.

Bevor wir die serodiagnostischen und sero-

Reaktionen des Blutes bei Infektion durch Bakterien.

1. Stets vorhanden, gleichmäßig gegen alle Eindringlinge gerichtet:
   1. Tätigkeit der **Leukocyten**, daher von METSCHNIKOFF „Phagocyten" („Freßzellen") genannt.
   2. **Alexine.**

2. Erst nach einer Infektion im Blute entstehend, nur — ganz spezifisch — gegen den betreffenden Eindringling gerichtet: **Antikörper.**
   1. Gegen die Bakterien selbst gerichtet.
      1. **Bakteriolysine** lösen die Bakterien auf.
      2. **Agglutinine** bringen die Bakterien zum Zusammenballen, töten sie aber nicht.
   2. Gegen die Ausscheidungen der Bakterien gerichtet.
      1. **Präcipitine** fällen die Eiweißprodukte von Bakterien und sonstigen Lebewesen.
      2. **Antitoxine** machen die von den Bakterien ausgeschiedenen Gifte unschädlich, indem sie ihnen entgegenwirken, sie also gewissermaßen neutralisieren.

Immunität.

- **1. Natürliche** Immunität.

  Ein Organismus ist „immun" gegen eine Bakterienart, wenn diese in ihm nicht wachsen kann, so z. B.:

  Huhn gegen Wundstarrkrampf,
  Maus gegen Diphtherie,
  Mensch gegen Rinderpest.

- **2. Erworbene** Immunität.

  - **1. Natürlich** erworbene Immunität.

    Viele Krankheiten hinterlassen Immunität. Diese dauert z. B. bei Masern, Scharlach, Pocken sehr lange; bei anderen Krankheiten verschwindet sie schneller, so z. B. bei Typhus und Cholera. Manche Krankheiten hinterlassen überhaupt keine Immunität, so z. B. Pneumonie, Diphtherie.

  - **2. Künstlich** erworbene Immunität.

    - 1. Durch **aktive** Immunisierung künstlich erworbene Immunität.

      Impfung mit Krankheitsstoff, der in besonderer Weise vorbehandelt wurde. Hierdurch wird der Körper veranlaßt, Schutzstoffe gegen die betreffende Krankheit zu bilden. So impft man z. B. bei Typhus und Cholera mit abgetöteten Kulturen. Bei der Pockenimpfung wird eine nahe verwandte Krankheit — die „Kuhpocken" — eingeimpft. Diese ist für den Menschen nicht gefährlich; sie hinterläßt aber Immunität auch gegen die gefährlichen Menschenpocken.

    - 2. Durch **passive** Immunisierung künstlich erworbene Immunität.

      Der Körper erhält die fertigen Schutzstoffe, indem ihm Serum eines immunisierten Tieres eingeimpft wird. Hierher gehört das BEHRINGsche Diphtherieheilserum.

therapeutischen Verfahren kurz besprechen, geben wir, um das Verständnis dieser Dinge zu erleichtern, zwei Tafeln, von denen die erste eine kurze Übersicht der Reaktionen des Blutes bei Infektion durch Bakterien enthält, während die zweite den Begriff „Immunität" erläutern soll (S. 96 u. 97).

Alle serodiagnostischen und serotherapeutischen Bestrebungen beruhen auf der durch zahlreiche Beobachtungen der verschiedensten Art festgestellten Tatsache, daß der menschliche und tierische Organismus über bestimmte Abwehrkräfte gegen ihm fremdartige und schädliche Substanzen verfügt, und daß diese Abwehrvorrichtungen in vielen Fällen sich als im Serum des betreffenden Organismus gelöste chemische Verbindungen (Eiweißstoffe) nachweisen lassen.

Man kann diese Schutzvorrichtungen des Körpers in zwei Klassen einteilen:

I. Solche, die dauernd jedem Organismus zur Verfügung stehen und mehr oder weniger gegen alle eindringenden Schädlichkeiten in gleicher Weise wirksam sind.

II. Solche, die erst durch den Reiz eingedrungener Schädlichkeiten, und zwar als streng spezifisch nur gegen dieselbe Schädlichkeit wirksame Stoffe, in nachweisbarer Menge erzeugt werden. Es ist leicht verständlich, daß vor allem sie für die Serodiagnostik von Bedeutung sind.

Zu I. Über die Entstehung dieser Schutzkräfte ist nichts Besonderes zu sagen; sie bilden, wie alle anderen lebenswichtigen Bestandteile des Körpers, eine unentbehrliche Mitgift jedes gesunden Organismus vom Beginn seines Lebens an. Sie stehen zu einigen von den unter II zusammengefaßten Abwehrsubstanzen des Körpers in inniger Beziehung, insofern als sie erst durch diese instand gesetzt werden, ihre Wirkung auf die eingedrungenen Schädlinge zu entfalten. Sie werden repräsentiert:

1. Durch die Fähigkeit der Leukocyten, eingedrungene Fremdkörper — von Bedeutung sind vor allem pathogene Keime — aufzunehmen und zu zerstören. Man nennt den Vorgang Phagocytose. Die spezifischen Schutzstoffe des Organismus, welche es den Leukocyten ermöglichen, diese ihre phagocytische Kraft auf die jeweils eingedrungenen Fremdkörper zu entfalten, sind die unter II, 1c (s. S. 101) aufgeführten bakteriotropen Substanzen s. *Opsonine* WRIGHTS.

2. Durch zellenzerstörende Stoffe. In Betracht kommen in erster Linie, speziell für die praktischen Untersuchungsmethoden, pathogene Keime und rote Blutkörperchen fremder Tierspezies. Die gebräuchlichsten der ziemlich genau identischen Namen für

diese Substanzen sind: *Komplement* (EHRLICH), *Substance bactéricide* (BORDET), *Cytase* (METSCHNIKOFF), *Alexine* (BUCHNER). Die Bedeutung, welche die *Opsonine* (s. S. 101) für die *Phagocytose* haben, besitzen die unter IIb aufgeführten *Amboceptoren* (= BORDETS *Substance sensibilatrice*) für die *Komplemente*. — Eine für gewisse serodiagnostische Reaktionen sehr wichtige physikalische Eigenschaft der Komplemente ist zu erwähnen: sie sind thermolabil, d. h. sie werden durch $\frac{1}{2}$stündiges Erhitzen auf 56° unwirksam gemacht.

Zu II. Diese spezifischen, erst durch den Reiz eingedrungener Schädlichkeiten in nachweisbarer Menge erzeugten Schutzstoffe des Körpers sind von der größten Mannigfaltigkeit, und ihre Wirkungsweise ist zum Teil äußerst kompliziert und rätselhaft. Es sind daher zahlreiche Versuche gemacht worden, von Hypothesen über die Art ihrer Entstehung im Organismus ausgehend, Systeme aufzubauen, in die sich die einzelnen Beobachtungen möglichst zwanglos und folgerichtig einreihen lassen. Von allen diesen Versuchen hat nur einer so ziemlich allgemeine Anerkennung gefunden, nämlich die

EHRLICHsche Seitenkettentheorie.

Sie ist zum Verständnis der meisten serodiagnostischen Methoden, vor allem aber der so sehr wichtigen Wassermannschen Syphilisreaktion geradezu unentbehrlich. Wir müssen sie daher, wenigstens in ihren Grundzügen, an dieser Stelle zur Darstellung bringen. Ausführlichere Erklärungen sind in Lehrbüchern der Bakteriologie zu finden, wo auch die diesbezügliche Literatur meist zusammengestellt ist.

Die EHRLICHsche Theorie geht von der Annahme aus, daß jede Zelle des Organismus aus einem Leistungskern besteht, etwa analog dem Benzolkern, dem Seitenketten angefügt sind. Diese Seitenketten wiederum sind vermittels bindender Gruppen, sog. *haptophorer Gruppen* s. *Receptoren*, in der Lage, mit bestimmten bindenden Gruppen von mit der Zelle in Berührung kommenden Körpern in Verbindung zu treten und so eine gegenseitige Ein wirkung zwischen der Zelle und dem an sie gebundenen Körper zu vermitteln. Dieser Vorgang, der unter physiologischen Verhältnissen die Nahrungsaufnahme der Zelle bewirkt, soll nun auch für die Zelle bedrohende schädliche Körper die einzige Möglichkeit abgeben, ihre verderbliche Wirkung zu entfalten. Da man nun ferner annimmt, daß die haptophoren Gruppen der Zellenseitenketten immer streng spezifisch nur solche haptophore Gruppen von an die Zelle herantretenden Körpern zu binden vermögen, auf die sie eingepaßt sind wie der Schlüssel auf sein Schloß, so ist ein Organismus, dessen Zellen für die haptophoren Gruppen einer bestimmten Schädlichkeit keine passenden haptophoren Gruppen besitzen, gegen diese Schädlichkeit immun (angeborene Immunität). Auf dieser spezifischen Eigenschaft der Seitenketten mit ihren Receptoren baut sich nun weiterhin die Erklärung des Entstehens der sämtlichen spezifischen Schutzstoffe des Blutserums durch den Reiz der homologen eingedrungenen Schädlichkeiten auf. Man denkt sich den Vorgang so: Eine gewisse Zahl Individuen eines Körperschädlings, für den der betreffende Körper natürlich nicht immun sein darf, sind in den Organismus eingedrungen und belegen nun vermittels ihrer Receptoren je eine auf diese passende haptophore Gruppe von Seitenketten der Zellen, mit denen sie zuerst in Berührung kommen. Den so erlittenen Verlust von Seitenketten mit den entsprechenden haptophoren Gruppen sucht nun die Zelle zu kompensieren, und zwar wird sie, vorausgesetzt, daß die Zahl der von ihr neugebildeten Seitenketten zunächst genügte, um den anstürmenden Feinden standzuhalten, d. h. daß sie nicht im Kampf gegen die eindringende Schädlichkeit zugrunde geht, nach einem allgemeinen biologischen Gesetz ihre Verluste überkompensieren. Die dann überschüssigen Seitenketten, nimmt man an, stößt sie ins Blutserum ab. Das sind dann die spezifischen Schutzstoffe des Blutserums, die wir zu diagnostischen und therapeutischen Zwecken zu verwenden bestrebt sind. Man nennt sie alle mit Sammelnamen *Antikörper, Schutz- oder Immunkörper*, während man alle die Stoffe, welche in der Lage sind ihre Erzeugung im Organismus anzuregen, als *Antigene* bezeichnet.

Um nun weiterhin die verschiedenen Wirkungsweisen der einzelnen Antigene und Antikörper zu erklären, nimmt EHRLICH an, daß sie eine verschiedene Anzahl wirksamer Gruppen besitzen. Um von Antigenen nur ein Beispiel zu bringen, seien die Toxine angeführt: sie besitzen eine haptophore Gruppe, welche das Gift an der Seitenkette verankert und eine toxophore Gruppe, welche die Giftwirkung selbst vermittelt. Unter den Antikörpern gibt es drei verschiedene Arten, je nach dem Verhalten ihrer bindenden Gruppen. EHRLICH unterscheidet daher: Haptine (Sammelname für alle Körper, welche haptophore Gruppen zu binden vermögen) 1., 2. und 3. Ordnung. Von den im folgenden kurz charakterisierten Antikörpern sind:

Haptine 1. Ordnung: Die Antitoxine und Antifermente mit nur einer haptophoren Gruppe, durch die sie die haptophore Gruppe der Toxine bzw. Fermente zu binden und so zugleich die ergophore Gruppe, d. h. die eigentliche Funktionsgruppe derselben unschädlich zu machen vermögen.

Haptine 2. Ordnung: Die Agglutinine und Präcipitine. Sie besitzen eine die Bakterien bzw. die betreffenden Eiweißkörper bindende und eine die agglutinierende bzw. präcipitierende Wirkung vermittelnde Gruppe.

Haptine 3. Ordnung: Die Amboceptoren, das spezifische immunisatorische Prinzip der zellenlösenden Substanzen und der Opsonine. Sie erfüllen ihre auf S. 99 erwähnte Aufgabe vermittels zweier haptophorer Gruppen. Die eine verbindet sich bei den zellenlösenden Antikörpern mit der aufzulösenden Zelle (cytophile Gruppe), die andere mit dem Komplement (komplementophile Gruppe), welches dann seine lösende Wirkung auf die verankerte Zelle ausüben kann. Bei den Opsoninen verankert die eine die Bakterienzelle, die andere verbindet sich mit dem Leukocyten, der dann seine phagocytische Kraft entfalten kann.

Übersicht und kurze Charakteristik der wichtigsten Antikörper:
1. Gegen zellige Körper gerichtete Antikörper.

a) Die *Agglutinine* sind Stoffe, welche die Individuen einer bestimmten Bakterienart zusammenballen und ihnen ihre Beweglichkeit nehmen, wenn sie eine Eigenbewegung besitzen. Man nennt den Vorgang Agglutination. Durch Erhitzen auf 50—60° oder durch Säuren kann man die agglutinierende Wirkung zerstören.

b) Die *zellenlösenden Substanzen.* Sie vermitteln, wie oben angeführt, die zerstörende Wirkung der Komplemente auf die betreffenden Zellen. Von praktischer Bedeutung sind die Substanzen, welche Bakterien und rote Blutkörperchen der lösenden Wirkung preisgeben und mit dem Komplement zusammen die *Bakterio-* bzw. *Hämolysine* repräsentieren. Wie oben ausgeführt, nennt man den Immunkörper dieser Verbindungen Amboceptor. Dieser ist thermostabil, d. h. durch ¹/₂stündiges Erhitzen auf 60° nicht zerstörbar, während das Komplement, wie S. 99 erwähnt, thermolabil ist. Man kann daher ein zellenlösendes Immunserum durch ¹/₂stündiges Erwärmen auf 56° inaktivieren. Setzt man diesem inaktivierten Immunserum dann normales, nicht immunkörperhaltiges, aber auch nicht inaktiviertes Serum zu, so erlangt das inaktivierte Immunserum seine spezifische Wirksamkeit wieder, es wird „reaktiviert".

c) Die *bakteriotropen Substanzen* (NEUFELD) oder *Opsonine* (WRIGHT). Sie vermitteln die phagocytische Kraft der Leukocyten gegenüber Bakterien. Wahrscheinlich sind sie identisch mit den *Antiaggressinen* BAILS, und es würde dann die Art ihrer Wirkung etwas anders zu deuten sein. Doch können wir hier darauf nicht näher eingehen, da sie eine größere praktische Bedeutung noch nicht besitzen.

2. Gegen nichtzellige Körper gerichtete Antikörper.

a) Die *Antitoxine* sind in der Lage, lösliche Giftstoffe unschädlich zu machen (s. S. 100). Sie bilden den wirksamen Bestandteil unserer gebräuchlichen Heilsera, sie sind thermostabil.

b) Die *Antifermente* machen Fermente unwirksam (s. S. 100).

c) Die *Präcipitine* geben mit bestimmten gelösten Eiweißsubstanzen, auf welche sie eingestellt sind, also besonders solchen artfremder Individuen, Niederschläge, Präcipitate. Die Präcipitinreaktionen haben eine besondere Bedeutung erlangt, weil es mit ihrer Hilfe gelingt, irgendeine unbekannte Probe Blut zu bestimmen. Man mischt das Pröbchen mit verschiedenen Testseren, die man von Tieren gewonnen hat, die mit Menschen-, Tauben-, Hammel-, Pferde- usw. -blut vorbehandelt waren, und beobachtet nun, mit welchem Testserum es einen Niederschlag gibt. Es gelingt so mit vollkommener Sicherheit, z. B. ganz kleine Spritzer Menschenblut als solches zu erkennen. Diese von UHLENHUTH ausgebildete Blutuntersuchungsmethode ist forensisch von großer Bedeutung [1].

Die in der Praxis gebräuchlichen serodiagnostischen Methoden und ihre Ausführung.

Diejenigen Antikörper, welche für die serodiagnostischen Methoden in der Praxis eine Rolle spielen, gehören zu den Agglutininen (1 a, S. 101) und zu den zellenlösenden Substanzen (1 b, S. 101).

Die meisten von den für die Ausführung der serodiagnostischen Methoden erforderlichen Reagenzien werden heute von den Bakteriologischen und Seruminstituten wie auch von den Großdrogenfirmen in den Handel gebracht, und man wird sie sich daher im allgemeinen nicht mehr selbst herstellen. Wir wollen aus dem Grunde auch ihre Darstellung immer nur kurz berühren.

1. Die Agglutinationsproben.

Je nach dem Zweck, den man verfolgt, führt man zwei Arten von Agglutinationsproben aus: a) die einen stellt man an, um Kulturen einer bestimmten Bakterienart als solche zu identifizieren; b) mit den anderen sucht man die Infektion eines Organismus mit einem bestimmten pathogenen Keim festzustellen.

---

[1] Aus MIEHE, H.: Bakterien und ihre Bedeutung im praktischen Leben, 3. Aufl. Leipzig: Quelle & Meyer 1931.

Beide Arten von Proben stellt man in der Weise an, daß man die betreffende Bakterienart mit einer bestimmten Verdünnung (s. S. 104) des agglutininhaltigen Serums durch physiologische NaCl-Lösung im Reagensglas (makroskopische Agglutinationsprobe) oder bei schwacher Vergrößerung unter dem Mikroskop (mikroskopische Agglutinationsprobe) zusammenbringt und den Erfolg beobachtet. Als positiv ist der Ausfall der Reaktion zu bezeichnen, wenn bei der mikroskopischen Probe die vorher eventuell beweglichen, mehr oder weniger gleichmäßig im Präparat verteilt beobachteten Bakterien sich zu unbeweglichen Haufen zusammengeballt haben (s. Abb. 41). Bei der makroskopischen Agglutinationsprobe zeigt sich der positive Ausfall dadurch an, daß sich die vorher gleichmäßig durch die Bakterien getrübte Flüssigkeit unter Bildung gröberer, allmählich zu Boden sinkender Flocken klärt.

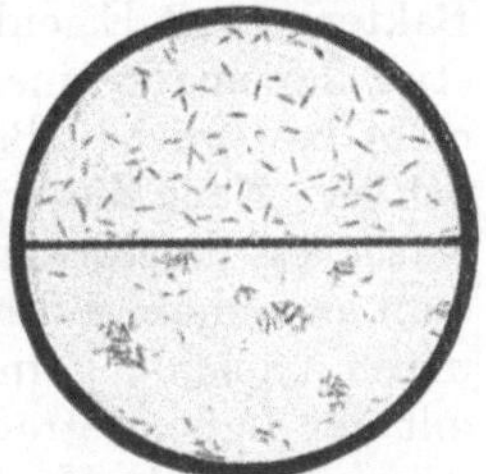

Abb. 41. Typhusagglutination. (Nach F. ROLLY.)

Zur Anstellung der genannten Agglutinationsproben zur Identifizierung von Bakterienkulturen braucht man außer der zu prüfenden Kultur (s. unter α) ein agglutinierendes Serum für die betreffende Keimart (s. unter β) und physiologische NaCl-Lösung zur Verdünnung des Serums (s. unter γ).

α) Von der zu prüfenden Bakterienkultur stellt man sich, vorausgesetzt daß man keine Bouillonkultur verwendet, entweder für alle vorzunehmenden Proben und Kontrollproben gemeinsam eine feine Verteilung in einem flüssigen Nährboden oder in physiologischer NaCl-Lösung folgendermaßen her: Man verreibt mehrere Ösen einer jungen lebenskräftigen Agarkultur darin in der Weise, daß man an der Grenze von freier Glaswand und Flüssigkeit eine ganz homogene Emulsion der Bakterienmasse erzeugt, und schüttelt dann den gesamten Inhalt der Röhrchen gut durcheinander; oder man führt die geschilderte feine Verteilung einer Öse Agarkultur in jedem Reagensröhrchen gesondert aus.

β) Agglutinierendes Serum gewinnt man von Tieren, die wiederholt mit abgetöteten Kulturen der betreffenden Keimart geimpft worden sind. Es ist von den genannten Instituten fertig zu beziehen. Um solche Sera zu Agglutinationsproben verwenden zu können, muß man ihre Agglutinationskraft kennen: diese wird durch den Grad der Verdünnung des betreffenden Serums mit physiologischer NaCl-Lösung angegeben, in der es noch seine homologe Bakterienart zu agglutinieren vermag: „Titer" des Serums.

γ) Die zur Verdünnung der Sera verwendete physiologische NaCl-Lösung muß sorgfältig durch ein gehärtetes Filter geklärt sein.

Mit in Zehntel- und Hundertstelgrade geteilten Mischpipetten stellt man sich nun Verdünnungen des agglutininhaltigen Serums her, und zwar 1:50, 1:100, 1:200, 1:500, 1:1000 usw. und bringt von jeder Verdünnung 1 cm³ in ein kleines Reagensglas. Dann gibt man zu jedem Gläschen eine gleiche geringe Menge der hergestellten Bakterienemulsion, oder man verreibt in jedem eine volle Öse einer Agarkultur (s. S. 103). Handelt es sich um Bakterien mit Eigenbewegung, so setzt man danach die Röhrchen etwa 2 Stunden einer Temperatur von zumeist 37⁰ aus, wozu bei nicht beweglichen Bakterien 20—24 Stunden Wartezeit erforderlich ist. Nach dieser Zeit untersucht man die einzelnen Reagensgläser auf den Erfolg der Reaktion, und zwar in der Weise, daß man sie annähernd horizontal etwa in Kopfhöhe hält und so von unten nach oben in dünner Schicht die Flüssigkeit, eventuell mit der Lupe, betrachtet. Bei positivem Ausfall der Probe sieht man in den betreffenden Röhrchen dann in sonst klarer Flüssigkeit zahlreiche kleine schwebende Häufchen. Läßt man die Röhrchen noch länger stehen, so werden die Häufchen immer größer und geringer an Zahl und sinken schließlich zu Boden. Schüttelt man den Bodensatz wieder auf, so entsteht keine Emulsion wieder wie zu Beginn der Probe, sondern man sieht immer nur mehr oder weniger grobe Flocken in sonst klarer Flüssigkeit schweben.

Die Frage, ob nun die betreffende Kolonie zu der vermuteten Bakterienart gehört, ist mit ja zu beantworten, wenn die Agglutination bei einer dem Titer des verwendeten Serums naheliegenden Verdünnung desselben erfolgt ist. Dagegen ist man nicht berechtigt, bei negativem Ausfall der Probe mit Sicherheit zu behaupten, daß es sich nicht um die betreffende Bakterienart handelte.

In jedem Falle sind gleichzeitig folgende Kontrollproben anzustellen:

1. Darauf, daß nicht Spontanagglutination der Bakterien eintritt. Bakterien + physiologischer NaCl-Lösung; das Röhrchen muß während der gesamten Versuchsdauer gleichmäßig getrübt bleiben.

2. Proben auf die Verwendbarkeit des Serums.

a) Zur Impfung des Tieres verwandte Kultur + Serum dieses Tieres (= das von uns verwendete agglutinierende Serum); es muß in einer dem Titer des Serums entsprechenden Verdünnung noch Agglutination eintreten.

Diese Probe kann man sich ersparen, wenn man ein zuverlässig geprüftes Serum bezogen hat.

b) Zu prüfende Kultur + normales Serum der Tierspezies, von der das verwendete agglutinierende Serum gewonnen worden ist.

Um rasch ein Urteil über eine Bakterienkultur zu bekommen, kann man eine *mikroskopische Agglutinationsprobe* im hängenden Tropfen anstellen, und zwar auf folgende Art: Auf die Mitte eines Deckgläschens gibt man einen Tropfen eines stark agglutinierenden Serums für die vermutete Bakterienart in einer Konzentration, die einem Mehrfachen (etwa 5fachen) seines Titers entspricht, und verreibt in diesem Tropfen mit einer Platinnadel eine ganz geringe Menge der zu prüfenden Bakterienkultur. Sodann deckt man auf das Deckgläschen einen hohl geschliffenen Objektträger, dessen Höhlung man mit Vaselin umrandet hat, derart, daß der Tropfen auf dem Deckgläschen in die Mitte der Höhlung zu liegen kommt[1], und untersucht danach bei schwacher Vergrößerung im hängenden Tropfen. Kontrollproben sind entsprechend den oben aufgeführten (s. S. 104) anzustellen, wobei das Serum der Probe 2b ungefähr 10mal so konzentriert sein soll wie die angewandte Verdünnung des agglutinierenden Serums. Der Ausfall der Probe ist als positiv zu bezeichnen, wenn in ihr sofort oder nach einigen Minuten kleine Häufchen sichtbar werden, während die Kontrollproben ihr homogenes Aussehen behalten haben.

Zu den Agglutinationsproben, welche über die Infektion eines Organismus mit einer bestimmten Keimart Aufschluß geben sollen, ist dreierlei erforderlich:

α) Vom zu untersuchenden Organismus aseptisch gewonnenes Blutserum: man bringt mehrere Kubikzentimeter Blut aseptisch in ein steriles Röhrchen, läßt gerinnen, löst den Blutkuchen mit steriler Nadel von der Röhrchenwand, zentrifugiert und hebt das so gewonnene Serum mit graduierter Mischpipette ab, in der man zunächst eine Verdünnung 1:10 mit physiologischer NaCl-Lösung herstellt. Dann zentrifugiert man nochmals, um eine absolut klare Lösung zu erhalten.

β) Eine Reinkultur der betreffenden Keimart bzw. eine Aufschwemmung einer solchen in Bouillon oder physiologischer NaCl-Lösung. Für Untersuchungen in der Praxis empfiehlt es sich, für die gebräuchlichste dieser Reaktionen, die Gruber-Widalsche Typhus-Agglutinationsprobe, nicht lebende Keime, sondern nach dem Vorschlag von Ficker, sterile Aufschwemmungen abgetöteter

---

[1] Ein mit einer gefärbten Salbe bestrichener Rundstempel dient demselben Zweck.

Typhusbacillen zu verwenden: FICKERS Typhusdiagnosticum (Paratyphusdiagnosticum B s. unten) von E. Merck, Darmstadt.

γ) Physiologische NaCl-Lösung zur Herstellung der Verdünnungen.

Von dem 1:10 verdünnten Serum (s. α) stellt man sich nun weitere Verdünnungen (1:20, 1:40, 1:50, 1:60 usw.) her und behandelt weiter genau so, wie auf S. 104 angegeben wurde.

Verwendet man statt lebender Bakterien das FICKERsche Diagnosticum, so verfährt man im Prinzip in gleicher Weise. Die genaueren Vorschriften über Einzelheiten sind den Sendungen von E. Merck in Darmstadt beigelegt.

Für die Agglutinationsprobe beim Typhus abdominalis gelten als Zahlen für die Entscheidung, ob eine Typhusinfektion vorliegt: Agglutination bei Verdünnung 1:50 für nicht ikterische, etwa 1:100 für ikterische Patienten. Der diagnostische Wert der Agglutinationsprobe beim Typhus ist sehr bedeutend, doch darf man sich niemals auf sie allein verlassen, weil immer mehrere Fehlerquellen zu berücksichtigen sind, deren eingehende Erörterung aber nicht unsere Aufgabe sein kann, da es natürlich stets dem Arzt überlassen werden muß, das Resultat der Untersuchung für den einzelnen Krankheitsfall entsprechend zu bewerten. Nur ein Punkt sei erwähnt, da er eine gewisse Bedeutung für die ganze Versuchsanordnung besitzt: bei negativem Ausfall der Agglutinationsprobe auf Typhus kann Paratyphus vorliegen; man soll sich daher, wenn man sich das Typhusdiagnosticum kommen läßt, immer auch das gleichfalls von Merck-Darmstadt in den Handel gebrachte Paratyphusdiagnosticum B mitbesorgen, um beide Proben anstellen zu können.

Natürlich sind auch bei diesen Agglutinationsproben Kontrollproben anzustellen, um Spontanagglutination der Keime auszuschließen.

Ein besonderer Apparat, „Agglutinoskop", nach KUHN-WOITHE wird von Fr. Bergmann & Paul Altmann KG., Berlin NW 7, auch Hamburg 36, hergestellt.

Von den Infektionskrankheiten, die, wie Typhus, Agglutinine im Blutserum entstehen lassen, seien erwähnt: Dysenterie, Meningitis epidemica, Pest, Cholera, Abortus-BANG-Infektion. Einen größeren diagnostischen Wert besitzen aber bisher die Agglutinationsproben auf diese Infektionen nur bei der Dysenterie, bei der Meningitis epidemica und bei der Abortus-BANG-Infektion, da bei den übrigen eine Frühdiagnose durch die Agglutination nicht zu stellen ist. Erwähnt sei hier noch, daß die beiden Typen des Erregers der Bakteriendysenterie (s. S. 60) nur durch Agglutination voneinander zu unterscheiden sind.

2. Reaktionen vermittels zellenlösender Substanzen.

a) Bakteriolysinreaktionen: PFEIFFER*scher Versuch.* Sie dienen einerseits zur Identifizierung von Keimen, andererseits zur Feststellung von Infektionen eines Organismus, und zwar in erster Linie von überstandenen. Sie sind anwendbar vor allem für die Choleravibrionen und die Bakterien der Typhus-Coligruppe. Infolge der großen Kompliziertheit der Ausführung dieser Versuche wird sich der nicht spezifisch Ausgebildete im allgemeinen nicht damit befassen können. Es sei daher nur das Prinzip dieser Reaktionen kurz angedeutet: Bringt man den zu identifizierenden Keim zusammen mit Immunserum in die Bauchhöhle eines immunisierten Tieres und entnimmt nach etwa 20 Min. bis 1 Stunde eine Probe des injizierten Materials, so findet man, daß die Mikroorganismen zu kleinen trüben Kügelchen aufgelöst worden sind, wenn der Keim zu der vermuteten Art gehörte. Führt man umgekehrt dieselbe Reaktion mit dem Serum eines auf eine überstandene Infektion mit einem der genannten Keime verdächtigen Organismen und mit dem Erreger der vermuteten Erkrankung aus, so erhält man durch den positiven Ausfall der Probe Aufschluß darüber, ob eine Infektion dieser Art durchgemacht worden ist.

b) Hämolysinreaktionen: Die WASSERMANN-NEISSER-BRUCK*sche Komplementbindungsreaktion auf Syphilis* [1]. Da der Apotheker gewiß so gut wie nie in die Lage kommen wird, die Reagenzien für die Wa.R. selbst herzustellen, so werden wir auf die Methoden der Darstellung dieser Stoffe auch nur ganz kurz zu sprechen kommen. Da weiterhin den Sendungen der Reagenzien von den Seruminstituten immer ausführliche Gebrauchsanweisungen beiliegen, so brauchen wir auch die genaueren technischen Anleitungen nicht besonders zu berühren, sondern können unser Hauptaugenmerk auf eine möglichst vollkommene Darstellung des Prinzips der Reaktion richten, dessen genaue Kenntnis es dann jedem leicht machen wird, auch Variationen in der Methodik der Ausführung sofort zu verstehen.

---

[1] Zu deren Kenntnis ist besonders folgendes Buch zu empfehlen: SONNTAG: Die WASSERMANNsche Reaktion in ihrer serologischen Technik. Berlin: Springer 1917. Ref. Pharm. Z. 1917, Nr 30, 231.

Den Ausgangspunkt für die Entdeckung bildete die von BORDET und GENGOU 1901 gefundene *Komplementablenkung* oder *Komplementfixation*.

Was ist Komplementablenkung? Wie auf S. 101 auseinandergesetzt wurde, sind Hämolysine Verbindungen eines thermostabilen Amboceptors mit dem thermolabilen Komplement, und man kann daher durch Erhitzen auf 56⁰ die Hämolysine unwirksam machen, weil man ihnen dadurch ihr Komplement wegnimmt. Um dies durch eine Reaktion zu zeigen, impft man Kaninchen mit Hammelblut und erhält so im Kaninchenserum Hämolysin für Hammelblutkörperchen. Bringt man dann das Kaninchenserum mit ausgewaschenen Hammelblutkörperchen zusammen, so tritt Hämolyse ein, d. h. die vorher undurchsichtige Aufschwemmung von Hammelblutkörperchen wird durchsichtig-lackfarben. Durch eine Formel läßt sich diese Reaktion folgendermaßen darstellen:

$$\underbrace{\text{Kaninchenserum} \atop (\text{Amboceptor} + \text{Komplement})}_{\text{Hämolyse}} + \text{Hammelerythrocyten}$$

Führt man dieselbe Reaktion aus, nachdem man das Kaninchenserum inaktiviert hat, so bleibt die Hämolyse aus. Formel:

$$\underbrace{\text{Inaktiviertes Kaninchenserum} \atop (\text{Amboceptor})}_{\text{keine Hämolyse}} + \text{Hammelerythrocyten}$$

Wie auch bereits erwähnt, kann man nun inaktiviertes Hämolysin, das kein Hämolysin mehr ist, sondern ein hämolytischer Amboceptor, durch Zusatz von normalem Serum (man verwendet meist wegen seines ziemlich hohen Komplementgehaltes Meerschweinchenserum) reaktivieren, d. h. ihm sein verlorenes Komplement ersetzen. Es wird dann die vorher ausgebliebene Hämolyse wieder eintreten. Formel:

$$\underbrace{\text{Inakt. Kaninchenserum} \atop (\text{Amboceptor})}_{\text{Hämolyse}} + \underbrace{\text{Meerschweinchenserum} \atop (\text{Komplement})} + \text{Hammelerythrocyten}$$

BORDETs und GENGOUs Entdeckung war nun folgende: Bringt man bei Gegenwart von Komplement ein Antigen mit seinem spezifischen Antikörper zusammen, so wird das anwesende Komplement gebunden. Bringt man daher ein Antigen + spezifischen Antikörper zusammen mit einem hämolytischen System (Hämolysin + homologe Blutkörperchen), so erfolgt Inaktivierung des

Hämolysins, also: es unterbleibt die Hämolyse. Diese Vorgänge durch Formeln veranschaulicht:

$$\text{Antigen} + \underbrace{\text{Antikörper} + }\text{hämolytisches Kaninchenserum}$$
$$\text{(Komplement} + \text{Amboceptor)}$$

dies ergibt:

$$\text{Antigen} + \underbrace{\text{Antikörper} + }\text{inaktiviertes hämolytisches Kaninchenserum}$$
$$\underbrace{\text{(Komplement)}}_{} \qquad\qquad \text{(Amboceptor)}$$
$$\text{(fest gebunden)}$$

Also bei Zusatz von Hammelerythrocyten: keine Hämolyse.

Da jedoch das Immunserum meist ziemlich reichlich Komplement enthält, so hat man größere Sicherheit für Gelingen der Reaktion, wenn man durch den Komplex Antigen + Antikörper die Reaktivierung vorher inaktivierten hämolytischen Serums verhindert. Formeln hierfür:

$$\text{Antigen} + \underbrace{\text{Antikörper} + }\text{Meerschweinchenserum}$$
$$\text{(Komplement)}$$

ergibt:

$$\text{Antigen} + \underbrace{\text{Antikörper} + }\text{inaktiviertes Meerschweinchenserum}$$
$$\underbrace{\text{(Komplement)}}_{} \qquad\qquad \text{(kein Komplement mehr)}$$
$$\text{(festgebunden)}$$

Also weiterhin:

$$\text{Antigen} + \underbrace{\text{Antikörper} + }\underset{\text{serum}}{\overset{\text{inaktiviertes}}{\text{Meerschweinchen-}}} + \underset{\substack{\text{Kaninchen-}\\\text{serum}}}{\overset{\text{inaktiviertes}}{\text{hämolytisches}}} + \underset{\text{erythrocyten}}{\text{Hammel-}}$$
$$\underbrace{\text{(Komplement)}}_{}$$
$$\underbrace{\text{(fest gebunden)} \qquad\qquad\qquad\qquad \text{keine Hämolyse}}_{}$$

Erfolgt bei dieser Reaktion keine vollkommene Hämolysehemmung, so spricht man von partieller oder inkompletter Hämolysehemmung, bei vollkommener von totaler oder kompletter.

Es leuchtet ein, daß man diese Formeln etwa wie Gleichungen mit einer Unbekannten dazu verwenden kann, um, eines der Glieder der Gleichung als Unbekannte angenommen (natürlich sind Antigen und Antikörper für die Praxis hierfür die wichtigsten), alle übrigen dagegen als bekannt vorausgesetzt (zuverlässig geprüfte Reagenzien), die Unbekannte zu bestimmen. Mit anderen Worten: die von BORDET und GENGOU gefundene Komplementablenkung oder -bindung gibt ein Mittel an die Hand, einerseits bestimmte Krankheitskeime als solche zu identifizieren, andererseits eine bestehende oder überwundene Infektion eines Organismus mit einem bestimmten Keim festzustellen.

Nun haben WASSERMANN und BRUCK 1905 nachgewiesen, daß man das Antigen nicht nur in Form von Bakterienreinkulturen, sondern auch als Bakterienextrakte zur Verwendung bringen kann. Diese Entdeckung ermöglichte es dann WASSERMANN und seinen Mitarbeitern, die Komplementablenkungsreaktion auf die Syphilis anzuwenden. Der Erreger der Syphilis, die Spirochaeta pallida (SCHAUDINN 1905), kann zwar in Reinkultur gezüchtet werden, jedoch sind diese Kulturen für die Anstellung der Komplementablenkungsreaktion noch nicht brauchbar [1]. Dagegen enthält vor allem die Leber von syphilitischen Föten oft Unmassen von Spirochäten, und aus ihnen kann durch länger fortgesetztes Schütteln des zerkleinerten Lebergewebes in Alkohol oder Wasser der Leibesinhalt (Antigen) gewonnen werden. Die genannten Forscher gelangten so durch zahlreiche Versuche zu dem Resultat, daß man durch die Komplementablenkungsreaktion sowohl die Anwesenheit von Spirochäten (Antigen) als auch die Anwesenheit von spezifischen Syphilisantikörpern in einem Organismus und somit eine syphilitische Infektion desselben nachzuweisen vermag [2]. Für die Praxis hat vor allem der letzte Nachweis eine große Bedeutung gewonnen und man pflegt ihn kurz als Wa.R. zu bezeichnen. Auf die Gewinnung der für diese Reaktion erforderlichen Reagenzien wollen wir noch mit ein paar kurzen Worten eingehen:

1. *Amboceptor.* Es ist allgemein üblich, hämolytisches Kaninchenserum für Hammelerythrocyten zu verwenden. Defibriniertes Hammelblut wird Kaninchen in steigenden Dosen injiziert, bis man ein hämolytisches Serum von genügend hohem Titer erhält. Es wird dann inaktiviert und in bestimmter Verdünnung zur Ausführung der Reaktion verwendet. Genaue Gebrauchsanweisungen werden von den Instituten geliefert, von denen man das Serum bezieht.

2. Das *Komplement* muß jedesmal frisch hergestellt werden. Man läßt ein Meerschweinchen an dem Tage, an dem man die Reaktionen anstellen will, aus den Carotiden sich in einen Trichter

---

[1] KOLLE-HETSCH: Experimentelle Bakteriologie, 9. Aufl. 1942.

[2] Bei der Pallidareaktion nach GAETHGENS werden Aufschwemmungen von Syphilisspirochäten in karbolisierter Kochsalzlösung als Antigen benutzt zur Erzielung einer feinen Reaktion. Während die Wa.R. im wesentlichen als Lipoid-Antilipoidreaktion gilt, sollen hier die Eiweißkörper der Spirochäten hauptsächlich als Antigen wirksam sein.

verbluten, defibriniert und zentrifugiert die roten Blutkörperchen ab, läßt sie eine Nacht stehen und gefrieren. Gefroren ist das Serum 1—2 Tage haltbar. Genauere Resultate als die Extrakte aus Meerschweinchen- oder Rinderherzen ergeben solche aus syphilitischen Organen. Verdünnungen usw. siehe die Gebrauchsanweisungen.

3. Die *Hammelerythrocyten*. Gewaschene konservierte Aufschwemmungen werden von den Instituten geliefert.

4. Das *Antigen*. Alkoholische oder wäßrige Extrakte syphilitischer Organe liefern die Institute.

5. Das *Patientenserum* ist durch Schnitt ins Ohr oder besser durch Venenpunktion aus der V. cubitalis zu entnehmen. Man defibriniert, zentrifugiert und inaktiviert sofort. Dann bewahrt man es bis zur Verwendung im Eisschrank auf. Vor der Einwirkung direkten Sonnenlichtes muß man es schützen.

Bei der progressiven Paralyse (der fortschreitenden Hirnlähmung) der Geisteskranken, welche eine Syphiliserkrankung des Zentralnervensystems darstellt, und zwar eine Spätform, wird die Wa.R. auch in der das Gehirn und Rückenmark umgebenden Flüssigkeit, die man durch die QUINCKEsche Lumbalpunktion gewinnen kann, positiv gefunden. Nur muß man mitunter hier größere Mengen anwenden zur Erlangung eines positiven Resultates (Auswertung des Liquors nach HAUPTMANN und HOESSLI).

Bakteriologische und serologische Arbeiten setzen nun stets die peinlichste Sorgfalt voraus, eine große Anzahl, ja vielleicht die meisten Fehlerquellen liegen schon bei der Gewinnung des Untersuchungsmaterials, als da sind Verunreinigung durch Hineingelangen fremder Bakterien, mangelhafte Gewinnung des Serums und dadurch bedingte Trübungen usw.

Alle genaueren technischen Vorschriften für die Ausführung der Reaktion und der Kontrollreaktionen sind den Gebrauchsanweisungen für die bezogenen Reagenzien zu entnehmen, da sie je nach deren Beschaffenheit verschieden sein müssen.

Es wäre nun zum Schluß noch mit einigen Worten auf den Wert der WASSERMANNschen Syphilisreaktion einzugehen. Zunächst ist zu sagen, daß auch sie, wie alle serologischen Versuche, im Grunde genommen eine quantitative Reaktion ist, und daß es demgemäß schon in ziemlich zahlreichen Fällen nicht mit absoluter Sicherheit zu entscheiden ist, ob der Ausfall als positiv oder negativ bezeichnet werden muß. Hat nun schon dieses Moment eine gewisse Verminderung der diagnostischen Bedeutung der Reaktion zur Folge, so mahnt vor allem die Tatsache, daß von einer großen

Zahl beobachteter Fälle, bei denen man nur vollkommene Hämolysehemmung als wassermannpositiv bewertet hatte, ein relativ großer Prozentsatz positiven Ausfall zeigte, ohne auch nur den geringsten Anhalt zur Annahme einer syphilitischen Infektion zu geben, dringend zur Vorsicht bei ihrer Bewertung für die Diagnostik der Lues. Die Wa.R. fällte auch bei anderen Krankheiten (Malaria, Lepra, Tuberkulose, Trypanosomiasis, Scharlach, Angina u. a., sogar bei gesunden Wöchnerinnen) gelegentlich positiv aus. Eine befriedigende Erklärung für diese Fälle von positiver Wa.R. ohne sonstige Anzeichen einer luischen Infektion zu geben, ist bisher noch nicht gelungen. Andererseits zeigt auch in Fällen, wo eine syphilitische Infektion außer Zweifel steht, die Reaktion gelegentlich einen negativen Ausfall. Dies alles läßt es ohne weiteres verständlich erscheinen, daß eine zuverlässige Ausführung der Versuche und die richtige Bewertung des gefundenen Resultates nur einem erfahrenen Arzte möglich sein kann. Für diesen besitzt die Reaktion aber im Verein mit den anderen vorhandenen Symptomen, besonders wenn sie wiederholt angestellt wird, einen sehr hohen diagnostischen Wert[1].

Eine für die Diagnose der Paralyse ebenfalls ungemein wichtige Prüfung ist die Nonne-Apeltsche Globulinreaktion in der Cerebrospinalflüssigkeit. Sie wird regelmäßig neben der Wa.R. gemacht und beruht darauf, daß in einer solchen Cerebrospinalflüssigkeit die Globuline vermehrt sind. Die Reaktion wird dermaßen angestellt, daß gleiche Mengen von Cerebrospinalflüssigkeit und gesättigter Ammoniumsulfatlösung vermischt werden. Stellt sich nach 3 Min. eine Trübung ein, so ist der Ausfall positiv. Der Versuch muß jedoch in der Kälte ausgeführt werden, damit nur die Globuline ausfallen; bei höherer Temperatur fallen auch die Albumine aus.

Fast ebenso empfindlich ist auch die folgende Pandysche Reaktion: Man gießt einige Kubikzentimeter einer konzentrierten Phenollösung in ein Uhrschälchen, welches auf einer dunklen Unterlage steht, und läßt einen Tropfen Cerebrospinalflüssigkeit hineinfallen. Auch hier gibt es bei positivem Ausfall eine weißliche Trübung. Indessen ist die Nonne-Apeltsche Reaktion beweisender. Auf die übrigen Versuche, wie z. B. die *Goldsol-*

---

[1] Neben der Wa.R. sind nach amtlicher Anleitung (1. Januar 1935) zur Ergänzung und Kontrolle 1—2 Flockungsreaktionen anzustellen: Ballungsreaktion 2 nach Müller, Citocholreaktion nach Sachs und Witebsky, Reaktion nach Meinicke (Extrakte: L. Meinicke, Hamburg, auch Behring-Werke Marburg). Besonders eingeführt hat sich die Kahnsche Reaktion (Kahn-Extrakt: Behring-Werke, Marburg).

reaktion[1] kann hier wegen der räumlichen Beschränkung nicht näher eingegangen werden, ebensowenig auf die mikroskopischen Befunde (Lymphocytose) bei der Paralyse. Es soll nur angeführt werden, daß man zur Stellung der Diagnose auf Paralyse sich gewöhnlich der sog. „4 Reaktionen" nebeneinander bedient, die also bestehen würden aus:

I. der Wa.R. im Blutserum,
II. der Wa.R. in der Cerebrospinalflüssigkeit,
III. der NONNE-APELTschen Globulinreaktion,
IV. der Untersuchung auf Vermehrung der Lymphocyten (Pleocytose) durch die mikroskopische Zählung in der FUCHS-ROSENTHALschen Zählkammer[2].

II. Nicht pathogene und tierpathogene Mikroorganismen von pharmazeutischem Interesse.

Es kann natürlich nicht zur Aufgabe dieses Buches gehören, die nicht pathogenen Keime und die bei Tieren bekannten Krankheitserreger hier in großer Ausdehnung zu behandeln. Ganz ausgeschlossen erscheint es, die biochemischen Prozesse der Technik, wie diejenigen der Glyzerin- und Milchsäuredarstellung, hier unterzubringen. So kann dieser eine Ergänzung zu den vorhergehenden Abschnitten bildende Teil nur der Diagnostik dienen.

1. Nicht pathogene Mikroorganismen im menschlichen Körper.

a) Im oberen Teile des Respirations- und Verdauungstraktes. Hier kommen höhere Pilze, wie Schimmel- und Sproßpilze, seltener vor (Soor S. 83). Bei einzelnen Erkrankungen der Lunge, besonders bei Kindern, sind Penicilliumarten in Form von gelegentlich bis zu den Bronchien hinabreichenden Wucherungen gefunden worden. Auch bei Lungenabszessen Erwachsener hat v. JAKSCH im frischen Sputum Schimmelpilze mit eigenartiger Keulenbildung gefunden. Nicht unberücksichtigt darf das sekundäre Eindringen

---

[1] Bei der Goldsol-, ebenso wie bei der Mastixreaktion handelt es sich um kolloidchemische Reaktionen, die jedoch einer besonderen Einarbeitung bedürfen. Literatur: W. SCHMITT: Kolloidreaktionen der Rückenmarksflüssigkeit. Technik, Klinik und Theorie. Dresden: Theodor Steinkopff 1931. — Reagenzien: Aurolumbal (Goldsol): Märkische Seifenindustrie Witten (Ruhr), Abt. ICO. Mastix-Lumbotest: Franz Bergmann und Paul Altmann, KG., Berlin NW 7.

[2] Näheres über die Zellzählung siehe in: Die Reagenzien der Behringwerke, Marburg 1939; TILLMANNS-OHNESORGE: Praktikum der klinischen, chemischen, mikroskopischen und bakteriologischen Untersuchungsmethoden, 14. Aufl. Berlin: Urban & Schwarzenberg 1943.

und Entwickeln von Schimmel- und anderen Pilzen im Sputum
bleiben. Zahlreich finden sich Kokken, Bacillen, Spirillen und
Spirochäten, teils in Haufen vereinigt, teils in beweglichen,
spiraligen Fäden (Spirochaeta buccalis). Einige färben sich leicht
mit LUGOLscher Lösung rötlich oder blaurot. In dichteren Mengen
bilden Mikroorganismen den Zahnbelag, der leicht mittels Spatels
abgehoben werden kann.

Einige Formen dieses Belages sind besonders zahlreich, so
z. B. Spirochaeta und Leptothrix buccalis und Bacillus maximus
buccalis, und des Streptococcus lacticus [1], dessen Säurebildung
das Zahnbein angreift, und nach den Arbeiten von KRUSE-SPER-
LING als Karieserreger zu betrachten ist.

b) Im Magen. Die Menge der verschiedenen Pilzarten, die
besonders den Spalt-, Sproß- und Schimmelpilzen angehören, ist
sehr groß. Am meisten beobachtet man die Paketform einer Sar-
cine (Sarcina ventriculi), vereinzelt normal die Milchsäurebakterien (Bacterium acidi lactici), die bei bestimmten Magen-
affektionen oder bei längerem Aufenthalt des Mageninhaltes im
Magen ein intensiveres Wachstum zeigen können. Als charakte-
ristischer Hinweis gilt bekanntlich die Milchsäureproduktion bei
Magencarcinom. Sproß- und Schimmelpilze findet man gelegent
lich auch unter physiologischen Verhältnissen; dichtes und
massenhaftes Auftreten deutet jedoch auf pathologische Zustände, die die Wirkung dieser Pilze als Gasentwickler deutlich
zeigen (Ektasie des Magens).

c) Im Darminhalt. Der Darm ist von allen Organen des
Menschen am reichlichsten mit der Flora zahlreicher — teils
pathogener, teils nichtpathogener — Mikroorganismen versehen.
Pathogenität kann vielfach bei Keimen beobachtet werden, die
normal keine den menschlichen Organismus schädigende Eigenschaften aufweisen, sogar günstig in mancher Richtung, z. B. für
die Resorption von Nährstoffen, auftreten können.

Vielfach wird die Schädigung durch die Masse der Keime hervorgerufen. Bacterium coli zeigt das beste Bild für die wechselnde
Biologie, wahrscheinlich aber als Folge entstandener Darm-
affektionen. In einer quantitativen Methode ist mitgeteilt, daß
der normale Stuhl Erwachsener täglich 8 g Bakterien enthält, bei
gewissen Darmstörungen 14 g. Die Formen der nichtpathogenen
und pathogenen sind einander sehr ähnlich, so daß bei der Diagnose

---

[1] Der Streptococcus lacticus (KRUSE) in seiner Beziehung zur Zahn-
caries. Inaug.-Diss. der Medizinischen Fakultät Leipzig, 1922, von HELL-
MUTH SPERLING.

mit Vorsicht zu urteilen ist. Das Nähere bezüglich der Diagnostik findet sich im vorigen Abschnitt: „Pathogene Mikroorganismen".

Bewohner des Darmes sind selten Schimmelpilze, häufiger Sproßpilze und zumeist Spaltpilze.

Sproßpilze treten in den sauer reagierenden Milchstühlen der Kinder reichlich auf, auch bei akuten Katarrhen des Dünndarms werden Saccharomycesarten zahlreich gefunden und färben sich mit Jodjodkaliumlösung mahagonibraun. Neben dem Hauptvertreter der Spaltpilze im Darm, dem Bacterium coli, sind noch einige andere erwähnenswert: Bacillus subtilis und die verschiedenen Formen der Klostridien, Clostridium butyricum u. a., die gelegentlich bei pathologischen Prozessen des Darmes haufenweise die Faeces durchsetzen.

d) Am Urogenitalapparat und in dessen Sekreten. Bei der Diagnose der Tuberkelkeime (S. 76 und 77) ist bereits auf das Vorkommen der diesen ähnlichen Smegmabacillen hingewiesen worden, die im Präputial- und Vulvasekret vorkommen. Sie werden nicht selten auch bei der mikroskopischen Prüfung des Harnsediments berücksichtigt werden müssen.

Die im Scheidensekret auftretenden Säurebakterien sind verschieden geartet, am meisten findet man das *Bacterium vaginae* (KRUSE) MIG. [1], den DÖDERLEINschen Scheidenbacillus, einen nicht obligaten Saprophyten (an das Leben auf der Vaginalschleimhaut gewöhnt). Es sind unbewegliche, ziemlich schlanke, mittelgroße Stäbchen, die nicht selten artenrein den Keimbestand des Vaginalsekretes ausmachen.

Als Nährboden ist 1%ige Zuckerbouillon zu empfehlen, in die man das bacillenhaltige Sekret einträgt; man züchtet 24 Stunden bei 37° und überträgt dann in Glyzerinagar. In zuckerhaltigen Nährböden wird Milchsäure gebildet. Wachstum nicht unter 27°. Fakultatives Anaerobion. Die Bakterienflora der Scheide enthält meist stäbchenförmige Anaeroben. Auch Soorwucherungen und Hefe sind in der Scheide gefunden worden.

Für die Diagnostik der Urethrasekrete sind die nicht pathogenen Keime von geringer Bedeutung. Die den Tripperkokken morphologisch ähnlichen Gebilde des Genitaltraktes wurden in dem früheren Abschnitt bei „Gonococcus" [2], S. 51, erwähnt.

Der normale, frisch entleerte Harn ist als keimfrei zu betrachten, die in ihm erscheinenden Bakterien stammen von den Schleimhäuten der Harnwege. Aber bei längerem Stehen

---

[1] JÖTTEN: Vergleiche zwischen dem Vaginalbacillus DÖDERLEINs und dem Bacillus acidophilus des Säuglingsdarmes. Arch. Hyg. **91**, 143.

[2] Pseudogonokokken grampositiv.

sammeln sich im Harn harnstoffzersetzende Mikroorganismen an, die den Harnstoff in Ammoniumkarbonat umwandeln:

$$CO{<}^{NH_2}_{NH_2} + 2\,H_2O = (NH_4)_2CO_3\,.$$

Die beiden wichtigsten im Harn später auftretenden Gärungs- und Fäulnisspaltpilze sind:

1. *Micrococcus ureae*, COHN. Mittelgroße, runde Kokken, Diplokokken, auch kettenförmig aneinandergereiht, dünne, weiße, perlmutterglänzende Kolonien auf Agar bildend; grampositiv.

2. *Bacterium ureae*, LEUBE. Stellt plumpe Stäbchen mit abgerundeten Ecken dar, ist unbeweglich, nicht Sporen bildend, wächst bei Zimmertemperatur, verflüssigt Gelatine nicht. In sterilem Harn wirkt es kräftig gärungsfördernd. Beide Arten führen Harnstoff in Ammoniumkarbonat über.

Von den zahlreichen Arten der Bakterienflora, die noch morphologisch und biologisch beschrieben wurden, seien nur der *Bacillus gliserogenus* MALUBA, der in schleimigem, zähflüssigem Harn vorgefunden wird und bewegliche Kurzstäbchen von ovaler Gestalt vorstellt, und ferner *Leptothrix buccalis* (im Diabetikerharn) genannt.

Das massenhafte Auftreten von Harnsarcinen ist diagnostisch ohne Belang. Für gewisse quantitative Bestimmungen ist der Eingriff von Saccharomyces-, Penicillium- und Oidiumarten nicht bedeutungslos, da gelegentlich in länger aufbewahrtem Diabetikerharn der Zuckergehalt eine wesentliche Abnahme erfahren kann. Einige Tropfen Chloroform oder Thymollösung verhindern die Pilzbetätigung.

2. Mikroorganismen der biochemischen Technik.

An zahlreichen von Mikroorganismen bewirkten Prozessen, die in geeignetem Nährmaterial zur Bildung pharmazeutisch wichtiger Stoffe führen, haben die Apotheker zumeist nur wissenschaftliches Interesse. Solche Darstellungen fallen in den Bereich der Industrie und haben, wie Alkohol- sowie Essigsäuregärung u. a., dort weitgehende wissenschaftliche Bearbeitung erfahren. Die Arbeiten von E. BUCHNER stellten die Unabhängigkeit der Gärung von den vitalen Funktionen der Kleinwesen fest, wodurch der Nachweis erbracht ist, daß die im Protoplasma enthaltenen Enzyme die Umbildungen bei Gärprozessen ausmachen.

Von den Gärprodukten des Handels, bei denen Saccharomycesarten, Milch- und Buttersäurebakterien zertrümmernd auf die

Zuckermoleküle einwirken, gehen heute besonders noch zwei durch die Hände des Apothekers: Kefir und Yoghurt, so daß deren Gärungserreger nicht unerwähnt bleiben können. Dasselbe gilt für Hefe.

Hefe. Saccharomycesarten und deren Fermente, wie Zymase, wirken teils antagonistisch auf schädliche Mikroorganismen der Darmflora, teils antitoxisch auf die von Bakterien ausgeschiedenen Gifte. Hefe ist als Volksmittel bei Diabetes, Hautkrankheiten u. a. bekannt und wird als Faex medicinalis in den meisten Arzneibüchern geführt.

Kefir. Die zumeist angenommene Diagnose der gekröseartigen Kefirkörner und ihrer Wirkung geht dahin, daß sie aus Saccharomyceten und einer Torulaart bestehen, die den Milchzucker zur Vergärung bringen, wenn er von Milchsäurekeimen invertiert wurde. Zugleich veranlassen diese die Gerinnung der Milch. Ein Milchsäurespaltpilz, *Lactobacillus caucasicus* FLÜGGE, soll einen wesentlichen Teil der erwähnten Gekrösesubstanz ausmachen. W. KUNTZE nimmt noch zwei Buttersäurebakterien an, *Bacillus esterificans*, ein angenehmes Aroma erzeugend, und einen Bacillus Kefir, der das Kasein zersetzen soll. Für die mikroskopische Betrachtung empfiehlt sich die Bereitung des Kefirs aus den käuflichen Körnern und Aussaat einiger Proben an verschiedenen Tagen auf Gelatine.

Kefirbereitung. Die käuflichen Kefirkörner, mehrfach mit lauwarmer Milch abgewaschen, werden mit der 10fachen Menge Milch übergossen und unter öfterem Umschütteln 6—12 Stunden bei 20° C (auf dem Küchenofen) aufbewahrt und dann durch Gaze geseiht.

75 cm³ (¹/₃ Wasserglas) der durchgeseihten Flüssigkeit gießt man in eine reine, starkwandige Flasche mit Patentverschluß von ungefähr 700 cm³ Fassungsraum (etwa vom Inhalt einer Weinflasche), füllt diese mit Milch nahezu vollständig an und verschließt sie fest. Unter wiederholtem Umschütteln läßt man die Mischung bei 15° C stehen, wobei das Getränk innerhalb 1—3 Tagen fertig zum Gebrauch wird.

Die Milch muß vorher abgekocht und wieder auf etwa 20° C erkaltet sein.

Yoghurt [1]. Unter diesem Namen werden heute eine Reihe Handelsprodukte auch von Apotheken aus in den Verkehr gebracht, so daß es notwendig erscheint, die Bestandteile näher zu kennzeichnen.

---

[1] Durch Vermittlung eines der besten Kenner der Balkanstaaten, Herrn Prof. WEIGAND, wurde uns über den Sprachgebrauch mitgeteilt, daß die Bezeichnungen „Majà“ und „Yoghurt“ verschiedene Bedeutung haben. Mit Majà wird 1. aus dem Labmagen gewonnenes Lab bezeichnet, 2. Hefe jeder Art. Das Wort ist türkisch, wird aber auch in Bulgarien gebraucht. Das eigentliche Wort für Lab ist „Sirischte“ und das für Hefe „Quas“.

Bezüglich der Herstellung des Yoghurts (sprich Ja-urt) teilt WEIGAND mit, daß man die geronnene Milch bzw. den Mageninhalt, also nicht den ganzen Labmagen von Sauglämmern oder Zicklein, als Ferment für die Milchgärung benutzt, so daß guter Yoghurt nur im Frühjahr zu haben ist. Was nun die Mykologie der Yoghurtpräparate anlangt, so ist durch Untersuchungen bekannt, daß in der geronnenen Milch des Labmagens sowohl acidophile (säureliebende) Bacillen als auch Hefe vorhanden sind, außerdem natürlich die vom Magen sezernierten Labenzyme, die eine peptische und tryptische Spaltung der Eiweißkörper unter der gegebenen Körperwärme bewirken. Bei den Handelsprodukten, die mit dem Namen Yoghurt (Yoghurt-Ferment) und Majà (Maya) bezeichnet werden und ein gelbliches, sauer reagierendes Pulver bzw. Tabletten darstellen, wurden durch bakteriologische Untersuchungen im wesentlichen langstäbchenförmige Milchsäurebakterien, auch Diplostreptokokken, aber zunächst keine Hefe vorgefunden. Ein uns vorliegendes Ausstrichpräparat von bulgarischem Original-

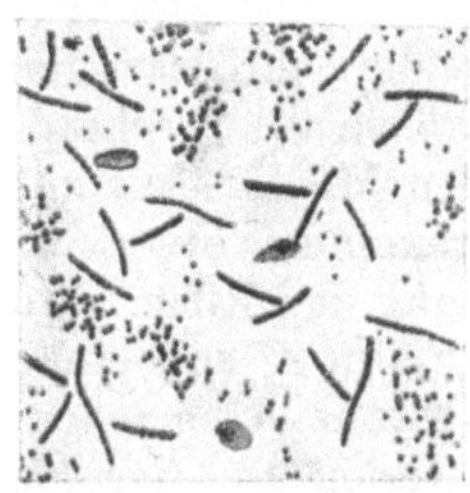

Abb. 42. Präparat vom bulgarischen Original-Yoghurt. Stäbchen, Diplostreptokokken, Kokken, Hefe.

Yoghurt (Abb. 42) enthielt Kokken, Diplostreptokokken und Hefe. Die geprüften Handelsprodukte von Yoghurt ließen eine Ansiedelung ovaler Hefezellen erst vom 2. oder 3. Tage an erkennen. Bezüglich der Physiologie der Langstäbchen und Diplostreptokokken einerseits und der Hefe andererseits wird angenommen, daß sich beide in ihren vitalen Prozessen unterstützen, demnach in symbiotischem Verhältnis stehen. Die bisweilen im Handel erscheinenden Yoghurtpilze stellen blumenkohlartige Gebilde mit verschiedenem Keimgehalt vor.

Inwieweit den Übertreibungen der Reklameprospekte über Yoghurteinfluß im günstigen Sinne auf die Vorgänge im menschlichen Darme Wahres unterliegt, kann hier nicht entschieden werden. Sollten die Colibakterien im Darm bei Benutzung von Yoghurt wirklich zurückgehen, so kann ebensogut die Milchsäure als auch die Wirkung der Milchdiät im allgemeinen als Ursache angenommen werden. Ferner dürfte noch fraglich sein, ob Einschränkung der Coliflora wirklich als günstiger Gesamteffekt für den menschlichen Organismus zu betrachten ist.

Die medizinische Literatur, die sich mit der Wirkungsweise von Yoghurtkuren und ihren Indikationen bei Magen-Darmerkrankungen beschäftigt, wurde in der Arbeit von C. WEGELE wiedergegeben. Eine vergleichende chemische Zusammensetzung der Sauermilchpräparate ist von COMBE mitgeteilt worden:

	Sauermilch in %	Kefir in %	Yoghurt in %
Eiweiß	3,55	3,26	7,1
Fett	3,7	3,1	7,2
Milchzucker . .	4,5	2,78	8,3—9,4
Salze	0,71	0,79	1,38
Milchsäure . .	0,6	0,80	0,80
Wasser	87,17	88,50	73,7
Alkohol		0,70	0,02

Nach den Untersuchungen und Erfahrungen C. WEGELES eignen sich die Yoghurtpräparate zur Behandlung schwerer Darmstörungen, besonders der tropischen Dysenterie, ferner zur Behandlung der mit verminderter oder fehlender Saftabscheidung einhergehenden Magenkrankheiten und den damit in Zusammenhang stehenden Darmstörungen. Unsere Sauermilch, die durch Entwicklung der wenig widerstandsfähigen Milchsäurebakterien beim Stehen an der Luft gewonnen wird, soll lediglich durch ihren Gehalt an Milchsäure wirken, nicht durch Verminderung der Darmflora mittels antagonistischer Bakterien.

Kombucha. Dieses ist der Name für den japanischen oder indischen Teepilz, dem blutdrucksenkende Wirkung zugeschrieben wird. Entgegen der Annahme, daß sich bei der Zugabe eines Aufgusses von Tee mit Kombucha hauptsächlich Milchsäure bildet, hat SIEGWART HERMANN, Prag, neben Essigsäure Glukonsäure in größeren Mengen nachgewiesen und auch ein Bacterium neu entdeckt, das er als Bacterium gluconicum bezeichnet [1].

Literatur.

Besonders sei auf die Arbeiten von W. KUNTZE, Leipzig, hingewiesen: Zbl. Bakter. II **21**, 737 (1908); **24**, 101 (1909).

Ferner:

DAMM: Kefir, Yoghurt und Acidophilus-Milch. Apoth.-Ztg **1929**, Nr 73, 1129.

KLEEBERG: Die therapeutische Bedeutung von Yoghurt und Kefir in der inneren Medizin. Dtsch. med. Wschr. **1927** I, 1093.

KLOTZ: Über Yoghurt als Säuglingsnahrung. Jb. Kinderhk., N. F. **68** (1907). — Zbl. Bakter. II **21**, 392 (1908).

LAFAR: Handbuch der technischen Mykologie, S. 128. 1908.

RUBINSKY, BENJAMIN: Studien über Kumiß. Zbl. Bakter. II **28**, 181.

SOMMERFELD: Handbuch der Milchkunde, S. 386. 1909.

WEIGMANN: Mykologie der Milch, S. 87. 1911.

Die gangbarsten Yoghurtpräparate sind die des Chemisch-bakteriologischen Laboratoriums Dr. KLEBS, München.

---

[1] HERMANN, S.: Biochem. Z. **129**, 176, 188 (1928); **205**, 297 (1929). — Pharm. Z. **1929**, Nr 14, 228, 232.

3. Tierpathogene Mikroorganismen.

Davon können nach der Aufgabe des Buches nur zwei in Betracht kommen: *Bacillus typhi murium* LÖFFLER, der Mäusetyphusbacillus und *Bacterium avicidum* KITT, der Erreger der Geflügelpest, der sog. Hühnercholera.

Nach den heute geltenden gesetzlichen Bestimmungen ist die Benutzung der Kulturen des Mäusetyphusbacillus zur Mäusevertilgung untersagt.

Hühnercholerabacillen (Bacillus cholerae gallinarum FLÜGGE, Bacterium avicidum KITT[1]) sind kurze, plumpe Stäbchen mit abgerundeten Enden, 1,4—2 μ lang und 0,3—0,5 μ breit, die sich mit Anilinfarben nur an den Endpolen färben, während die Mitte frei bleibt. Ein Blutstropfen, dünn auf dem Objektträger ausgestrichen und eingetrocknet, läßt nach Färbung mit wäßrigem Methylenblau 1:100 die unzähligen kleinen, den Diplokokken ähnlichen Stäbchen in der charakteristischen Polfärbung zwischen den großen ovalen Blutzellen erkennen.

Der Hühnercholerabacillus besitzt keine Eigenbewegung. Gelatinestichkulturen entwickeln einen zarten weißen Belag im Impfgang und an der Oberfläche. Agar und Blutserum bilden glänzenden, weißlichen Belag. Sporenbildung wurde nicht beobachtet.

Immunität der Tiere war bislang nicht zu erreichen. Man benutzt innerlich schwache Tannin- oder Alaunlösungen. Weitere Infektionen sucht man am besten durch Abtötung und Verbrennen der kranken Tiere zu verhindern und desinfiziert die Ställe und Geräte mit heißem Wasser und Kalkmilch oder Kresolseifenlösung [2].

III. Die wichtigsten geformten Bestandteile, die bei der mikroskopischen Untersuchung der Körperflüssigkeiten auf Bakterien vorkommen.

Der Zweck dieses Abschnittes soll sein, für die Deutung von mikroskopischen Bildern, wie sie bei der Untersuchung von dem

---

[1] Vgl. Abbildung in Realenzyklopädie der gesamten Pharmazie, 2. Aufl., Bd. 6, S. 432. Ferner GÜNTHER: Bakteriologie, Tafel XIII, Abb. 73 (Photogramm).

[2] Vgl. Beobachtungen zur Hühnerpest von F. K. KEINE, Kgl. Institut für Infektionskrankheiten. Berlin 1910.

Körper direkt entnommenem, auf Gehalt an pathogenen Keimen verdächtigem Material auftauchen, einen Anhalt zu bieten, besonders in den Fällen, wo die Gefahr einer Verwechslung zufällig oder auch unter physiologischen Verhältnissen vorhandener Bestandteile der betreffenden Körperflüssigkeit usw. mit pathogenen Mikroorganismen vorliegt. Selbstverständlich erheben die folgenden Ausführungen durchaus keinen Anspruch darauf, die Mittel für eine exakte Diagnose solcher mikroskopischer Bilder an die Hand zu geben, wofür ja spezielle Bücher in großer Zahl zur Verfügung stehen [1]. Sie sollen vielmehr nur den Untersucher in den Stand setzen, durch einen Blick auf die Tafeln sich in erster Linie darüber zu orientieren, ob er Formen, die sich ihm im mikroskopischen Bilde darbieten, bei der bakteriologischen Diagnose weiterhin zu berücksichtigen hat, und in welches Gebiet sie etwa einzuordnen sind. Damit soll nicht ausgeschlossen sein, daß sie gelegentlich auch dazu dienen können, ganz abgesehen vom bakteriologischen Befund, auf pathologische Zustände in dem betreffenden Organismus hinzuweisen und eine genauere Untersuchung in diesem Sinne zu veranlassen.

Es wurden für die Anordnung der einzelnen in Frage kommenden Formen in Tafeln die drei Gebiete des Organismus gewählt, die am häufigsten das Material zur direkten mikroskopischen Untersuchung auf Bakterien liefern: 1. Blut, 2. die Sekrete und Exkrete des Respirations- und oberen Verdauungstraktes und 3. die des Urogenitalapparates. Auf eine besondere Berücksichtigung der für die Mikroskopie des Stuhles in Betracht kommenden Gebilde wurde verzichtet, weil 1. eine direkte mikroskopische Untersuchung desselben auf pathogene Keime zu den Ausnahmen gehört, 2. weil in den seltenen Fällen, wo diese Notwendigkeit wirklich vorliegt, es sich meist um derart leicht kenntliche Formen handelt, daß die Gefahr einer Verwechslung kaum besteht (s. besonders Amöben unter „Entamoeba histolytica", S. 86), und 3. weil bei der enormen Reichhaltigkeit des Stuhls an geformten Substanzen der verschiedensten Art in Anbetracht ihrer relativ geringen diagnostischen Bedeutung eine entsprechende Auswahl schwer zu treffen wäre.

---

[1] SPAETH, E.: Die chemische und mikroskopische Untersuchung des Harns, 6. Aufl. Bearb. von H. KAISER. Leipzig: Johann Ambrosius Barth 1936. — LUTZ, G., u. P. SCHUGT: Atlas der Mikroskopie der Harnsedimente. Stuttgart: Wissenschaftliche Verlagsgesellschaft m. b. H. 1934. — KRATSCHMER, FL. v., u. E. SENFT: Mikroskopische und mikrochemische Untersuchung der Harnsedimente, 2. Aufl. Wien und Leipzig: Jos. Šafár 1909.

a) Bestandteile des normalen und pathologischen Blutbildes[1]
(Abb. 43).

Bild 1. Rote Blutkörperchen s. Erythrocyten: die an Menge
bei weitem alle übrigen geformten Bestandteile des Blutes über-

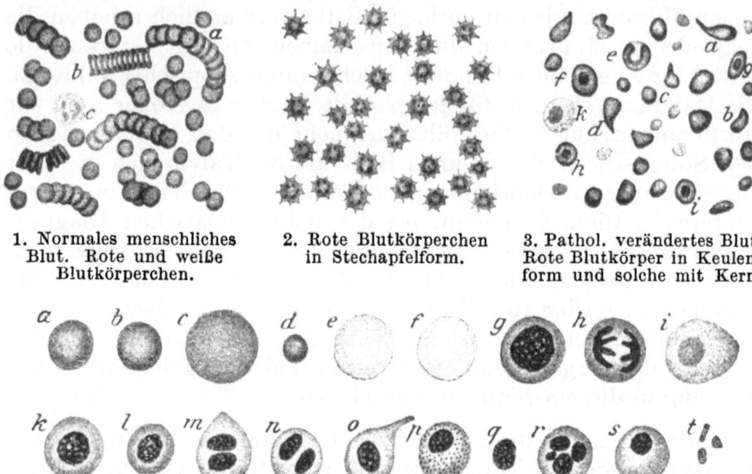

1. Normales menschliches
Blut. Rote und weiße
Blutkörperchen.

2. Rote Blutkörperchen
in Stechapfelform.

3. Pathol. verändertes Blut.
Rote Blutkörper in Keulen-
form und solche mit Kern.

4. Pathologisch veränderte, künstlich gefärbte Blutkörperchen und Blutplättchen.

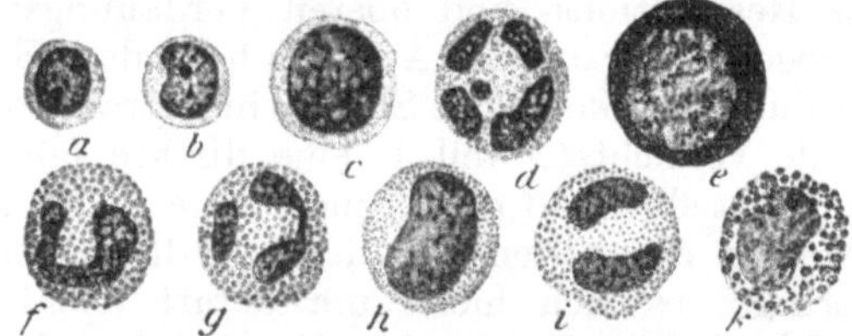

5. Wichtigste Formen der weißen Blutkörperchen (Leukocyten).

Abb. 43. Bestandteile des normalen und pathologischen Blutbildes.
Vergr. Bild 1—3 = 400, 4 und 5 = 1000. (Erklärung S. 122, 123 und 124.)

wiegenden Gebilde. Sie erscheinen als runde, in der Mitte ein-
gedellte Scheiben, die sich mit großer Vorliebe in Geldrollenform
(a) anordnen, besonders im frischen Präparat. Erblickt man

---

[1] DOMARUS, A. v.: Methodik der Blutuntersuchung. Berlin: Springer
1921. — SCHILLING, V.: Praktische Blutlehre, 10. u. 11. Aufl. Jena:
Gustav Fischer 1942. — Senkungsgeschwindigkeit der Blutkörperchen nach
LINZENMEYER. Vgl. TILLMANNS-OHNESORGE: Praktikum der klinisch-
chemischen, mikroskopischen und bakteriologischen Untersuchungsmethoden, 13. Aufl. Wien u. Berlin: Urban & Schwarzenberg 1940.

sie in Seitenansicht (*b*), so ist die Form natürlich eine andere: oval bis stäbchenförmig; unter günstigen Verhältnissen ist die Bikonkavität der Scheiben dabei zu erkennen. Sie stellen unter normalen Bedingungen kernlose Zellen von im Mittel $7,8\,\mu$ Durchmesser dar. Ungefärbt zeigen sie ein gelblich-rötliches Kolorit. Im gefärbten Präparat verhalten sie sich verschieden, je nach der Art des verwendeten Farbstoffs. Für zwei bei Blutpräparaten viel verwendete Färbemethoden seien die Farbennuancen, in denen die Erythrocyten erscheinen, angegeben: bei Färbung mit Methylenblau zeigen sie einen grünlichen Farbton bei der GIEMSA-Färbung, die besonders zur Färbung von protozoischen Blutparasiten viel Verwendung findet, einen gelbroten. — Was ihre Zahl anbetrifft, so beträgt diese unter physiologischen Verhältnissen im Kubikmillimeter beim Manne etwa 5 Mill., beim Weibe $4—4^{1}/_{2}$ Mill. Ziemlich leicht, auch bei oberflächlicher Untersuchung, ist eine starke Abnahme der Erythrocyten zu bemerken. Wagt man nicht ohne weiteres ein Urteil zu fällen, so achte man darauf, ob die Neigung zur Geldrollenbildung wesentlich verringert ist. Genaueres hierüber gehört nicht hierher[1].

Außer den beschriebenen Erythrocyten zeigt das Bild 1 noch einen polynucleären Leukocyten (*c*) (s. auch in Bild 5).

Färbung der Leukocyten:

TÜRKS Reagens:

Eisessig . . . . 1 g
Destilliertes Wasser . . . . 100 g
1%ige wäßrige Gentiana-Violettlösung. . . 1 g

Das Reagens dient zur Zählung der Leukocyten.

Die Erythrocyten werden durch das Reagens gelöst[2].

Untersucht man Blut im frischen Präparat, so beobachtet man sehr bald infolge der eintretenden Wasserverdunstung Schrumpfungserscheinungen an den roten Blutzellen: es treten zunächst Formen auf, die an die Gestalt von Maulbeeren erinnern und weiterhin die in

Bild 2 dargestellten Stechapfelformen.

Bild 3 und *Bild 4* sollen einen Begriff von den Formen der roten Blutkörperchen bei verschiedenen Erkrankungen des Blutes

---

[1] Genaue Zählungen können mit dem Blutkörperchen-Zählapparat von THOMA-ZEISS ausgeführt werden. Beschreibung und Abbildung in LENHARTZ: Mikroskopie und Chemie am Krankenbett, 11. Aufl., bearbeitet von v. DOMARUS und SEYDERHELM. Berlin: Springer 1934.

[2] Aus BÖHM u. DIETRICH: Reagenzien und Nährböden, S. 152. Berlin-Wien: Urban & Schwarzenberg 1927.

geben. Es sei nur kurz darauf hingewiesen, daß die beiden Hauptfaktoren, die für die Entstehung abnormer Erythrocytenformen in Frage kommen, einerseits akuter Blutkörperchenzerfall, andererseits die dadurch veranlaßte rapide Blutkörperchenneubildung sind. Der akute Blutkörperchenzerfall zeigt sich durch das Auftreten der besonders in Bild 3 dargestellten, zum Teil geradezu abenteuerlichen Gebilde, Reste zerstörter und in Zerfall begriffener Erythrocyten (Bild 3*a—e*). Die überstürzte kompensatorische Blutkörperchenneubildung (außer bei den obenerwähnten Blutkrankheiten übrigens auch nach schweren Blutverlusten regelmäßig zu beobachten) erkennt man im mikroskopischen Bild am Vorhandensein zahlreicher kernhaltiger und Reste von Kernen enthaltender Erythrocyten (Bild 3*f—k*). Um von der großen Mannigfaltigkeit der dabei zu beobachtenden Formen einen Begriff zu geben, sind in Bild 4 mehrere zusammengestellt worden (Bild 4*g—s*).

Ein paar Worte seien noch den 6 ersten Figuren (*a—f*) des Bildes 4 gewidmet. Abnorm kräftige Färbung (*a—d*) zeigen häufig bei starkem, krankhaftem Blutzerfall die übriggebliebenen roten Blutkörperchen, indem sie, als eine Art Kompensation für die infolge der geringen Erythrocytenzahl sonst ungenügende O-Zufuhr, größere Mengen Hämoglobin aufnehmen; andererseits findet man außergewöhnlich schwach gefärbte (*e—f*) bzw. ganz entfärbte sog. Schemen oder Schatten von roten Blutkörperchen, besonders in Fällen von Vergiftung mit Blutfarbstoff lösenden Substanzen (z. B. mit Kali chloricum).

Rechts unten in Bild 4 (*t*) sind 3 Blutplättchen dargestellt: sehr kleine, in ziemlich großer Zahl (etwa 200000 je Kubikmillimeter) im Blut vorhandene Gebilde, deren Natur noch nicht ganz sichergestellt ist, von denen man aber weiß, daß sie für die Blutgerinnung eine wesentliche Bedeutung haben [1].

Bild 5 stellt die wichtigsten Formen der weißen Blutkörperchen (Leukocyten im weiteren Sinne des Wortes) dar, die in ihrer Größe zwischen 3 und 15 μ schwanken. Um zunächst ihr Zahlenverhältnis gegenüber dem der Erythrocyten festzustellen, sei erwähnt, daß man allgemein unter physiologischen Verhältnissen auf 1 mm³ Blut 5000—10000 weiße Blutkörperchen rechnet. Diese Zahlen unterliegen bei den verschiedensten pathologischen Zuständen des Organismus den weitestgehenden Schwankungen. Man bezeichnet Vermehrung der Leukocytenzahl als *Hyperleukocytose* (deren höchste Grade als *Leukämie*), Verminderung als *Hypoleukocytose* oder *Leukopenie*. Auf die ganz außerordentlich

---

[1] Literatur zur Blutplättchenfrage: Münch. med. Wschr. **1937** I, 234.

wichtigen Verhältnisse der Zahlen der einzelnen Leukocyten-
formen untereinander, besonders bei Vermehrung der Gesamtleukocytenzahl wird unten kurz hingewiesen werden.

Was die einzelnen Arten der Leukocyten anbetrifft, so müssen
wir vorausschicken, daß wir dieses ziemlich komplizierte Gebiet
der normalen und pathologischen Histologie nur andeutungsweise
behandeln können. Zunächst sind nach dem Ort ihrer Entstehung
zwei große Gruppen von weißen Blutkörperchen auseinander-
zuhalten: 1. im lymphatischen System des Körpers gebildete, meist
kreisrunde Zellen mit großem, rundem Kern, der fast den ganzen
Zelleib einnimmt und nur von einem ganz schmalen Protoplasma-
saum eingefaßt erscheint: *Lymphocyten* (Bild 5*a*—*b*); 2. weiße
Blutkörperchen, welche vom Knochenmark erzeugt werden. Nach
der Zahl und Beschaffenheit ihrer Kerne, nach dem Vorhandensein oder Fehlen von Körnungen oder Granulationen und nach
dem Verhalten aller ihrer Bestandteile, speziell der Granulationen,
gegen basische und saure Farbstoffe unterscheidet man von diesen
nun wieder eine große Anzahl Unterarten (*c*—*k*). Da nur eine
genauere Besprechung all dieser Formen einen praktischen Wert
für die Diagnostik hätte, eine solche aber nicht hierher paßt, so
seien nur zwei von ihnen erwähnt: die neutrophilen, d. h. sauren
und basischen Farbstoffen gleich affinen, vielkernigen — polynucleären — oder gelapptkernigen Leukocyten, welche durch ihr
wesentliches Vorherrschen an Zahl im normalen Blut (70% aller
weißen Blutkörperchen) und durch ihre Funktion als fermentativ
und phagocytisch wirkende „Eiterzellen" eine besondere Bedeutung besitzen, und die physiologisch nur in sehr geringer Zahl
vorhandenen, bei gewissen pathologischen Zuständen aber stark
vermehrten acidophilen und eosinophilen Zellen, welche (natürlich
im gefärbten Präparat) leicht an der roten Farbe ihrer Granulationen (Affinität für saure Farbstoffe, also Eosin) kenntlich sind.
Je nachdem man nun bestimmte der erwähnten Unterarten der
Leukocyten gegenüber den anderen vorherrschend findet, meist bei
gleichmäßiger Vermehrung der Gesamtleukocytenzahl, kann man
gewöhnlich unter gleichzeitiger Berücksichtigung abnorm geringer
Zahlenwerte der Erythrocyten im Kubikmillimeter bestimmte
Krankheitsbilder aufstellen, die wiederum auf bestimmte pathologische Zustände im Organismus hindeuten. Als diejenigen, deren
zahlenmäßiges Verhalten im Kubikmillimeter Blut praktisch das
größte Interesse verdient, nennen wir nur die Lymphocyten und
die polynucleären Leukocyten.

Von anderen Bestandteilen, die gelegentlich im Blutbild auf-
fallen könnten, deren Darstellung aber hier unterblieben ist, führen

wir noch an Melaninkörner: schwarze Körnchen (besonders bei Malaria) und Fetttröpfchen: kleine, bei auffallendem Licht hellglänzende, bei durchfallendem dunkle, fast schwarze Kügelchen (besonders nach starken Knochenerschütterungen).

b) Bestandteile des mikroskopischen Bildes der Sekrete und Exkrete des Respirations- und obersten Verdauungstraktes (Abb. 44).

Bild 1. Platten- (*a*), Alveolar- (*b*) und Flimmerepithelzellen (*c*). Plattenepithelien können herstammen von der Schleimhaut des Mundes, des Rachens, des oberen Teiles der Speiseröhre und von bestimmten Stellen des Kehlkopfes; Alveolarepithelien stammen her von der Auskleidung der Lungenalveolen; Flimmerepithelien von der Nasen- oder Luftröhrenschleimhaut.

Bild 2. Ausstrich von Nasenschleim. Leukocyten und Flimmerepithelien mit zahlreichen Kokken und Stäbchen.

Bild 3. Mundspeichel. Die feinfädig ausgezogene Grundlage ist Schleim (*a*). Außer den verschiedenen Zellen, von denen mehrere reich mit Kohlepigment beladen sind, sieht man einen kleinen Haufen feiner Fettkügelchen (*b*).

Bild 4. Sputum, wie man es bei Pneumonie findet. Außer Platten- (*a*) und Zylinder-Flimmerepithelien sowie mehr oder weniger mit Pigment usw. beladenen Leukocyten (*b*) findet man rote Blutkörperchen und abgestoßene gequollene Lungenalveolenepithelien (*c*), welche Körner von eisenhaltigem, gelblich-bräunlichem Blutfarbstoff in sich aufgenommen haben, sog. „Herzfehlerzellen".

Bild 5. Sputum mit „Herzfehlerzellen".

Bild 6. Bestandteile, wie man sie im erbrochenen Mageninhalt findet: pflanzliches Zellgewebe (*a*), Stärkekörner (*b*), Epithel (*c*), Fettkügelchen (*d*), Sproßpilze (*e*), Sarcinaformen (*f*), Festsäurenadeln (*g*), quergestreifte Muskelfasern (*h*).

Bild 7. Geronnenes Fibrin mit eingeschlossenen Eiterzellen: Pseudomembran.

Bild 8. Pseudomembran. Man sieht zwischen den feinen Fibrinfasern zahlreiche Eiterzellen (*a*), mehrere Epithelien (*b*) und reichlich Fettkügelchen (*c*); besonders bei Diphtherie.

Bild 9. Fibrinausgüsse der feinen Verzweigungen des Bronchialbaums; bei fibrinöser Entzündung der Bronchialschleimhaut.

Bild 10. Sog. Curschmannsche Spirale: aus spiralig zusammengedrehtem zähem Schleim bestehend, mit einem sog. „Zentralfaden". Charakteristisches Vorkommen im Sputum beim echten Asthma bronchiale.

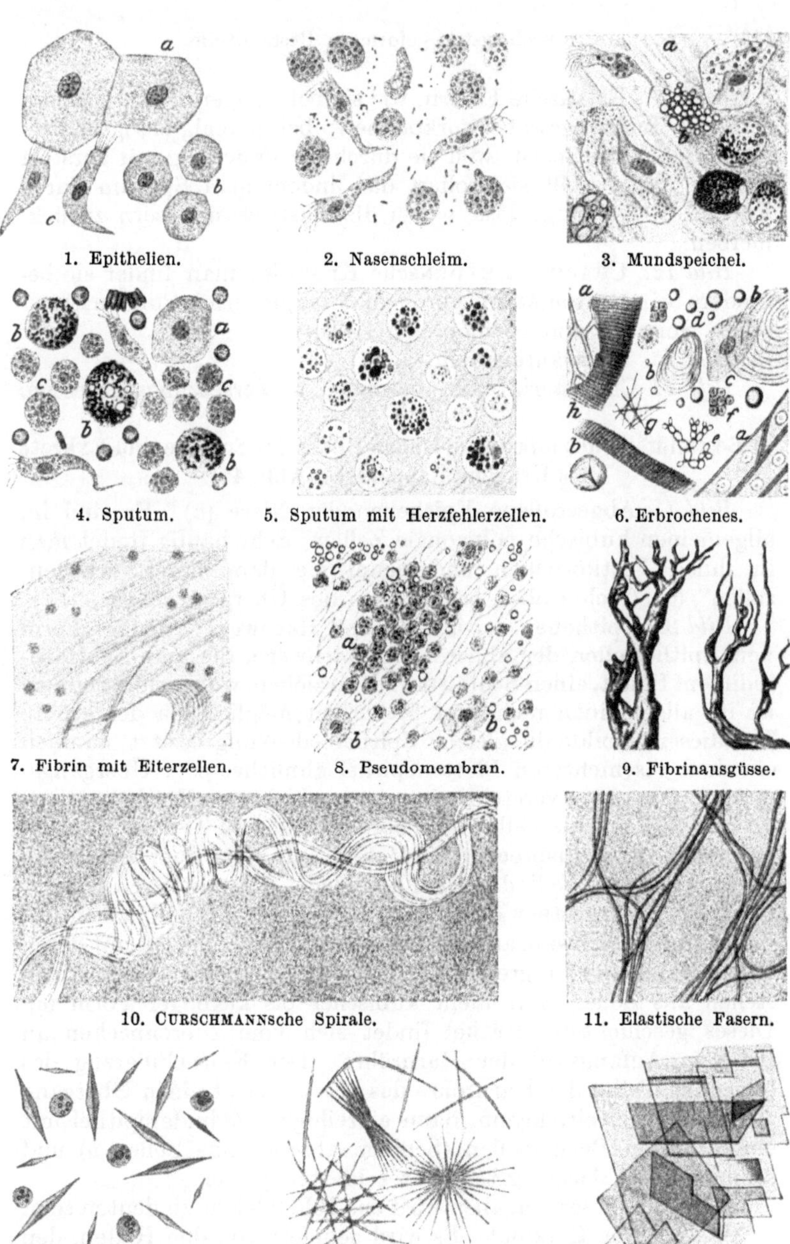

1. Epithelien.　　　2. Nasenschleim.　　　3. Mundspeichel.

4. Sputum.　　　5. Sputum mit Herzfehlerzellen.　　　6. Erbrochenes.

7. Fibrin mit Eiterzellen.　　　8. Pseudomembran.　　　9. Fibrinausgüsse.

10. CURSCHMANNsche Spirale.　　　11. Elastische Fasern.

12. CHARCOT-LEYDENsche Kristalle.　　　13. Fettsäurenadeln.　　　14. Cholesterintafeln.

Abb. 44. Bestandteile der Sekrete und Exkrete des Respirations- und obersten Verdauungstraktes. Vergr. 400. (Erklärung S. 126 und 128.)

Bild 11. Elastische Fasern, wie sie bei eitrigen Einschmelzungen von Lungengewebe vorkommen; bei jauchig-eitrigen Prozessen fehlen sie meist, weil sie durch die Jauchung mit zerstört werden. Man stellt sie isoliert dar, indem man Sputum durch Kochen in Kalilauge löst, wobei die elastischen Fasern zurückbleiben.

Bild 12. CHARCOT-LEYDENsche Kristalle: man findet sie besonders beim echten Asthma bronchiale (zugleich mit CURSCHMANNschen Spiralen und eosinophilen Zellen).

Bild 13. Fettsäurenadeln.

Bild 14. Cholesterintafeln: besonders bei Zersetzungsprozessen.

c) Bestandteile des mikroskopischen Bildes der Sekrete und Exkrete des Urogenitalapparates (Abb. 45).

Bild 1. Abgestoßene Epithelien der Niere (*a*). Es sind im allgemeinen kubische polygonale Zellen. Sehr häufig findet man in ihnen Fettkörnchen und nennt sie dann „Fettkörnchenzellen" (*b*), (rechts oben bei *c* Zellen des Übergangsepithels).

Bild 2. Epithelien der ableitenden Harnwege: Aus der Form von Epithelzellen der ableitenden Harnwege, die man im Harnsediment findet, einen Schluß darauf zu ziehen, woher sie stammen, ist im allgemeinen nicht mit Sicherheit möglich, da der größte Teil dieser Gebilde die gleiche Epithelbedeckung besitzt, nämlich ein dem geschichteten Plattenepithel ähnliches sog. Übergangsepithel. Darunter versteht man ein geschichtetes Epithel, dessen oberste Schicht aus Zellformen besteht, die zum Teil als Plattenepithelien (*d*) anzusprechen sind, zum Teil mehr zum Typus der polygonalen und Zylinderzellen hinneigen. Die mittleren Schichten werden dargestellt durch länger ausgezogene Zellformen (*a*), die häufig mit schwanzartigen Fortsätzen versehen sind, mit deren Hilfe sie ineinander greifen. Die tiefsten Schichten endlich bestehen aus Zellen von mehr kubischer bis kugeliger Form (*c*). Dieses geschichtete Epithel findet sich vom Nierenbecken an bis zum Anfangsteil der Harnröhre. Der Epithelüberzug des folgenden Teiles der Harnröhre des Mannes zeigt einen Übergang zunächst zu zweireihigem, dann einreihigem Zylinderepithel mit eingestreuten Becherzellen (Schleim absondernde Zellen *b*) und schließlich im Ausgangsteil echtes Plattenepithel.

Mit Hilfe dieser Angaben wird das Bild 2 leicht zu deuten sein.

Bild 3. Das Ejakulat. Es wird geliefert von den Hoden, den Samenbläschen und der Prostata. Seine bei weitem alle anderen geformten Bestandteile an Zahl überwiegenden Gebilde sind die Spermatozoen (*a*), an denen man deutlich einen Kopf, ein kurzes

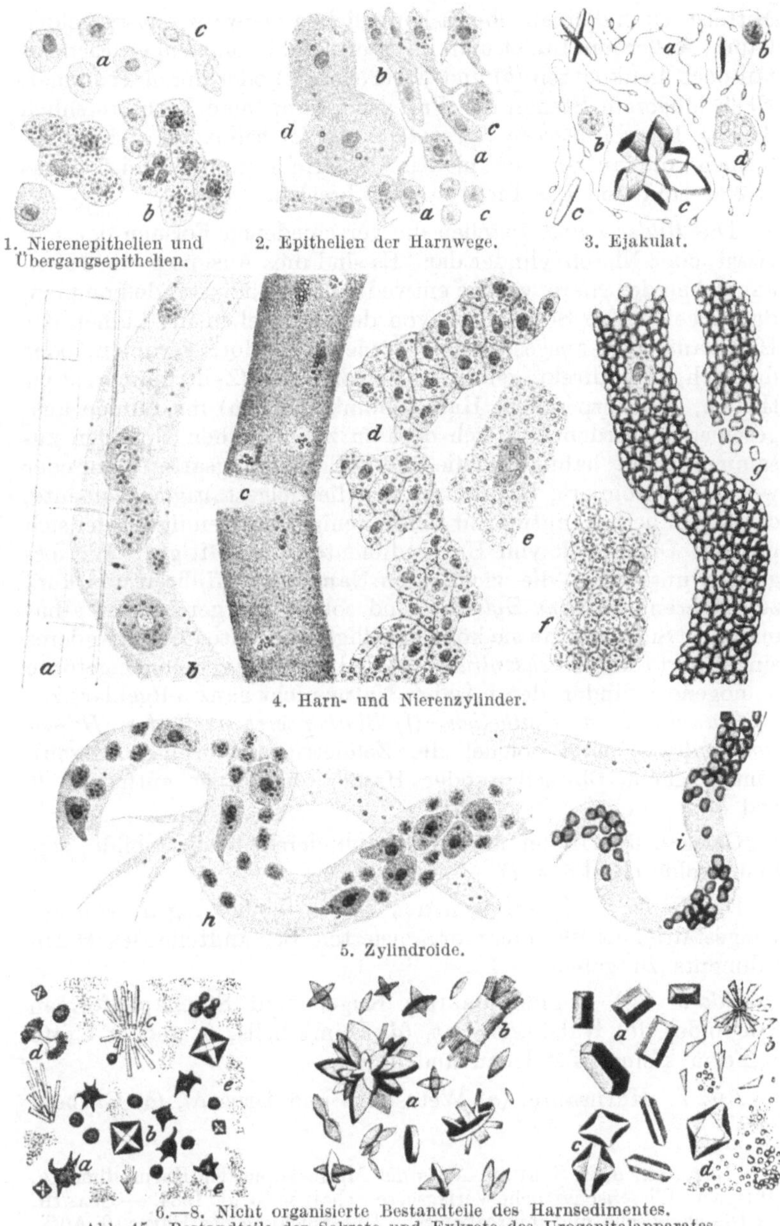

1. Nierenepithelien und Übergangsepithelien.
2. Epithelien der Harnwege.
3. Ejakulat.
4. Harn- und Nierenzylinder.
5. Zylindroide.
6.—8. Nicht organisierte Bestandteile des Harnsedimentes.
Abb. 45. Bestandteile der Sekrete und Exkrete des Urogenitalapparates.
(Erklärung S. 128 bis 131.)

Mittelstück und einen lebhaft beweglichen Schwanz unterscheiden kann. Außerdem findet man im Spermabild von zelligen Elementen noch Leukocyten (*b*) und Epithelien (*d*) oder deren Trümmer. Nach längerem Stehen der Präparate kann man leicht reichlich die sog. BÖTTCHER*schen Spermakristalle* (*c*) beobachten: Kristallformen, die an die Asthmakristalle erinnern, nur meist etwas größer sind und das Licht stärker brechen.

Die *Bilder 4 und 5* stellen die verschiedenen Formen der sog. Harn- oder Nierenzylinder dar. Es sind dies Ausgüsse von Harnkanälchen der Niere, welche entweder dadurch zustande kommen, daß eiweißartige Substanzen von den Epithelien ins Lumen der Harnkanälchen ausgeschieden werden und dort gerinnen, oder dadurch, daß direkt geformte Bestandteile (Zelltrümmer, Epithelien, Blutkörperchen, Hämoglobinkügelchen) ins Lumen ausgeschieden werden und sich dort zu zylindrischen Gebilden zusammenballen; häufig sind die beiden Entstehungsarten mehr oder weniger kombiniert. So erklären sich die vielgestaltigen Elemente, deren genauere Kenntnis nur für denjenigen notwendig ist, der sich mit der Diagnostik von Harnsedimenten beschäftigt [1]. Wir begnügen uns damit, die wichtigsten Namen aufzuführen und kurz zu erklären: *Hyaline Zylinder* sind solche aus geronnener albuminoider Substanz; in sie können zellige Elemente (*b*) und anderes eingelagert sein. *Wachszylinder* (*a*) sind wachsartig gelblich getönte homogene Zylinder, deren wahre Natur nicht ganz aufgeklärt ist. (*c*) *Granulierte*, (*d*) *Epithelien-*, (*f*) *Blutkörperchenzylinder*. *Hämoglobinzylinder* sind solche, die Zelldetritus (körnige Massen), Epithelzellen, Blutzellen oder Hämoglobinkörper enthalten (*e* und *g*).

Gelegentlich findet man auch zylinderähnliche Gebilde, sog. Zylindroide (Bild 5, *h*, *i*).

Die *Bilder 6—8* verfolgen den Zweck, einen Begriff von der Vielgestaltigkeit der nicht organisierten Bestandteile des Harnsediments zu geben.

Bild 6. (*a*) Ammoniumurat, Kugel- und Stechapfelformen (Globoide), (*b*) Kalziumoxalat, (*d*) Dumb-bells, (*c* und *e*) Urate in Form kleiner Täfelchen und körnig.

Bild 7. Harnsäure. (*a*) Wetzstein- und Drusen-, (*b*) Garbenform.

---

[1] LUTZ, G., u. P. SCHUGT: Atlas der Mikroskopie der Harnsedimente. Stuttgart: Wissenschaftliche Verlagsgesellschaft m. b. H. 1934. — SPAETH, E.: Die chemische und mikroskopische Untersuchung des Harns, 6. Aufl., bearbeitet von HANS KAISER. Leipzig: Johann Ambrosius Barth 1936.

Bild 8. (*a*) Ammonium-Magnesium-Phosphat (Tripelphosphat), (*b*) Kalziumphosphat in Messerklingen-Kristallform und amorph, (*d*) Kalziumkarbonat amorph, (*c*) Magnesiumphosphat.

B. Serologie [1].

Heilsera und Bakterienprodukte.

1. Heil- und Vorbeugesera.

Bei dem Umfang der Serumtherapie muß es als Forderung der Hochschulausbildung gelten, daß die Pharmazeuten wenigstens

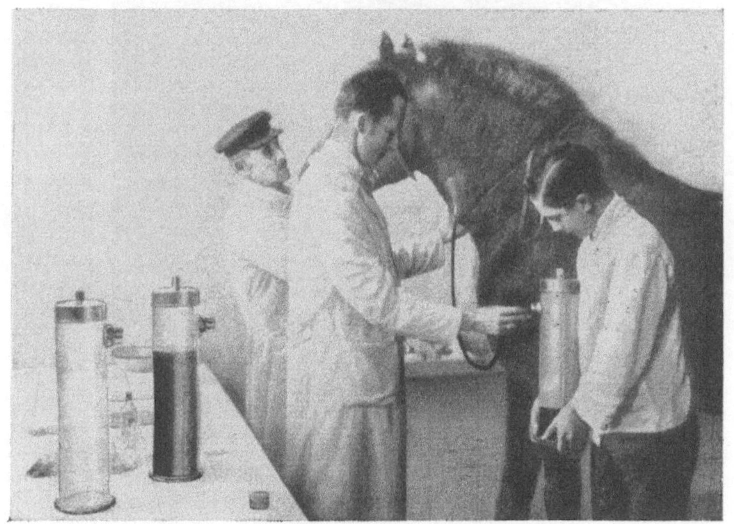

Abb. 46. Blutentnahme aus der Jugularvene.

in deren wichtigsten Fragen belehrt werden. Es ist auch zum Nutzen der Hersteller von Serum- und verwandten Präparaten, daß Fragen über Lagerung, normales Äußere der Serumpräparate, über vereinzelt auftretende Trübungen bzw. Flockungen sowie über die Dosierungen nach Einheiten der Immunität im Verkehr mit den Ärzten nicht unbeantwortet bleiben oder unzureichend behandelt werden. Das serologische Schriftwerk ist zumeist für den Mediziner bestimmt, den Apotheker geht nur weniges davon an.

---

[1] Für die Technik zu empfehlen: KLIMMER, M.: Technik und Methodik der Bakteriologie und Serologie. Berlin: Springer 1923.

Es erscheint deshalb geboten, das aus der Literatur herauszugreifen, was den Verkehr mit Serumpräparaten im Apothekenbetrieb betrifft. Dabei dürfen kurze Angaben über Herstellung

Abb. 47. Umklappbarer Operationstisch zur keimfreien Serumentnahme.

von Serum und ähnlichen Präparaten nicht fehlen, wenn auch der Besuch eines Serumwerkes wesentlich mehr erläutert als das beste Schriftwerk. Ein weiterer Grund, den Apotheker an die Behandlung der Serumpräparate zu gewöhnen, ist die Erfahrung, daß manche Ärzte dem Apotheker isoliertes Serum zur Abfüllung

in Ampullen übermitteln. So Kinderärzte nach schweren Schar-
lach-, Masern-, Kinderlähme- und Diphtherieepidemien. Diese

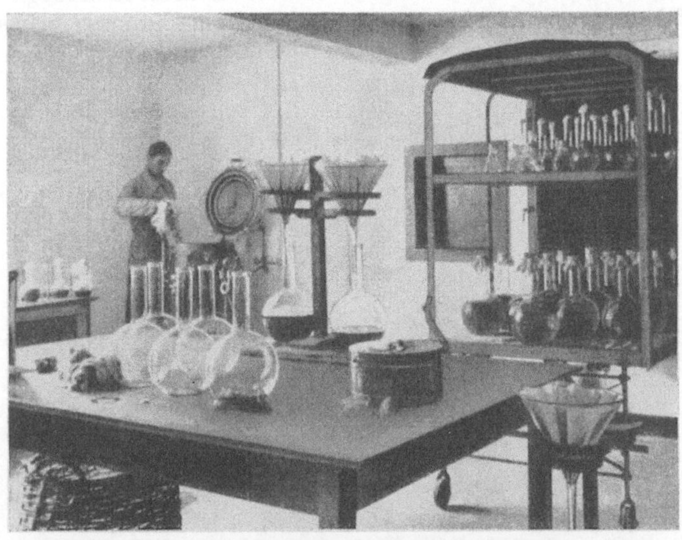

Abb. 48. Nährbodenküche. Behringwerke Marburg.

Abb. 49. Brutraum des Forschungsinstitutes. Behringwerke Marburg.

der Prophylaxe dienenden Sera sind bei genauer Beobachtung der
Technik sofort in 10- oder 20-cm³-Ampullen abzufüllen, wobei am

einfachsten eine sterile Ampulle mit abgesprengtem Boden oder ein über der Flamme ausgezogenes steriles Reagensglas (100 × 10 mm) als Trichter dienen kann. Bei der Arbeit vermeide man möglichst Luftbewegungen, um Pilzsporen fernzuhalten. Sie entwickeln sich

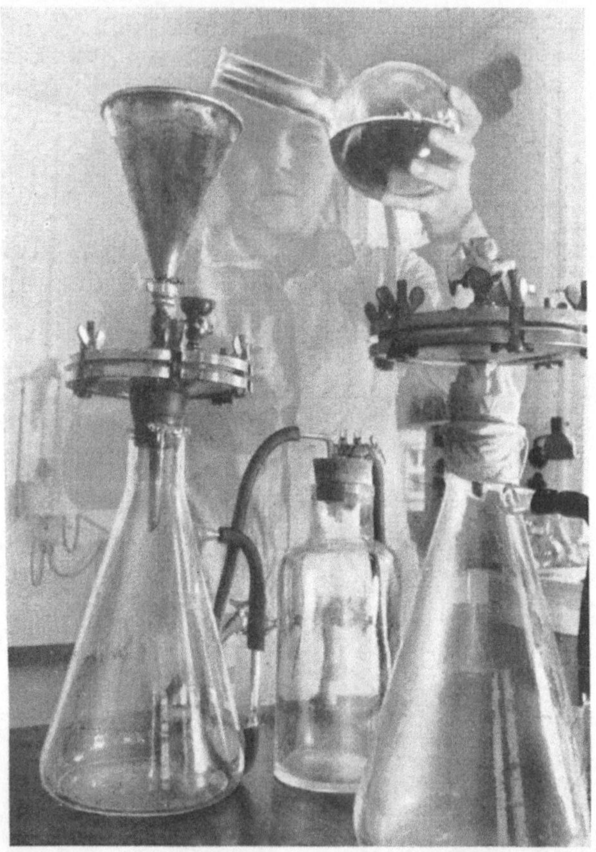

Abb. 50. Serumfiltration. Behringwerke Marburg.

trotz Phenolzusatz und können bei ihrem weiteren Wachstum den Antitoxinwert herabsetzen und die Reaktion des Serums ändern. Man prüfe vor der Abfüllung jedenfalls, daß der notwendige $1/2$- oder $1/3$%ige Phenol- oder Trikresolzusatz nicht vergessen wurde[1]. Über die Theorie der am meisten benutzten anti-

---

[1] Andere Konservierungsmittel, wie Formol-Chinosol in Frankreich, sind bislang in Deutschland staatlich nicht eingeführt. — Vgl. MEYER: Phenolgehalt und Serumtherapie. Pharmazie **4**, 227 (1949).

toxischen Sera mag hier nur gesagt sein, daß die Produkte der pathogenen Mikroorganismen, die Toxine, die Eigenschaft besitzen, die Bildung von Abwehrkörpern, Antitoxinen, anzuregen, die in geeigneten Dosen die Wirkung der Toxine aufheben (vgl. giftempfängliche Zellen in Ehrlichs Seitenkettentheorie S. 99).

Ferner können auch Bakterien die Bildung von Antikörpern, die pathogene Keime abtöten, auslösen. Im ersten Falle spricht man von antitoxischem, im zweiten von bactericidem oder antibakteriellem Serum: dort von Giftimmunität, hier von Bakterienimmunität.

Man kennt in der Serumlehre noch aktiv und passiv erworbene Immunität (vgl. Tabelle auf S. 97). Die aktive ergibt sich aus

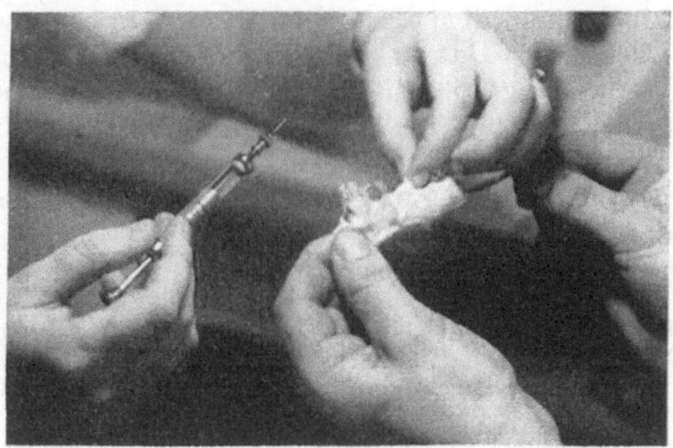

Abb. 51. Prüfung des Antitoxingehaltes an der Maus. Behringwerke Marburg.

der Reaktion des Organismus auf die Bakterien, bei der passiven werden fertige Abwehrstoffe in den Kreislauf eingeführt.

Die aktiv erworbene Immunität wird allmählich gebildet und dauert lange, die passiv übertragene wirkt schnell und ist von kurzer Dauer.

Wie schon gesagt, treffen nur einige Fragen der Serumlehre das Arbeitsfeld des Apothekers. Von dem umfangreichen serologischen Schrifttum seien einige Werke hier genannt:

Kolle, W., u. H. Hetsch: Die experimentelle Bakteriologie und die Infektionskrankheiten, 7. Aufl. Berlin u. Wien: Urban & Schwarzenberg 1929.

Gotschlich-Schürmann: Leitfaden der Mikroparasitologie und Serologie. Berlin: Springer 1920.

Endlich das umfangreiche Schriftwerk der „Behringwerke", Marburg, sowie die Veröffentlichungen des Sächsischen Serumwerkes A.G., Dresden.

Gewinnnng der Sera. Die meisten antitoxischen Sera werden gewonnen, indem man Pferde, Rinder oder Hammel mit Kulturen abgetöteter Bakterien immunisiert. Mit allmählicher Steigerung der Toxindosen nimmt die Menge der Abwehrkörper zu, bis so der höchste Immunitätsgrad erreicht werden kann. Dem Tiere wird nun durch Aderlaß Blut aus der Jugularvene entnommen (Abb. 46 und 47), davon das Serum getrennt mit $^1/_2$% Phenol oder $^1/_3$% Trikresol versetzt und durch ein bakteriendichtes Filter gegeben (Abb. 50). Die Immunisierungseinheit (IE) heißt *die* Menge Abwehrstoff, die eine bestimmte Giftmenge (Test-Dosis) bindet.

Eine Reihe von antitoxischen Sera wie auch einige antibakterielle Sera werden nach international gültigen Methoden ausgewertet und ihr Wert in Einheiten ausgedrückt.

Das Prinzip, nach dem die antitoxischen Sera bewertet werden, ist stets das gleiche: Das zu prüfende Serum wird durch entsprechende Verdünnung so weit einem als Standard anerkannten Serum angepaßt, daß es im Tierversuch die gleiche Gift-neutralisierende Wirkung entfaltet.

International gültige Einheiten gibt es für die folgenden antitoxischen Sera:

Diphtherieserum. Von einem n-fachen Serum enthält 1 cm³ n-antitoxische Einheiten, d. h. 1 cm³ des 1:n verdünnten Serums muß, mit einer Prüfungsdosis von Diphtheriegift (L + Dosis) gemacht, die gleiche Wirkung am Meerschweinchen (Tod nach 4 Tagen bei subkutaner Einspritzung) entfalten wie 1 cm³ des nach Vorschrift verdünnten Standardserums mit der gleichen Giftmenge (Abb. 51). 1 cm³ des nach Vorschrift verdünnten Standardserums enthält 1 antitoxische Einheit. Die Antitoxineinheit kann aber auch durch ein haltbares Testtoxin gegeben sein, dessen Prüfungsdosis so bestimmt ist, daß sie mit einer Antitoxineinheit verbunden die gleiche Wirkung am Meerschweinchen entfaltet wie oben. Wird dies von 1 cm³ einer 500fachen Verdünnung eines Serums bewirkt, so ist das betreffende Serum 500fach.

Tetanusserum. Die Auswertung geschieht an Mäusen in analoger Weise als Vergleich mit einem Standardserum. Die Einheit wird dargestellt durch 1 cm³ des nach Vorschrift verdünnten Standardserums, welche Menge, mit der Prüfungsdosis von Gift kombiniert, eine Mischung geben muß, von der 0,4 cm³, subkutan einer weißen Maus von 15 g Gewicht eingespritzt, einen typischen Tod an Starrkrampf in 4 Tagen hervorruft.

Die internationale antitoxische Einheit ist $= ^1/_2$ amerikanische Einheit.

Eine prophylaktisch wirksame Schutzdosis entspricht 3000 IE.

(1 alte deutsche Einheit = 160 internationale = 80 amerikanische Einheiten.)

Dysenterieserum. Als antitoxische Dysenterieeinheit gilt 0,114 mg des deutschen Dysenterie-Standardserums. Von diesem wird eine bestimmte Menge mit einer Prüfungsdosis Gift kombiniert, und das gleiche geschieht mit Verdünnungen des zu prüfenden Serums. Die Injektion dieser Gemische bei Mäusen muß die gleiche Mortalität erzielen, wenn das zu prüfende Serum wertmäßig dem Standardserum entspricht. Hier wird also nicht das

Schicksal des Einzeltieres der Wertbemessung zugrunde gelegt, sondern die Mortalität gleicher Tiergruppen[1].

Antibakterielle Sera gewinnt man durch Behandeln der Serumspender mit Bakterien. Diese Sera enthalten keine Antitoxine im eigentlichen Sinne. Sie wirken gegen die Bakterien im erkrankten Körper. Vertreter dieser Serumart sind z. B. Meningokokken-, Pneumokokkenserum usw.

Einzelne Sera wirken sowohl antitoxisch als auch antibakteriell, z. B. Streptokokkenserum.

Für den Apotheker wichtig dürfte die Kenntnis über den Eiweißgehalt sein. Frisches Serum enthält im Durchschnitt 7—8% Eiweiß. Die Antitoxine sind nahezu ausschließlich an das Pseudoglobulin des Serums gebunden. Durch fraktionierte Enteiweißung wird der Eiweißgehalt herabgesetzt und man erhält die gereinigten, klar bleibenden, eiweißarmen Sera mit höchstens 5% Eiweiß. Andererseits gelingt es, das antitoxintragende Pseudoglobulin bis zu 12% anzureichern. Derartig konzentrierte Sera enthalten das 3—4fache an Antitoxin in der gleichen Menge Flüssigkeit wie gereinigte eiweißarme Sera.

Für Diphtherie-, Tetanus-, Dysenterie- und Meningokokkenserum ist eine staatliche Prüfung vorgeschrieben, die nach von v. BEHRING ausgearbeiteten Methoden auf Wirkungswert und Unschädlichkeit vorgenommen wird. Der Wirkungswert wird in Anti oxineinheiten (AE) ausgedrückt. Sera, für die eine staatliche Prüfung nicht vorgeschrieben ist, werden von den Herstellern nach ähnlichen Verfahren geprüft.

Antitoxische Sera sind: Anaeroben-, Botulismus-, Coli-, Diphtherie-, Dysenterie,- Gasödem-, Peritonitis- und Tetanusserum.

Antibakteriell wirken: Grippe-, Meningokokken-, Milzbrand-, Pneumokokken- und Rotlaufserum.

Antitoxisch-antibakterielle Sera sind: Scharlach-, Staphylokokken-, Streptokokken- und Typhusserum.

Lagerung der Sera. Meistens wird die Lagerung der Serumpräparate innerhalb des Apothekenraumes stattfinden. Bei größerem Bedarf richtet der Apotheker im Nebenraum der Apotheke eine besondere Serumabteilung ein. In beiden Fällen ist dafür zu sorgen, daß die Vorräte nicht der Sonnenbestrahlung ausgesetzt sind, und daß sie kühl und trocken gelagert werden. Nachteilig kann für alle Serumpräparate die Aufbewahrung in feuchten Räumen, selbst im Keller bei niederen Temperaturen sein, da

---

[1] Die Angaben über die Einheiten wurden dem Schrifttum der Behringwerke entnommen.

Schimmelpilze die Umhüllungen der Fläschchen durchwuchern
und zwischen Stopfen (besonders Korkstopfen) und Glas in die
Flüssigkeit gelangen können.Äußerlich mit Schimmel behaftete Präparate müssen jedenfalls sorgfältig auf Trübungen geprüft werden.
  Die Trübungen der Sera. Die genauen Beschreibungen des
Äußeren der Serumpräparate finden sich in der Literatur der
großen Serumwerke. Man wird kaum in Zweifel kommen, ob ein

Abb. 52. Bakteriologisches Arbeiten mit Büchsennährböden. Behringwerke Marburg.

Flascheninhalt einwandfrei ist und dem Arzt übermittelt werden
kann. Trotzdem gelangen bisweilen Serumproben in die Apotheke zur Prüfung auf Pilze. In solchen Fällen ist die Beurteilung
leicht zu ermöglichen, wenn man eine Probe des Präparates aseptisch entnimmt und mit sterilem Wasser verdünnt zentrifugiert.
Eine mit steriler Pipette entnommene Probe des Zentrifugats wird
im mikroskopischen Bilde auch Sproß- und Schimmelpilze erkennen lassen.
  Es ist festgestellt worden, daß hochwertige Sera in heißen
Gegenden kaum, niedrigwertige dagegen sehr schnell an Wirkung
verlieren. Besonders wirken schroffe Temperaturunterschiede
beim Transport der Sera höchst ungünstig.

2. Impfstoffe (Vaccine)[1].

Unter Impfstoffen oder Vaccine versteht man Bakterien oder ihre Stoffwechselprodukte (Toxine), die befähigt sind, die Abwehrkräfte des menschlichen Körpers wachzurufen oder zu steigern. Die Impfstoffe erzeugen also eine aktive Immunität gegen Infektionskrankheiten. Bei der aktiven Immunisierung wird erstrebt, die bei der natürlichen Infektion auftretenden Vorgänge nachzuahmen(künstliche Immunität).

Der Körper reagiert auf die eingebrachten Impfstoffe durch Bildung von Schutzstoffen (Antikörpern).

Zur aktiven Immunisierung werden entweder lebende virulente Krankheitserreger, abgetötete Krankheitserreger oder Toxine der Krankheitserreger verwendet.

Die Schutzpockenimpfung nach JENNER (1796) ist eine Immunisierung mit lebenden virulenten Krankheitserregern (Kuhpocken).

Bei der Typhus-, Cholera-, Ruhr-, Pest- usw. Schutzimpfung werden abgetötete Krankheitserreger verwendet, während es sich z. B. bei der Diphtherieschutzimpfung um ein Toxin-Antitoxingemisch handelt.

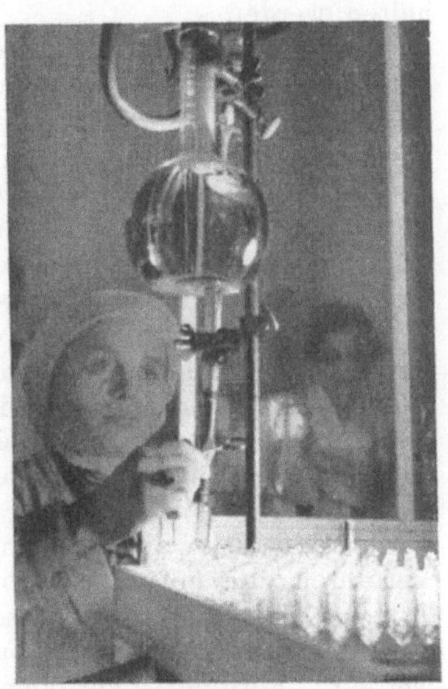

Abb. 53.
Serumabfüllung. Behringwerke Marburg.

Schließlich sei erwähnt, daß man auch eine unspezifische Immunisierung (Steigerung der Abwehrbereitschaft des Körpers ganz allgemein) kennt, wozu beispielsweise Eiweißkörper, Lipoide, Fette gebraucht werden.

Die Impfstoffe stellen Aufschwemmungen oder Extrakte von Keimen der zu bekämpfenden Infektionskrankheit dar, die bei erhaltenen immunisierenden Eigenschaften zumeist abgetötet und nicht virulent sind.

In einzelnen Fällen gewinnt man sog. Autovaccine aus Keimen, die vom infizierten Menschen gezüchtet werden. Das Verfahren

---

[1] Auf die Schrift Vaccine und andere biologische Produkte zur Schutz- und Heilbehandlung von Infektionskrankheiten, 1937, Behringwerke Marburg a. d. Lahn, sei hingewiesen.

ist umständlich, kostspielig und zeitraubend. Die Impfstoffe des Handels werden aus sog. Stock-Vaccine erhalten, die im Laboratorium vorrätig sind und von Bakterienstämmen gewonnen werden, die von mehreren Personen stammen. Als polyvalent werden solche Impfstoffe bezeichnet, die von verschiedenen Stämmen der gleichen Erregerart stammen, wodurch eine große therapeutische Reichweite erzielt wird. Monovalent sind Impfstoffe, die nur aus einem Stamm der betreffenden Erreger erhalten werden.

Von Mischimpfstoffen (Mischvaccine) spricht man, wenn der Impfstoff nicht nur von einem Erreger, sondern von mehreren Arten stammt, die erfahrungsgemäß an der einzelnen Krankheit gemeinschaftlich beteiligt sind, z. B. Pertussis-Mischvaccine.

Die Abtötung und Konservierung · wird durch verschiedene Verfahren bewirkt, die teils für sich, teils miteinander verbunden angewandt werden, je nachdem, welches Verfahren sich bei den einzelnen Erregern besonders bewährt hat, um möglichst wirksame Impfstoffe zu erhalten. So wendet man Wärme, Kälte, Phenol, Trikresol (besonders in den englisch sprechenden Ländern) Jod. Fluorkalium, Fluornatrium (diese drei und andere in Frankreich), Äther, Chloroform zum Abtöten und Konservieren an. Formalin wird zur Entgiftung bei allen toxinhaltigen Impfstoffen verwendet.

Zur Extraktion dienen chemische, physikalische und biologische Verfahren, die mitunter verbunden sind.

Über die Haltbarkeit lassen sich keine allgemeinen Regeln aufstellen. Durch geeignete Zusätze kann die Haltbarkeit erhöht werden. Formoltoxoide oder Präzipitatimpfstoffe sind im allgemeinen länger haltbar als bakterielle. Impfstoffe sollen kühl — Kuhpockenlymphe bei Eisschranktemperatur, höchstens 8—10° C und vor Sonnenlicht geschützt, gelagert werden. Gono-, Staphylo- und Streptokokkenvaccine sind 2 Jahre, Cholera- und Typhusimpfstoffe 1 Jahr und Pockenlymphe $^1/_2$ Jahr haltbar.

Verschiedene Impfstoffe sind überhaupt nicht vorrätig zu halten.

Impfstoffe kommen in Ampullen oder Flaschen mit durchstechbarem Gummistopfen in den Handel. Vor Gebrauch sind die Ampullen oder Flaschen gut zu schütteln, um den etwa abgesetzten Inhalt zu verteilen.

Impfstoffe werden vorzugsweise subkutan oder intramuskulär angewandt. In Krankenhäusern und Kliniken sind unter bestimmten Voraussetzungen auch andere Anwendungsweisen, z. B. intravenös, in Gebrauch. Einzelne Impfstoffe lassen sich peroral anwenden, wenn sie so vorbereitet sind, daß sie in erheblichen Mengen die normale Magen- und Darmschleimhaut zu durchdringen vermögen. Solche sind für Typhus, Cholera und Dysenterie im Handel.

Am Ort der Injektion können lokale Reaktionen auftreten, die durch den Impfstoff selbst, seinen Gehalt an Bakterieneiweiß und sonstigen giftigen Stoffen bedingt sind. Herdreaktionen am Ort der Erkrankung zeigen die Wirkung des Impfstoffes an, z. B. bei Gonorrhöe verstärkten Ausfluß. Als allgemeine Reaktion treten Kopfschmerz, Schwindel, Mattigkeit, Temperaturerhöhung auf, die meist innerhalb 12 Stunden ohne Behandlung abklingen.

Impfstoffe verursachen keine Serumkrankheit.

Nach Art der Wirkung unterscheidet man prophylaktische und therapeutische Impfstoffe. Die wichtigsten sind:

A. Prophylaktische Impfstoffe: Pocken — Typhus — Paratyphus — Dysenterie — Cholera — Pest — Diphtherie — Tetanus — Scharlach — Meningitis — Cholera — Fleckfieber.

B. Therapeutische Impfstoffe: Staphylokokken, Streptokokken: auch als Mischimpfstoffe — Pneumokokken — Gonorrhöe — Mischimpfstoff aus Staphylokokken, Streptokokken, Pneumokokken, Colibakterien und Pyocyaneusbacillen — Coli — Febris undulans — Grippe (Mischimpfstoff) — Katarrh (Mischimpfstoff) — Keuchhusten (auch Mischimpfstoff) — Acne — Adnexitis.

Im Zusammenhang mit den Impfstoffen sollen einige biologische Präparate erwähnt werden, die sich sowohl nach Zusammensetzung als auch wirkungsweise von den Impfstoffen unterscheiden, gleichwohl aber Erkrankungen spezifisch zu beeinflussen vermögen. Es sind dies:

Bakteriophagen (virusartiger Natur oder enzym- bzw. fermentartiges Sekretionsprodukt der Bakterienzelle, das, in lebende Bakterien eingedrungen, diese krank macht. Typhus-Paratyphus-Bakteriophagen).

Tuberkuline.

Trichophytin (aus Trichophytonpilzen).

Gräserpollen-Mischextrakte zur Heufieberbehandlung [1].

Verdünnungen von Bakterienpräparaten und deren Abfüllung in Ampullen gehören öfters zur Aufgabe des Apothekers. Bei diesen Arbeiten muß größte Sorgfalt und Genauigkeit beobachtet werden. Als Verdünnungsflüssigkeit dient $^1/_2$%ige Phenol- oder $^1/_3$%ige Trikresollösung mit sterilem Wasser. Der Rand des

---

[1] Über die Selbstherstellung von Pollen- und anderen Allergenextrakten im Apothekenlaboratorium berichtete ausführlich Dr. ADAM, München, in der Dt. Apoth.-Ztg. **1937**, Nr 53, 875f.

Originalglases wird mit Phenollösung abgewischt. Keimfrei gemachte Pipetten, Gläser und Gummistopfen sind weiterhin erforderlich. Die Abfüllung ist in geschlossenem Raum vorzunehmen,
um das Eindringen von Schimmelpilzen infolge von Luftbewegungen zu vermeiden.

Als *Serum-Hersteller* kommen für Deutschland in Betracht:
„Behringwerke", Marburg, Sächs. Serumwerk A.G., Dresden,
Hamburger Serumwerk, Hamburg, „Asid" Anhaltisches Serum-
Institut G. m. b. H., Dessau-Berlin; Serag, Haar b. München.

In der Veterinärmedizin angewandte *Sera, Vaccine* und
Bakterienextrakte:

A. Sera. Schweinerotlaufserum [1], Immunserum gegen Schwei-
nepest, Schweineseucheserum und Doppelsera, Flockenserum und
Rekonvaleszentenserum (Insel Riems), Paratyphusserum und
Doppelsera, Ferkeltyphusserum, Maul- und Klauenseucheserum [1],
Pneumonieserum, Kälberruhrserum, Milzbrandserum, Rausch-
brandserum, Druseserum, Tetanusserum, Geflügelcholeraserum,
Hundestaupeserum.

B. Vaccine. Schweineseuchevaccine und Doppelvaccine, Para-
typhusvaccine und Doppelvaccine, Pneumonievaccine, Ruhr-
vaccine, Rauschbrandvaccine, Drusevaccine, Abortusvaccine,
Geflügelcholeravaccine, Staupevaccine (Antivirusserum).

C. Bakterienextrakte. Schweineseuche-Heillymphe, Pneumonie-
Heillymphe, Abortusextrakte (Abortine), Mallein, Tuberkulin.

Hersteller von Veterinärsera. „Asid" Anhaltisches Serum-
Institut G. m. b. H., Dessau, „Behringwerke" Marburg, Staatl.
Forschungsanstalt, Insel Riems.

---

[1] JANSEN: Trockenes Serum gegen Maul- und Klauenseuche. Münch.
tierärztl. Wschr. **1935**, 327. — Es wird die Technik der Herstellung eines
Trockenserums gegen Maul- und Klauenseuche beschrieben: Das nach diesem
Verfahren hergestellte pulverförmige Antiserum steht in seinen immuni-
sierenden Eigenschaften dem flüssigen Antiserum nicht nach. Dasselbe
Ergebnis wurde im Vergleich mit getrocknetem Rotlaufserum ermittelt.
Auch in diesem Falle blieb die immunisierende Kraft gegen Rotlauf-
infektion erhalten. — HANSEN: Dt. tierärztl. Wschr. **1935**, Nr 40, 637.

Zweiter Teil

Sterilisation.

A. Wesen und Bedeutung der Sterilisation.

Während die *Desinfektion* darauf gerichtet ist, die einem Gegenstand anhaftenden krankheitserregenden Keime, häufig auch nur diejenigen einer bestimmten Infektionskrankheit, unschädlich zu machen, und zwar sie entweder abzutöten oder, wenn die zu beobachtende Schonung des vorliegenden Substrates dies nicht möglich macht, sie in ihrer Entwicklung zu hemmen, bezweckt die *Sterilisation* alle in oder an einem Gegenstand vorhandenen lebenden Zellen, besonders die Mikroorganismen und ihre Dauerformen, völlig zu vernichten. Beide Begriffe sind also nahe miteinander verwandt, und zwar so, daß der weitere Begriff der Sterilisation den engeren der Desinfektion in sich schließt.

Der Sprachgebrauch macht, was besonders hervorgehoben sei, vielfach nicht den richtigen Unterschied zwischen beiden Ausdrücken, indem der eine für den anderen angewendet wird. Auch nennt man vielfach solche Gegenstände „sterilisiert“, die zwecks „Konservierung“ wohl einem Sterilisationsprozeß unterworfen wurden, nicht aber einem solchen, der für die völlige Keimabtötung Gewähr leistet. Konservieren heißt die Haltbarkeit eines zersetzlichen Stoffes dadurch erhöhen, daß man die ihn zersetzenden Keime vernichtet oder am Wachstum verhindert. Man konstruiert in diesem Falle wohl auch einen Gegensatz zwischen „steril“ und „sterilisiert“. Statt dessen sollte man richtiger einerseits „steril“ bzw. „sterilisiert“ und andererseits „fast sterilisiert“ sagen. Es sei hier an das übliche Sterilisierungsverfahren für Kindermilch erinnert, das bezweckt, der Milch eine gewisse Haltbarkeit zu geben und in ihr eventuell vorhandene pathogene Keime unschädlich zu machen, andere für die Verdauung förderliche Keime aber lebensfähig zu erhalten.

Da ebenso wie bei der Desinfektion auch bei der Sterilisation auf eine schonende Behandlung der Substrate Wert gelegt werden muß, gewisse Substrate aber gegen Einwirkungen, wie sie die Vernichtung aller Keime, besonders der widerstandsfähigen Bakteriensporen erforderlich macht, sehr empfindlich sind, ist es in praxi häufig sehr schwer, eine *vollkommene* Sterilität zu erzielen. Diese dürfte auch in vielen Fällen selbst da, wo man sie mit einiger Berechtigung annehmen zu können glaubt, nicht vorhanden sein.

Was die *Dauer der Sterilität* anlangt, so dürfen sterilisierte Objekte so lange als steril angesehen werden, als sie vom Augenblick der vollzogenen Sterilisation an in demselben gut verschlossenen Behälter verbleiben. Es ergibt sich hieraus zwar theoretisch, daß z. B. eine Arzneiflüssigkeit keinen Anspruch auf Keimfreiheit mehr machen kann, wenn der Stopfen der sie bergenden Flasche einmal geöffnet wurde. Wer aber praktische Erfahrung im bakteriologischen Arbeiten hat, weiß, daß bei Beobachtung der genügenden Vorsicht das Öffnen eines sterilen Gefäßes nicht notwendig dessen Infektion bewirkt. Wenn ein sterilisierter Gegenstand bei richtiger Aufbewahrung auch dauernd als steril angesehen werden kann, empfiehlt es sich doch, ihn vor der Verwendung nicht unnötig lange lagern zu lassen. Viele Ärzte legen bekanntlich sowohl für Verbandmaterial als auch für Arzneimittel, auch in Ampullen, auf frische Sterilisation besonderen Wert.

Die Bedeutung der Sterilisation für die Apotheke hat um so mehr zugenommen, je mehr im Laufe der Jahre die Vorzüge der sterilisierten Arzneimittel und Verbandstoffe ärztlicherseits anerkannt wurden. Besonderer Wert wird auf die Sterilität der subkutanen, intramuskulären und intravenösen Injektionen gelegt. Von Arzneizubereitungen, die der Apotheker vielfach keimfrei abzugeben hat, seien weiter genannt Augen- und Ohrwässer. Injektionsflüssigkeiten für Wundgänge und Gelenkhöhlen, Flüssigkeiten für Blasenspülungen und Verbände, ferner Salben und Pasten sowie Streupulver. Auch bei der Herstellung einiger diätetischer Präparate wird die Sterilisation angewandt. Ob bei Benutzung irgendeines nicht sterilisierten Arzneimittels für den Organismus eine bakterielle Schädigung zu befürchten ist, wird im allgemeinen der Entscheidung des Arztes zu überlassen sein. In den bislang erschienenen Arzneibüchern der Kulturländer ist Rücksicht genommen auf die Arten der Sterilisation und die zu sterilisierenden Gegenstände. Weiterhin finden sich bei den einzelnen Artikeln der Arzneimittel auch Angaben über die der Natur des Stoffes entsprechende Methode zur keimfreien Herstellung.

Das Sterilisieren im Apothekenbetriebe bleibt nun aber nicht auf die direkt zur Abgabe bestimmten Arzneimittel und Verbandstoffe beschränkt, vielmehr kann auch vorteilhaft von der Sterilisation Gebrauch gemacht werden, um Präparate, die vorrätig gehalten werden, aber wenig haltbar sind, zu konservieren. Es sei hier nur an gewisse Normallösungen, die leicht gärenden Sirupe und Mel depurat. sowie an Sol. Succ. Liquirit. erinnert.

Literatur.

BRUNNER, K.: Desinfektion und Sterilisation. Pharm. Zentralh. **1937**, 720f.

DEININGER: Herstellung und Keimfreimachung der Injektionsflüssigkeiten in der Apotheke. Dt. Apoth.-Ztg. **1941**, 293, 302.

DEUSSEN, E.: Beiträge zur Kenntnis der Sterilisation im Apothekenbetriebe. Arch. Pharmaz. **1930**, 190; **1938**, 27.

GREIMER-MICHAEL: Handbuch des praktischen Desinfektors. Dresden: Theodor Steinkopff 1937.

KIRSTEIN, FR.: Leitfaden der Desinfektion. Berlin: Springer 1939.

KAPPIS, MAX: Organisation und ordnungsgemäßer Betrieb des Operationssaales. Leipzig: Georg Thieme 1927.

KONRICH, FR.: Die bakterielle Keimtötung durch Wärme. Stuttgart: Ferdinand Enke 1938.

KRUSE, W.: Einführung in die Bakteriologie. Berlin: W. de Gruyter & Co. 1931.

RAPP: Zur Sterilisierfrage. Apoth.-Ztg. **1931**, 327.

SOBERNHEIM u. KONRICH: Abhandlungen über Sterilisation. Dtsch. med. Wschr. **1932**, 1218—1220.

ZIEGLER-Prag: Ein Beitrag zur Kenntnis der Sterilisation. Zbl. Pharmazie **1931**, 97.

B. Die verschiedenen Sterilisationsverfahren.

Da, wie ausgeführt wurde, hinsichtlich der Ziele der Desinfektion und Sterilisation nur ein gradueller Unterschied vorhanden ist, sind die für beide angewandten Verfahren im Prinzip gleich. In jedem Einzelfall der Sterilisation muß die Eigenart des vorliegenden Gegenstandes berücksichtigt und ein Verfahren ausgewählt werden, das ihn einerseits nicht oder nur möglichst wenig schädigt und andererseits einen sicheren Sterilisationserfolg erwarten läßt. Eine besondere Frage ist nach der Seite hin zu erörtern, wieweit die chemische Konstitution der gelösten Körper bei den angewandten Sterilisationsmethoden leidet. Es liegt nahe, eine Lösung dieser Frage durch vergleichende Messung der elektrischen Widerstände vor und nach der Sterilisation zu versuchen und das vom Glase abgegebene Alkali durch Titration nachzuweisen [1]. Mit noch besserem Erfolg dürften die durch die Sterilisation hervorgerufenen Umlagerungen mittels des Absorptionsspektrums vor und nach der Sterilisation zu erkennen sein.

---

[1] STICH: Zur Prüfung des Ampullenglases auf Alkalität. Pharm. Z. **1930**, Nr 31. — Messung der Alkalität des Glases in der Praxis. Pharm. Z. **1931**, 1401. — DULTZ, G.: Zur Prüfung des Ampullenglases. Pharm. Z. **1933**, 482.

Während sich bei gewissen Gegenständen nur ein Sterilisationsverfahren als anwendbar erweist, führen bei der Mehrzahl der
Objekte mehrere Wege zum Ziele. In letzterem Falle wird man
demjenigen Verfahren den Vorzug geben, das sich vor anderen
für das Substrat sonst gleichwertigen, durch einfache und schnelle
Ausführbarkeit auszeichnet.

Die verschiedenen Sterilisationsverfahren, die teils auf physikalischen, teils auf chemischen Einwirkungen beruhen, sollen nun
im folgenden ihrem Wesen nach näher besprochen werden, und
zwar zunächst nacheinander die Sterilisation durch trockene
Hitze, durch Auskochen mit Wasser, durch Wasserdampf, durch
Filtration und durch Chemikalien. Es folgen dann noch das sog.
gemischte und das diskontinuierliche Sterilisationsverfahren.

Wenn auch die keimtötende Kraft des Lichtes, seiner blauen,
violetten und ultravioletten Strahlen therapeutisch gegenüber
pathogenen Keimen Bedeutung erlangt hat, so kommen diese
Verfahren für die Sterilisation in der Apotheke kaum in
Frage.

1. Sterilisation durch trockene Hitze ist die älteste und einfachste Methode zum Abtöten von Keimen. Man kann diese Hitze
zunächst derart einwirken lassen, daß man Gegenstände einer
Gas- oder Spiritusflamme kürzere oder längere Zeit unmittelbar
aussetzt, je nachdem ihre Beschaffenheit es zuläßt (Flambieren).
So werden Platingeräte bis zum Glühen erhitzt, während man
sich bei anderen mit einem mehrmaligen langsamen Durchziehen durch die Flamme begnügt. Gegenstände, die nicht
direkt in die Flamme gebracht werden dürfen, erhitzt man in
Trockenschränken oder Heißluftsterilisatoren, die in einem späteren Abschnitt eingehend behandelt werden.

Für die Abtötung der Sporen gewisser Bakterien nennt das
Deutsche Arzneibuch die Temperaturen von 160—190⁰ bzw. 150⁰,
eine Zeitdauer von 2 Stunden als ausreichend zur Abtötung
resistenter Sporen. Bei einer Temperatur von 130⁰ werden diese
noch resistent gefunden. Bei umfangreichen Sterilisationsobjekten, namentlich solchen von großer Dichte und schwachem
Wärmeleitungsvermögen, muß natürlich die Sterilisationsdauer
entsprechend verlängert werden.

Sog. *Testobjekte* bedient man sich häufig mit Vorteil, um
festzustellen, ob im Sterilisationsraum bzw. im Innern volu-
minöser Substrate die richtige Temperatur erreicht worden ist.
Auf diese wird später bei den Verbandstoffen (s. S. 264), für
deren Sterilisation sie besonders wichtig sind, näher eingegangen.

Da der größte Teil der im Apothekenbetriebe zu sterilisierenden Gegenstände ein längeres Erhitzen auf hohe Temperaturen nicht verträgt, wird hier die trockene Hitze nur in beschränkterem Maße für das Sterilisieren benutzt.

2. Auskochen mit Wasser, ein zweites Sterilisationsverfahren, führt nur dann zur völligen Keimvernichtung, wenn es stundenlang anhält. Es können z. B. Erdsporen auf diese Weise erst in 5 Stunden, Milzbrandsporen in 2 Stunden abgetötet werden[1]. Von Wichtigkeit für die Praxis ist aber, daß sonst alle *pathogenen* Keime, auch ihre resistentesten Sporen, durch halbstündiges Kochen zugrun e gehen. Die Wirkung des siedenden Wassers kann man beträchtlich steigern, wenn man darin 1—2% Natriumkarbonat oder Borax löst. Die Keimfreiheit ist dann nach 15 Min. erreicht.

3. Wasserdampf ist das gebräuchlichste und wirksamste Sterilisationsmittel. Er kann, nachdem er die Bakterienmembran zunächst gelockert hat, leicht in die Keime eindringen und äußert hier durch Koagulation des Protoplasmas seine vernichtende Wirkung. Vor der erhitzten Luft hat er auch den Vorzug, umfangreiche Sterilisationsgegenstände bedeutend leichter und schneller zu durchdringen. Er leistet bei gleicher Temperatur mehr als kochendes Wasser[2]. Man kann sowohl *ungespannten* als *gespannten* Dampf anwenden. Dieser ist jenem an keimtötender Kraft wesentlich überlegen. Daß gleichwohl viele für ungespannte Dämpfe eingerichtete Apparate in Gebrauch sind, erklärt sich daraus, daß sie leichter in der Handhabung und billiger sind. Eine Anzahl empfehlenswerter Apparate für beide Dampfarten sind in einem späteren Abschnitt (s. S. 161—170) veranschaulicht und beschrieben.

Strömender Dampf, der nicht leichter in die Sterilisationssubstrate eindringt als *ruhender Dampf*[3], hat vor letzterem nur den Vorteil, daß er rasch die im Sterilisationsraum vorhandene Luft austreibt und bald rein, d. i. ungemischt mit Luft, zur Wirkung kommt. Dies ist deshalb von Bedeutung, weil dem Dampf beigemischte Luft seine keimtötende Kraft herabsetzt.

Ungesättigter oder überhitzter Dampf, der für die obwaltende Temperatur noch nicht die höchste Spannung und Dichte besitzt und beim Durchleiten gesättigten Dampfes durch eine über die

---

[1] Vgl. GÉRARD: Technique de Stérilisation, 2e éd., p. 12.

[2] Dtsch. med. Wschr. **1936**, Nr 115. Auch KONRICH, SOBERNHEIM u. a. Vgl. Literaturangaben S. 145.

[3] *Ruhender* Dampf wird derjenige genannt, der nur in solchen Mengen zuströmt, daß der durch Kondensation entstehende Dampfverlust eben wieder ergänzt wird.

Dampftemperatur erhitzte Röhre erzeugt wird, ist trotz seiner erhöhten Temperatur weniger wirksam als der gesättigte Dampf und ungefähr gleich wirksam wie Luft gleicher Temperatur [1].

Der Erfolg des ungespannten Dampfes ist, daß man bei einer $1/2$—1stündigen Einwirkung desselben die Sterilisationsobjekte in den meisten, wenn auch nicht in allen Fällen als keimfrei ansehen kann. Es halten z. B. Sporen gewisser Pektinvergärer fast 2 Stunden und die sog. Erdsporen 6—16 Stunden einer solchen Dampfeinwirkung stand. Man wird in praxi die Sterilisationsdauer meist auf $1/2$ Stunde bemessen. Will man mit Sicherheit durch ungespannten Dampf eine absolute Keimfreiheit erzielen, so empfiehlt es sich, das diskontinuierliche Sterilisationsverfahren anzuwenden (s. S. 158).

Der gespannte Dampf wirkt bei einer Dauer von $1/4$—$1/2$ Stunde unbedingt sicher. Durch ihn werden die dem ungespannten Dampf gegenüber sich als sehr widerstandsfähig erweisenden Erdsporen bei 113—116° in 25 Min. und bei 122—123° in 10 Min. abgetötet [2]. Obwohl die Wirkung des gespannten Dampfes mit der Zunahme des Überdruckes und der Temperatur zunimmt, verwendet man für Sterilisationszwecke meist nur mäßig gespannten Dampf, z. B. solchen von 120° und 1 Atm. Überdruck [3] oder von nur 112° und $1/2$ Atm. Überdruck. Für ersteren bemißt man die Sterilisationsdauer auf $1/4$, für letzteren auf $1/2$ Stunde. Pharm. Helvet. schreibt $1/4$stündige Einwirkung eines Dampfes von 115° vor.

4. Filtration zum Zweck der Sterilisation kommt in Betracht für Flüssigkeiten und Gase, von ersteren namentlich für diejenigen, die ein mit Erhitzen verbundenes Sterilisierungsverfahren nicht vertragen. Man filtriert mit Hilfe besonderer Filtrierapparate, die an eine Druck- oder gewöhnlich an eine Saugvorrichtung angeschlossen werden. Die wichtigsten Teile dieser Apparate sind die bakteriendichten Filter. Im Handel gibt es diese in verschiedener Form und Größe; in der Regel bevorzugt man die Kerzenform (Bougies). Die bekanntesten sind die CHAMBERLAND- und BERKE-FELD-Filter, von denen die ersteren aus Porzellanerde, die letzteren aus gebrannter Kieselgur bestehen. Erwähnt seien weiter die aus Ton gefertigten PUKALLschen Filter.

---

[1] Vgl. GÜNTHER: Einführung in das Studium der Bakteriologie, 6. Aufl., S. 43.

[2] Ebenso GÜNTHER, S. 43. Ferner J. RENNING: Über kochbeständige Heferassen. Ber. Dtsch. chem. Ges. **1929**, Ref.-H. 5.

[3] Über das Verhältnis von Dampfspannung und Dampftemperatur sei an folgendes erinnert: Dampf von 100° = 1 Atm., von 105° = 1,2 Atm., von 112° = 1,5 Atm., von 120° = 2 Atm., von 144° = 4 Atm.

Bei den Filterkerzen hat man auf Verschiedenes zu achten. Vor jedem Gebrauch sind sie auf etwa vorhandene Risse und Sprünge zu prüfen, und zwar so, daß man das offene Ende der Kerze luftdicht mit einer Druckvorrichtung (eventuell Gummiball) verbindet und dann vorsichtig Luft hineindrückt, während man den porösen Kerzenteil ganz unter Wasser hält. Von vorhandenen schadhaften Stellen aus sieht man dann große Luftblasen im Wasser aufsteigen. Ist ein Filter auch frei von Rissen und Sprüngen, so ist man doch niemals ganz sicher, daß es keine Keime durchläßt. Zuweilen herrscht zu Beginn der Filtration keine Bakteriendichtigkeit, diese tritt aber ein, wenn ein Quantum Flüssigkeit filtriert ist, um bald wieder verlorenzugehen. Bei länger dauernden Filtrationen müssen die Kerzen häufiger auf einwandfreies Funktionieren untersucht werden. In die Filterporen dringen nämlich allmählich Bakterien ein, was durch den Saugprozeß unterstützt wird, und wachsen mehr und mehr durch die ganze Filtermasse hindurch, bis sie in das Filtrat gelangen.

Die Sterilisation der Filter, die vor jedem Gebrauch stattfinden muß, bewirkt man durch $^1/_2$stündiges Erhitzen im Autoklaven bei 115—120°, durch 2stündiges Erhitzen im Trockenschrank auf 150—160° oder auch durch vorsichtiges Glühen. Nach der Benutzung ist eine gründliche Reinigung der Filter vorzunehmen durch aufeinanderfolgendes Abbürsten, Abwaschen, Auswässern und Sterilisieren.

Ein Nachteil des Filtrierverfahrens liegt darin, daß durch das mit der Filtration verbundene Absaugen Flüssigkeit verdunstet, die bei Lösungen naturgemäß eine Veränderung der Konzentration herbeiführt. Diese kann unter Umständen auch auf andere Weise stattfinden, da, wie festgestellt wurde, das Filtermaterial auch die Eigenschaft hat, gewisse gelöste Stoffe (z. B. Albuminoide, Diastase, Toxalbumine) zurückzuhalten.

Mit Bezug auf die gebräuchlichsten CHAMBERLAND- und BERKEFELD-Kerzen sei noch gesagt, daß letztere infolge ihrer weiteren Poren ein schnelleres Filtrieren gestatten als die CHAMBERLAND-Kerzen. Diese sind aber härter un weniger dem Bruch ausgesetzt; auch werden sie von Bakterien weit schwerer durchwachsen. Benutzt man z. B. ein Filter zur Wassersterilisation, so hält eine CHAMBERLAND-Kerze meist 8 Tage aus, während die BERKEFELD-Kerze, die in gleicher Zeit etwa die 10fache Menge Filtrat liefert, oft schon nach 2 Tagen nicht mehr bakteriendicht ist.

Es seien die für bakteriologische Arbeiten bedeutungsvoll gewordenen Filterapparaturen genannt, deren Bakteriendichtigkeit experimentell nachgewiesen wurde.

Seitz-Filter.

Rapp: Wissenschaftliche Pharmazie in Rezeptur und Defektur. Pharm. Z.
   1930, 1289.
Schwenke, R.: Die keimfreie Filtration im Apothekenbetriebe. Pharm. Z.
   1931, 444, 853.
Seiler, K.: Über die Adsorptionsfähigkeit der Seitz-E.K.-Filter. Pharm.
   Acta Helv. 1932, Nr 5.
Thomann, J.: Über die Herstellung keimfreier Injektionslösungen im
   Apothekenbetrieb. Pharm. Acta Helv. 1934, Nr 1/2.
Deussen: Vgl. S. 145.

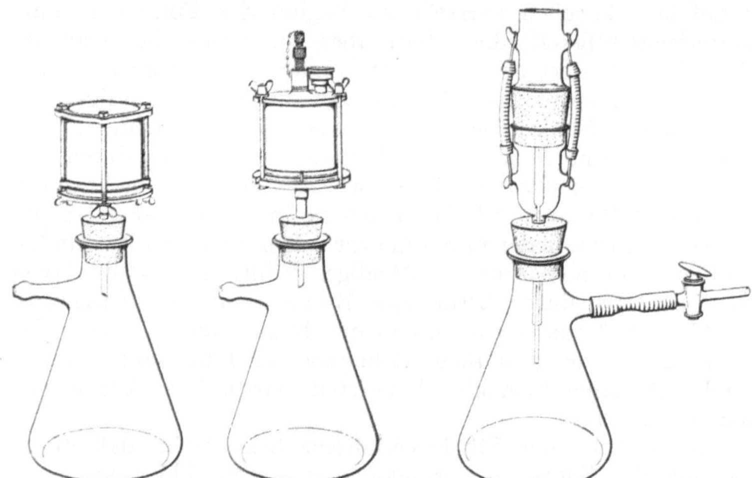

Abb. 54. „Seitz-E.K."-Laboratoriumsfilter,   Abb. 55. Buwa-Apparat zur Filtration
        Größe 6.   mit Göttinger Membranfiltern.

Membranfilter nach Zsigmondy.

Eschenbrenner, H.: Über einige pharmazeutische Kleinapparaturen zur
   Keimfreimachung von Lösungen. Pharm. Z. 1935, Nr 6.
Kaiser: Moderne und einfache Sterilisation im Apothekenlaboratorium
   durch Entkeimungsfiltration ohne Anwendung von Wärme. Südd.
   Apoth.-Ztg. 1935, Nr 52.

Schott-Filter.

Christiansen, W.: Sterilisation von Arzneilösungen durch Filtration.
   Pharm. Zentralh. 1937, Nr 39.
Engelhard, C.: Bakterienfilter für biologische Arbeiten. Z. ges. Brau-
   wes. 1937, Nr 9.
Schwenke, B.: Sterilfiltration von Arzneilösungen mit Hilfe der Jenaer
   Glasfilter. D. Apoth.-Ztg. 1938, Nr 51.
Thomann, J.: Über die Herstellung keimfreier wässeriger Arzneilösungen
   durch Filtration. Pharm. Acta Helv. 1938, Nr 3/4.

Doch haben wir aus der Praxis die Auffassung wie H. Schmidt, Behringwerke Marburg, gewonnen, daß diese Apparaturen in der einfachen Apothekentechnik im Vergleich zu bakteriologischen und serologischen Untersuchungen seltener verwendet werden können.

Gase, insbesondere Luft, leitet man zwecks Sterilisation in einfacher Weise durch eine Glasröhre, in die man entfettete Watte nicht allzu fest eingedrückt hat. Seltener verfährt man in der Weise, daß man die Luft durch dünne, zum Glühen erhitzte Platinröhren hindurchstreichen läßt. Über den Verschluß der Gefäße durch Wattepfropfen s. S. 171.

5. Die Sterilisation durch Chemikalien hat im Vergleich zu den physikalischen Sterilisationsverfahren nur eine untergeordnete Bedeutung. Immerhin wird aber die chemische Sterilisation für die Arzneimittel in größerem Umfang angewandt als für die Nahrungs- und Genußmittel. Dies liegt teilweise daran, daß manche bactericide Chemikalien schon ihres Geruches und Geschmackes wegen nicht für die Haltbarmachung von Nahrungs- und Genußmitteln, wohl aber von Arzneimitteln, die nicht per os dem Körper zugeführt werden, verwendbar sind. Allerdings ist man unter dem Drucke gewisser Verhältnisse, z. B. im Kriege, gezwungen, das Trinkwasser mit Hilfe bactericider Substanzen zu entkeimen. In dieser Hinsicht hat sich das Chlor in geringen Mengen in

Abb. 56.
Schott-Filter.

Form von Chlorkalk mit nachfolgender Entchlorung durch Natriumthiosulfat bewährt. Auch sei hier an den Phenolzusatz mancher Injektionsflüssigkeiten erinnert. Weiter kommt in Betracht, daß bei Arzneimitteln mit Rücksicht auf ihren in der Regel nur vorübergehenden Gebrauch vielfach nichts gegen den geringen Zusatz eines Antiseptikums einzuwenden ist, bei Nahrungs- und Genußmitteln aber, die unter Umständen in größeren Mengen und längere Zeit hindurch konsumiert werden, die gleichen Zusätze zu beanstanden sind. So dürfen z. B. Borsäure und Salizylsäure, die manche Ärzte alkaloidhaltigen Augentropfen und Injektionsflüssigkeiten in geringen Mengen zwecks Haltbarmachung zusetzen lassen, in der Nahrungsmittelindustrie als Konservierungsmittel nicht verwendet werden.

Daß man sich für die Arzneizubereitung nicht in größerem Maße des chemischen Sterilisationsverfahrens bedient, hat mehrere Gründe. Zunächst ist die Verwendung bactericider Chemikalien durch ihre Reaktionsfähigkeit auf diese oder jene Arzneimittel beschränkt. Sodann ist die Wirkung der bezüglichen Chemikalien in denjenigen Verdünnungen, über die man bei der Arzneibereitung, ohne den Organismus zu schädigen, nicht hinausgehen darf, zu wenig intensiv und zu langsam. Hier ist der Hinweis am Platze, daß wichtige organische und anorganische Antiseptika heute für bedeutend weniger wirksam gehalten werden als früher. In ähnlicher Weise ist das Sublimat früher überschätzt worden. Mit Bezug auf dieses viel gebrauchte Antiseptikum sei hier noch erwähnt, daß durch einen Zusatz von Natriumchlorid, der das Quecksilbersalz leicht löslich macht und auch auf das Klarbleiben mit gewöhnlichem Wasser bereiteter Lösungen günstig einwirkt, die bactericide Wirkung der Sublimatlösung, je nach dem Grade ihrer Konzentration, mehr oder weniger nachteilig beeinflußt wird [1].

Neuerdings wird zur Keimbeschränkung von Wunden und von Wasser das olygodynamisch wirkende Chlorsilber benutzt. Es beruht auf der Ionisierung des Chlors aus verdünnten Elektrolyten. Dazu sei bemerkt, daß Keimabtötung im Sinne des DAB. 6 nicht erreicht wird [2].

Die entwicklungshemmenden Eigenschaften der Chemikalien mit Bezug auf die Bakterien und deren Sporen finden wir bei den Metallen Silber, Quecksilber, Kupfer am meisten vertreten, wenn auch die Sporen durch die sog. oligodynamische Wirkung nicht in ihrer Existenz bedroht werden [3].

Die Intensität der keimtötenden Wirkung eines chemischen Stoffes richtet sich nach inneren und äußeren Faktoren, wie der Widerstands- und Adsorptionsfähigkeit der Mikroorganismen, der Permeabilität ihrer Membran [4], auf die die Chemikalien einwirken, ferner nach der Art des Lösungsmittels, der Menge und Konzentration der Lösung, sowie der obwaltenden Temperatur und Dissoziation [5] der gelösten Substanz. Daß der Sauerstoff, der für das Wachstum der Aeroben von Bedeutung ist, die Anaeroben mit Leichtigkeit abtötet, ist ein gutes Beispiel für die abweichende Wirkungsweise von chemischen Stoffen auf die verschiedenen Lebewesen. Nur in wäßrigen, nicht z. B. in öligen und alkoholi-

---

[1] Vgl. GÜNTHER: S. 53. Zit. S. 148.

[2] Cumasina-Literatur: Arch. Hyg. 1934, 46. — Klin. Wschr. 1935 II, 1180.

[3] Vgl. Mitt. d. Landesgesundheitsamtes Sachsen, I. Abt. v. 22. Febr. 1933.

[4] Naturwiss. Wschr. 1918, Nr 7, 89.

[5] PAUL u. KRÖNIG: Z. physik. Chem. 21, 3 (1897). — ZEHL, BERNHARD: Die Beeinflussung der Giftwirkung durch die Temperatur. Z. allg. Physiol. 1908, 140. — Ferner Capillarchemie, S. 345. Leipzig 1909. — HAILER, E.: Prüfung und Wertbestimmung der Desinfektionsmittel. Z. angew. Chem. 1923, Nr 59, 423.

schen Lösungen, kommt die bactericide Kraft der Chemikalien voll
zur Geltung, weil die Bakterien in Alkohol und Öl nicht wie in
Wasser aufquellen können, was für die Möglichkeit des Eindringens
der Chemikalien in die Zellen Bedingung ist. Hinsichtlich der
Konzentration der Lösung ist zu bemerken, daß die Antiseptika in
ganz starken Verdünnungen vielfach die Bakterienentwicklung
fördern; mit zunehmender Konzentration äußern dann die Lösungen meist zunächst eine entwicklungshemmende, dann eine ab-
tötende Kraft. Hiernach unterscheidet man bei den verschiedenen
antiseptischen Mitteln einen *Hemmungs-* oder *desinfizierenden*
und einen *Tötungs-* oder *antiseptischen Wert.* Daß Lösungen von
Chemikalien mit zunehmender Konzentration nur innerhalb gewisser Grenzen eine Verstärkung ihrer bacterieiden Wirkung zeigen, sehen wir z. B. am Phenol, das in 5%iger Lösung intensiver wirkt als in 90%iger. Was die Temperatur anlangt, so
nimmt mit deren Ansteigen die Sterilisationskraft der antiseptischen Lösungen zu.

Von chemischen Sterilisationsmitteln darf nur dann Gebrauch
gemacht werden, wenn der Arzt dies angeordnet hat oder es die
Natur des Arzneimittels gebietet. Aus den vorhergehenden Ausführungen über die im allgemeinen wenig intensive und insbesondere sich wenig schnell äußernde bactericide Kraft der Antiseptika geht hervor, daß man selbst bei Flüssigkeiten, die wie das
5%ige Phenolwasser meist als an sich keimfrei angesehen werden,
die Sterilisation nicht für überflüssig halten darf. Der Zusatz der
Antiseptika bezweckt vielfach nur, auf andere Weise sterilisierte
Arzneimittel keimfrei zu erhalten.

Erwähnt sei noch, daß ein strenger Unterschied zwischen
bactericiden und nichtbactericiden Chemikalien nicht gemacht.
werden kann.

Im folgenden soll noch auf einige für die chemische Sterilisation
im Apothekenbetrieb besonders wichtige Substanzen näher
eingegangen werden. Für den Operationsbetrieb und die Groß-
technik sind je nach den Verhältnissen umfangreichere chemische
Sterilisationsmethoden maßgebend [1].

Äther wird für gewisse Sterilisationszwecke gebraucht, garan-
tiert aber keinen sicheren Erfolg. Der Vorteil seiner Anwendung
liegt darin, daß er den verschiedenen Substraten (Flüssigkeiten,
Pulvern usw.) leicht durch gelindes, eventuell durch Evakuation
unterstütztes Erhitzen wieder entzogen werden kann. Auch für
die Keimabtötung in der Milch hat er sich nicht als sicher wirksam

---

[1] Vgl. GREIMER-MICHAEL: Literaturangabe S. 145.

erwiesen. Als Ätherwasser findet Äther zur Konservierung von Organpräparaten Verwendung.

Borax kann in 1—2%iger wäßriger Lösung zum Auskochen keimfrei zu machender blanker Instrumente empfohlen werden. Borsäure leistet in bezug auf Sterilisation wenig.

Chlor, Chlorkalk, JAVELLE*sche Lauge*, DAKIN-*Hypochloritlösung*. Auf die vielseitigen Indikationen von Chlorpräparaten, wie sie seit Jahrzehnten als bactericid wirkende Mittel, z. B. bei Diphtherie und foetiden Ulcerationen von den Medizinern benutzt werden, kann nach den Aufgaben des Buches nicht eingegangen werden. Nur sei kurz darauf hingewiesen, daß vielfach Chlorkalk in Form von Chlorkalk-Bolus (1 + 9) und unterchlorigsaures Natrium als DAKIN-Hypochloritlösung [1] angewendet werden, letzteres besonders bei der Behandlung von Gasbrandwunden. Eau de Javelle der Apotheke ist der DAKINschen Lösung vorzuziehen, da es nicht reizt, was die DAKINsche Lösung ihres starken Gehaltes an Natriumhypochlorit wegen tut [2].

Chloramin-Heyden-Clorina (Chem. Fabrik von Heyden A.-G., Radebeul-Dresden). p-Toluolsulfonchloramidnatrium zeigt in schwacher Konzentration (0,1 %) stark bactericide Kraft. Ähnlich wirken Mianin und Aktivin.

Chloroform und *Thymol* werden für die Konservierung gewisser Flüssigkeiten (z. B. Harn) benutzt. Als Chloroformwasser 1:200 wird Chloroform zur Extraktion von frischen oder getrockneten tierischen Organen und Drüsen gebraucht. Chloroformwasser 1:100 dient zur Herstellung von Alkaloidlösungen, um die Entwicklung von Schimmelpilzen abzuhalten.

Diäthylenglykol wird zur Sterilisation von Instrumenten empfohlen, da es einen Siedepunkt von 250⁰ hat, nur wenig bei 150⁰ verdampft. Das Rosten und die Abscheidung von mineralischen Niederschlägen an den Instrumenten werden vermieden [3].

Formaldehyd. Über dieses viel gebrauchte und mit großer keimabtötender Kraft ausgestattete Mittel sei hier nur gesagt, daß es sowohl in Dampfform zum Desinfizieren von Räumen als auch in Verbindung mit Seife (Liqu. Formaldehyd. sapon.) zur Haut- und Gerätedesinfektion benutzt wird [4].

----

[1] Vorschriften für DAKINsche Lösungen gab IHBE in der Dt. Apoth.-Ztg. **1940**, Nr 20, 150.

[2] Münch. med. Wschr. **1918** I, 114.

[3] Pharm. Zentralh. **1942**, 404.

[4] Von GREVE (Reichsgesundheitsamt) wird der Formaldehydseifenlösung nur eine bescheidene Desinfektionswirkung zugeschrieben, vgl. Einsatz seifenfreier Desinfektionsmittel während des Krieges in Dt. Apoth.-Ztg. **1941**, 508.

Jodoform, über dessen bactericide Eigenschaften vielfach geteilte Ansichten herrschen, kommt in seiner bakterientötenden Wirkung durch Entstehung löslicher jodhaltiger Zersetzungsprodukte erst zur Geltung, wenn es mit infizierten Wunden in Berührung gebracht wird.

Als gebräuchlichstes *Jodpräparat* von bactericider Wirkung kennen wir die Jodtinktur (5- und 10%ig) und das Dijozol, eine Kombination von Jod und Phenolsulfonsäure. Literatur: Chem. Fabrik A. Trommsdorff, Aachen.

Kalkmilch, der eine ziemlich kräftige bactericide Wirkung innewohnt, solange das Kalziumhydroxyd noch nicht in Karbonat übergegangen ist, wird viel den Fäkalien zwecks Keimabtötung zugesetzt.

Natriumkarbonat (Soda) in 1—2%iger wäßriger, kochender Lösung gilt als sehr kräftiges Sterilisationsmittel, bei dem einerseits das Alkali, andererseits feuchte Wärme von einer Temperatur über 100⁰ wirken. Da dem Natriumkarbonat auch in hohem Grade reinigende Eigenschaften zukommen, wird man häufig von diesem Sterilisationsverfahren vorteilhaft Gebrauch machen können. Wenn Temperaturen von 100⁰ und etwas darüber nicht anwendbar sind, kann man unter Verlängerung der Zeitdauer die Sodalösung auch bei niederer Temperatur einwirken lassen.

Nach G. SOBERNHEIM und O. MÜNDEL sterilisiert man Instrumente mit einer Lösung, die 1,5% Soda und 0,6⁰/₀₀ Formaldehyd sol. enthält, bei Temperaturen um 100⁰ in 5—10 Min. Zur Aufbewahrung von Instrumenten dient die WILLEsche Lösung aus Borax 15, Formaldehyd sol. 25, Phenol. liquefact. 4, Aqua ad 1000.

Nipagin ist ein Konservierungsmittel, das mit viel Erfolg angewandt wird zur Haltbarmachung von Sirupen, Drogenauszügen, Pflanzenschleimen, wäßrigen Lösungen (z. B. Borsäure- und Homatropinlösungen), Gummilösungen, Pulvern u. a. Auch Fette und Öle bewahrt es lange Zeit vor dem Ranzigwerden. Es wird 0,1—0,15% zu dem zu konservierenden Substrat zugesetzt. Sehr wertvoll ist es auch zur Vermeidung der Zersetzung von Harn, da es im Gegensatz zur Benzoesäure die Zuckerprobe nach FEHLING nicht stört. An Estern der p-Oxybenzoesäure haben sich im wesentlichen Methyl- (= Nipagin M), Äthyl- (Nipagin A) und Propylester (Nipasol) für Konservierungszwecke eingeführt; ihre Wirkung wurde von SABALITSCHKA und Mitarbeitern im Vergleich mit derjenigen vieler anderer Benzoesäureester untersucht und als bemerkenswert bactericid und antiseptisch bezeichnet.

Die Vorteile dieser Ester gegenüber anderen Konservierungsmitteln liegen in ihrer Reaktionsträgheit gegenüber dem zu konservierenden Stoff, in ihrer Farb-, Geruch- und Geschmacklosigkeit und in ihrer pharmakologischen Ungiftigkeit. Sie sind in Versuchen vom Reichsgesundheitsamt an Tier und Mensch nachgeprüft und bestätigt worden. Die bactericide und antiseptische Wirkung des Methylesters entspricht annähernd derjenigen der Salizylsäure und steigt offensichtlich mit steigendem Molekulargewicht des veresterten Alkohols[1]. — Ausführliche Arbeiten von TH. SABALITSCHKA u. a. über die Präparate werden von der Fabrik Jul. Penner als Sonderdrucke geliefert.

Quartamon. Ebenfalls gern benutzt wird als bactericides Mittel das Quartamon der Schülke & Mayr A.G., Hamburg. Chemisch stellt es das Chlorbenzylat eines höheren Alkylamids der Dimethylaminoessigsäure dar. In $^1/_2$—2%igen Lösungen wird es zur Hände-, Instrumenten- sowie zur Haut- und Wunddesinfektion angewandt. Bei der Instrumentendesinfektion ist die Zugabe von rostverhütenden Chemikalien nicht erforderlich, wenn die Instrumente nicht länger als 4 Stunden in der Lösung verbleiben [2].

Phenole und Kresole. Von diesen sind als Präparate im DAB. 6 aufgenommen: Aqua cresolica und Aqua phenolata. In diese Gruppe gehören Sagrotan, Lysol, Creolin, Bacillol u. a.

Wasserstoffsuperoxyd hat eine sehr große keimtötende Kraft. Diese und auch die Art seines Zerfalls in Sauerstoff und Wasser lassen es als ein für viele Zwecke geeignetes Sterilisationsmittel erscheinen. Man verwendet es meist in 3%iger Lösung.

Weingeist äußert keine bedeutende bactericide Wirkung, da er nur vegetative Keime abtötet. Als 50—60%iger Weingeist zeigt er sich am wirksamsten, weil er in dieser Stärke nicht mehr die für die Wirkung unvorteilhafte wasserentziehende Eigenschaft hat. Bei Gegenwart von Wasserdampf ist auch Weingeistdampf wirksam. Über die Entkeimung von Weingeist sind sowohl bakteriologisch wie technisch eine Reihe wertvoller Arbeiten erschienen [3].

Zephirol. Ein viel benutztes bakterientötendes Präparat der Farbenfabriken „Bayer". Nach den Angaben der Herstellerin eine wäßrige Lösung hochmolekularer Alkyl-dimethyl-benzyl-

---

[1] Aus DIEMAR, WILLIBALD: Die Haltbarmachung von Lebensmitteln. Stuttgart: Ferdinand Enke 1941.

[2] Vgl. HETTCHE, H. O.: Versuch über die Wirksamkeit des Desinfektionsmittels Quartamon. Münch. med. Wschr. **1939**, Nr 2.

[3] KNORR: Über den Keimgehalt des Alkohols. Münch. med. Wschr. **1932** I, 793. — WALDHECKER: Alkohol und Instrumentensterilisation (eingehend). Dtsch. med. Wschr. **1941**, Nr 29. — ESCHENBRENNER: Keimgehalt des Alkohols. Apoth.-Ztg **1932**, 1578. — Alkoholfiltrocert-Apparat der Firma Lautenschläger, München.

ammoniumchloride. Es wirkt bereits in 1%iger Lösung gegenüber sporen*freiem* Bakterienmaterial ausgesprochen abtötend, während diese Lösung bei sporen*haltigem* Material erst bei gleichzeitiger Erhitzung auf etwa 100⁰ in 30 Min. wirksam ist[1]. Von den Chirurgen und Gynäkologen werden im allgemeinen die Instrumente in einer 2—3%igen Zephirollösung 10—20 Min. gekocht, um auch Sporen sicher abzutöten.

Eingehende experimentelle Arbeiten und kritische Betrachtungen über chemische Desinfektionsmittel sind in nachstehendem Schrifttum zugänglich:

GREIMER-MICHAEL: Handbuch des praktischen Desinfektors, 3. Aufl. Dresden u. Leipzig: Theodor Steinkopff 1937.

KLIEWE u. MAIER: Vergleichende Untersuchungen über die gebräuchlichen Desinfektionsmittel. Münch. med. Wschr. 1936 I, 299.

JÖTTEN u. REPLOH: Die Bedeutung der Grobdesinfektion unter besonderer Berücksichtigung eines neuen Prüfungspräparates RZ. Münch. med. Wschr. 1937 I, 11.

Eine kritische Prüfung aller neuen Mittel unter praktischen Bedingungen ist zu erwarten von dem Institut für Infektionskrankheiten Robert Koch in Berlin.

6. Gemischte Sterilisationsverfahren. Vielfach ist es von Vorteil, mehrere Sterilisationsverfahren zu kombinieren, um die Sterilisationswirkung zu erhöhen. So erreichen wir, wenn wir einen Gegenstand statt mit Wasser mit Sodalösung auskochen (s. S. 146 und 155), eine schnellere und sicherere Sterilisation. Hier gelangt einerseits die feuchte Wärme, andererseits die Soda zur Wirkung. Chemische Stoffe (z. B. Phenol, Guajakol, Sublimat) wirken weit mehr bactericid, wenn wir die Flüssigkeiten erhitzen, sei es auf 100⁰ oder auch nur auf etwa 60⁰. Um Wasser völlig keimfrei zu machen, verfährt man auch so, daß man es, nachdem es durch ein bakteriendichtes Filter gegangen ist, noch eine Zeitlang kocht. Auch durch mit Formaldehydgasen gemischten Wasserdampf niedriger Temperatur (von etwa 75⁰) kann man gute Sterilisationswirkungen erzielen. — Die *Pasteurisierung* des Weines beruht auf einer gemeinsamen Wirkung von mäßig hoher Wärme und Chemikalien (Alkohol, Säuren). Auch kommt ein gemischtes Sterilisationsverfahren dann zur Anwendung, wenn wir aus Arzneimitteln, die in wäßriger Lösung eine mit Erhitzen verbundene Sterilisation nicht vertragen, in der Weise sterile Lösungen bereiten, daß die für sich durch Tyndallisation (s. S. 158) sterilisierte Substanz in dem durch Dampfsterilisation keimfrei gemachten Wasser gelöst wird.

---

[1] Vgl. J. THOMANN: Über Zephirol. Pharm. Acta Helv. 1935, Nr 8.

**7. Das diskontinuierliche oder fraktionierte Sterilisationsver-
verfahren**, nach seinem Erfinder TYNDALL[1] auch *Tyndallisation*
genannt, ist von großer Wichtigkeit für Sterilisationsobjekte, die
durch ein Erhitzen auf höhere Temperaturen verändert werden,
z. B. Lösungen gewisser Alkaloide und Eiweißstoffe. Die Tyndallisation, die im Gegensatz zu den bisher besprochenen physikalischen Sterilisationsmethoden auf einer *wiederholten* physikalischen
Beeinflussung beruht, geht von der Erfahrungstatsache aus, daß
die vegetativen Formen der Bakterien im Vergleich zu ihren
resistenten Sporen leicht abtötbar sind und zum großen Teil schon
durch ein Erhitzen auf etwa 60⁰ zugrunde gehen. Setzt man nun
das Sterilisationsgut 4—7 Tage nacheinander je 1—2 Stunden
einer Wärme von 56—60⁰ aus, so sterben die vegetativen Zellen
schon bei der ersten Wärmeeinwirkung, während an den folgenden Tagen dann die allmählich aus den Sporen auskeimenden
Bakterien abgetötet werden. Besser als trockene wirkt natürlich feuchte Wärme. Häufig wird es daher zweckmäßig sein,
zugleich mit dem zu sterilisierenden Substrat eine Schale Wasser
in den Sterilisator zu bringen. Das Auskeimen der Sporen wird
erleichtert, wenn man die Substrate in der Zeit, in der sie sich
nicht im Sterilisator befinden, statt bei Zimmertemperatur, bei
einer Temperatur von 30—37⁰ aufbewahrt.

Zuverlässig ist die fraktionierte Sterilisation bei 60⁰ nicht, da
es sog. thermophile Bakterien gibt, die sich bei Temperaturen bis
70⁰ entwickeln[2]. Man wird daher, wenn es das Objekt zuläßt,
das fraktionierte Sterilisieren besser bei höheren Temperaturen
(80⁰ und darüber) vornehmen. Das bisweilen nötige 2malige
Sterilisieren der Verbandstoffe (s. S. 267) im strömenden Dampf
mag hier nicht unerwähnt bleiben. Aber auch bei Anwendung
höherer Temperaturen (bis 100⁰) wird mitunter ein sicherer Sterilisationserfolg nicht erreicht. Es ist nämlich beobachtet worden,
daß Sporen selbst unter günstigen Bedingungen häufig erst nach
längerer Zeit auskeimen.

Die lange Zeit, die eine fraktionierte Sterilisation erfordert, ist
der Grund, daß dieses Verfahren im Apothekenbetriebe fast nur
auf die vorrätig gehaltenen Arzneizubereitungen (z. B. Ampullen)
beschränkt bleibt.

Vor dem Abschluß dieses Kapitels sei noch kurz erwähnt,
daß auch Elektrizität, Licht, insbesondere Sonnenlicht (s. S. 146),
sowie gewisse Druckverhältnisse für die Keimabtötung benutzt
werden können.

---

[1] Es ist der bekannte englische Physiker, der das Verfahren zuerst
1882 anwandte.

[2] Vgl. KOCH: Z. Hyg. **3**, 295 (1887) und GLOBIG: Z. Hyg. **3**, 321 (1887).

Das oligodynamische Verfahren (*Katadyn*-Verfahren)[1], das in seinem Wirkungsmechanismus von den üblichen Desinfektionsmitteln abweicht, beruht auf der keimschädigenden bzw. keimtötenden Eigenschaft von Metallionen, wobei Silber besonders zur

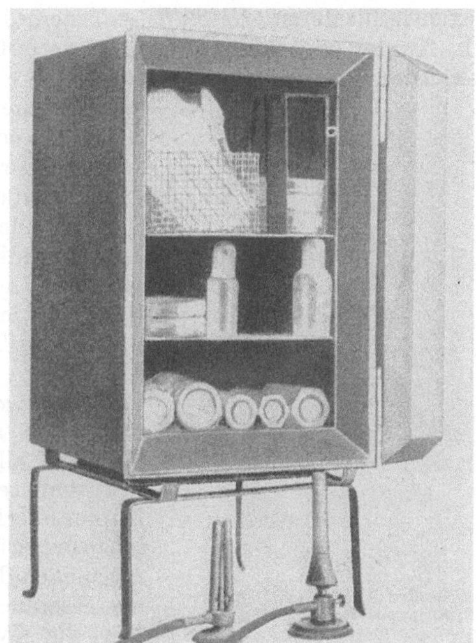

Abb. 57. Heißluftsterilisator für größere Objekte.

Haltbarmachung von Getränken und pharmazeutischen Präparaten dient, aber nach den vom Reichsgesundheitsamt angestellten Versuchen nicht als Sterilisationsverfahren im Sinne des DAB. 6 bezeichnet werden kann, da es Sporen nicht abtötet. Dasselbe gilt von dem „Elektrodynamischen Verfahren".

C. Sterilisationsapparate.

Die Beschaffung von Sterilisationsapparaten für die Apotheke wird sich vor allem danach richten, in welchem Umfang Sterilisationen auszuführen sind. Auch wird es vielfach von der Größe des Betriebes und der ganzen Art der inneren Einrichtung der

---

[1] Vgl. ausführliche Schriften der Katadyn-G. m. b. H., Berlin W 30.

Apotheke abhängen, ob ansehnliche, modern ausgestattete und teure Apparate bezogen, oder ob die bezüglichen Anschaffungen auf das Notwendigste beschränkt werden und sogar davon, ob es möglich ist, die erforderlichen Apparate unter Hinzuziehung eines Handwerkers des Ortes selbst anzufertigen.

1. Als **Trockensterilisatoren** *(Heißluftsterilisatoren)* können die aus Eisenblech, Kupfer oder Aluminium usw. verfertigten Luftbäder (Trockenkästen) benutzt werden, von denen eins wohl in allen Apotheken für chemische Zwecke vorhanden ist. Für die Sterilisation umfangreicherer Gegenstände dienen doppelwandige Sterilisatoren von 40—50 cm Höhe und je 25—28 cm Breite und Tiefe (siehe Abb. 57)[1]. Beim Gebrauch zeigen sich den Apparaten aus Eisenblech die allerdings beträchtlich teureren aus Kupfer überlegen; wünschenswert ist, daß wenigstens das Innere nicht aus Eisenblech besteht.

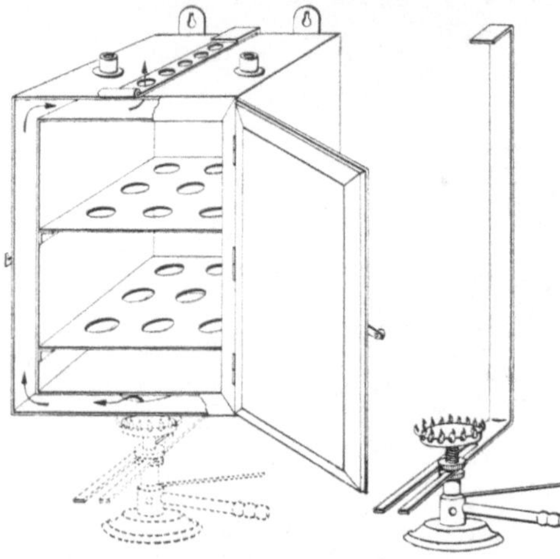

Abb. 58. Heißluftsterilisator der Firma F. Bergmann und P. Altmann, Berlin.

Um die Wärmestrahlung möglichst zu verringern, werden die Apparate zweckmäßig mit Asbest umkleidet. Abb. 58 zeigt einen Apparat der Firma Paul Altmann in Berlin NW 7, an dessen Oberdecke ein Schieber angebracht ist, durch den der Abzug der den Mantel durchstreichenden Gase reguliert werden kann. In die eine der Öffnungen der Oberdecke wird das Thermometer, in die andere eventuell ein Thermoregulator (s. S. 4) eingefügt. Da mehr oder weniger beträchtliche Temperaturunterschiede in den verschiedenen Höhenschichten der Innenräume der Apparate vorhanden zu sein pflegen (häufig über 20° bei 15 cm Höhendifferenz) bringt man das Thermometer in gleiche Höhe mit den Sterilisationsobjekten. Alle diese Trockensterilisatoren können für Tyndallisationstemperaturen (meist etwa 60°) und für hohe

---

[1] Auch die Sterilisations- und Backöfen in Verbindung mit Relaisapparat (S. 6) sind für diese Zwecke recht geeignet, da sie sich zugleich auch für Dampfsterilisation verwerten lassen.

Sterilisationstemperaturen bis 200° benutzt werden. Ein genaueres Regulieren der Innentemperaturen, das besonders beim Tyndallisieren von Wichtigkeit ist, wird, sofern nicht sehr hohe Temperaturen in Frage kommen, bei Benutzung doppelwandiger Trockenkästen erreicht, deren Mantel mit Wasser, Glyzerin oder Öl gefüllt wird.

Bei den heute allgemein benutzten elektrischen Heizquellen sind die meisten größeren Laboratorien mit elektrischen Apparaturen ausgestattet, die in vielseitigen Ausführungen von den Installationsfirmen geliefert werden.

Abb. 59. Dampfbüchse für Rezeptur.

Erwähnt sei noch, daß, um größere Gegenstände keimfrei zu machen, auch der auf Brattemperatur erhitzte Bratofen der Kochmaschine dienen kann. Ebenso läßt sich für diesen Zweck im Notfall ein Blechkanister mit übergreifendem Deckel verwerten. Für die Feststellung der Temperatur wird man dabei am besten die sog. Testobjekte anwenden (s. S. 264) oder Thermoregulatoren, wie sie S. 4 und 5 beschrieben sind.

2. Dampfsterilisationsapparate sind entweder für ungespannten oder gespanntem Dampf eingerichtet. Ersterer kann, wenn es sich um die Sterilisation kleiner Gegenstände handelt, zur Einwirkung gebracht werden in der durch Abb. 59 veranschaulichten Dampfbüchse für die Rezeptur, einem einfachen Blechtopf, in den ein durchlöcherter, mit einem Deckel zu verschließender Einsatz paßt. Man kann auch eine schadhaft gewordene Metall-Infundierbüchse an ihren seitlichen Wandungen mit Löchern versehen lassen und sie in ein vorhandenes kleines Dampfdekoktorium hineinsetzen, das so weit mit Wasser gefüllt ist, daß das Niveau des letzteren einen gewissen Abstand von den Löchern hat. Büchsen für diesen Zweck liefern die meisten Apparate-Fabriken.

In Abb. 60 ist eine sehr zweckmäßige Büchse dargestellt, die,
in dauerhafter Ausführung aus Aluminium gefertigt, so groß
ist, daß ein Arzneiglas von 200,0 Fassungsvermögen bequem
darin untergebracht werden
kann. Diese einfachen älteren
Einrichtungen sind neuerdings

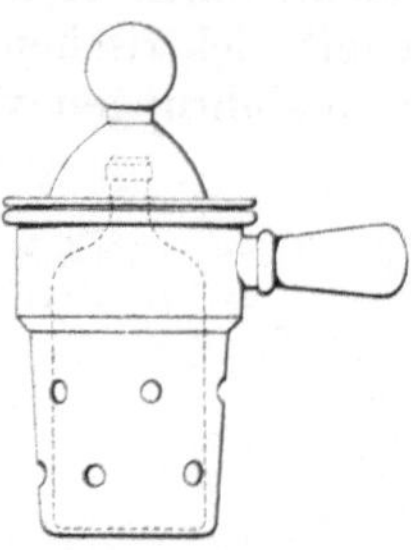

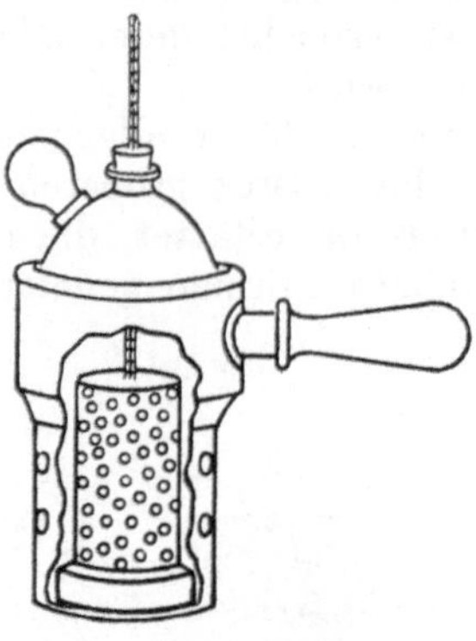

Abb. 60.
Sterilisierbüchse aus Aluminium, die ein
Arzneiglas bis 200,0 Inhalt aufnehmen kann.

Abb. 61.
Sterilisierbüchse mit Thermometer.

überholt durch die auf S. 3 angeführten elektrischen Koch-
töpfe. Will man die Sterilisierbüchse auch für Gegenstände
benutzen, die das Erhitzen auf 100° nicht vertragen, z. B.
Ampullen mit leicht zersetzlichen Alkaloidlösungen, so ist eine
solche, wie sie in Abb. 61 dargestellt ist
und von jedem Techniker hergestellt werden kann, zu empfehlen. Natürlich sterilisiert man dann nicht im Dampf,
sondern im Wasserbad. Mehr für Uni-
versitätslaboratorien zu Übungszwecken
geeignet erscheint das in Abb. 62 dargestellte Verfahren. Auf ein Ringwasser-
bad werden, wie aus der Abbildung
ersichtlich, zwei Bechergläser gesetzt. In
dem inneren Glase entwickelt sich beim
Kochen des Wassers sehr bald eine

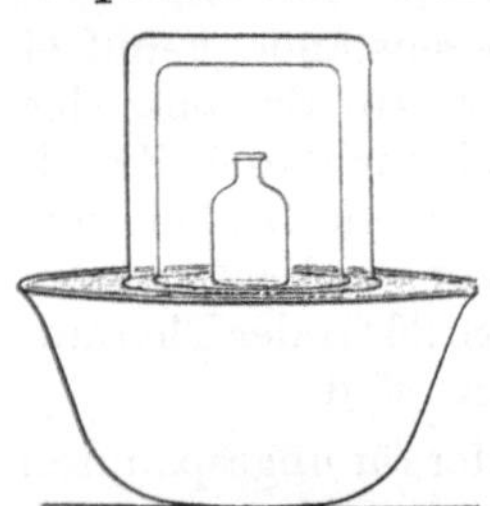

Abb. 62. Sterilisation auf
Wasserbad mit aufgesetzten
Bechergläsern.

Temperatur von 100°. Da es aber hier nicht so sehr auf die iso-
lierende Luftschicht ankommt, wird der Apotheker statt der
beiden Bechergläser einfach eine Emaillemensur über den zu
sterilisierenden Gegenstand stülpen.

Erwähnt sei hier noch einmal der Dahlener Doppeltopf, den
man als Trockendampftopf und als Wasserdampftopf verwenden
kann (Abb. 14, S. 36).

Abb. 63 zeigt einen selbstangefertigten Dampfsterilisator größerer Dimension (50:37 cm). Er besteht aus zwei gleichgeformten ineinandergeschobenen Blechflaschen, die einen 3 cm breiten Luftraum zwischen sich freilassen. Die innere, oben offene Flasche ist unten durch zwei Blechstreifen mit der äußeren verbunden, und ihr Boden mehrfach durchbohrt, um dem Kondenswasser den

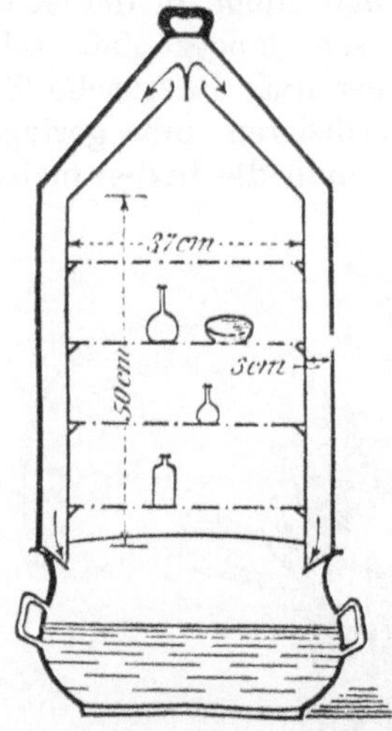

Abb. 63. Selbstangefertigter Dampfsterilisator.

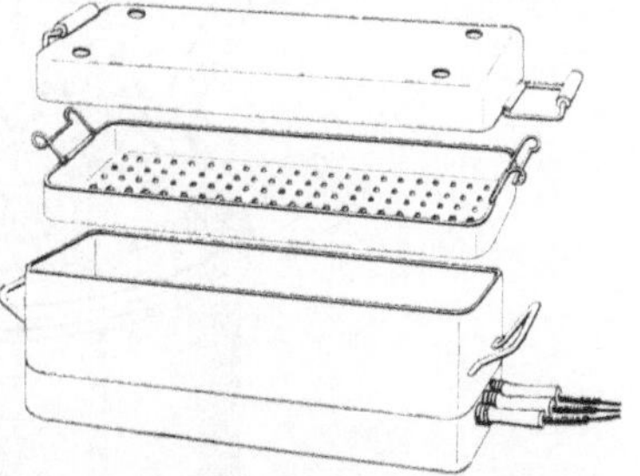

Abb. 64. Wasserdampfkasten mit elektrischer Heizung.

Rückfluß zu gestatten. Der nach innen umgebogene Rand der äußeren Flasche ruht auf einem eisernen Schmortopf für etwa 10 Liter Inhalt, der mit Wasser zu $^3/_4$ gefüllt ist. Dieses Quantum reicht für die Sterilisation aus. Der Dampfverlust durch seitlichen Austritt ist sehr gering.

Da heute recht brauchbare Apparate käuflich sind, wird im allgemeinen die Selbstherstellung nur für kleinere Apothekenbetriebe in Frage kommen.

In vielen Fällen, besonders für Flaschen von größerem Inhalt (1—2 Liter), wird sich auch die Destillierblase des Dampfapparates für Sterilisationen durch Wasserdampf gut eignen.

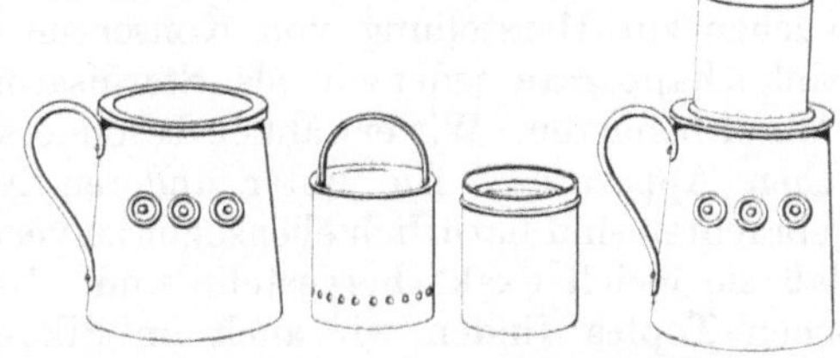

Abb. 65. Kleiner Sterilisationsapparat der Firma Fr. Haaga G. m. b. H., Stuttgart-Bad Cannstatt.

Wasserdampfsterilisatoren mit elektrischer Heizung, wie sie ähnlich für die Instrumentensterilisation der Ärzte benutzt werden,

11*

liefern die meisten Apparaturen-Firmen (Abb. 72 und 73). Sie
sind als Töpfe bereits auf S. 3 beschrieben (Abb. 2).

Bei den Dampfsterilisatoren sind auch einige in der Küche
bekannte Apparate zu nennen: der seit langer Zeit schon
zur Bereitung von Fleischsäften gern benutzte PAPINsche Topf
ist natürlich ohne weiteres zum Sterilisieren mit geringem
Überdruck zu verwenden; ebenso kann man die in den meisten

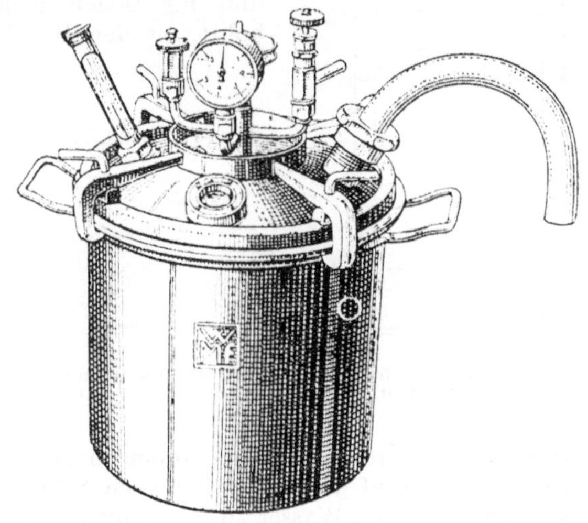

Abb. 66.   Siko-Spezialtopf.

Küchen zur Herstellung von Konserven aller Art gebrauchten
Einkochapparate jederzeit als Sterilisatoren für ungespannten
Dampf benutzen. Wir erwähnen besonders die bekannten WECK-
schen Apparate [1]. Die unter anderen Namen in den Handel
gebrachten sind natürlich ebensogut zu verwenden, vorausgesetzt,
daß sie gleich exakt hergestellt sind. Das Prinzip des PAPIN-
schen Topfes finden wir auch im Siko-Spezialtopf ausgebaut
(Abb. 66, Vertrieb Apotheker E. Schempp, Göppingen, Württ.).
Aus den eingehenden Begleitschriften ist die vielseitige Anwendung
zu erkennen. Der Apparat ist für den Kleinbetrieb sehr empfehlenswert [2].

---

[1] Man vergleiche Prospekte und sonstige Literatur über diese Apparate.

[2] Ausführliche Arbeit von FR. KONRICH: Über die Verwendbarkeit von
Dampfdrucktöpfen für die Sterilisation in Apotheken. Dt. Apoth.-Ztg. 1934,
Nr 94, 1536.

Ein handlicher Sterilisationsapparat für den Rezeptiertisch, der von der Firma Franz Bergmann & Paul Altmann, KG., Berlin NW 7, angefertigt wird, ist in Abb. 67 wiedergegeben. Der Hauptvorzug dieses Sterilisators liegt darin, daß er durch einen einzigen Griff geöffnet und geschlossen werden kann. Er ist vollständig aus Kupfer gearbeitet, dauerhaft vernickelt und hat einen Innenraum

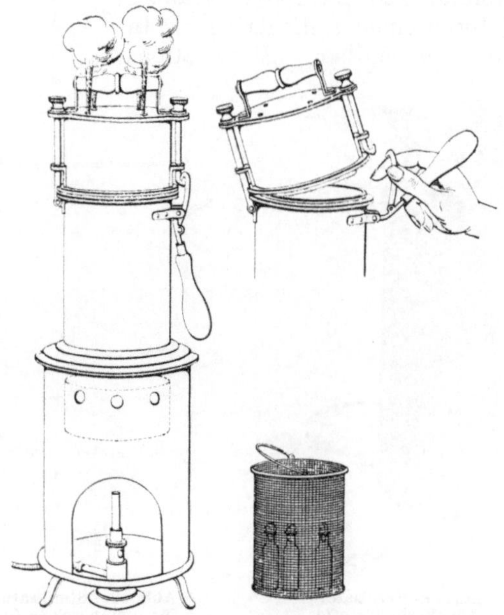

Abb. 67. Sterilisierapparat für den Rezeptiertisch.

von 20 cm Höhe und 12 cm Durchmesser. Der zur Wirkung kommende Dampf hat ganz geringen Überdruck.

Einen Dampfdruck-Heißluft-Entkeimer, der Flaschen bis zu 1000 cm³ aufnehmen kann und sich für jede Beheizungsart (Spiritus, Gas, Elektrizität) eignet, bringt die Firma Josef Schmidt, Gera, heraus.

Der neue Kleinautoklav der Firma Ludwig Dröll in Frankfurt a. M. (Abb. 68) hat einen Betriebsdruck von 1 atü — 120⁰. Der Kessel ist aus einem Stück nahtlos gezogen, vernickelt, hat Scharnierdeckel, mittels Klappschrauben dampfdicht verschließbar, Sicherheitsventil, Ablaßventil, Thermometer. Der Apparat wird entweder für Spiritus-, Gas- oder Elektroheizung geliefert. Er kann auch zum Sterilisieren von Gummihandschuhen verwendet werden, außerdem zum Entkeimen von Flaschen, Lösungen und Ampullen.

Eine neue empfehlenswerte Konstruktion bietet der Dampf-druck-Heißluftsterilisator der Firma Georg Seegers in Gera mit den Gebrauchsmöglichkeiten: 1. Entkeimen in strömendem Dampf, 2. Entkeimen im Dampfdruck (Autoklav) 120⁰ C, 3. Entkeimen in Heißluft 120 bzw. 160⁰C, 4. außerdem ist er durch einen Auflagering als Infundierbüchse verwendbar. Sterilisations-

Abb. 68. Hochdruck-Sterilisator-Kleinautoklav für Verbandstoffe.

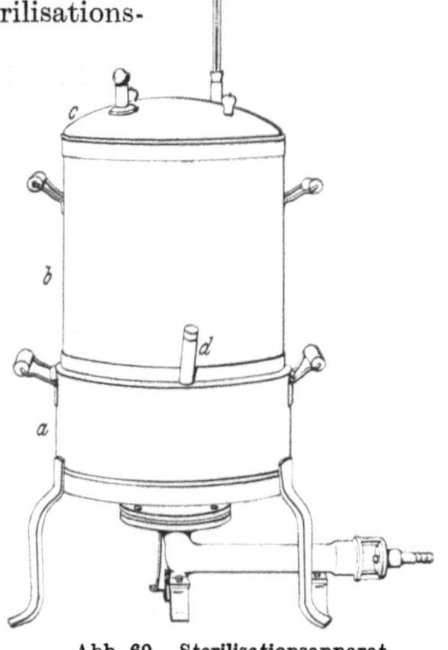

Abb. 69. Sterilisationsapparat für umfangreiche Gegenstände.

raum 120 mm Durchmesser, 250 mm Höhe. Gebrauchsanweisung ist dem Apparat beigegeben.

Für die Sterilisation umfangreicher Gegenstände eignet sich der durch Abb. 69 veranschaulichte, von der Firma Franz Bergmann & Paul Altmann, KG., Berlin NW 7, hergestellte kupferne Sterilisierapparat, der dem alten Kochschen Dampf-topf nachgebildet ist. Er besteht aus drei aufeinander zu setzenden Teilen, und zwar dem Wasserbehälter a, dem Mantel b und dem Deckel c mit Thermometer. Dazu gehört außerdem ein Einsatzkorb. Der innere Sterilisationsraum mißt 35 cm Höhe bei einem Durchmesser von 30 cm.

In Abb. 70 ist der Sterilisierschrank wiedergegeben, der sich im technischen Laboratorium der Leipziger Krankenhausapotheke sehr lange gut bewährte. Er ist aus verzinktem starkem Eisen-

blech hergestellt, 80 cm hoch, 40 cm tief, 60 cm breit und hat einen mit Filzleisten gedichteten Türverschluß. Am Boden des an eine vorhandene Dampf-
leitung angeschlossenen Apparates befindet sich ein System von Dampf-
rohren (s. Abb. 71). Geht der Dampf durch das Schlangenrohr hindurch, so erhält der Schrank eine Temperatur von etwa 60⁰, wie sie für die Zwecke der Tyndallisa-
tion und des Vorwärmens der Sterilisationsobjekte erwünscht ist. Läßt man den Dampf aus dem per-
forierten Rohr austreten, so wird der Schrank in einen Dampfsterilisator umgewandelt.

Bei den Autoklaven, die eine völlige Sterilisation erzielen, ist die Ver-
wendung von gesättig-

Abb. 70. Sterilisierschrank in Verbindung mit einer Dampfzentrale.

tem, nicht aber überhitztem oder mit Luft vermischtem Dampf erforderlich, so daß die Luft aus diesen Dampferzeugungsapparaten vor Benutzung des Wasserdampfes zu entfernen ist. Mit Abnahme der Dampfsättigung wird die keimtötende Kraft geschwächt.

Die Firma E. F. G. Küster, G. m. b. H., Berlin N 65, Fennstraße 31, stellt einwandige und doppelwandige Dampfsterilisatoren, für strömenden ungespannten und strömenden gespannten Dampf von 1—2,5 atü her. Der Dampf ist praktisch luftfrei. Die Sterilisation lufthaltigen, hygroskopischen Mate-
rials (Operationswäsche, Verbandstoffe usw.) erfordert weitgehende Entfernung der Luft aus dem porösen Gewebe. Bei dem doppel-

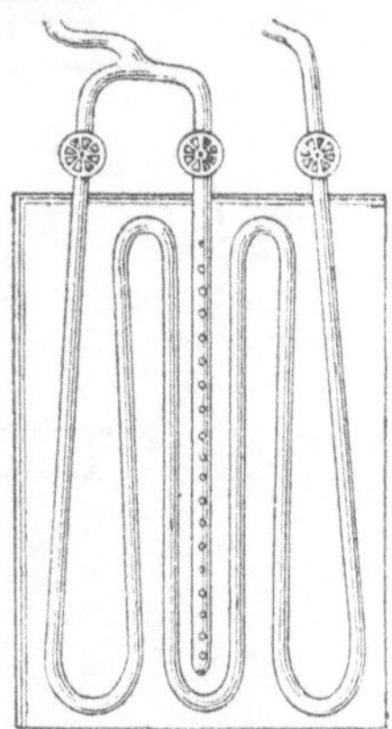

Abb. 71. Heizkörper am Boden obenstehenden Sterilisierschrankes.

wandigen Dampfsterilisator geschieht dies durch ein sicher arbeitendes Strömungsverfahren. Einwandige Apparate lassen die zur wirksamen Entlüftung notwendige Dampfbewegung von oben nach unten nicht zu und eignen sich deshalb zur Sterilisation von nicht porösem Material (Abb. 72 und 73).

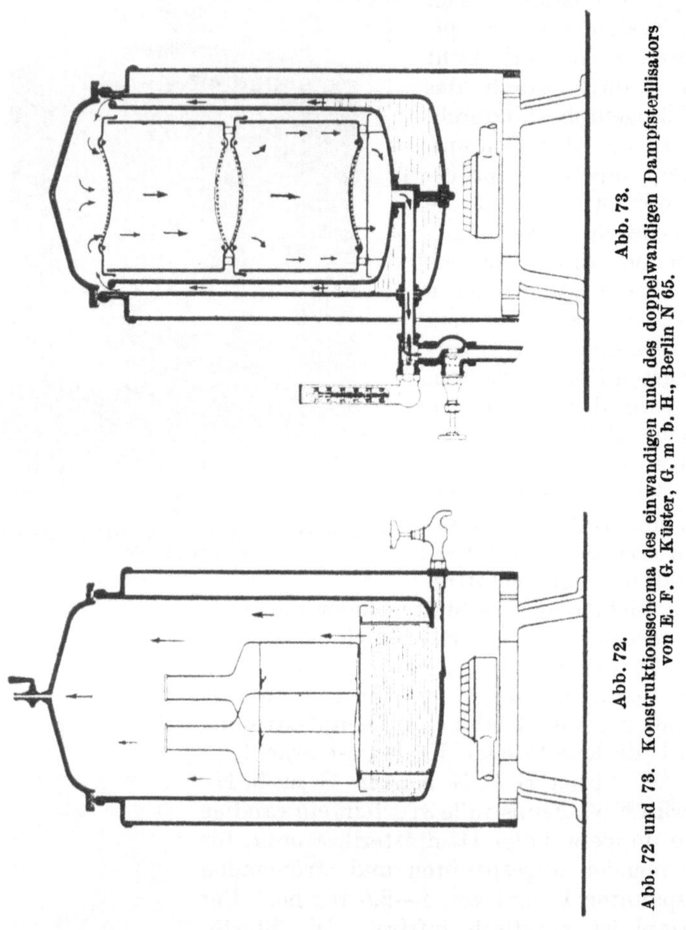

Abb. 73.

Abb. 72.

Abb. 72 und 73. Konstruktionsschema des einwandigen und des doppelwandigen Dampfsterilisators von E. F. G. Küster, G. m. b. H., Berlin N 65.

Einen Klein-Sterilisator, System Schimmelbusch, für strömenden gespannten Dampf (Autoklav) liefert die Firma Fr. Hugershoff, G. m. b. H., Leipzig (Abb. 74). Er besteht aus dem starken, doppelwandigen, innen verzinkten Kessel. Der Bronzedeckel wird durch Klappschrauben dampfdicht verschlossen. Der innere Arbeitsraum hat 20 cm Durchmesser und 40 cm Tiefe. Die Zwischenböden des Einsatzes sind verstellbar. Der Apparat ist für verschiedene Heizarten verwendbar.

Größere Autoklaven werden in eleganter Ausstattung zu höheren Preisen von den Firmen W. C. Heraeus, G.m. b. H., Hanau, und F. & M. Lautenschläger, G. m. b. H., München, geliefert.

Eine Kombination von Brutschrank, Heißluft- und Wasserdampfsterilisator bildet der in Abb. 75 vorgeführte Stichsche Sterilisier- und Brutschrank. Er kann von der Firma Felix Pfeifer, Leipzig C 1, hergestellt werden. Sein Boden besteht aus einem festen, gut angenieteten Kupferbecken, in welches durch ein Wasserstandsrohr mit Trichteransatz Wasser ein- und nachgegossen werden kann. Um den Wasserdampf im Innern zu spannen, so daß Temperaturen bis 120° erreicht werden, schließt man das in einem weiteren Zylinder in der Oberplatte angebrachte Drosselventil (drehbare Scheibe) und sperrt das Wasserstandsrohr durch ein Hebelventil ab. Die Abdichtung an der Tür wird durch eingelegte Asbeststreifen bewirkt. Der Apparat kann durch Gas oder elektrisch beheizt werden.

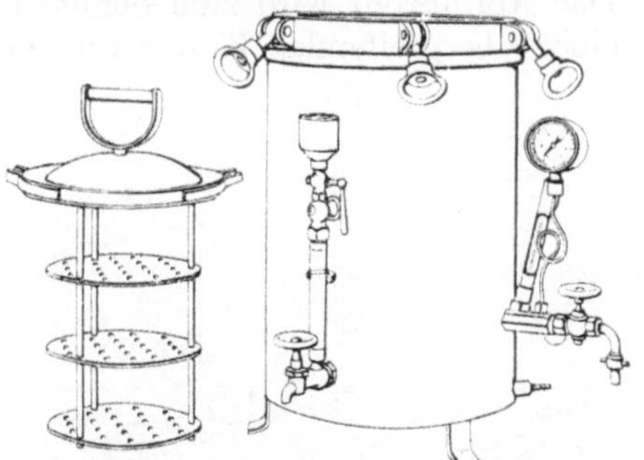

Abb. 74. Klein-Sterilisator, System Schimmelbusch.

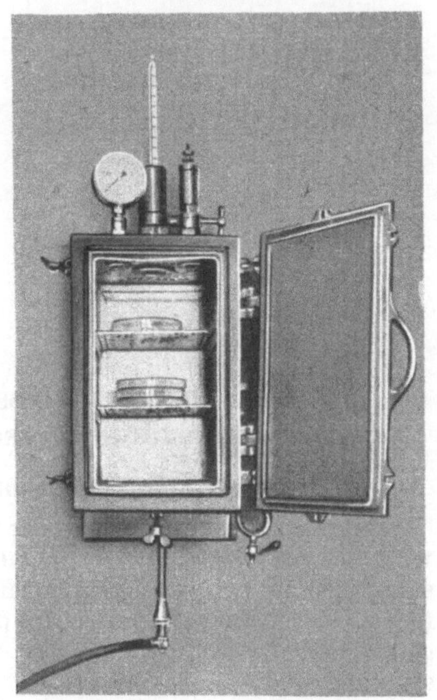

Abb. 75. Brutschrank, Heißluft- und Wasserdampfsterilisator nach Dr. Stich.

Sehr vorteilhaft ist der Anschluß des Sterilisierschrankes an den Destillierapparat. Modern kombinierte Vakuum-, Destillier-

und Sterilisierapparaturen stellt außer den schon erwähnten Firmen die Apparate-Bauanstalt W. Bitter in Bielefeld her (Abb. 76) Das Abflußrohr wird zum Schutz des Destillates am besten mit einer übergreifenden Kappe versehen.

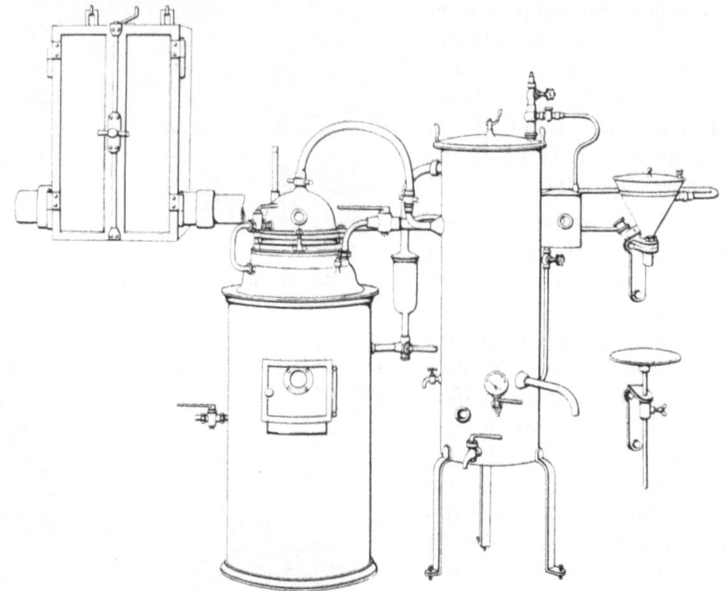

Abb. 76. Vakuum-, Destillier- und Sterilisierapparatur.

D. Gefäße, Verschlüsse und Gebrauchsgegenstände verschiedener Art.

1. Sterilisationsgefäße und ihre Verschlüsse.

Bevor mit der Beschreibung der Sterilisierungsgefäße begonnen wird, sei bemerkt, daß den Ampullen, die als die besten Sterilisierungsgefäße angesehen werden müssen, ein besonderer Abschnitt (s. S. 219) gewidmet ist, ferner, daß die Verbandstoff-Sterilisationsgefäße bei der Entkeimung der Verbandstoffe (s. S. 267) besprochen sind.

Für die Auswahl der Sterilisationsgefäße hat man zunächst in Betracht zu ziehen, ob sie zur Abgabe an das Publikum oder zum Zwecke der gelegentlichen Entleerung in der Apotheke bestimmt sind. In letzterem Falle kann man die zu sterilisierenden Arzneimittel in jede beliebige Flasche bringen und in deren Hals einen Pfropfen von nicht entfetteter Watte eindrücken. Es empfiehlt sich um diesen Pfropfen ein Stück Mull zu wickeln, um so das Anhaften von Watteteilchen am Flaschenhals möglichst zu vermeiden. Ein derartiger Verschluß ist vielfach schon hinreichend keimsicher. Gelegentlich aber wachsen doch Keime, besonders solche von Schimmelpilzen, durch die Watte hindurch, zumal, wenn die Gefäße in einem feuchten Raume aufbewahrt werden. Es ist daher in allen Fällen, wo nicht mit einem baldigen Verbrauche des Flascheninhaltes zu rechnen ist, zu empfehlen, Pergamentpapier tekturartig darüber zu binden oder die bekannten Schrumpfkapseln zu verwenden. Einige Ampullen der Industrie sind neuerdings mit Kautschukmembranen verschlossen. Auf Anfragen, wie anästhetische Lösungen einzutragen sind, sei empfohlen, die Gummimembran mit Lysollösung (5%) gut abzuwischen und die sterile Lösung des Anästhetikums mit steriler Spritze in die Ampulle einzutragen. Dabei ist die Membran mit der Nadel leicht zu durchstoßen. Einfacher ist es, eine sterilisierte Glaskappe über den mit Wattepfropfen verschlossenen Flaschenhals zu stülpen, und noch einfacher, die Glaskappe allein, ohne jedes andere Verschlußmittel, zu verwenden. Erfahrungsgemäß ist ein solcher Verschluß völlig ausreichend [1] und zeichnet sich vor allen anderen Methoden durch größte Einfachheit und Sauberkeit aus. Die hervorragende Schutzwirkung der Glaskappen, auf die auch das Milchsterilisierungsverfahren von Dr. Lock gegründet ist, beruht darauf, daß die Bakterien infolge ihrer Schwere nach unten sinken, so daß ein Hochsteigen derselben unter der Glasglocke nicht zu befürchten ist. Eine merkliche Verdunstung des Flascheninhaltes findet bei der Verwendung von Glaskappen infolge der Dampftension nicht statt [2].

Will man die Verbindung mit der Außenluft völlig abschließen, so kann man sterilisierte Kautschukstopfen mit übergestülpten Brolonkapseln verwenden (= Hydrocellulosekapseln, von der Chem. Fabrik von Heyden hergestellt). Sie schließen nach dem Trocknen den Flaschenhals luftdicht ab. Die Kapseln brauchen zur Trocknung etwa 24 Stunden und müssen bis zum Gebrauch in mit etwas Formalin versetztem Wasser aufbewahrt werden.

---

[1] Vgl. Deutsche Essigindustrie **7**, Nr 37. „Wir konnten auch feststellen, daß frische Früchte, die in mit Pergamentpapier überbundenen und mit Glaskappen überdeckten Weithalsflaschen sterilisiert und bei der Aufbewahrung gegen größere Luftströmungen geschützt waren, sich sehr haltbar zeigten." Auch auf die Cellophantektur sei hingewiesen.

[2] Vgl. Stich: Keimfreies bzw. keimarmes Wasser an der Rezeptur. Pharm. Zentralh. **1931**, 1157.

Gummistopfen sind schwer festzuhalten, und es ist hierfür vorteilhaft, den Flaschenhals etwas anzurauhen. Auch große Flaschen lassen sich damit keimdicht verschließen. Sie müssen aus bestem Material sein und vor Gebrauch in 1%iger Sodalösung $^{1}/_{2}$ Stunde gekocht werden.

Nach wiederholten langjährigen Versuchen haben wir endlich den Kunststoff-Schraubverschluß[1] als beste Keimdichtung für Behälter sterilisierter Körper, besonders arzneilicher Lösungen, erkannt. Er besteht aus bester thermostabiler Kunststoffpreßmasse mit einer eingelegten, zuvor mit 1% starker Sodalösung gekochten Gummiplatte (nicht Korkscheibe). Die Verschraubung wird während der Sterilisation locker gehalten. Man kann bis 120° gehen. Nach Ablauf der Sterilisation, die selbstverständlich dem Charakter des Inhaltes angepaßt ist, kann das Gefäß zur Abkühlung ohne weiteres in kaltes Wasser gestellt werden. Die Gefäße lassen sich bei Wiederholung gut reinigen, außerdem ist der Verlust einer Kappe sehr selten (s. Abb. 77).

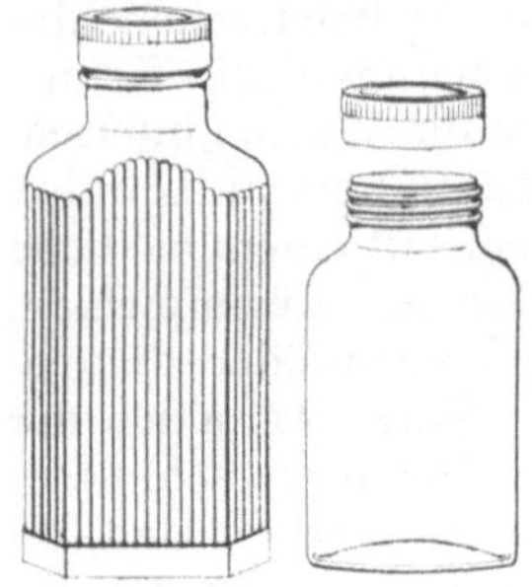

Abb. 77. Flaschen mit Kunststoff-Schraubverschluß.

Handelt es sich um die Sterilisation von Arzneimitteln, die direkt zur Abgabe an das Publikum bestimmt sind, so müssen in der Regel andere Verschlüsse gewählt werden. Nur wenn die Gefäße von der Apotheke direkt zu Händen des Arztes zu liefern sind, können gelegentlich auch mit sterilem Pergamentpapier zu überbindende Wattepfropfen als Flaschenverschluß benutzt werden. Wie für Bier oder Selterswasser kommen als Abgabegefäße Flaschen mit patentierten Flaschenverschlüssen der Patent-Gefäßverschluß-Fabrik Raupert & Co. in Hamburg in Betracht (s. Abb. 78).

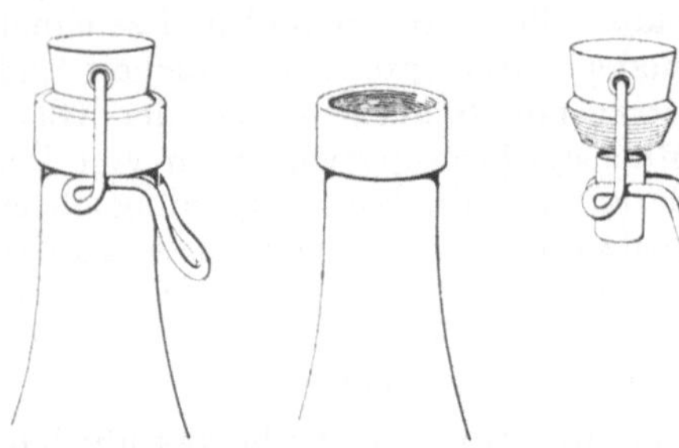

Abb. 78. Patent-Gefäßverschlüsse von Raupert & Co., Hamburg.

---

[1] Hier und im folgenden Text sind unter Kunststoffen im wesentlichen Kunststoffe auf Basis der Phenoplaste und Aminoplaste zu verstehen, wie sie jetzt in großem Umfang für Flaschenverschlüsse verwendet werden.

Die Verschlüsse sind leicht zu reinigen, zumal sie nicht an der Flasche festsitzen. Die Gummiringe müssen öfter erneuert werden.

Korke, die sehr schwer sterilisierbar sind, eignen sich für den Verschluß der Sterilisationsgefäße am wenigsten. Wenn die Verwendung von Korken nicht zu umgehen ist, wähle man möglichst tadellose Exemplare aus [1]. Zweckmäßig erscheint die Benutzung von Holz- oder Korkstopfen, die mit festem Paraffin hoch erhitzt und hiermit durchtränkt sind. Mit einer Schicht vorher längere Zeit mit Weingeist behandelten Stanniols unterlegt, werden diese Stopfen nach der Sterilisation in den Flaschenhals gedrückt und mit sterilem Pergamentpapier überbunden.

Am meisten werden sterilisierte Arzneimittel an das Publikum in Flaschen mit Kautschuk- oder eingeschliffenem Glasstopfen verabfolgt. Hinsichtlich der letzteren ist mit dem Mißstand zu rechnen, daß mit fest aufgesetzten Stopfen sterilisierte Flaschen nach dem Erkalten häufig nicht oder nur mit Mühe zu öffnen sind, weil sie in dem beim Erkalten enger gewordenen Flaschenhals fest eingeklemmt sind und auch der durch die Luftverdünnung im Innern der Flasche geleistete Widerstand beim Öffnen zu überwinden ist. Man hilft sich hier in der Weise, daß man entweder die Stopfen mit Vaselin einfettet oder zwischen Flaschenhals und Stopfen einen dünnen Faden einfügt, den man nach beendigtem Sterilisationsprozeß herauszieht, um dann den Stopfen fest in den ziemlich erkalteten Flaschenhals einzudrücken. Man kann den Stopfen auch beim Sterilisieren der Flasche schräg auflegen und dann, nach dem Erkalten, hineingleiten lassen.

Einen Verschlußhalter nach Dr. G. MAJER stellt die AG. Wenderoth in Kassel her, der den Gummi- oder Glasstopfen über der Flaschenmündung hält und so gleichzeitig sterilisiert wird.

2. Gebrauchsgegenstände verschiedener Art.

Da jede Sterilisation mit einem größeren Zeitaufwand verknüpft ist, empfiehlt es sich, alle Gebrauchsgegenstände, die erfahrungsgemäß häufiger keimfrei benötigt werden, sterilisiert vorrätig zu halten.

Glas- und Porzellangegenstände der verschiedensten Art (Arzneigläser, Kolben, Spatel, Trichter, Röhren, Uhrgläser, Meßzylinder, Büretten, Pipetten, Reagensgläser, Spritzen aus Glas, Löffel [2],

---

[1] Flaschenverschluß bei sterilisierten Flüssigkeiten: Apoth. G. SCHWEIZER, Gießen a. d. Lahn. Dt. Apoth.-Ztg. **1939**, Nr 21, 275.

[2] Es empfiehlt sich die Benutzung von Löffeln aus Glas, Porzellan oder nichtrostendem Stahl.

Mörser, Salbenkruken) erhitzt man zum Zwecke der Sterilisation im Luftsterilisator 2 Stunden auf 160—170⁰ bzw. im Autoklaven 15 Min. auf 115—120⁰ oder 30 Min. im strömenden Dampf. Ferner kann die Sterilisation, wenn auch nicht mit gleich sicherem Erfolg wie im Autoklaven, durch $^1/_2$stündiges Auskochen im Wasser bewirkt werden. Die trockene Sterilisation der genannten Gegenstände hat den Vorzug, daß in jedem Falle ein nachträgliches Trocknen unnötig ist. Von Wichtigkeit ist, die Gegenstände vor der Sterilisation mit Seifenwasser oder mit einer Lösung gereinigter Soda zu säubern und dann gründlich mit Wasser nachzuwaschen. Vielfach (z. B. bei Arzneigläsern und Kolben) läßt man auch noch ein Waschen mit 1%iger Salzsäure vornehmen, um hierdurch vorhandenes lösliches Alkali zu entfernen. Aus minderwertigem Glasmaterial (s. S. 176) kann aber auf diese Weise nicht ein einwandfreies gemacht werden. Was über den Wert der alkalifreien Arzneiflaschen gesagt ist, gilt natürlich in entsprechender Weise auch für Kolben, Trichter, Reagensgläser usw.

Arzneigläser, Kolben, Reagensgläser und Meßzylinder verschließt man mit nicht entfetteter Watte. Bei Glasstopfengläsern wird außerdem zweckmäßig zwischen Hals und Stopfen, wie bereits erwähnt, ein Stück dünner Bindfaden eingelegt, damit der Stopfen später leicht abzunehmen ist und der Dampf in das Flascheninnere eintreten kann.

Hat man Flaschen oder Kolben für die gelegentliche Verwendung auf Vorrat sterilisiert, so überbindet man sie zweckmäßig noch mit dünnem Pergamentpapier oder Cellophan und bewahrt sie in einem Blechkasten mit übergreifendem Deckel auf. Nimmt man sie in Gebrauch, so wird noch ein Abflammen des Halsrandes bzw. auch des Glasstopfens von Nutzen sein.

In Fällen großer Dringlichkeit kann man Arzneiflaschen auch in der Weise (fast) keimfrei machen, daß man sie einige Minuten lang mit konzentrierter Schwefelsäure, eventuell unter gleichzeitigem gelindem Erhitzen, schüttelt und gründlich mit sterilem Wasser ausspült.

Pipetten werden an ihrer oberen Öffnung mit Watte verschlossen und mit dem unteren Ende in ein Reagensglas gesteckt, in dessen freibleibenden Teil der Mündung gleichfalls Watte eingedrückt wird. Auch kann die Sterilisation in einer Blechhülse vorgenommen werden.

Büretten, von denen nur solche mit Glashahn zu verwenden sind, überbindet man sowohl an der Ausflußspitze wie an ihrer oberen Öffnung mit Watte. Die Ausflußspitzen der Pipetten und Büretten flammt man unmittelbar vor dem Gebrauch ab.

Augentropfgläser werden am besten einzeln in Reagensgläsern mit Wattepfropfen der Dampfsterilisation bei 100° unterworfen.

Uhrgläser kann man in runden (Salben-) Blechschachteln sterilisiert vorrätig halten.

Trichter macht man vorteilhaft mit einliegendem passendem Papierfilter oder mit einem in die Trichterröhre ziemlich fest ·eingedrückten kleinen Wattebausch keimfrei. Durch letzteren bzw. das Papierfilter filtriert man zunächst Wasser, stellt dann, nachdem man noch ·das Filter gut der Glaswandung angedrückt hat, den Trichter in ein Becherglas, legt eine· Watteschicht darauf und klemmt diese mit einem passenden, als Deckel dienenden Blechschachtelboden oder einer gläsernen Kristallisierschale fest. Am besten nimmt man dann die Sterilisation im Dampf vor und trocknet, wenn nötig, kurze Zeit im Lufttrockenschrank nach. Watte wie Papier vertragen ein trockenes Erhitzen auf 150 bis 160° nicht.

Um sterilisierte Geräte, wie Trichter, Filter, Stopfen, Spatel usw. ohne Gefahr für eine direkte Keimübertragung bei der Arzneibereitung kurze Zeit beiseite stellen zu können, bedient man sich eines kleinen Metalldeckels, den man unmittelbar, bevor er als Unterlage dienen soll, durch Abflammen von Keimen befreit.

Einzelne der genannten Utensilien, wie Spatel, Uhrgläser, Löffel (aus Glas, Porzellan oder Metall), Mörser lassen sich auch durch Abflammen sterilisieren.

Metallgegenstände (Spatel, Pinzetten, Tiegelzangen, Scheren, Löffel u. a.) lassen sich teilweise in einfachster Weise durch das Abflammungsverfahren keimfrei machen. Platingegenstände sind ausglühbar. Utensilien, für welche die direkte Flammenwirkung nicht angebracht ist, werden meist 2 Stunden im Trockensterilisator auf 160—170° erhitzt. Für blanke Eisen-, Stahl- und Nickelgegenstände ist ein Erhitzen im Autoklaven in 2%iger Boraxlösung oder auch ein Kochen mit 1%iger Sodalösung zu empfehlen. Der Metallglanz und die Schärfe von Instrumenten, die durch längeres höheres Erhitzen leiden, bleiben auf diese Weise erhalten. Ein oberflächlich auf den Metallflächen sich bildender feiner Belag ist leicht abzuwischen. Auch Stahlnadeln der Pravaz-(Rekord-) spritzen können vorteilhaft auf diese Weise behandelt werden.

Horngegenstände sind schwer keimfrei zu machen und daher möglichst zu vermeiden, insbesondere bei der später zu erörternden (s. S. 181) Art der Zubereitung fast keimfreier Arzneimittel. Löffel und Schiffchen aus Horn werden besser durch solche aus Metall, die durch Abflammen leicht zu sterilisieren sind, ersetzt. Es sei hier auf die polierten elastischen Aluminiumpulverschiffchen der

Aktiengesellschaft für pharmazeutische Bedarfsartikel vorm. G. Wenderoth in Kassel hingewiesen. Auch eine Waage mit Metallschalen (s. S. 182) verdient dann den Vorzug.

Filter werden am besten mit dem zugehörigen Trichter sterilisiert, wie vorher angegeben wurde (s. S. 175).

Watte, und zwar sowohl entfettete als auch nicht entfettete, wird in kleinen Mengen in Weithalsflaschen mit Wattepfropfen oder Glasstopfen bzw. in Glasschalen gleichfalls im Dampf keimfrei gemacht, damit sie jederzeit zum Filtrieren, Reinigen und zum Verschließen der Gefäße zur Hand ist.

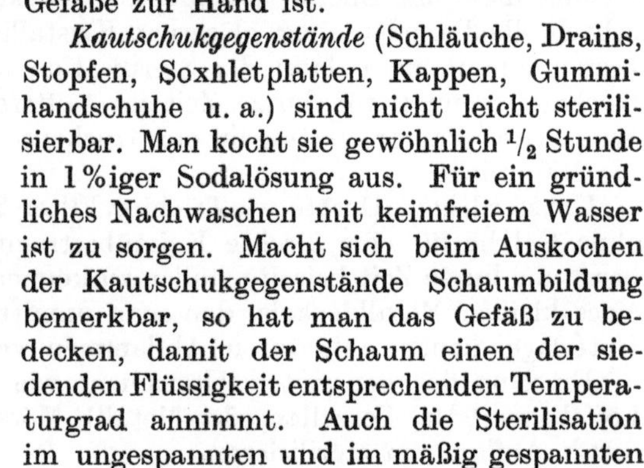

Abb. 79. Augentropfglas der Firma G. Riedel, Leipzig.

Kautschukgegenstände (Schläuche, Drains, Stopfen, Soxhletplatten, Kappen, Gummihandschuhe u. a.) sind nicht leicht sterilisierbar. Man kocht sie gewöhnlich $^1/_2$ Stunde in 1%iger Sodalösung aus. Für ein gründliches Nachwaschen mit keimfreiem Wasser ist zu sorgen. Macht sich beim Auskochen der Kautschukgegenstände Schaumbildung bemerkbar, so hat man das Gefäß zu bedecken, damit der Schaum einen der siedenden Flüssigkeit entsprechenden Temperaturgrad annimmt. Auch die Sterilisation im ungespannten und im mäßig gespannten Dampf kann für Kautschukgegenstände angewandt werden. Jede der genannten Sterilisationsmethoden wirkt mehr oder weniger schädigend auf sie ein. Gummihandschuhe werden vorteilhaft erst einige Stunden in 10%ige Zephirollösung gelegt, mit Leitungswasser abgewaschen und, in Leinen eingewickelt, 1 Stunde im Dampfstrom von 100⁰ gehalten und darauf getrocknet.

Korkstopfenverschluß. Es sei auf das S. 173 Gesagte hingewiesen. Er kommt für sterilisierte Lösungen weniger in Betracht, da der Kunststoff-Schraubverschluß vorzuziehen ist.

Von geeigneten Sterilisations- und Aufbewahrungsgefäßen für Augentropfen, die der Augenarzt in seiner Sprechstunde gern verwendet, sei hier das in Abb. 79 gezeigte Tropfglas der Firma G. Riedel, Leipzig C 1, genannt. Die Sterilisation kann in einfacher Weise so vorgenommen werden, daß man die eingefüllte Lösung je nach ihrem thermischen Verhalten erhitzt. Um das Festwerden des Glasstopfens zu vermeiden, verweisen wir auf die S. 173 erwähnten Behelfe.

Die *Beschaffenheit des Glasmaterials* der Sterilisationsgefäße ist ein sehr wichtiger Punkt, auf den in diesem Abschnitt noch näher eingegangen werden muß. Es ist bekannt, daß Wasser die gewöhnlichen Glassorten selbst bei niedriger Temperatur merklich angreift. Mit ihrer Erhöhung nimmt diese chemische Einwirkung zu und erreicht bei der für die Sterilisation in Betracht kommenden hohen Temperatur einen solchen Grad, daß vielfach überaus störende Zersetzungen in Arzneilösungen auftreten. Dem Glasmaterial durch Wasser entzogenes Alkali wirkt nämlich in der Hitze auf gewisse in Lösung befindliche Alkaloidsalze, z. B. Kokain-, Morphin- und Strychninsalze derart ein, daß größere oder kleinere Mengen der freien Basen abgeschieden werden. Wird eine solche Lösung für Injektionszwecke verwandt, so kann natürlich die Menge der zu injizierenden wirksamen Substanz nicht genau bemessen werden. Auch ist in diesem Falle mit der Wahrscheinlichkeit zu rechnen, daß feine Alkaloidkriställchen, die sich aus Morphin- und Strychninlösungen häufig sehr scharfkantig abscheiden, mit in die Spritze gelangen und die Einspritzung dann schmerzhafte Reizwirkungen zur Folge hat. In welchem Umfange unter anderem mit solchen Alkaloidabscheidungen zu rechnen ist, zeigen Versuche von GRÜBLER [1], der in mit Wasser gefüllten und im Dampfsterilisator erhitzten 20—50 g-Flaschen einen Gehalt gelösten Alkalis nachwies, der genügen würde, freies Morphin in Mengen bis zu 0,016 g abzuscheiden. Adrenalinlösungen erleiden durch alkalisch reagierende Gläser eine sich durch Rotfärbung bemerkbar machende Zersetzung.

Es ist daher von großer Bedeutung, daß für Sterilisationszwecke Injektionsgläser wie auch Ampullen aus geeignetem Glasmaterial benutzt werden. Zur Prüfung des letzteren verfährt man am besten in folgender Weise: Die gut ausgespülten Flaschen werden mit einer Mischung von 5 cm³ 1%iger Phenolphthaleinlösung und 1 Liter alkalifreiem destilliertem Wasser gefüllt und, mit dem Stopfen verschlossen und mit Pergamentpapier überbunden, ½ Stunde in strömendem Dampf erhitzt. Alle Flaschen, die dann einen rotgefärbten Inhalt aufweisen, sind für Sterilisationszwecke nicht brauchbar. Mit Flaschen, deren Inhalt nur rosa erscheint, stellt man in gleicher Weise noch einen zweiten Versuch an und betrachtet die durch diesen ungefärbt gebliebenen auch noch als den Anforderungen entsprechend.

Nach der Nachtragsverordnung zum DAB. 6 vom 2. Juli 1931 werden die Arzneigläser mit einer wäßrigen Lösung von Narkotinhydrochlorid 1:1000 geprüft. Die Prüfungsmethode des Ampullenglases nach dieser Ergänzungsbestimmung wird den

---

[1] GRÜBLER: Vgl. Pharmaz. Post. 1907, Nr 33; auch JACOBSEN: Apoth.-Ztg 1910, 262.

Stich, Bakteriologie, 6. Aufl. 12

Anforderungen der Praxis nicht gerecht. Danach wird das Ampullenglas zerkleinert und die Größe der Glasteilchen nach unten hin durch das Absieben des feineren Pulvers durch Sieb V festgelegt. In der Praxis aber kommt nicht die Alkaliabgabe der insgesamt größeren Teilungsflächen der einzelnen Bruchstücke, sondern nur die der benetzten Innenfläche der Ampulle in Betracht. Infolgedessen ist es zweckmäßig, nur die Innenfläche der Ampulle zu messen und das Reagens auf die Flächengröße, gemäß der Formel $F = 2\,r\,\pi\,(r + h)$ zu beziehen. So ist z. B. die Innenfläche von etwa 100 Ampullen zu 1 cm³ gleich der Innenfläche von 33 Ampullen von 5 cm³.

Ferner läßt die Ergänzungsbestimmung des Arzneibuches die Alkaliabgabe durch 1stündiges Erhitzen im siedenden Wasserbad prüfen. Eine genaue Messung danach ergibt die Titration von 100 cm³ mit n/100 HCl und 2 Tropfen Methylrotlösung. Auch Ampullenglas kann so nach Erhitzen und Absaugen des Wassers in Schott-Gläsern geprüft werden. Da aber die Alkaliabgabe des Glases mit steigender Temperatur beim Erhitzen im Autoklaven zunimmt, so muß bei Anwendung dieser Sterilisationsmethode darauf Rücksicht genommen werden.

Literatur.

Bodendorf: Apoth.-Ztg. **1925**, Nr 15 u. 18; **1926**, 1406; **1927**, 505, 736.
Bruchhausen, v.: Apoth.-Ztg. **1927**, Nr 71.
Dultz: Zur Prüfung des Ampullenglases. Pharm. Z. **1933**, Nr 36.
Fischer: Z. angew. Chem. **1926**, Nr 34.
Käppler: Mitt. Pharmaz. Ges. **1930**, 53.
Kröber: Apoth.-Ztg. **1926**, Nr 100 ; **1927**, Nr 30.
Stich: Messung der Alkalität des Glases in der Praxis. Pharm. Z. **1930**, 482; **1931**, 1401.

Die 10. Ausgabe des Schwedischen Arzneibuches prüft die zur Aufnahme steriler Arzneikörper verwendeten Gefäße auf Alkali mittels Bromthymolblau (S. 521: 0,3 g Bromthymolblau in 100,0 Spirit. dilut.).

Der Apotheker wird Ampullen und Apparate aus *Hartglas* verwenden. Das beste Hartglas ist das Jenaer *Fiolaxglas*. Das Jenaer Glaswerk Schott & Gen. verwendet für seine Ampullenglasuntersuchungen die Normalgrießmethode, wie sie in den Glastechn. Berichten 1928, VI, Heft 9 und 11, beschrieben ist. Nach den Versuchen der Physikalisch-Technischen Reichsanstalt ergaben sich für Alkalität des Fiolaxglases im Vergleich mit der des Jenaer Normalglases nachstehende Werte:

A. Natürliche Alkalität. Frische Bruchflächen absorbieren aus ätherischer Eosinlösung während 1 Min. auf 1 m²

       bei Jenaer Normalglas . .   13,0 mg Jodeosin
       „ Fiolaxglas . . . . . .   2,6 „   „

B. Verwitterungsalkalität. Die gleiche Eosinreaktion an Bruchflächen, nach einer 7tägigen Verwitterung in mit Wasser gesättigter Luft bei 18°, betrug

bei Normalglas 7,8 mg absorbiertes Jodeosin
,, Fiolaxglas 3,3 ,,   ,,   ,,

Andere Prüfungsmethoden beruhen auf der Veränderung
der Wasserstoffionenkonzentration von destilliertem Wasser,
das eine Zeitlang in den Ampullen oder Arzneiflaschen aufbewahrt wird. Arbeiten auf diesem Gebiete haben BARONI,
ISSOGLIO und MATTHEUS [1] veröffentlicht. Eine andere kolori-
metrische Methode zur Glasprüfung wendet BRUÈRE [2] an.

Für die pharmazeutische Praxis, auch im kleinsten Betrieb,
eignet sich am besten der Universalindikator von MERCK, da er am
einfachsten zu handhaben ist. Es werden von diesem 2 Tropfen zu
8 cm³ Wasser zugefügt. Mit dieser Lösung und einer beigefügten
Farbenvergleichtabelle, auf der die zugehörigen p_H-Werte angegeben sind, kann das p_H des Wassers bestimmt werden, das in Ampullen
gefüllt, sterilisiert und nochmals gemessen wird. So bekommt man
ein sehr genaues Maß über die praktische Alkaliabgabe des Glases.
Auch die Lyphan-Reagensstreifen der Firma Dr. G. Kloz, Leipzig N 21, ergeben eine schnelle p_H-Ermittlung. Vgl. Dtsch. Apoth.-
Ztg. 1938, Nr 57, S. 879. — Ein weiteres, sehr brauchbares Reagens, das sehr gute Ergebnisse liefert, ist das Bromthymolblau,
wie es das Schwedische Arzneibuch vorschreibt (vgl. S. 178).
FISCHER und HORKHEIMER [3] haben dafür Vergleichsfarbmischun-
gen zusammengestellt, die sich gut verschlossen längere Zeit
halten.

Übrigens ist auch der Glasfluß ein und derselben Schmelze
bezüglich der Abgabe von Alkali nicht immer homogen. Auf diese
Verschiedenheit innerhalb ein und derselben Glasschmelze ist es
bisweilen zurückzuführen, daß bei einem größeren Vorrat von
Ampullen mit im allgemeinen längere Zeit haltbarem Inhalt einige
Exemplare Ausscheidungen zeigen können.

E. Sterilisation der Arzneimittel.

1. Allgemeines. Vor Erörterung der Einzelheiten der Arznei-
mittelsterilisation sei auf einige Punkte hingewiesen, die für diese
von allgemeiner Wichtigkeit sind. Insbesondere sei nochmals
gesagt, daß gespannter Dampf dem strömenden Dampf meist

---

[1] BARONI: Giorn. farmac. Chim. **1927,** Nr 66, 76, 93. — ISSOGLIO:
Giorn. farmac. Chim. **1927,** Nr 76. — MATTHEUS: Pharm. Z. **1931,** 1155.
[2] BRUÈRE: Bull. des docteurs en Pharm. Nov. 1926, Nr 6.
[3] FISCHER u. HORKHEIMER: Pharm. Z. **1928,** Nr 73, 78.

vorzuziehen ist. Steht die erstere Dampfart nicht zur Verfügung, oder verträgt ein zur Sterilisation vorliegendes Arzneimittel keinen gespannten, wohl aber strömenden Dampf, so läßt man, falls genügend Zeit zu Gebote steht, letzteren statt einmal $1/_2$ Stunde besser an drei aufeinanderfolgenden Tagen je $1/_4$ Stunde einwirken, um mit einem höheren Grade von Sicherheit Keimfreiheit zu erreichen. Sind Arzneimittel zu sterilisieren, die gegen Glas sehr empfindlich sind, so benutzt man, wenn nicht Sterilisationsgefäße von hartem, möglichst alkalifreiem Glas vorhanden sind, besser ungespannten Dampf, da der zersetzende Einfluß des Glasalkalis im gespannten Dampf beträchtlich größer ist.

Es ist ferner anzuraten, für die Aufnahme zu sterilisierender Arzneimittel vorher bereits keimfrei gemachte Eng- und Weithals-gläser mit Kunststoff-Schraubverschluß und Gummieinlage in gangbaren Größen vorrätig zu halten. Ebenso ist für die wäßrigen Arzneizubereitungen schon zuvor sterilisiertes Wasser zu ver-wenden. Lediglich in dem Falle, daß für die Sterilisation von Ge-fäß nebst Inhalt die direkte Einwirkung des gespannten Dampfes in Frage kommt, dürfen diese beiden Vorsichtsmaßregeln außer acht gelassen werden. Bei der Wasserdampfsterilisation kann man nämlich den Dampf entweder zur direkten Einwirkung auf die Arzneimittel in die Sterilisationsgefäße selbst eintreten lassen oder die Gefäße völlig geschlossen in den Dampfsterilisator bringen, so daß nicht der Dampf als solcher, sondern nur die durch ihn erzeugte Hitze die Sterilisationskraft äußert. Ersteres Verfahren, das immer den Vorzug verdient, wenn die chemische und physi-kalische Beschaffenheit der Arzneimittel es zulassen, ist nicht anwendbar z. B. bei weingeistig-wäßrigen Flüssigkeiten und bei Alkaloidlösungen, denen geringe Mengen Phenol oder Thymol zugesetzt sind, ferner bei Lösungen von Jod in Jodkaliumlösung, weil durch die Einwirkung des Dampfes die flüchtigen Substanzen aus den nicht luftdicht geschlossenen Gefäßen entweichen. Auch trockene Arzneimittel vertragen vielfach eine direkte Dampf-einwirkung nicht. Als Beispiel hierfür seien die Stärkemehle ent-haltenden Pulver genannt, bei denen durch die Feuchtigkeit des Dampfes eine Verkleisterung der Stärkesubstanz erfolgt. Fett-körper setzt man dem Dampf gleichfalls nicht gern direkt aus, damit sie kein Wasser aufnehmen und vor Zersetzung bewahrt bleiben. Man muß sich aber klar darüber sein, daß ein mit einer wäßrigen Flüssigkeit beschicktes, völlig geschlossenes Gefäß beim Erhitzen über 100° als ein kleiner Autoklav anzusehen ist, in dessen Innerem durch die von außen auf das Gefäß wirkende Dampfhitze gespannter Dampf aus dem vorhandenen Wasser der

Lösung erzeugt wird. In diesem Falle macht es also keinen erheblichen Unterschied, ob die Sterilisationswirkung des Dampfes eine direkte oder indirekte, lediglich auf Erhitzung beruhende ist. Etwas wird die Intensität der inneren Dampfwirkung durch die im Gefäße vorhandene Luft beeinträchtigt. Man kann die Erhitzung eines solchen Gefäßes statt im gespannten Dampf auch im Luftsterilisator vornehmen. Aus praktischen Gründen erhitzt man aber lieber im Dampf, und zwar deshalb, weil weniger mit einem

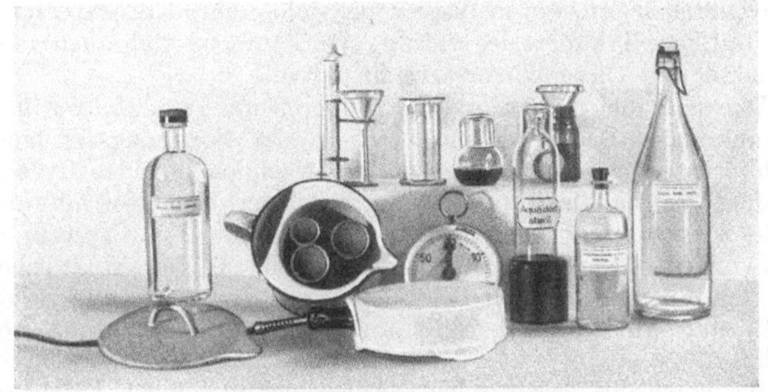

Abb. 80.   Gerätschaften zur Sterilisation.

Obere Reihe von links: Gestell mit bedecktem sterilem Trichter und Reagensglas, Zylinder mit sterilen Filtern, bedeckte Kölbchen und Kunststoffverschlußflaschen mit Trichter.
Untere Reihe: Literflasche mit sterilem Wasser, Dahlener Doppeltopf mit Sterilisationsgut, Heizplatte, Kurzzeitmesser, SCHOTT-Flasche in Holzfuß mit Glaskappe, Flasche mit Gummistopfenverschluß, Flasche mit RAUPERT-Verschluß.

Zerspringen der Glasgefäße zu rechnen ist. Es wirkt dann der auf der inneren Glaswandung lastende Dampf- bzw. Luftdruck dem von außen wirkenden Druck des das Gefäß umgebenden gespannten Dampfes entgegen.

Für zusammengesetzte Arzneimittel erweist sich, was bei der Auswahl der Sterilisationsmethode zu berücksichtigen ist, eine mit Erhitzung verbundene Sterilisation deshalb zuweilen als nicht ausführbar, weil die darin enthaltenen chemischen Stoffe bei hoher Temperatur zueinander in Reaktion treten.

Vereinzelte Arzneizubereitungen können, da sie hohe Temperaturen nicht vertragen und keine klaren Flüssigkeiten sind, weder durch heiße Luft oder Dampf, noch durch Filtration mit Hilfe der Kerze keimfrei gemacht werden. Wenn für diese Mittel auch die Tyndallisation nicht angewandt werden kann, weil es an der dafür erforderlichen Zeit fehlt oder selbst ein mäßiges Erhitzen unzulässig ist, dann ist eine regelrechte Sterilisation überhaupt nicht angängig. In diesen Fällen benutzt man das sog. *aseptische Arzneizubereitungsverfahren*, um mit möglichst großer Sicherheit Keimfreiheit des steril verlangten Medikamentes zu erreichen.

Es empfiehlt sich, die zur Sterilisation notwendigen Gerätschaften bei der Rezeptur bequem zur Hand zu haben und in einem Schränkchen oder unter einer Glasglocke aufzubewahren (Abb. 80). Auch ein Kurzzeitmesser zur Kontrolle der Sterilisationszeiten ist unentbehrlich.

Wie bereits erwähnt, sind sterilisierte Kunststoffverschlußflaschen mit sterilisiertem Wasser, physiologischer Kochsalzlösung und 50%iger Traubenzuckerlösung, bei häufigem Gebrauch auch Glyzerin und Olivenöl vorrätig zu halten.

Wie man bei der aseptischen Zubereitung zu verfahren hat, sei an einem Beispiele, und zwar an der Bereitungsart einer Jodoformglyzerin-Suspension erörtert: Nachdem man das Glyzerin in einer Weithalsflasche im Dampf sterilisiert hat, gibt man das Jodoform bei einer Temperatur von etwa 40^0 dem Glyzerin zu und verteilt es durch Schütteln gleichmäßig. In der Praxis sehen wir von einer besonderen Behandlung des Jodoforms mit Sublimatlösung ab. Dasselbe gilt auch für die Herstellung von Jodoformöl.

Bezüglich des „aseptischen" Abwiegens in solchen Fällen sei noch bemerkt, daß die Waagschalen zunächst durch einen mit Weingeist, dann durch einen mit Äther getränkten sterilen Wattebausch zu reinigen sind. Besser als dieser Notbehelf ist die Benutzung von Waagen mit durch Abflammen leicht zu sterilisierenden Schalen aus Metall. Hierfür sehr geeignete Waagen bringt die Aktiengesellschaft Wenderoth, Kassel, in den Handel. Von den an feinen Kettchen hängenden Reinnickelschalen dieser Waage ist die eine mit einem schnabelförmigen Ausguß versehen, mit Hilfe dessen man die abgewogene Substanz direkt in das Arzneigefäß einfüllen kann.

Für die Rezeptur sind als Glasgeräte weiter vorrätig zu halten einige mit Glaskappen bedeckte Erlenmeyer von verschiedener Größe (etwa 50, 100 und 150 cm³). Bei Ordination einer keimfreien Lösung wird das vorrätige sterilisierte Wasser nochmals aufgekocht und die Substanz (oder deren konzentrierte Lösung) in das kochende oder, ihrem thermischen Verhalten entsprechend abgekühlte Wasser eingetragen. Die Entfernung etwa suspendierter Teilchen geschieht durch sterile, mit einem Wattefilterchen versehene Trichter, die gleichfalls steril unter einer Glasglocke zur Benutzung bereitstehen, oder mit Hilfe der bekannten SCHOTT-Glasfilter (es genügt hierfür das Filter 3 G 3). Zur Aufnahme des

Filtrates dienen die schon erwähnten vorrätigen sterilisierten Kunststoffverschlußgläser[1]. Selbstverständlich kann man auch hier nur von einer „aseptischen Herstellung" sprechen. Eine „Entkeimung" im wissenschaftlichen Sinne ist es nicht, sondern nur ein weitgehendes Fernhalten von Keimen, wie es für die meisten therapeutischen Zwecke ausreicht. Das zur Verwendung kommende Arzneimittel (z. B. Atropin. sulfur., Physostigm. salicyl.) kann man in heißer konzentrierter Lösung oder auch in Substanz zufügen. Die zur Lösung gebrauchten Mengen tyndallisiert vorrätig zu halten, wie früher empfohlen wurde, dürfte für die Rezepturpraxis zu umständlich sein.

Bei medikamentösen Lösungen, die eine Temperatur im Autoklaven von 120° aushalten und häufiger ordiniert werden, kann man den Siko-Topf (s. Abb. 66) oder einen kleinen Autoklaven bevorzugen.

Daß man bei der Trocken- und Dampfsterilisation den Beginn der Sterilisationsdauer von dem Zeitpunkt an rechnet, an dem das Thermometer die in Frage kommende Sterilisationstemperatur anzeigt, und daß man die Sterilisationsgefäße erst, nachdem sie ziemlich erkaltet sind, aus dem Sterilisationsapparat herausnimmt, mag hier auch noch hervorgehoben werden.

2. Flüssige Arzneizubereitungen, die zur Sterilisation in Betracht kommen, enthalten die wirksamen arzneilichen Substanzen meist in Wasser, seltener in Äther, Glyzerin, fetten Ölen, flüssigem Paraffin oder Vaselinöl gelöst oder suspendiert. Es erscheint daher zweckmäßig, zunächst die Sterilisation dieser Flüssigkeiten zu besprechen.

Destilliertes Wasser. Je nach der Verwendung des Wassers zu pharmazeutischen und chemischen Zwecken sind verschieden hohe Anforderungen an dessen Reinheit zu stellen. Auch von der Beschaffenheit des Trinkwassers fordert ja die Gesundheitspflege bestimmte Eigenschaften, und das Gelingen vieler Prozesse in der Technik ist von der Reinheit des verwendeten Wassers abhängig. Die größten Anforderungen werden an das sog. Leitfähigkeitswasser gestellt.

Während früher für Heilzwecke in den meisten Fällen Brunnenwasser, Aqua fontana, benutzt wurde und auch heute noch ohne Schädigung der wirksamen Stoffe verwendet werden könnte, fordert das DAB. in der 6. Ausgabe immer destilliertes Wasser; für Desinfektionszwecke hingegen ist natürlich gewöhnliches Wasser zulässig.

---

[1] Vgl. S. 180.

Eine weitergehende Reinheit des destillierten Wassers, als vom DAB. verlangt wird, ist durch die sero- und chemotherapeutischen Aufgaben der Neuzeit bedingt. Es ist selbstverständlich, daß das in Apotheken und Laboratorien stehende Wasser nicht für Injektionen verwendet werden kann. Von jedem Wasser, das für intramuskuläre oder intravenöse Zwecke Verwendung finden soll, ist nicht nur eine weitergehende chemische Reinheit zu fordern, sondern es muß auch auf das Sorgfältigste entkeimt sein; und zwar genügt es nicht, etwa vorhandene Keime abzutöten, das Wasser muß vielmehr auch von Bakterienleichen frei sein. Diese biologischen Forderungen haben die Technik angeregt, eine große Anzahl Apparate in den Handel zu bringen. Im wesentlichen ist das Prinzip der alten Destillationsapparate, wie sie in den Apotheken seit Jahrhunderten benutzt werden, nicht viel verändert, denn die alten Apotheker und Chemiker destillierten das Wasser stets in der Weise, daß der erste Teil des Destillates verworfen wurde, während der letzte Teil unbenutzt in der Retorte verblieb. So können bei sorgfältiger Handhabung die alten und neuen Destilliervorrichtungen der Apotheken auch zur Gewinnung des Wassers für sero- und chemotherapeutische Zwecke verwendet werden. Es ist hierbei nur die Vorsicht zu empfehlen, den Wasserdampf 10—15 Min. ungekühlt durch den Kühler streichen zu lassen und an der Abflußöffnung des Kühlrohres einen glockenartigen Vorstoß anzubringen, so daß das Destillat, in eine vorgelegte sterilisierte Flasche gelangend, vor den Schwebeteilchen der Atmosphäre geschützt wird. Um ein Überspritzen aus der Retorte zu verhüten, kann man zwischen Helm und Kühler ein Stück lose gewebte Baumwolle einfügen. Wird das so gewonnene Wasser nun sofort sterilisiert, und werden die Flaschen alsdann keimdicht verschlossen, so ist es als geeignet für intravenöse Zwecke anzusehen. Selbstverständlich hat sich der Apotheker davon zu überzeugen, daß die Destillationsanlage keine Spur von Metallen an das Destillat abgibt. Besonders handelt es sich hierbei um den Nachweis von Kupfer, der am besten kolorimetrisch in etwa 40—50 cm hohen Zylindern mittels Ferrocyankaliums nach Ansäuern mit Essigsäure zu führen ist. Es ist auch vorgeschlagen worden, eine größere Menge Wasser durch Watte zu gießen und diese zu Reaktionen auf Metalle zu benutzen.

In kleinen Betrieben werden aber die Destillationsanlagen nur selten benutzt, daher ist es ratsam, das Wasser für intravenöse Zwecke in einem kleinen Apparat frisch zu destillieren, der in der Offizin oder in deren Nebenraum aufgestellt werden kann. Eine

Reihe derartiger Apparate, die bezüglich ihrer Konstruktion
einander alle mehr oder weniger ähnlich sind, ist in den
Verzeichnissen unserer Glasapparate-Industrie zu finden. Es
läßt sich aber auch mit Benutzung der einfachen Untersuchungs-
apparate der Apotheke eine völlig ausreichende Destillations-
einrichtung zusammenstellen. So genügen ein Rund- oder Erlenmeyerkolben, ein LIEBIGscher Kühler und zwei auswechselbare
Kugelerlenmeyer, die mit eingeätzten Marken für 100 und 200 cm³

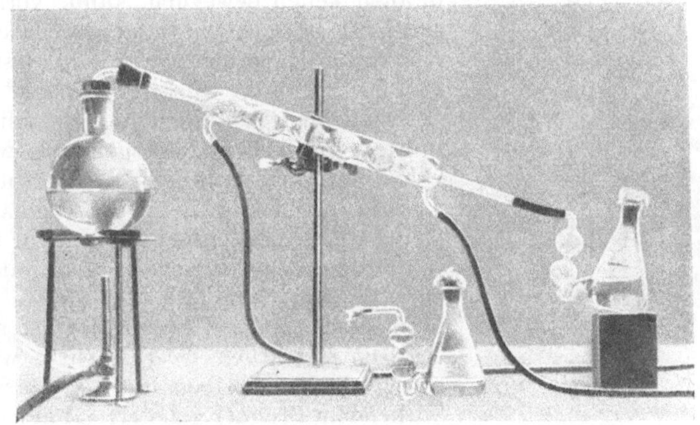

Abb. 81. Einfacher Apparat zur Herstellung destillierten Wassers.
Aufgenommen im Laboratorium des Verfassers.

versehen sind (Abb. 81). Das Eindringen von Luftkeimen kann
man am besten durch sterile Watte oder Glaskappe verhindern.
Unter Anwendung eines Destillationsvorstoßes mit angeschmol-
zener übergreifender Glasglocke ist es auch leicht möglich, gleich
in die zur Abgabe bestimmten — vorher natürlich sterilisierten —
Flaschen zu destillieren. Schließlich kann man auch unter Verwendung einer besonderen Apparatur das Destillat in Ampullen
auffangen. Zur Aufbewahrung von Vorräten sterilen destillierten Wassers seien Flaschen mit RAUPERT- oder Gummistopfenverschluß (s. S. 172) empfohlen. Die Aufbewahrung derartiger
Flaschen geschieht am besten in trockenen, kühlen Räumen. Will
man ganz sicher sein, so kann man Ampullen von 100 cm³ oder
mehr Inhalt verwenden, die man vor dem Zuschmelzen nochmals
sterilisiert. Der in Abb. 82 gezeigte Apparat hat den Vorteil, daß
er vollständig aus Jenaer Geräteglas hergestellt wird, deshalb sehr
widerstandsfähig ist und keine Schliffverbindungen hat. Er kann

selbsttätig gespeist werden und liefert je Stunde 1 Liter Aqua destillata.

Einen weiteren selbsttätigen Wasserdestillationsapparat nach Dr. STADLER liefert das Jenaer Glaswerk Schott & Gen. Kolben und Kühler von Jenaer Geräteglas 20 sind in einem neuartigen Pendelstativ drehbar aufgehängt (Abb. 83).

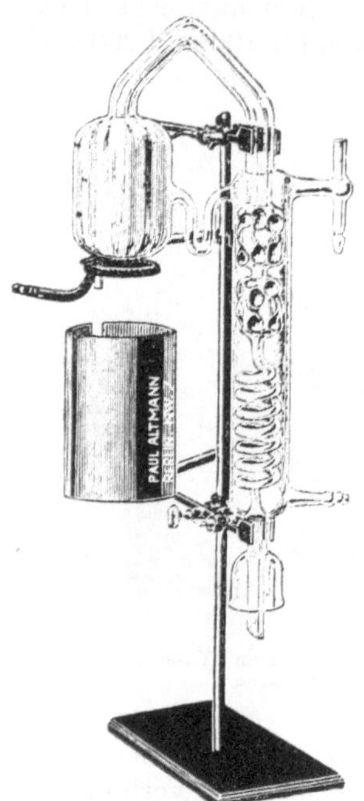

Abb. 82. Destillationsapparat der Firma Fr. Bergmann & P. Altmann KG., Berlin NW 7.

Ein sehr zweckmäßiger Apparat wurde von H. J. FUCHS [1] beschrieben (Abb. 84). Er ist ganz aus Jenaer Glas, in allen Teilen beweglich, kann, vorher sorgfältig ausgekocht und sterilisiert, dauernd in Gebrauch bleiben und destilliert je Stunde $^1/_2$—2 Liter Wasser [2].

Schließlich sei noch der Destillierapparat nach Dr. KATZ genannt, welcher von der Firma Fr. Hugershoff, Leipzig, angefertigt wird. Er ist, da er wenig Raum beansprucht, nicht nur für die Offizin der Apotheke, sondern auch für das Sprechzimmer des Arztes zu empfehlen. Seine Konstruktion ist aus Abb. 85 ersichtlich. Der Apparat wird auch mit Rundkolben und mit stärker wirkendem Brenner geliefert. Man kann mit ihm in 16 Min. 100 cm³ Wasser destillieren.

Für höchste Ansprüche werden Apparaturen aus Quarzglas, die mit einem Tauchsieder — ebenfalls aus Quarz — geheizt werden, verwendet. Solches destilliertes Wasser erfüllt alle Anforderungen.

Die einfachste Art der Erfüllung der täglichen Forderung in der Praxis für keimfreies oder wenigstens keimarmes Wasser an der Rezeptur für Injektionen und Augenwässer ist die Benutzung der SCHOTTschen Flaschen mit Glaskappe, geeignete Größe 250 cm³ [3]. Mit RAUPERT-Verschluß können passende Flaschen auf Ordination dispensiert werden. Bekanntlich können sie,

---

[1] FUCHS, H. J.: Bioch. Z. **190**, 241 (1927).

[2] Einen einfachen Destillierapparat mit Wassernachlauf und Wärmeschutz an den Destillationskolben liefert die Firma Rudolf Walter Fritsch, Berlin NO 55.

[3] STICH: Pharm. Z. **1931**, 1157. — Dtsch. med. Wschr. **1942**, Nr 17, 431.

vorher mit kochendem Wasser ausgespült, mit destilliertem
Wasser oder physiologischer Kochsalzlösung gefüllt und auf
jeder erhitzten Platte, also auch unter den primitivsten Verhältnissen, sterilisiert werden. In der Rezeptur ist so mit billigsten
Mitteln immer sterilisiertes Wasser vorhanden. Größere Flaschen

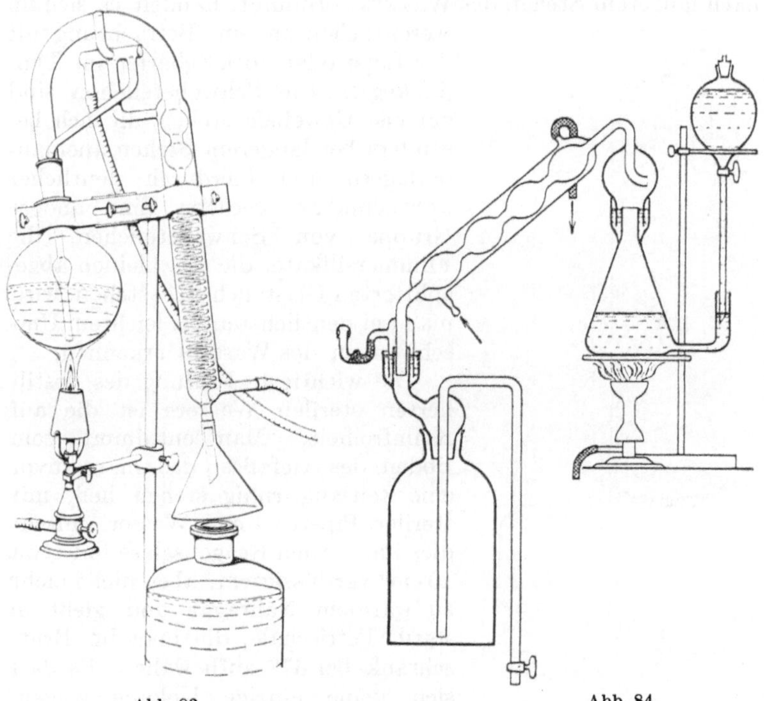

Abb. 83.   Abb. 84.

Abb. 83. Wassersterilisationsapparat nach Dr. STADLER. Hersteller: Jenaer Glaswerke
Schott & Gen.
Abb. 84. Destillierapparat aus Jenaer Glas.

sind wegen des längeren Gebrauches nicht zu empfehlen, auch
nicht wegen des größeren Wasserwertes der notwendigen dickeren
Flaschenwand.

In Ampullen abgefülltes steriles Wasser, das unter aseptischen Kautelen destilliert wurde, kommt in den Handel:
Dr. Fresenius, KG., Bad Homburg v. d. Höhe.

Die *Prüfung des destillierten sterilen Wassers* hat sich weniger
auf dessen chemische Beschaffenheit zu beziehen als vielmehr
auf die bei der Benutzung zu intravenösen Infusionen bedenklichen

Schwebeteilchen und besonders auf den Nachweis der Keimfreiheit.
Von den chemischen Prüfungen des DAB. kann noch die Kaliumpermanganat-Probe, aber mit 10 Min. langem Erhitzen in Frage
kommen (organische Stoffe).

Bei der Prüfung auf Schwebeteilchen, die man am besten
nach längerem Stehen des Wassers vornimmt, handelt es sich im
wesentlichen um eine Betrachtung mit
der Lupe oder noch schärfer im Tyndallkegel. Die Schwebeteilchen sind
zumeist Gewebefäserchen, die sich besonders bei längerem Stehen aneinanderlagern und hierdurch deutlicher
wahrnehmbar werden. Eine andere
Gruppe von Schwebeteilchen, die
Flimmersilikate, die aus kleinen abgesplitterten Glasteilchen bestehen, wird
man am deutlichsten bei leichtem Umschwenken des Wassers erkennen.

Die wichtigste Prüfung des destillierten sterilen Wassers ist die auf
Keimfreiheit. Man entnimmt vom
Boden des Gefäßes, das man zuvor
eine Zeitlang ruhig stehen ließ, mit
steriler Pipette 1 cm³ Wasser, mischt
dies im sterilen Reagensglase mit etwa
10 cm³ verflüssigtem, aber nicht mehr
zu warmem Nähragar und gießt in
sterile Petrischale, die man im Brutschrank bei 37⁰ aufbewahrt. Es darf
sich keine einzige Kolonie zeigen.
Würde man statt Agar Gelatine verwenden, so könnte man die Schale
nicht bei 37⁰ prüfen, was aber erforderlich ist, um etwa vorhandene pathogene

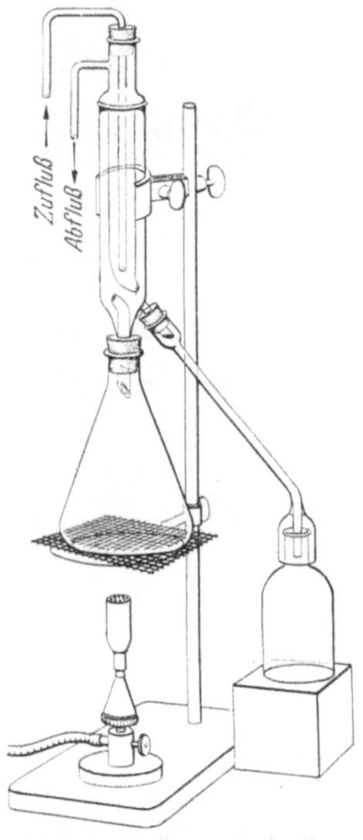

Abb. 85. Destillierapparat nach
Dr. KATZ.

Keime zum Wachstum zu veranlassen. Man kann aber neben
dem Agarversuch noch einen solchen mit Gelatine ansetzen.

Schutzkörper für flüssige Arzneizubereitungen. Es handelt sich
hier um den Zusatz von Substanzen, die zumeist geeignet sind, die
pharmakologische Wirkung der Arzneikörper zu erhalten oder
deren Abnahme zu vermindern. Viele von ihnen sind also in
gewissem Sinne hemmende Katalysatoren, insofern, als sie den
Ablauf gewisser chemischer Reaktionen verzögern. Der Zusatz
derartiger Substanzen ist dem Apotheker zu überlassen, soweit

nicht Mengen in Betracht kommen, deren physiologische Wirkung zu berücksichtigen wäre. Alsdann ist die Zubereitung natürlich nur mit Einverständnis des Arztes zu machen.

Zu diesen Schutzkörpern gehören:

1. Zur Neutralisation des Glasalkalis Zusätze von äußerst geringen Säuremengen, wozu $n/_{1000}$ oder $n/_{500}$ Salzsäure geeignet sind, das ist 1 oder 2 cm³ $n/_{10}$ Salzsäure auf 100 cm³ destilliertes Wasser. Dieser Zusatz kann, besonders wenn es sich um subkutane Injektionen handelt, ohne Bedenken gegeben werden, da der Gehalt äußerst gering ist: 1 cm³ = 0,0365 mg bzw. 0,073 mg HCl. Solche Werte sind natürlich zu vernachlässigen und werden übrigens noch vermindert durch das fortgesetzt vom Glase abgegebene Alkali. Salzsäure ist besonders zu bevorzugen, weil sie durch den Alkaligehalt des Blutes sofort zu unschädlichen Substanzen neutralisiert wird. Auch sind bei ausgedehnter klinischer Erfahrung niemals schädliche Wirkungen beobachtet worden.

2. Eine andere Gruppe von Zusätzen bezieht sich auf die besonders bei längerer Aufbewahrung erscheinenden kristallinischen und amorphen Ausscheidungen, die zumeist auf hydrolytischen Spaltungen beruhen. Solche Ausscheidungen könnten natürlich bei subkutaner und ganz besonders bei intravenöser Applikation nicht ungefährliche Reaktionen auslösen. Zu diesen Zusätzen gehören kolloidale Substanzen, wie Schleim (Tragant, Gummi, Quittenschleim u. a.) und eiweißartige Stoffe (Albumosen, Asparagin). Die praktische Pharmazie kennt von jeher als solche konservierende Substanzen Äthylalkohol und Glyzerin, wie sie auch als Lösungsmittel für die Extrakte des DAB. aufgenommen wurden. Auch die Technik macht vielfach Gebrauch davon. Es sei hier nur die Pantoponlösung erwähnt, die 10% Alkohol und 20% Glyzerin enthält. Ferner sind als Konservierungsmittel Zuckerarten (Traubenzucker, Mannit usw.) gebräuchlich, als deren weitere wertvolle Eigenschaft ihr schwaches Reduktionsvermögen zur Geltung kommt, wenn es sich um leicht oxydierbare Substanzen handelt.

3. Bei der Aufbewahrung sterilisierter wäßriger Lösungen ist die Abwehr von Keimen, wie schon eingehend erörtert wurde, von größter Bedeutung; denn es ist besonders bei der Herstellung der Lösungen, auch wenn diese in zuvor sterilisierten Gefäßen vorgenommen wird, nicht ausgeschlossen, daß mit den Schwebeteilen der Luft gelegentlich Keime hineingelangen. So ist es auch verständlich, daß die staatlichen Verordnungen, auf die Entwicklung zugetretener Keime Rücksicht nehmend, für die in Ampullen vorrätig gehaltene physiologische NaCl-Lösung

völlige Klarheit vorschreiben. Natürlich muß bei intravenösen Applikationen vermieden werden die Keimentwicklung ausschließende Substanzen zuzufügen. Für subkutane Zwecke hingegen dürften ohne Gefahr gewisse Zusätze gestattet sein, die eine ausreichende Sicherheit für die Erhaltung der Keimfreiheit gewähren. Hierher gehören die schon genannten Alkohole (Äthylalkohol, Glyzerin). Ein außerordentlich wertvolles Konservierungsmittel ist das Chloroform (0,5:100 oder, für subkutane Injektionen, 0,1:100). Auch das DAB. nimmt darauf Rücksicht, aseptisch hergestellte Lösungen vor der Entwicklung von Keimen zu schützen, und zwar schreibt es ausdrücklich vor, daß Tuberkulinverdünnungen mit 0,5%iger Phenollösung zu benutzen sind. In demselben Verhältnis finden wir Phenol auch im Diphtherieserum, das in Dosen bis 18 cm³ (= 0,09 g Phenol) verabreicht wird [1]. Die Morphiumlösungen der Kliniken enthalten ebenfalls häufig 0,5% Phenol. Auch für Suprareninlösungen gestattet das DAB. Konservierungsmittel (Thymol u. a.). Die englische Adrenalinlösung enthält 0,5% Chloreton (1 cm³ = 5,0 mg), und BRAUN gibt für die der englischen ähnliche Adrenalinlösung 5 Tropfen verflüssigtes Phenol auf 100 cm³ an (s. S. 194) [2]. Die Höchster Farbwerke setzen ihren Suprareninlösungen 0,5% tertiären Trichlorbutylalkohol und Spuren Salzsäure (1 cm³ n/₁ HCl : 1000) zu, und ALTER-LINDENHAUS verwendet bei Spritzlösungen für intramuskuläre Zwecke mit 50%igem Alkohol hergestellte medikamentöse Lösungen, z. B. 3% Morph. hydrochl., 10% Coffein.-Natrium salicyl., 25% Pyramidon. Gegen die Entwicklung von Keimen dürfte auch ein Zusatz von Nipagin-Natrium 1:1000 wertvoll sein (vgl. S. 155).

Äther wird meist als keimfrei angesehen. Will man ihn sterilisieren, so kann die Filtration durch die Kerze oder das SCHOTT-Filter in Betracht kommen.

Glyzerin ist am besten durch direkte Einwirkung gespannten oder ungespannten Dampfes steril zu machen. Wenn es darauf ankommt das Glyzerin vor Aufnahme auch nur geringer Wassermengen zu schützen, so wird man die Sterilisation in geschlossenen Gefäßen vornehmen.

Fette Öle. Die pharmazeutisch benutzten fetten Öle enthalten vielfach kleinere oder größere Mengen freier Fettsäuren, wie Öl-

---

[1] JOCHMANN: Lehrbuch der Infektionskrankheiten, 2. Aufl., S. 452. Berlin: Springer 1924.

[2] Vgl. LÜHR u. RIETSCHEL: Herstellung von sterilen Adrenalinampullen und ihre Untersuchung auf chemischem und pharmakologischem Wege. Pharm. Zentralh. **1938, 194.**

und Arachinsäure [1]. Diese sind natürlich in ihrer Beimengung bei öligen Injektionen zu unterscheiden von den flüchtigen Säuren, welche die Ranzidität der Fette ausmachen. Letztere reizen injiziert, erstere nicht. Ranzige Fette wird man überhaupt meiden und nicht erst reinigen.

Am besten sterilisiert man die fetten Öle durch 2stündiges Erhitzen auf 120⁰ in vorsterilisierten Kunststoffverschlußgläsern im Heißluftsterilisator und verschließt die Gefäße nach dem Erkalten durch festes Andrehen der Kappe. Von einer Sterilisation des Öls durch Wasserdampf raten wir ab.

Um eine feste Abscheidung der dem Öl beizumischenden Pulver am Gefäßboden zu vermeiden, kann man in geeigneten Fällen diese mit sterilem Wasser oder $1^o/_{oo}$iger Sublimatlösung anreiben und dann das keimfreie Öl allmählich zusetzen, so daß eine emulsionsartige Mischung entsteht.

Paraffin und *Vaselinöl* werden wie fette Öle durch Erhitzen entkeimt, doch sind für diese auch höhere Temperaturen (bis 200⁰) zulässig. Wenn, was vorausgesetzt wird, die beiden Flüssigkeiten den vom DAB. verlangten Reinheitsgrad haben, erübrigen sich die in der Literatur für sie angeführten Reinigungsmethoden. Keimfreies Paraffin wird auch jetzt noch bisweilen für die Herstellung gewisser Salvarsanpräparate benutzt.

Seltener werden *Diäthylamid*, *Diacetylamid*, *Propylenglykol* und *Äthylenglykol* als Lösungsmittel verwendet.

Was vorher bezüglich des Wassers als zweckmäßig bezeichnet wurde, nämlich für die Zubereitung zu sterilisierender wäßriger Lösungen möglichst bereits keimfrei gemachtes Wasser zu benutzen, gilt in analoger Weise auch für mit Paraffin und Öl bereitete Lösungen bzw. Suspensionen.

In Apotheken, in denen häufiger Injektionen mit Öl oder Paraffin anzufertigen sind, empfiehlt es sich, diese Flüssigkeiten sterilisiert in 20—50 g-Kunststoffverschlußflaschen vorrätig zu halten.

Als Ergänzung zu der Sterilisation flüssiger Arzneimittel sei darauf hingewiesen, daß auch einige Normallösungen, wie Säuren, durch Sterilisation haltbar zu machen sind, was besonders für kleinere Betriebe von Vorteil ist. Eine Änderung des Titers ist bei der Sterilisation nicht zu befürchten.

Ganz spezielle Regeln für die Arzneisterilisation lassen sich in Anbetracht der großen Zahl der Arzneimittelkombinationen, die für Lösungen, Gemische, Suspensionen, Salben usw. gelegentlich sterilisiert verordnet werden, nicht geben. Unter Berücksichtigung

---

[1] Stich: Pharm. Zentralh. **1942, 433.**

der allgemeinen Gesichtspunkte und Benutzung der folgenden tabellarischen Zusammenstellung, in der für eine große Zahl flüssiger Arzneizubereitungen zweckmäßige Sterilisationsverfahren angegeben sind, dürfte es aber nicht schwer sein, auch bei mehrfach zusammengesetzten Arzneimitteln den richtigen Weg zur Entkeimung einzuschlagen.

Die in der Tabelle für die gebräuchlichen Mittel gegebenen Sterilisationsvorschriften stützen sich zumeist auf eigene Erfahrung, die begründet ist durch Beobachtung der therapeutischen Wirkung in Leipziger Kliniken und in der allgemeinen ärztlichen Praxis, ferner auf Angaben, die uns von der für die Fabrikation der Mittel in Betracht kommenden chemischen Großindustrie gemacht wurden, teils auch auf die vorliegende bezügliche Literatur.

Wenn sich auch bei einer Reihe flüssiger Arzneizubereitungen gewisse Sterilisationsverfahren einwandfrei bewährt haben, so gibt es doch viele, bei denen in Hinblick auf ihre labile Konstitution die Auffassungen bezüglich der anzuwendenden Entkeimungsmethode verschieden sind. Diese Verschiedenheit der Auffassung erstreckt sich ganz besonders auf die zur Entkeimung oder zur Erhaltung der Keimfreiheit benutzten Schutzkörper, von denen sich für die zu subkutanen Injektionen bestimmten Arzneikörper von jeher einige ohne Nebenwirkungen bewährt haben und auch von den Medizinern unbedenklich verwendet worden sind. (Siehe über Schutzkörper für flüssige Arzneizubereitungen S. 188.)

Tabelle zweckmäßiger Sterilisationsarten flüssiger Arzneizubereitungen [1].

Die Wahl der Sterilisationsart ist für den Wissenschaftler und Praktiker verschieden. Kosten und Zeit kommen bei der wissenschaftlichen Richtung nicht in Betracht, wohl aber bei der praktischen Arbeit in der Apotheke. Für eine einwandfreie Herstellung steriler flüssiger Arzneizubereitungen sind wesentliche Forderungen biologische Kritik der Mikroflora, Kenntnis des thermischen Verhaltens des zu lösenden Arzneikörpers, Benutzung von sterilen Lösungsmitteln, sterile Gefäße und Verschlüsse, eventuell sterile Filtration, worüber an den einzelnen Stellen des Buches eingehend gesprochen ist.

Die Meinungen auf diesem Gebiete werden vielfach verschieden sein. Hervorzuheben ist, daß die Erfahrung der jahrelangen Praxis

---

[1] Zur Chemo-, Enzym- und Antibiotica-Therapie ist zu sagen, daß die Sterilisation und Ampullenfüllung nach den heutigen Erfahrungen in der Praxis des Apothekers noch nicht einwandfrei zu behandeln sind.

als bester Lehrmeister gilt, und daß die Arbeiten bei möglichst geringem Zeitaufwand auszuführen sind.

Bei alledem sei deshalb die berufliche mens sana und die überprüfte Beurteilung, wie sie vielfach von der theoretischen Erkenntnis abweichen, maßgebend, besonders hinsichtlich der Wärmeresistenz, da Autoklaven nicht immer vorhanden sind.

Die Forderung der Sterilisation unter Druck bei 120⁰ im Autoklaven ist anzuerkennen, soweit sie sich in der Praxis mit den Kosten der Apparatur und dem Zeitaufwand vereinbaren läßt.

Doch man kann sich der biologischen Erkenntnis nicht verschließen, daß der Dauer von 8 Min. bei 120⁰ eine längere Dauer bei 115⁰ im Sinne des DAB. gleichzusetzen ist. Bei fehlendem Autoklaven kann strömender Dampf bei 100⁰ verwendet werden, dessen Dauer nach Art des Sterilisationsgutes und der Gefäßwand zu ermessen wäre. Auch in diesen Fragen sind die berufliche Einsicht und das Experiment maßgebend.

Eine neuere Richtlinie zur Entkeimung ist die Benutzung *schnell passierenden Dampfstromes*. Erprobungen an einer neuartigen Versuchsapparatur zeigten, daß gesteuerter Dampfstrom gute Abtötungserfolge zeitigt und damit für die Entkeimung die gleichen Vorteile bietet wie gesteuerte Heißluft für die Entwesung. Gesättigter Dampf von 100⁰ tötete bei einer Strömungsgeschwindigkeit von 5 m/sec in 1 Min. regelmäßig alle vegetativen Keime. Hoffmannsporen, deren Widerstandsfähigkeit wesentlich größer als die der Milzbrandsporen ist, waren schon nach längstens 5 Min. abgestorben [1].

Bezüglich der Verbreitung hochwärmeresistenter Sporen muß zugegeben werden, daß diese nur bei seltenen Zufällen durch Invasion der Luftkeime in die präparative Arbeit gelangen und so praktisch zu übersehen sind, vergleichbar mit ähnlichen Zufällen bei der Injektionstechnik und bei der Schwierigkeit der Hautdesinfektion.

Lösungen für Injektionszwecke werden in Abweichung vom DAB. 6 stets nach Volumprozenten hergestellt und nicht nach Gewichtsprozenten. Der Arzt ist es gewohnt, Einspritzungen nach der Menge des Wirkstoffes in Kubikzentimetern zu dosieren. Dies ist besonders bei konzentrierten Lösungen zu beachten (s. S. 231).

---

[1] TCP-Einheitsgerät. Prof. Dr. K. W. CLAUBERG: Höhere Wirtschaftlichkeit der Dampfstromdesinfektion im Krankenhausbetrieb durch das neue TCP-Einheitsgerät. (Dtsch. Gesdhwes. 1, H. 9, 243) Hersteller bislang die Firma John AG., Erfurt.

Literatur.

CAZZANI: Ipodermoterapia, 2. Aufl. Mailand: Industrie Grafiche italiane Stucchi 1939.
LÜHR u. GUTSCHMIDT: Dt. Apoth.-Ztg. **1938**, 146, 161, 172.
RAPP: Pharm. Z. **1930**, 833, 1288. — Süddtsch. Apoth.-Ztg. **1931**, 238.
WIMMER, G.: Apoth.-Ztg. **1931**, 343.

Abkürzungen: *L.* = Lösungs- oder Verteilungsmittel.
Ster. = Sterilisationsmethode.

Die gebräuchlichsten Lösungsmittel mit Schutzkörpern, die sich nach unseren Erfahrungen in der Praxis gut bewährt haben, sind folgende:

1. Chloroform-Wasser $\qquad$ = Chloroform 0,5
   Aqu. dest. steril. $\qquad$ ad 100 cm³
2. n/$_{500}$-Salzsäure (2 Tr. HCl) $\quad$ = n/$_{10}$-Salzsäure . . . . 2 cm³
   Aqu. dest. steril. $\qquad$ ad 100 cm³
3. Chloroform-n/$_{500}$-Salzsäure $\quad$ = Chloroform 0,5
   n/$_{500}$-Salzsäure $\qquad$ ad 100 cm³
4. Alkohol-Glyzerin-Wasser $\qquad$ = Alkohol 10,0
   Glyzerin 20,0
   Aqu. dest. steril. $\qquad$ ad 100 cm³
5. Nipagin bis 0,2%ige Lösung.
   Nipasol in 0,5%iger Lösung [1].
6. Traubenzuckerlösung 20—30%.
7. Kalium-(Natrium-)metabisulfit 0,1—0,3%.

Abrodil. Natrium formicic. *L.* Kochendes Wasser. *Ster.* Dampf bei 100⁰.

Acidum arsenicos. *L.* Langsam löslich in kochendem Wasser. *Ster.* Dampf bei 120⁰.

Acidum ascorbinicum. Auf Grund besonderer Versuche: *L.* Abgekochtes Wasser, auch mit 20—30%iger Glucose. Nahezu thermostabil, aber alkali-, oxy- und photolabil. Daher dicht verschlossene, bis oben gefüllte Gefäße. *Ster.* Dampf von 100⁰ oder im Autoklaven bei 120⁰ 8 Min. [2]. p_H 3,2. Handelspräparate: Cebion, Cantan, Redoxon.

Acidum benzoic. *L.* Öl (auch in Verbindung mit Kampfer āā 0,1—0,2 ad 1 cm³). *Ster.* Aseptische Herstellung mit heißem Öl in Druckflasche.

Acidum boric. *L.* Wasser. *Ster.* Dampf bei 120⁰ oder aseptische Herstellung.

Acidum formicic. *L.* Wasser. *Ster.* Aseptische Herstellung besonders im Hinblick auf weitergehende Verdünnungen (1:1000—100000).

Acidum phenylaethylbarbituricum s. Luminal.

Acidum salicylic. *L.* Wasser oder Öl. *Ster.* Dampf bis 115⁰ in Druckflasche, sonst aseptische Herstellung.

Adrenalin. hydrochloric. *L.* Wasser. *Ster.* Aseptische Herstellung. Adrenalinlösungen zersetzen sich, wie man annimmt, durch Einwirkung

---

[1] THOMANN, J.: Über Aqua conservans und seine Eignung für die Herstellung von Arzneiformen. Pharm. Acta Helv. 19, 215—224 (1944).

[2] REINER-MÜLLER: Lehrbuch der Hygiene für Ärzte und Biologen, S. 145. München: J. F. Bergmann 1935.

von Luft und Licht. Braunes Glas! Zugabe von geringen Mengen Salzsäure erhöhen die Haltbarkeit des Adrenalins (Suprarenins). Auch 0,3% Kalium metabisulfit. konservieren die Lösungen. — Näheres siehe auch in den Unterlagen, die den Packungen von Suprareninsubstanz beigegeben sind. Die Herstellung von sterilen Adrenalinlösungen ist eingehend behandelt von W. Lühr und H. G. Rietschel [1].

Äther. Filtration.

Aethylmorphinum hydrochlor. (Dionin). *L.* Wasser. *Ster.* Aseptische Herstellung bei 90—100° oder Erhitzen im Autoklaven bei 120° 8 Min.

Afenil s. Calcium chlorat.

Alkaloide. Schutzmittel 20—30% Traubenzucker oder 10% Alkohol zu Lösungen. *Ster.* Siehe Tabelle unter den einzelnen Alkaloiden.

Alypin. *L.* Wasser. *Ster.* Aseptische Herstellung mit Wasser von 95—100°. Frisch zu bereiten.

Ammonium chloratum. Herstellung von 10%iger Lösung in Ampullen zum intravenösen Gebrauch nach Angelo Ferraris [2] 10 g trockenes Ammoniumchlorid zu 100 cm³ doppelt destilliertes Wasser lösen. Durch doppeltes Filter filtrieren. In Ampullen von Neutralglas abfüllen. *Ster.* 30 Min. in strömendem Wasserdampf.

Amylium nitrosum. Aseptische Abfüllung in Kapillaren oder Ampullen.

Anästhesin. *L.* Öl. *Ster.* Aseptische Herstellung mit sterilisiertem Öl.

Antipyrin s. Pyrazolonum phenyldimethylic.

Apomorphinum hydrochloric. *L.* Wasser. *Ster.* Aseptische Herstellung. Alkalifreies, braunes Glas! Lichtschutz! Nach Stich klinisch bewährt: Aseptische Herstellung mit Chloroform-n/$_{100}$-Salzsäure. Sterilisation gibt schon von 60° an Blaufärbung. Apomorphin. 0,1, Alkohol 2,0, Acid. hydrochlor. gtt. I, Aqu. dest. ad 10,0. Nicht erwärmen!

Arecolin hydrobromicum. *L.* Wasser. *Ster.* Erhitzen bei 120° im Autoklaven 8 Min.

Argentum colloidal. (Collargol.) *L.* Wasser. *Ster.* Aseptische Herstellung.

Argochrom s. Methylenblausilber.

Arsacetin s. Natrium acetylarsanilic.

Atoxyl s. Natrium arsanilic.

Atropinum methylonitric. (Eumydrin). *L.* Wasser. *Ster.* Aseptische. Herstellung mit Chloroform-n/$_{500}$-Salzsäure. Dampf von 80—100°.

Atropinum sulfuric. *L.* Wasser. *Ster.* Im Autoklaven bei 120° 8 Min., auch in Verbindung mit Morphin- oder Strychninsalz. Alkalifreies Glas!

Auro-Natrium-(Kalium-)chlorat. *L.* Wasser. *Ster.* Aseptische Herstellung.

Aurum-Kalium-cyanat. *L.* Wasser. *Ster.* Aseptische Herstellung.

Avertin. (Tribromäthanol.) *L.* Wasser. *Ster.* Aseptisch. Destilliertes Wasser von 35—40° zu 2¹/₂%iger Lösung. Temperatur darf keinesfalls 40° überschreiten. Um sicher zu gehen, muß in jedem Fall die Kongorotprobe angestellt werden. Man versetzt 5 cm³ der 2¹/₂%igen Avertinlösung mit 2 Tropfen einer 1 °/₀₀igen wäßrigen Kongorotlösung. Die

---

[1] Lühr, W., u. H. G. Rietschel: Pharm. Zentralh. **1938**, H. 13, 193.

[2] Ferraris, Angelo: Boll. chim. farmac. **80**, 193 (1941). Ref. Chem. Zbl. **1941 II**, 2227. Pharm. Zentralh. **1942**, Nr 42, 500.

Lösung muß eine reine orangerote Farbe zeigen, es darf kein Farbumschlag nach blau eintreten. Der Umschlag zeigt freie Bromwasserstoffsäure und somit eine zersetzte Lösung an.

Balsamum peruvian. *L.* Alkohol. *Ster.* Fraktionierte Sterilisation bei 80⁰.

Bayer 205 s. Germanin.

Benzin mit Olivenöl. *Ster.* Sterilisiertes Olivenöl und destilliertes oder keimfrei filtriertes Benzin.

Bolus alba. *Ster.* 2 Stunden im Trockenschrank bei 160⁰.

Borax. *L.* Wasser. *Ster.* Erhitzen im Autoklaven bei 120⁰ 8 Min.

Brucinum. *L.* Chloroform-n/₅₀₀-Salzsäure. *Ster.* Erhitzen im Autoklaven bei 120⁰ 8 Min., sowie aseptische Herstellung, auch in Verbindung mit Natriumarseniat.

Calcium bromat.-Harnstoff. *L.* Wasser. *Ster.* Fraktionierte Sterilisation bei 80⁰.

Calcium chlorat. *L.* Wasser. *Ster.* Dampf bei 120⁰ 8 Min. sowie aseptische Herstellung. Vorschriften: Calc. chlorat. 1%, Sol. Natr. chlor. 10%, 2 cm³ und 5 cm³ in Ampullen. S. auch Gelatina. Ferner Calc. chlorat. 10%, 5 und 10 cm³ [1]. Calc. chlorat.-Harnstoff als Kristallisat 5—10% [2], ähnlich Afenil: Urea pura 6,63, Calc. chlorat. (wasserfrei) 3,37, Aqu. dest. ad 100,0. *L.* Wasser. *Ster.* Ampullen nach dem Zuschmelzen im Dampfstrom bei 110⁰.

Calcium gluconicum. *L.* Wasser. Die Substanz wird durch Kochen (2—3 Stunden) in der nötigen Menge Wasser am Rückflußkühler gelöst. Die warm filtrierte Lösung wird in Ampullen abgefüllt, wobei darauf zu achten ist, daß im Hals der Ampullen keine Tröpfchen haften bleiben. *Ster.* An drei aufeinander folgenden Tagen bei 100⁰ je ¹/₂ Stunde. In der Zwischenzeit bei 25—30⁰ aufbewahren (DEININGER) [3]. Eine nochmalige Sterilisation nach 3—4 Wochen Lagerzeit ist zu empfehlen [4].

Calcium glycerinophosphoric. *L.* Wasser. *Ster.* Filtration oder fraktionierte Sterilisation bis 85⁰, sowie aseptische Herstellung.

Camphora. *L.* Öl. *Ster.* Fraktionierte Sterilisation oder Dampf von 100⁰ in Druckflasche, auch in Verbindung mit Eucalyptol oder Guajacol. Man verwendet zur Lösung vorher sterilisiertes Öl. Bei Kampferätherlösung sieht man meist von einer Sterilisation ab. Kampfer-Paraffin: Camphora trita wird durch Erwärmen in vorher sterilisiertem flüssigem Paraffin gelöst und durch sterilen Mull oder Watte gegossen. Emulgiertes Kampferöl wird besser nach subkutaner Injektion resorbiert. Es wird in gleicher Weise wie Emulsio oleosa sterilisiert.

Camphora monobromat. *L.* Öl. *Ster.* Fraktionierte Sterilisation in Druckflasche (Glasstopfenflasche mit übergreifender Klammer).

Cantharidinum. *L.* Öl. *Ster.* Fraktionierte Sterilisation in Druckflasche oder aseptische Herstellung. In gleicher Weise Oleum cantharid.

Cardiazol (Pentamethylentetrazol). *L.* Wasser. 10%. *Ster.* Dampf von 100⁰ oder aseptische Herstellung.

---

[1] Münch. med. Wschr. **1922** I, 825.

[2] Berl. klin. Wschr. **1917** II, 1030—1032.

[3] DEININGER: Dt. Apoth.-Ztg. **1941**, 302.

[4] Über die Herstellung haltbarer, hochkonzentrierter Calciumglukonatlösungen s. WALTER MEYER: Pharm. Zentralh. **86**, 297, 324 (1947).

Cera flava und **alba.** *Ster.* Nach Auskochen, Waschen und Abtrocknen der erkalteten Scheibe 15—20 Min. auf 130⁰ erhitzen. Darauf bei etwa 100⁰ in eine vorgewärmte, mit sterilem Gummistopfen verschlossene, bei 170⁰ sterilisierte Glastube gießen. Eingußöffnung nach dem Erkalten mit ausgekochter, getrockneter Korkscheibe verschließen. Vor Anwendung durch Einstellen der Tube in heißes Wasser verflüssigen.

Chininum bisulfuric. und sulfuric. *L.* Wasser. *Ster.* Erhitzen bei 120⁰ sowie aseptische Herstellung mit Chloroform-n/500-Salzsäure[1].

Chininum dihydrobromic. *L.* Wasser. *Ster.* Wie Chin. bisulf.

Chininum dihydrochloric. und hydrochloric. *L.* Wasser. *Ster.* Wie Chin. bisulf. Auch in Verbindung mit Natriumarseniat oder Stovain. Chinin-Urethanampullen: Chininum hydrochloric. 0,2 und 0,6, Urethan 0,1 und 0,3, Aqu. dest. ad 10 cm³, Ampullen zu 1 bzw. 6 cm³.

Chinin. hydrochlor. (Phenyldimethylpyrazolon). *L.* Wasser. *Ster.* Aseptische Herstellung oder Autoklav 8 Min. bei 120⁰. Chinin. hydr. 20%, Phenyldimethylpyrazolon 30%. Bisweilen zur Lösung einige Tropfen HCl nötig. *Ster.* Wie vorher. *Chinin-Phenyldimethylpyrazolon schwach:* Chinin. dihydrochlor. carb., Phenyldimethylpyrazolon āā 0,5, Aqu. dest. 5,0. — *Chinin-Phenyldimethylpyrazolon stark:* Chinin. dihydrochlor. carb., Phenyldimethylpyrazolon āā 2,5, Aqu. dest. 5,0[2].

Chininum ferro-citric. *L.* Wasser. *Ster.* Fraktionierte Sterilisation mit Chloroform-n/500-Salzsäure.

Chininum lactic. *L.* Wasser. *Ster.* Fraktionierte Sterilisation mit Chloroform-n/500-Salzsäure.

Chloralum hydrat. *L.* Wasser. *Ster.* Aseptische Herstellung.

Chloroformium. *L.* Wasser oder Öl. *Ster.* Aseptische Herstellung mit sterilem Wasser oder Öl.

Coagulen. *L.* Physiologische Kochsalzlösung. *Ster.* Aseptische Herstellung mit 0,1% Chloroform.

Cocainum hydrochloric.[3] *L.* Wasser. *Ster.* Dampf von 80—100⁰ ½ Stunde, besser aseptische Herstellung mit Chloroform-n/500-Salzsäure. In Verbindung mit Adrenalin- oder Morphinsalz, Phenyldimethylpyrazolon oder Eucainsalz fraktionierte Sterilisation, Filtration mit SCHOTT-Filter oder aseptische Herstellung. Als physiologische Kochsalzlösung diene 0,9%ige Lösung von reinem NaCl. Vorschriften:

SCHLEICHsche Lösungen	I	II	III
Cocain. hydrochlor.	0,2	0,1	0,01
Morph. hydrochlor.	0,025	0,025	0,005
Natr. chlor.	0,2	0,2	0,2
Aqu. dest. ad		100,0	

Aseptische Herstellung mit heißem, sterilem Wasser, das Kokain zuletzt zusetzen, ferner 2 Tropfen 5%iges Phenolwasser oder 0,2%ige Nipaginlösung.

---

[1] TONN, O.: Verfärben steriler Chininlösungen. Pharm. Zentralh. **1933**, 53.

[2] Dt. Apoth.-Ztg. **1939**, Nr 87, 1092.

[3] BRAUN, HEINRICH: Die örtliche Betäubung, 8. Aufl. Leipzig: Johann Ambrosius Barth 1933.

Codeinum (auch phosphoric.). *L.* Wasser. *Ster.* Aseptische Herstellung mit Chloroform-n/$_{500}$-Salzsäure oder fraktionierte Sterilisation, auch Autoklav 8 Min. 120°. Pilzschutz 10% Alkohol.

Coffeinum. Nur Coffein.-Natr. benzoic. zu verwenden und zwar in doppelter Menge.

Coffeinum-Natr. benzoic. *L.* Wasser. *Ster.* Dampf von 100°. In Verbindung mit Strychninsalz fraktionierte Sterilisation. Ampullenspitzen abdämpfen!

Coffeinum-Natr. salicylic. *L.* Wasser. *Ster.* Dampf von 105° mindestens $^1/_2$ Stunde oder Dampf von 120° 8 Min. (Autoklav).

Collargolum s. Argentum colloidal.

Coramin (Cormed). Pyridin-β-carbonsäurediäthylamid. *L.* Wasser. *Ster.* Autoklav 120° 8 Min.

Cotarnin. hydrochloric. *L.* Wasser. *Ster.* Aseptische Herstellung, auch in Verbindung mit sterilisierter Gelatine.

Curare. Mit Spirit. dilut. anreiben. Aqu. dest. steril. ad 100 cm³. Filtrat der erwärmten Lösung bei 90—100° sterilisieren.

Decholin (dehydrocholsaures Natrium). *L.* Wasser. *Ster.* Dampf bei 100°.

Diäthylbarbitursaures Natrium s. Veronal-Natrium.

Dicodid. *L.* Wasser. *Ster.* Dampf von 100° oder Autoklav 120° 8 Min.

Digipuratum. *L.* Zu gleichen Teilen mit physiologischer Kochsalzlösung. *Ster.* Dampf von 80°.

Digitalinum. *L.* Wasser. mit Chloroform-n/$_{500}$-Salzsäure. *Ster.* Fraktionierte Sterilisation bei 80°.

Digitoxinum. *L.* Wasser. *Ster.* Aseptische Herstellung mit 25% Traubenzucker.

Dilaudid (Dihydromorphin. hydrochlor.). *L.* Wasser. *Ster.* Dampf von 100° oder Autoklav bei 120° 8 Min.

Dimethylaminophenyldimethylpyrazolon s. Pyramidon.

Diocain (Ciba). *L.* Wasser. *Ster.* Dampf von 100°. Alkalifreies Glas!

Dionin s. Aethylmorphinum hydrochloric.

Emetinhydrochlorid. *L.* Wasser. *Ster.* Aseptische Herstellung mit n/$_{500}$-Chloroform-Salzsäure. Bei der Herstellung von größeren Mengen ist mit dem Auftreten von Exanthemen bei den damit beschäftigten Personen zu rechnen.

Emulsio oleosa. *Ster.* Dampf von 100°, auch mit 1% Calomel. Druckflasche.

Eserin s. Physostigminum.

β-Eucainum hydrochloric. *L.* Wasser. *Ster.* Fraktionierte Sterilisation oder aseptische Herstellung mit Chloroform-n/$_{500}$-Salzsäure. Dampf von 100°, auch Autoklav bei 120° 8 Min.

Eucupin. *L.* Wasser. *Ster.* Dampf von 100° 30 Min.

Eukodal. *L.* Wasser. *Ster.* Dampf von 100° 30 Min. oder Autoklav 120° 8 Min.

Eumydrin s. Atropinum methylonitric.

Evipan-Natrium. Zur intravenösen Injektion. *L.* Wasser, physiologische Kochsalzlösung, neutrale 3,8%ige Natr. citric.-Lösung. Alkali- und luftunbeständig. Daher die Lösungen mit der Substanz der handelsüblichen Ampullen frisch bereiten. Ausführliche Literatur: Farbenfabriken Bayer, Leverkusen: Evipan-Natrium, 4. Aufl.

Extractum Opii. *L.* Nach DAB. 6. *Ster.* Aseptische Herstellung.

Extractum Secalis cornut. *L.* Wasser oder Alkohol-Glyzerin-Wasser. *Ster.* Aseptische Herstellung oder fraktionierte Sterilisation bei 80—100⁰ 2mal. Analoges gilt betreffs der verschiedenen Ergotinpräparate.

Gelatina. *L.* Wasser. *Ster.* Dampf von 100⁰.

Injektionsgelatine. Für Injektionsgelatine sind verschiedene Sterilisationsmethoden im Gebrauch, die sich in der klinischen Praxis seit Jahren bewährt haben. Sie zielen im wesentlichen darauf hin, die Tetanus- und Ödemkeime, die erfahrungsgemäß in der käuflichen Gelatine vorkommen können, abzutöten. Der Verf. hat folgende Vorschrift für eine 20%ige Injektionsgelatine ausgearbeitet:

In einer Porzellan- oder Emailleschale bringt man 160,0 Aqu. dest. zum Sieden, trägt 40,0 beste Gelatine darin ein und hält einige Zeit im Kochen. Dann neutralisiert man mit etwa 5,0 offizineller Natronlauge und fügt 2,5 flüssiges Phenol zu. Dieser frühzeitige Zusatz von Phenol bietet den Vorteil einer lang dauernden Einwirkung bei hoher Temperatur, wodurch die keimtötende Wirkung des Phenols wesentlich erhöht wird. Außerdem wird bei der steten Verdampfung, der die Gelatine während ihrer Herstellung ausgesetzt wird, nur ein Teil des Phenols zurückgehalten und so dessen Nebenwirkung auf innere Organe geschwächt. Die Einwirkung des Phenols auf die Gerinnfähigkeit der Gelatine ist sehr gering. Sobald die hierdurch entstandene Fällung verschwunden ist, fügt man ein Hühnereiweiß oder eine Lösung von 3,0 trockenem Albumen Ovi in 50,0 Aqu. dest. hinzu und erhitzt die bedeckte Schale im Dampfbad so lange (etwa 1 Stunde), bis die Eiweißabscheidung beendet ist. Die Filtration geschieht durch einen bedeckten Heißwasser- oder Dampftrichter. Die klar filtrierte, auf ein Volumen von 200,0 — entsprechend 40,0 Gelatine — eingestellte Lösung wird in Mengen von 20—22 cm³ in sterile, weithalsige 30 g-Glasstopfenflaschen, besser in Weithalsampullen, gefüllt. Der benetzte Hals von Ampullen ist durch Abdämpfen von Gelatineresten zu befreien. Mit Gelatine gefüllte Ampullen stehend aufbewahren! An zwei aufeinander folgenden Tagen wird die so abgefüllte Gelatine ½ Stunde im Dampfstrom von 100⁰ erhitzt, wobei in den Hals der Glasstopfenflasche ein Faden gelegt ist, der nach Abschluß der Sterilisation herausgezogen wird. Die Glasstopfenflaschen erhalten einen Verschluß von Paraffin (Fp. 50⁰) oder einen Überzug mit Brolonkapseln. Zu empfehlen wäre auch hier die Benutzung der Kunststoffverschlußflaschen.

Die Firma E. Merck bringt eine 10%ige Injektionsgelatine in Röhren zu 10 und 40 cm³ in den Handel, die aus Knochen und Bindegewebe notorisch gesunder Tiere hergestellt wird.

Da die Viskosität der Gelatine bei längerem Erhitzen, wie es besonders beim Filtrieren erforderlich ist, abnimmt, ist es wünschenswert, dieselbe mittels eines Viskosimeters zu messen. Wir empfehlen den Apparat von E. Schmid und Stich (Abb. 86). Mit diesem mißt man die Abflußgeschwindigkeit der zu untersuchenden Flüssigkeit, und zwar kann man entweder die in der Zeiteinheit ausgeflossene Flüssigkeitsmenge wägen oder man kann die in der Zeiteinheit ausfließenden Tropfen zäblen. Der Apparat ist so konstruiert, daß die Flüssigkeit während des ganzen Versuches unter dem gleichen Druck ausfließt. Um die Temperatur während der ganzen Versuchsdauer auf gleicher Höhe zu halten, kann man den THIELE-schen Apparat zur Schmelzpunktbestimmung verwenden, den die Firma Robert Goetze, Leipzig C 1, herstellt. Wir stellten selbst mit diesem folgenden Versuch an: Eine 20%ige Gelatine wurde geprüft, dann mehrmals hintereinander je 2 Stunden lang in verschlossenem Gefäß auf durchschnittlich 100⁰ erhitzt und nach jedem Erhitzen unter gleichen Bedingungen wieder geprüft. Die Ergebnisse waren folgende:

Auf 100⁰ erhitzt . . . 0 2 4 6 Std.
Tropfenzahl in 30 Sek. 13 18 24 30
Tropfenzahl, bezogen auf
  1 nach 0stündigem
  Erhitzen auf 100⁰ . . 1 1,4 1,8 2,3

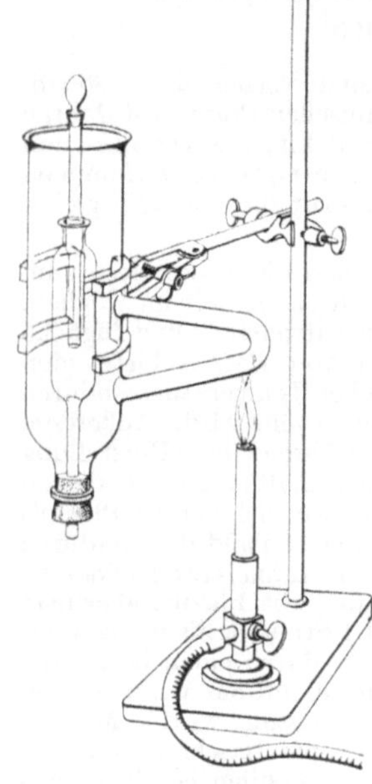

Abb. 86. Viskosimeter nach Dr. E. SCHMID und STICH mit Heißwasser-Glaszylinder.

Aus dieser verhältnismäßig einfachen Versuchsanstellung ist zu erkennen, wie sehr bei längerem Erhitzen die Viskosität der Gelatine abgeschwächt wird. — Mit einer kleinen Erweiterung der Skala läßt sich auch die MOHRsche Waage zu einer für die Praxis ausreichenden Viskositätsbestimmung benutzen. Die damit ermittelten Zähigkeitswerte haben als Vergleichszahlen zu gelten, die keinen Anspruch auf exakte Ergebnisse machen, wie sie nach ENGLER und OSTWALD, weiterhin von LUBBELOHDE [1], erreicht werden. Sie genügen aber zur Beurteilung unserer pharmazeutischen Kolloidlösungen für die Ermittlung der Zähflüssigkeit vieler Erzeugnisse der Teer- und Ölindustrie. Wie die Versuchsanstellung ergeben hat, sind die Messungen selbst in der kleinsten Apotheke ausführbar [2].

Für die Kleintechnik kann weiterhin eine Richtlinie zur Beurteilung der Zähigkeit dickflüssiger Präparate darin gefunden werden. daß man unter gleichem Druck und bei gleicher Temperatur Preßluft oder Kohlensäure in der zu prüfenden viskosen Flüssigkeit aufsteigen läßt und die in der Zeiteinheit (1 Min.) aufsteigende Blasenzahl mittels Stoppuhr bestimmt [3].

Die Injektionsgelatine kann mit Kalziumchlorid (bis 5%) zur Erhöhung der styptischen Wirkung benutzt werden. Auch mit Chloralhydrat (bis 50%) ist die oben beschriebene Gelatinelösung als Hypnoticum bei Epilepsie klinisch ordiniert worden.

Gelatina solut. (20—30%) getäfelt, zum Bedecken von Hautwundflächen. Die nach bekannten Methoden sterilisierte Gelatine wird in sterilen

---

[1] Zur Viskosimetrie von Prof. Dr. L. LUBBELOHDE, S. 34, Maßeinheiten. Leipzig: S. Hirzel 1944.

[2] STICH: Pharm. Zentralh. **1925**, Nr 48.

[3] STICH: Zähigkeitsmessungen einfacher Art. Dt. Apoth.-Ztg. **1941**, Nr 93/94.

Weithalsflaschen mit Kunststoffschraubverschluß mit den verordneten Arzneikörpern sorgfältig gemischt und in sterilisierte, viereckige Glasschalen mit Deckel ausgegossen.

Germanin (Bayer 205). *L.* Wasser. *Ster.* Aseptische Herstellung mit kaltem sterilem Wasser. Vor Gebrauch frisch zu bereiten.

Glucose. *L.* Wasser. *Ster.* Fraktionierte Sterilisation einer 5—66%igen Lösung im Dampf von 100⁰ 2mal je 1 Stunde in vorher sterilisierten Ampullen zu 500 cm³, in Flaschen zu 1 Liter mit RAUPERT- oder Gummistopfenverschluß, auch mit Kunststoffschraubverschluß. Glucoselösung auch in Verbindung mit Medikamenten, besonders Glykosiden, Alkaloiden, Neosalvarsan und vielen anderen labilen Arzneikörpern. In dringenden Fällen und für die Tropen dürfte sich eine Konservierung der Glucoselösung durch Nipagin (0,1—0,2%) empfehlen.

Hexamethylentetramin (Urotropin). 40%. *L.* Wasser. *Ster.* Aseptische Herstellung, nicht Dampf. Besser frisch bereitet [1].

Holocainum hydrochloric. *L.* Wasser. *Ster.* Aseptische Herstellung bei 50⁰ mit Chloroform-n/₅₀₀-Salzsäure. Alkalifreies Glas! So wird der hohen Empfindlichkeit des Holocains gegen die Alkaliabgabe des Glases vollkommen Rechnung getragen.

Homatropinum hydrobromic. *L.* Wasser. *Ster.* Fraktionierte Sterilisation bei 80⁰ oder aseptische Herstellung mit Chloroform-n/₅₀₀-Salzsäure.

Humanol. Ausgelassenes, filtriertes und bei 120—130⁰ sterilisiertes Lipomfett. Dieses wird mit getrocknetem Natriumsulfat vollständig entwässert, das Filtrat 30 Min. lang auf 150—160⁰ erhitzt und in vorgewärmte, sterile Flaschen mit Kunststoffverschluß eingegossen. Darauf werden die betreffenden Arzneikörper bei einer ihrem thermischen Verhalten entsprechenden Temperatur zugefügt und gleichmäßig verteilt..

Hydrargyrum bijodat. *L.* Wasser mit Halogen-Alkalien. *Ster.* Autoklav 120⁰ 8 Min.

Hydrargyrum chloratum. Sterilisation wie bei Hydrarg. salicyl. Anschütteln wie bei Hydr. oxyd. flav. Um das pultiforme, in Öl verteilte Präparat in Ampullen zu füllen, benutzt man eine Rekordspritze oder die STICHsche Füllampulle mit Gummiballon [2].

Hydrargyrum colloidal. (Hyrgolum). *L.* Wasser. *Ster.* Aseptische Herstellung.

Hydrargyrum kakodylic. *L.* Wasser. *Ster.* Aseptische Herstellung.

Hydrargyrum oxycyanat. *L.* Wasser. *Ster.* Aseptische Herstellung oder Erhitzen im Dampf. 30 Min.

Hydrargyrum oxydat. flav. *L.* Anreiben mit Öl. Man schüttelt das Oxyd mit etwas absolutem Alkohol an und verteilt es mit sterilem Öl in Kunststoffverschlußflasche durch Schütteln gleichmäßig. *Ster.* Aseptische Herstellung.

Hydrargyrum salicylic. *L.* Wasser mit Halogen-Alkalien bzw. Natriumsalizylat oder Anreiben mit Paraffin. liquid. *Ster.* wie bei Hydr. oxyd. flav.

---

[1] BÜCHI, Zürich: Pharm. Acta Helv. **1938.** Ref. Dt. Apoth.-Ztg. **1939,** 877.

[2] STICH, C.: Über sterile Kalomelsuspensionen. Pharm. Ztg. **1927,** 374; **1930,** 1088.

Hydrargyrum succiniamidatum. *L.* Wasser mit 20% Glyzerin. *Ster.* Aseptische Herstellung.

Hydrastinum hydrochloric. *L.* Wasser. *Ster.* Fraktionierte Sterilisation bei 80⁰ oder aseptische Herstellung mit Chloroform-n/$_{500}$-Salzsäure.

Hydrastininum hydrochloric. *L.* Wasser. *Ster.* Fraktionierte Sterilisation bei 80⁰ oder aseptische Herstellung mit Chloroform-n/$_{500}$-Salzsäure.

Hyoscinum s. Scopolaminum.

Hyoscyaminum hydrochloric. *L.* Wasser. *Ster.* Aseptische Herstellung bei 60⁰ mit Chloroform-n/$_{500}$-Salzsäure.

Hyrgolum s. Hydrargyrum colloidal.

Ichthargan. *L.* Wasser. *Ster.* Aseptische Herstellung. Dampf von 100⁰. 30 Min.

Indigocarmin. *L.* Physiologische Kochsalzlösung. *Ster.* 0,4%ige Lösung in strömendem Dampf bei 100⁰ oder im Autoklaven bei 120⁰ 8 Min.

Injektionsgelatine s. Gelatina.

Jodlösung nach PREGL: Natr. carbon. crist. 6,0, Jod. pulv. 3,0, Natr. chlorat. 4,0, Aqu. dest. ad 1000,0.

Jodoformium. *L.* Öl. *Ster.* Aseptische Herstellung. Jodoformglyzerin: Dampf von 100⁰. Vgl. S. 182. Jodoformknochenplombe und Vioformknochenplombe s. S. 217. Blasendesinfiziens mit Jodoform s. S. 213.

Wie bereits auf S. 182 ausgeführt wurde, sehen wir in der Praxis von einer Sublimatwäsche des Jodoforms ab und benutzen unter Berücksichtigung des thermischen Verhaltens von Jodoform erwärmtes sterilisiertes Öl in Kunststoffverschlußflasche.

Jodum. *L.* Wasser mit Jodkali oder Öl. *Ster.* Dampf in Druckflasche, sonst aseptische Herstellung.

Jod-Tetragnost. *L.* Wasser. *Ster.* 2—3 g werden auf kleinem Filter mit sterilem kochendem Wasser gelöst, in Kunststoffverschlußflasche auf 30 bis 40 cm³ gebracht und bei 100⁰ mit lockerem Verschluß sterilisiert. Durch Einstellen in kaltes Wasser wird abgekühlt und Schraubverschluß fest angezogen.

Kalium arsenicos. *L.* Wasser. *Ster.* Dampf 100—120⁰.

Kalium bromat. *L.* Wasser. *Ster.* Dampf 100—120⁰.

Kalium jodat. *L.* Wasser. *Ster.* Dampf 100—120⁰.

Kalium permanganic. *L.* Wasser. *Ster.* Aseptische Herstellung. Lösung frisch bereiten!

Kochsalzlösung s. Natrium chloratum.

Kongorot (standardisiert „Bayer"). *L.* Bis 2% in Wasser. *Ster.* Strömender Dampf bei 100⁰ oder Autoklav bei 120⁰ 8 Min.

Lecithinum (Ovo-). *L.* Wasser, Öl oder Paraffin. liquid. (Suspension). *Ster.* Aseptische Herstellung. Sterilisation bei höherer Temperatur ist zu vermeiden. Mit Glyzerin und Aqu. dest. steril. āā verreiben bis zum homogenen Brei. Vorsichtig mit Kochsalzlösung (mit 0,5% Phenol) allmählich verdünnen. Bei 60—70⁰ sterilisierbar.

Liquor Ferri sesquichlorat. *L.* Wasser. *Ster.* Aseptische Herstellung. Man gießt aus einer vorrätigen Flasche Aqu. dest. steril. (mit RAUPERT-Verschluß) soviel Wasser aus, als Eisenchloridlösung verschrieben ist und ergänzt mit der Menge Eisenchloridlösung. Erwärmen vermeiden!

Liquor Kalii (Natr.) arsenicosi. *Ster.* Dampf von 100⁰ 1 Stunde·
Zur Injektion frisch, ohne Spiritus bereiten.

Lithium bromat. *L.* Wasser. *Ster.* Dampf bis 120⁰.

Lobelinum hydrochloricum. *L.* Wasser. *Ster.* Aseptische Herstellung
mit n/₅₀₀-Salzsäure. Alkalifreies Glas!

Luminal (Phenyläthylbarbitursäure). Es ist nur das leichtlösliche
Natriumsalz zu verwenden.

Luminal-Natrium. *L.* Wasser. *Ster.* Aseptische Herstellung. Man verwendet zur Lösung sterilisiertes, auf 30⁰ abgekühltes Wasser. Ausscheidungen von Phenyläthylbarbitursäure lassen sich durch Erwärmen nicht
wieder in Lösung bringen. Die Lösung und die Ampullen sind möglichst
frisch herzustellen. Vorschrift zu Ampullen von 0,2 ad 1,1: Luminal-Natr.
20,0, Glyzerin 20,0, Spirit. 10,0, Aqu. dest. ad 100 cm³.

Magnesium sulfuric. *L.* Wasser. *Ster.* Dampf 100—120⁰. Vorschrift
zur intravenösen Infusion: Magnes. sulfur. crist. 30,0, Natr. chlorat. 6,0,
Aqu. dest. ad 1000,0 (Tetanustherapie). Auch 8%, 25%.

Mentholum. *L.* Paraffin. liquid. *Ster.* Aseptische Herstellung.

Methylenblausilber (Argochrom). *L.* Wasser, Alkohol und Glyzerin.
Ster. Aseptische Herstellung mit sterilem warmem Wasser, nicht Kochsalzlösung.

Methylenum caeruleum. Methylenblau. *L.* Wasser. *Ster.* Aseptische
Herstellung.

Milch- und toxinfreie Milcheiweißlösungen. *Ster.* Strömender Dampf
von 100⁰.

Morphinum hydrochloric. *L.* Wasser. *Ster.* Fraktionierte Sterilisation
mit n/₅₀₀-Salzsäure bei 100⁰ 2mal je ¹/₂ Stunde lang. Alkalifreies Glas
(Fiolaxglas)!

Auch in Verbindung mit Pyrazolon. Phenyl. dimethyl., Strychnin-,
Scopolamin-, Kokain-, Anästhesin- und Atropinsalz.

Überdruck in den Gefäßen ist möglichst zu vermeiden.

Schwache Gelbfärbung konzentrierter Lösungen von 3—4%, wie sie
dem Praktiker von jeher bekannt ist, hat keinen Einfluß auf die Wirkung.
Als Ursache der Gelbfärbung ist von einigen Oxydimorphin angesehen
worden. Nach MOSSLER beruht die Färbung auf einer inneren Alkalinität.
Optische Versuche lassen darauf schließen, daß die praktische Bedeutung
dieser schwachen Gelbfärbung einer sterilisierten Morphiumlösung äußerst
gering ist und für die Wirkung nicht in Frage kommt [1].

Myrtolum. *L.* Öl. *Ster.* Aseptische Herstellung.

Natrium acetylarsanilic. (Arsacetin). *L.* Wasser. *Ster.* Aseptische Herstellung. Nach Mitteilungen der Höchster Farbwerke ist besonders auf
die zersetzende Wirkung des Alkaligehaltes des Glases zu achten. Arsacetin-
lösungen werden deshalb zweckmäßig so hergestellt, daß man sie nach dem
Erhitzen gut verschlossen einen Tag stehen läßt und alsdann von einem

---

[1] SCHÄFER-STICH: Münch. med. Wschr. **1917** I, 676. — DIETZEL, R.,
u. W. HUSS: Die Zersetzlichkeit des Morphins in wäßriger Lösung. Arch.
Pharm. u. Ber. dtsch. Pharm. Ges. **1928**, H. 9. — DEUSSEN, E.: Beitrag zur
Kenntnis der Sterilisation im Apothekenbetriebe. Arch. Pharm. u. Ber.
dtsch. Pharm. Ges. **1938**, H. 1, 30.

eventuell entstandenen Bodensatz durch ein steriles und mit heißem Wasser ausgespültes Filter gießt.

Natrium arsanilic. (Atoxyl). *L.* Wasser. *Ster.* Aseptische Herstellung. Möglichst frisch zu bereiten.

Natrium arsenicic. *L.* Wasser. *Ster.* Dampf 100—120⁰. In Verbindung mit Strychnin- oder Brucinsalz fraktionierte Sterilisation oder aseptische Herstellung mit Chloroform-n/$_{500}$-Salzsäure.

Natrium arsenicos. s. Liqu. Kal. arsenicos. *L.* Wasser. *Ster.* Dampf 100—120⁰.

Natrium benzoicum. *L.* Wasser. *Ster.* Aseptisch oder Dampf 100 bis 120⁰.

Natrium bicarbonicum. *L.* Wasser. *Ster.* Aseptisch, Erhitzen in Druckflasche oder Filtration durch SCHOTT-Filter [1].

Natrium bromatum. *L.* Wasser. *Ster.* Dampf 100—120⁰.

Natrium chloratum. *L.* Wasser. *Ster.* Dampf 100—120⁰. Auch in Verbindung mit Natriumkarbonat und Natriumsulfat, sowie Calc. chlorat. (s. d.).

Physiologische Kochsalzlösung DAB. 6: 9 g Natr. chlorat. in 991 Teilen Wasser. *Ster.* Dampf 100—120⁰. Frei von Schwebeteilen. Kunststoffschraubverschluß. Kochsalzlösung für ambulante Praxis und Sanitätswesen in 500 cm³ fassenden Ampullen (vgl. Abschnitt „Ampullen", S. 222). In jeder Apotheke sind zwei Ampullen von 230 cm³ Inhalt vorrätig zu halten, mit Datum der Füllung zu versehen und in angemessenen Zwischenräumen zu erneuern. Auf die Haltbarkeit der Lösungen ist ständig zu achten.

Außer der physiologischen Kochsalzlösung werden benutzt als Serum artificiale (künstliches Blutserum):

LOCKESche Lösung (aseptische Herstellung):

Natr. chlorat. . . .	9—10,0
Calc. chlorat. . . .	0,24
Kal. chlorat. . . .	0,42
Natr. bicarb. . . .	0,1—0,3
Aqu. ad	1000,0

RINGERsche Lösung (aseptische Herstellung oder Dampf 100—115⁰):

Natr. chlorat. . . .	7,5
Calc. chlorat. . . .	0,24
Kal. chlorat. . . .	0,42
Aqu. ad	1000,0

Sol. TRUNECEK (Serum Trunecek) (aseptische Herstellung oder Dampf bis 115⁰):

Natr. sulfur. . . .	0,44
Natr. chlorat. . . .	4,42
Natr. phosphor. . .	0,15
Natr. carbonic. . .	0,21
Kal. sulfuric. . . .	0,4
Aqu. ad	1000,0

HAYEMsche Lösung [2]:

Natr. sulfuric. . .	10,0
Natr. chlorat. . . .	5,0
Aqu. dest.	1000,0

---

[1] BRUNNER, K.: Pharm. Zentralh. **1938**, 267.

[2] Es sind Lösungen unterschiedlicher Zusammensetzung in Gebrauch, insbesondere als Blutkörperchen-Zählflüssigkeit (vgl. DAB. 6).

Blutersatzflüssigkeiten. Die sog. physiologische Kochsalzlösung ist, obwohl sie immer noch viel für Infusionen verwendet wird, wegen der fehlenden Isoionie und Blutalkalität nachteilig für den Organismus.

Auf Grund umfassender experimenteller Arbeiten von VINCKE [1], der unter 39 untersuchten Blutersatzflüssigkeiten die Lösungen nach ADLER, TYRODE, zwei abgewandelte Tyrodelösungen (I und II) und Normosal als wirklich brauchbare Blutersatzflüssigkeiten empfiehlt, hat BOSSERHOFF [2] in der Apotheke des Allgemeinen Krankenhauses St. Georg in Hamburg ein auch im Apothekenbetrieb durchführbares Verfahren zur Herstellung und Sterilisation der beiden abgewandelten Tyrodelösungen I und II entwickelt, die folgende Zusammensetzung haben (Gramm Substanz auf 1000 cm³ Aqu. dest.):

	Tyrode I	Tyrode II		Tyrode I	Tyrode II
$NaCl$	8,0	9,0	$NaH_2PO_4 \cdot 2\,H_2O$	0,5	—
KCl	0,2	0,42	$Na_3PO_4 \cdot 12\,H_2O$	—	0,005
$CaCl_2 \cdot H_2O$	0,2	0,25	Glykokoll	1,0	—
$MgCl_2 \cdot 6\,H_2O$	0,1	0,005	$NaHCO_3$	1,0	0,5
Glucose pur.	1,0—10,0	1,0—10,0	n/10 $NaOH$	2,5 cm³	—

Um Trübungen bzw. Niederschläge ($CaCO_3$, $Ca_3(PO_4)_2$) zu vermeiden, dürfen $CaCl_2$ und $MgCl_2$ mit dem $NaHCO_3$ und Na_3PO_4 nicht in konzentrierter Lösung zusammengebracht werden. Sind öfters Tyrodelösungen herzustellen, empfiehlt BOSSERHOFF, das $NaCl$, KCl, $CaCl_2$, $MgCl_2$ und die Glucose (letztere steril) in Stammlösungen vorrätig zu halten, die übrigen Substanzen wegen mangelnder Haltbarkeit ihrer Lösungen aber in Substanz zuzugeben. Unter Berücksichtigung der eingehend begründeten Angaben von BOSSERHOFF sei für die Praxis folgende Arbeitsweise empfohlen:

Tyrode I

		cm³
Aqu. dest.		8000
Glykokoll 10,0; Aqu. dest. 165,0; neutralisieren mit 25 cm³ n/10 $NaOH$	etwa	200
$NaHCO_3$ 10,0; Aqu. dest	ad etwa	200
$NaH_2PO_4 \cdot 2\,H_2O$ 0,5; Aqu. dest.	ad etwa	100
Sol. $NaCl$ 20%-Vol.		400
Sol. KCl 10%-Vol.		20
Sol. $CaCl_2$ 10%-Vol. 20 cm³; Aqu. dest.	ad etwa	200
Sol. $MgCl_2$ 10%-Vol. 10 cm³; Aqu. dest.	ad etwa	100
Sol. Glucose 10%-Vol. (steril)		10—100
Aqu. dest.	ad	10000

Tyrode II

Aqu. dest.		8000
$NaHCO_3$ 5,0; Aqu. dest.	ad etwa	100
$Na_3PO_4 \cdot 12\,H_2O$ 0,05; Aqu. dest.	ad etwa	100
Sol. $NaCl$ 20%-Vol.		450
Sol. KCl 10%-Vol.		42
Sol. $CaCl_2$ 10%-Vol. 25 cm³; Aqu. dest.	ad etwa	200
Sol. $MgCl_2$ 10%-Vol. X gtts.; Aqu. dest.	ad etwa	100
Sol. Glucose 10%-Vol. (steril)		10—100
Aqu. dest.	ad	10000

[1] VINCKE: Z. exper. Med. **106**, H. 1 (1939).
[2] BOSSERHOFF: Pharm. Zentralh. **83**, 457 (1942).

Nach Fertigstellung der Lösung filtrieren (Duran-Glasnutsche 151/D4)
und in Ampullen abfüllen, im Autoklaven 1 Stunde langsam vorwärmen
(um Bruchgefahr zu verringern) und dann bei 100° 1 Stunde sterilisieren
(nicht höher, weil sonst wegen des schwach alkalischen p_H die Glucose
zersetzt wird). Werden die sterilisierten Ampullen im Eisschrank aufbewahrt und zeitweilig umgeschüttelt, so wird die Rückbildung des beim
Sterilisieren thermisch dissoziierten Bikarbonats beschleunigt. — Bosserhoff fand folgende p_H-Werte:

	Tyrode I	Tyrode II
unmittelbar nach der Herstellung .	7,60	7,81
nach der Sterilisation.	7,58	7,55
nach 4 Monaten, bei Zimmertempera- tur gelagert.	7,59	6,91
nach 4 Monaten, im Eisschrank ge- lagert	7,52	7,15

Nach Bosserhoff eignet sich Tyrode II wegen ihrer guten Puffer-
eigenschaften auch gut als Lösungsmittel für Injektionslösungen einiger
Arzneimittel (nicht für alkaliempfindliche wie Suprarenin und Alkaloide).
Für 18 Mittel gibt er in einer Tabelle die Sterilisationszeiten bei 100° an,
wobei er bei thermolabilen Stoffen die Sterilisationsdauer durch Zugabe von
0,1% Nipakombin verkürzt.

Obschon diese Blutersatzflüssigkeiten gegenüber der unphysiologischen
physiologischen Kochsalzlösung einen ganz wesentlichen Fortschritt bedeuten und in allen Fällen, in denen eine Bluttransfusion nicht möglich ist,
ein recht brauchbarer und vor allem nicht schädlicher Teilersatz für diese
sind, weisen sie gegenüber der Bluttransfusion noch zwei recht fühlbare
Mängel auf: 1. sie verlassen wegen zu schneller Diffusion den Kreislauf
wieder verhältnismäßig rasch, so daß die Auffüllung des Gefäßsystems
also nur eine vorübergehende ist, 2. es fehlen die sonstigen Bestandteile des
Blutplasmas und die Formelemente.

Den ersten Mangel hat man schon durch Erhöhung der Viskosität
durch Kolloidzugabe (Gummi arabicum) zu beheben versucht, wobei aber
andere Nachteile (Leberstörungen) in Kauf genommen werden mußten.
Das *Periston* (I.G.-Farben) scheint nach Hecht und Weese [1] ein hierfür
besser geeignetes, den Bluteiweißstoffen näher stehendes Kolloid zu sein.
Auch Bosserhoff [2] kündigt einen Kolloidzusatz zu den oben beschriebenen
Tyrodelösungen an.

Der zweite Mangel kann durch eine *Blutkonserve* abgestellt werden.
Mit 4% Natriumzitrat ungerinnbar gemachtes Blut ist im spanischen
Krieg noch nach 18—20 Tagen zur Transfusion benutzt worden, doch ist
seine Verwendbarkeit wegen der eintretenden Veränderungen praktisch auf
etwa 8 Tage beschränkt. Durch Verwendung anderer Salzgemische und
auch anderer gerinnungshemmender Mittel hat man die Haltbarkeit zu
verlängern gesucht. Nöller [3] hat gefunden, daß mit einer Glucose-Zitrat-
lösung (Natr. citric. 0,5%, Glucose 3—4%), die dem Blut 1:1 zugesetzt
wird, das Blut 30 Tage haltbar bleibt und daß dieser Konservierungszusatz
vor den bisher bekannten anderen Mitteln (Magnesiumhyposulfit, Moskauer
IPK-Lösung, Heparin, Vetren, Hirudin u. a.) den Vorzug verdient.

---

[1] Hecht u. Weese: Münch. med. Wschr. **1942**, 11. Ref. Liesegang:
Pharm. Zentralh. **84**, 104 (1943).
[2] Bosserhoff: a. a. O. S. 463.
[3] Nöller: Bruns' Beitr. **173**, 73 (1942).

Serum artificiale M.M.:

Natr. chlorat.	6,5 g
Kal. chlorat.	0,3 g
Magnes. sulf. sicc.	0,3 g
Natr. bicarbon.	0,8 g
Natr. glycerinophosph. sicc. (100%)	0,8 g
Glycosum	1,0 g
Calc. chlorat. crist.	0,2 g
Aqu. dest. steril.	ad 1000,0 cm³

Die Bestandteile werden in der oben angegebenen Reihenfolge, mit Ausnahme des Kalziumchlorids, in 800 cm³ sterilem Wasser gelöst. Das Kalziumchlorid wird für sich in 100 cm³ sterilem Wasser gelöst und die Lösung der anderen Bestandteile zugemischt. Hierauf wird mit sterilem Wasser auf 1000 cm³ ergänzt. Die Lösung wird so oft filtriert, bis keine Schwebestoffe mehr wahrnehmbar sind. Sterilisation nach Pharm. Helv. V. an zwei aufeinander folgenden Tagen.

Tutofusin. Isotonische, gepufferte, unbegrenzt haltbare Lösung der Salze des Blutserums zur Infusion. Ersatz für die Bluttransfusion. Handelsform 100, 250, 500 und 1000 cm³. In vielen Kliniken sehr geschätztes Präparat. Ähnlich: Sterofundin.

Natrium citricum. *L.* Mit kaltem Wasser (1 + 2). *Ster.* Strömender Dampf von 100—120⁰. Vorrätige Lösung von 5% täglich sterilisieren.

Natrium diaethylbarbituricum s. Veronal.

Natrium glycerinophosphoric. *L.* Wasser. *Ster.* Aseptische Herstellung oder fraktionierte Sterilisation.

Natrium glycocholicum. *L.* 0,60% Kochsalzlösung. *Ster.* Dampf von 100⁰. Frisch bereiten!

Natriumhypochloritlösung. Autosteril. Braune Ampullen.

Natrium jodat. *L.* Wasser. *Ster.* Im Autoklaven bei 120⁰ 8 Min.

Natrium kakodylic. *L.* Wasser. *Ster.* Aseptische Herstellung. Auch in Verbindung mit Strychninsalz. Vorschrift: Natr. kakodyl. 0,05—0,1, Strychnin. sulf. 0,001—0,003, Aqu. dest. ad 1 cm³. Neutrale Reaktion.

Natrium nitros. *L.* Wasser. *Ster.* Dampf von 100⁰.

Natrium nucleinic. *L.* Wasser. *Ster.* Dampf von 100⁰.

Natrium phenylchinolincarbonicum. a) *Intravenös:* Natr. phenylchinolincarb. 50,0, Natr. salicyl. 50,0, Natr. pyrophosphoric. 1,0, Aqu. bidest. ad 1000,0 cm³. *Ster.* Filtrierte Lösung 30 Min. bei 100⁰ im Autoklaven. Erkaltete Lösung nochmals filtrieren, in braune Ampullen zu 10 cm³ abfüllen und 30 Min. bei 100⁰ sterilisieren. b) *Intramuskulār:* Natr. phenylchinolincarbonic. 100,0, Natr. salicyl. 100,0, Natr. pyrophosphoric. 2,0, Percain 0,18, Aqu. bidest. ad 1000,0 cm³. *Ster.* Wie bei a). Braune Ampullen zu 5,3 cm³.

Natrium saccharat. *L.* Wasser. *Ster.* Dampf von 100⁰.

Natrium salicylic. *L.* Wasser. *Ster.* Dampf von 100⁰ mit 0,3% Natr. pyrophosphoric.

Natrium silicicum. *L.* Wasser. *Ster.* Aseptisch oder Dampf bei 100⁰. (Besser Wasserglas.)

Natrium thiosulfuricum. Natrium thiosulfat 10%. *L.* Steriles abgekochtes Wasser mit 1% Natr. phosphor. *Ster.* ½ Stunde bei 100⁰. Ampullen unter Kohlensäure füllen. Ebenso: Calcium thiosulfuricum.

Nitroglycerinum solut. 1%. *L.* Wasser. *Ster.* Fraktionierte Sterilisation oder aseptische Herstellung.

Novocain hydrochloricum. 0,5—5%. *L.* Wasser. *Ster.* Dampf von 100⁰ 1 Stunde. Schutzkörper 0,3% Kal. metabisulfit. In Ampullen zu 1—10 cm³. Ampullen unter Kohlensäure abfüllen. Seit Jahren klinisch bewährt. Möglichst frisch bereiten!

Novocain-Suprarenin. 0,5—5%. Mit 1—5 Tropfen Suprarenin 1:1000 in Ampullen zu 1—10 cm³. Ein ungefähr richtiges Verhältnis ergibt sich, wenn je 1 g Novocainsubstanz 1 cm³ Suprareninlösung 1:1000 genommen wird, ohne Rücksicht auf die zur Herstellung der gewünschten Konzentration nötigen Wassermenge. (Nach Erfahrungen der Farbenfabriken „Bayer".) Ampullen unter Kohlensäure abfüllen. Gleichfalls klinisch bewährt [1].

GROS benutzte einen geringen Zusatz von Natr. bicarb. zu Novocain- und Kokainlösungen, wodurch deren Wirkung verstärkt wird. Auch ein Zusatz von Kaliumsulfat vermag die Novocainwirkung zu erhöhen. Die Chloride dieser Basen werden dadurch in Karbonate umgesetzt, und diese spalten allmählich die freie Base hydrolytisch ab. Die freien Basen aber dringen, da sie lipoidlöslich sind, leichter in die Zelle ein und sind so wirksamer. — Über lipoidlösliche Alkaloide [2].

Die durch Oxydation hervorgerufene Verfärbung der Novocain-Suprareninlösungen wird durch einen Zusatz von 0,3% Kaliummetabisulfit zurückgehalten [3]. Weniger günstig wirkt ein Zusatz von Natriumthiosulfat.

Oleum Amygdalarum. *Ster.* Trockenes Erhitzen 2 Stunden auf 120⁰ in Kunststoffverschlußflasche.

Oleum Cacao. *Ster.* Trockenes Erhitzen 2 Stunden auf 120⁰ in Kunststoffverschlußflasche.

Oleum camphorat. s. Camphora (S. 196).

Oleum Jecoris Aselli. *Ster.* Fraktionierte Sterilisation bei 120⁰ in Kunststoffverschlußflasche. (Nur Vitamin D bleibt erhalten.)

Oleum Olivarum. *Ster.* Trockenes Erhitzen 2 Stunden auf 120⁰, Kunststoffverschlußflasche. Vorschriften ausländischer Arzneibücher [4].

Oleum Olivarum mit Benzin s. Benzin.

Oleum Sesami. *Ster.* Trockenes Erhitzen 2 Stunden auf 120⁰, Kunststoffverschlußflasche.

Oleum Terebinthinae. *Ster.* Trockenes Erhitzen 2 Stunden auf 120⁰, Kunststoffverschlußflasche.

Opium concentratum solutum. Opium conc. 2,0, Spirit. 90% 15,0, Glyzerin. 30,0, Acid. tartar. 0,5, Aqu. dest. ad 100,0, in Ampullen zu 1 cm³. *Ster.* Bei 100⁰.

Optochin hydrochloricum. *L.* Wasser. *Ster.* Dampf von 100⁰.

Organpräparate, Hormone. Die vorsichtig getrockneten, dabei wiederholt mit Alkohol abgespülten und dann gepulverten Organe werden mit Chloroform-Salzsäure-Wasser extrahiert, mit 10% Glyzerinzusatz auf Frischgewicht (1 = 1) eingestellt und nach ihrem thermischen Verhalten sterilisiert.

---

[1] Eingehend bearbeitet von W. LÜHR u. H. G. RIETSCHEL: Pharm. Zentralh. **1938**, 193f.

[2] Pharm. Zentralh. **1924**, Nr 1, 1.

[3] Dasselbe geschieht auch bei Verfärbung von Apomorphin, Physostigmin und anderen Salzen. Apoth.-Ztg. **1924**, Nr 19, 89.

[4] STICH: Pharm. Zentralh. **1942**, Nr 35.

Panflavin. *L.* Wasser. *Ster.* Aseptisch.

Panthesin Sandoz. *L.* Wasser. *Ster.* Dampf von 100⁰.

Pantocain. *L.* Wasser. *Ster.* Dampf von 100⁰.

Pantopon. *L.* Wasser. *Ster.* Aseptische Herstellung, auch in Verbindung mit Atropin. Vorschrift für Pantoponlösung: Pantopon 2,0, Aqu. dest. 78,0, Spirit. 5,0, Glycerin. 15,0.

Papaverin. hydrochloricum und sulfuricum. *L.* Wasser. *Ster.* Dampf von 100—120⁰.

Paracodin. *L.* Wasser. *Ster.* Dampf von 100⁰.

Paraffin. liquid. *Ster.* 140—160⁰ (trocken).

Pentamethylentetrazol s. Cardiazol.

Percain. (Verbindung aus der Chinolingruppe.) *L.* Wasser oder Alkohol. *Ster.* Dampf von 100⁰.

Phenyläthylbarbitursäure s. Luminal.

Phenylum salicylic. (Salol). *L.* Fettes Öl oder Paraffin. liquid. *Ster.* Dampf von 100⁰.

Phloridzin. *L.* Heißes Wasser (in kaltem so gut wie unlöslich) oder Anreibung mit Emulsio oleosa. *Ster.* Dampf von 100⁰. — 2,5 g Phloridzin ad 50,0 Emulsio oleosa.

Physostigminum (Eserin). *L.* Öl. *Ster.* Aseptische Herstellung. Vorschrift für Physostigminöl (Sol. Physostigmini oleos.) für ophthalmologische Zwecke: Physostigmin. basic. 0,1, Ol. olivar. steril. ad 10,0. Das reine Alkaloid (Base) löst sich in erhitztem sterilem Öl in sterilem Reagensglas oder Erlenmeyer ziemlich leicht auf. Jede Spur von Wasser ist zu vermeiden.

Physostigminum salicylic. und sulfuric. *L.* Wasser, besser gesättigte Benzoesäurelösung. *Ster.* Aseptische Herstellung mit n/₅₀₀-Salzsäure, auch für ophthalmologische Zwecke. Bei Benutzung von Benzoesäurelösung bleiben die Ampullen auch nach dem Sterilisieren farblos. WÖLFFLIN schreibt dem Alkaligebalt des Glases, zum geringeren Teil auch dem Einfluß von Luft- und Lichtzutritt den spurenweisen Übergang des Physostigmins in Rubreserin zu. Vermeidbar durch 0,3% Kalium metabisulfit. Er empfiehlt deshalb Fiolaxglas.

Pilocarpinum hydrochloric. *L.* Wasser. *Ster.* Aseptische Herstellung mit Chloroform-n/₅₀₀-Salzsäure oder Sterilisation bei 90—100⁰.

Preglsche Lösung s. Jodlösung (S. 202).

Psicain. (Cocain. bitartrat.) *L.* Wasser. *Ster.* Aseptische Herstellung mit sterilisiertem Wasser. Bis zu 20% in Wasser löslich.

Pyoktanin caeruleum. *L.* Wasser. *Ster.* Dampf von 100⁰ 30 Min.

Pyramidon. *L.* Wasser. *Ster.* Dampf von 110⁰ 15 Min. Stärkere Lösungen als 5% mit 30% Alkohol und 10% Glyzerin möglich. Vorschrift: Pyramidon (Dimethylaminophenyldimethylpyrazolon) 20,0, Spiritus (90%) 30 cm³, Glyzerin 10 cm³, Aq. dest. ad 100 cm³. Auch mit 2% Novocain. hydrochlor. Ampullen zu 2 cm³.

Pyrazolonum phenyldimethylic. (Antipyrin). *L.* Wasser. *Ster.* Dampf 100—120⁰. In Verbindung mit Chinin- (s. d.), Kokain- oder Morphinsalz fraktionierte Sterilisation oder aseptische Herstellung mit Chloroform-n/₅₀₀-Salzsäure.

Resorcinum. *L.* Wasser, Öl, Glyzerin. *Ster.* Dampf von 100⁰.

Rivanol. *L.* Wasser. 1⁰/₀₀ zu physiologischer Kochsalzlösung. Konzentrierte heiße Lösung ist der Kochsalzlösung zuzugeben.

Saccharum amylaceum s. Glucose.

Saccharum Lactis. *L.* Wasser. Thermostabil. Meist 10%ig 5—10 cm³ benutzt. *Ster.* Dampf von 100⁰ 30 Min. oder Autoklav 120⁰ 8 Min.

Salol s. Phenylum salicylic. (S. 209).

Salvarsan. Es werden therapeutisch verschiedene Präparate verwendet.

Spezielle Lösungsvorschriften sind den Präparaten, welche von den Höchster Farbwerken hergestellt und in evakuierten Ampullen in den Handel gebracht werden, beigelegt. Alle nehmen leicht Sauerstoff auf, wodurch ihre Toxizität erhöht wird. Die Färbung wird dabei dunkler. Am empfindlichsten ist in dieser Hinsicht das Neosalvarsan, das jedoch den Vorzug hat, sich neutral zu lösen. Es wird deshalb in Glasampullen, die mit einem *indifferenten Gas* gefüllt sind, eingeschmolzen und ist nur in diesen Originalpackungen vor Oxydationsvorgängen geschützt und hierin unbegrenzt haltbar. Der Inhalt von Ampullen, die auf dem Transport beschädigt wurden, darf ebensowenig benutzt werden wie eventuell Reste aus früher geöffneten Ampullen, weil dies mit schweren Gefahren für den Patienten verknüpft wäre. Als Applikationsformen kamen bisher drei in Betracht: intravenös, intramuskulär und subkutan. Anreibungen und Lösungen der Salvarsanpräparate werden zu Aufpinselungen in Kehlkopf und Mundhöhle verwendet. Steriles Wasser mit 20% Traubenzucker. Die intravenöse Einverleibung ist die gebräuchlichste, und zwar gilt dies für alle Salvarsanpräparate. Die Lösungsvorschriften und die aus der Praxis sich ergebenden Vorsichtsmaßregeln haben im Laufe der Zeit keine wesentlichen Änderungen erfahren. Salvarsanlösungen sind mit frisch destilliertem und sterilisiertem Wasser, eventuell auch abgekochtem Brunnenwasser mit 0,4% Kochsalz oder auch 10—20% Glucoselösung herzustellen. — Geringe Wassermengen werden besser vertragen als große, und es ist zweckmäßig, nicht über 5 cm³ hinauszugehen. Bei allen Salvarsanpräparaten darf die fertige Lösung nicht erhitzt werden. Sie ist, frisch bereitet, möglichst schnell zu injizieren. Der Arzt muß die anzuwendende Einzeldosis unmittelbar vor dem Gebrauch frisch lösen. Die Präparate kommen auch in Iso-Doppelampullen mit 10%iger Glucoselösung in den Handel. Über weitere physikalische und chemische Eigenschaften und über das Öffnen der Ampullen berichtet das eingehende Schrifttum der Höchster Farbwerke. Unter anderem ist gesagt: Durch Abreiben mit einem alkoholgetränkten Wattebausch wird zuerst die Glaswandung keimfrei gemacht und dann der Hals der Ampulle mit einer durch die Flamme gezogenen Feile dort, wo er mit einer ringförmigen Einkerbung versehen ist, angeritzt. Durch einen leichten seitlichen Fingerdruck läßt sich das obere Ende des Halses nunmehr splitterlos abbrechen. Zur Vorsicht kann man das zu entfernende Ampullenende vor dem Abbrechen mit etwas Mull, Watte oder dgl. umwickeln.

Braucht man nur einen Teil des Ampulleninhaltes, so tariert man die nötige Menge heraus. (Der Rest ist nicht aufzubewahren!)

In seltenen Fällen wird die Injektion zur sofortigen Verwendung in der Apotheke hergestellt. Bei dem im Hause des Arztes benutzten kleinen Wasserdestillationsapparat dienen die Vorlagen als Lösungsbehälter für das Neosalvarsan.

Als Lösungsverhältnis geben die Höchster Farbwerke an:

für 0,3 g . . . . . . 6 cm³ Wasser
„ 0,45—0,6 g . . . 10 „   „
„ 0,75—0,9 g . . . 15 „   „

Von manchen Kliniken und Ärzten wird eine weitaus höhere Konzentration insofern gewählt, als sie bei allen nur 5 cm³ Wasser verwenden. Für die konzentrierten Neosalvarsanlösungen ist keine Kochsalzlösung, sondern nur Wasser zu benutzen. Die 5%ige wäßrige Neosalvarsanlösung ist nahezu blutisotonisch.

Zur Frage des Wasser- und Glasfehlers:
Unter Hinblick auf unseren Abschnitt „Wasserdestillation" (s. S. 183) und auf die umfangreiche Erfahrung unserer Praxis glauben wir in den Erörterungen des Wasser- und Glasfehlers Übertreibungen nach der einen wie nach der anderen Seite hin sehen zu dürfen. Jedenfalls aber ist der Apotheker verpflichtet, ein einwandfreies steriles Wasserdestillat bei allen intravenösen Applikationen, wie auch bei Salvarsan, zu benutzen, ob der Wasserfehler des vorrätig gehaltenen destillierten Wassers nun wirklich zu den unangenehmen Nebenerscheinungen Veranlassung gibt oder nicht. Die Technik der Destillation für Apotheken in kleinem und größerem Maßstabe wurde bereits eingehend besprochen.

Schwefel s. Sulfur.

Scopolaminum hydrobromic. (Hyoscinum). *L.* Wasser. *Ster.* Aseptische Herstellung mit Chloroform-n/₅₀₀-Salzsäure. Frisch bereitete Lösungen werden bevorzugt. Zur Erhöhung der Haltbarkeit Zusatz von 10% Alkohol oder 10% Glycerin oder 10—20% Traubenzucker[1].

Stovain. *L.* Wasser. *Ster.* Dampf von 100⁰ 20 Min. lang, aseptische Herstellung mit Chloroform-n/₅₀₀-Salzsäure, auch in Verbindung mit Adrenalin-, Chinin- oder Strychninsalz. Alkalifreies Glas!

Strophanthinum. *L.* Mit wenig heißem Sir. simpl. *Ster.* Herstellung mit 20% Traubenzucker. Dampf von 100⁰ oder fraktionierte Sterilisation bei 80⁰. — *Strophanthin-Euphyllin:* Strophanthin 0,3 mg, Euphyllin 0,25 g, Traubenzucker 40% ad 20 cm³. Aseptische Herstellung. Recenter paratum!

Strychninum arsenicos. *L.* Wasser. *Ster.* Aseptische Herstellung.

Strychninum nitric. *L.* Wasser. *Ster.* Dampf von 100⁰, ebenso in Verbindung mit Natriumkakodylat (S. 207). In Verbindung mit Atropin- oder Morphinsalz aseptische Herstellung. Alkalifreies Glas!

Stypticin. *L.* Wasser. *Ster.* Filtration oder aseptische Herstellung. Vgl. Cotarnin.

Sulfur. *Ster.* Fraktioniert mit 0,5% Phenol.

Suprarenin. basicum. *L.* Wasser mit HCl dil. 0,1 : 120 cm³. *Ster.* und Konservierung s. Adrenalin (S. 194).

Suprarenin hydrochloricum s. Adrenalin.

Tetragnost (Brom-, Jod-). *L.* Wasser. *Ster.* 20 Min. im Wasserbad. Auch in Ampullen. Jod-Tetragnost S. 202.

Theophyllino-natrium aceticum. *L.* Wasser. *Ster.* Dampf von 100⁰.

Thymolum. *L.* Fettes Öl oder Paraffin. liquid. *Ster.* Dampf von 100⁰ in Druckflasche.

Traubenzucker s. Glucose.

---

[1] STICH: Pharm. Zentralh. **1939**, Nr 19.

Tropacocainum hydrochloric. *L.* Wasser. *Ster.* Dampf von 100⁰. Isotonische 4%ige Lösung. Bei verdünnten Lösungen Zusatz von 0,6—0,9% Kochsalz, 0,3% K. metabisulfit. Frisch bereitet.

Trypaflavin. *L.* Wasser. *Ster.* Dampf von 100⁰. Intravenös wird eine 0,5—2%ige Lösung zu 5, 10, 20 und 50 cm³ mit 5% Glycerin verwendet.

Tuberculinum, Alt-. *L.* Wasser. *Ster.* Aseptische Herstellung. Verdünnen in sterilisierter Flasche mit sterilisiertem Wasser unter Zusatz von 0,5% Phenol. Neuerdings wird „G. T. Hoechst“, gereinigtes Tuberkulin, benutzt. — Neu-Tuberkulin, Perlsucht-Tuberkulin, Tuberkelbacillen-Emulsion werden ebenfalls mit ¹/₂%igem Phenolwasser hergestellt.

Tutocain und Tutocain-Suprarenin. *L.* Wasser. *Ster.* Einmaliges kurzes Aufkochen und Einfüllen in sterile Flasche oder 30 Min. Erhitzen in strömendem Dampf von 100⁰.

Urea pura (Harnstoff) *L.* Wasser. *Ster.* 30 Min. langes Erhitzen in strömendem Dampf bei 100⁰.

Urethanum. *L.* Wasser. *Ster.* Dampf. von 110⁰ 15 Min. Konzentrationen therapeutisch verschieden.

Uroselectan. *L.* Wasser. Filtrieren! *Ster.* 20 Min. im Wasserbad.

Urotropin s. Hexamethylentetramin.

Veronal-Natrium. *L.* Wasser. *Ster.* Siehe Luminal-Natrium.

Vitamine[1]. Physikalisches und chemisches Verhalten bei der Sterilisation.

Vitamin A wird durch Erhitzen über 100⁰ unwirksam. Auch Oxydation zerstört das Vitamin. Es ist also auch oxylabil.

Sterilisation der Lösung: Aseptische Herstellung [2].

Vitamin B₁. Das Vitamin ist oxystabil, aber alkalilabil. Es verträgt 100⁰ gut, aber nicht Überhitzung in Konserven [2].

Vitamin B₂. Thermo- und oxystabil. Alkali- und photolabil.

Vitamin C s. Ascorbinsäure. S. 194.

Vitamin D ist bei 100⁰ unvermindert im Luftstrom zu sterilisieren. Es ist thermo- und oxystabil [2].

Auch Tabellenvermerke der Farbenfabriken Bayer und Höchster Farbwerke.

Vuzin bihydrochloricum. *L.* Wasser. *Ster.* Dampf von 100⁰ 30 Min.

Yatren. *L.* Heißes Wasser. *Ster.* Aseptisch. Yatren-Vaccine [3].

Yohimbinum hydrochloric. *L.* Wasser. *Ster.* Fraktionierte Sterilisation.

Zincum sulfuric. *L.* Wasser. *Ster.* Dampf von 100—120⁰. Der bisweilen in Zinksulfatlösung auftretende muffige Geruch rührt von Lufthefeinvasionen her.

Einige Sterilisationsverfahren aus der Praxis des Verfassers:

Insulin	50 Einheiten
Glucose	40,0
Natr. bicarbon. . .	8,0
Aqu. dest. ad . . .	200,0

zur intravenösen Injektion [4].

---

[1] Hotzel, A.: Vitamine und Vitaminpräparate. 1949. Berlin: Dr. Werner Saenger-G.m.b.H. — Eingehende Darstellung von Vitaminen und deren physikalischen und chemischen Eigenschaften.

[2] Lehrbuch der Hygiene für Ärzte und Biologen (Lehmanns medizinische Lehrbücher, Bd. XIV) von Reiner Müller. München: J. F. Lehmann 1935.

[3] Behringwerk-Mitteilungen 1924, H. 3.

[4] Coma diabet. und Acidose.

Dazu: Für die Ausführung können nur kurze Verfahren in Frage kommen, zumal derartige Präparate zur schnellen Applikation benutzt werden. Wir empfehlen folgende Herstellung:

$$\begin{array}{ll}\text{Natr. bicarb.} \ldots\ldots & 8{,}0 \\ \text{Aqu. dest. steril. } 35\text{---}40^0 & 100{,}0 \\ \text{Sterile Glucoselösung . .} & 40/100\end{array}$$

Zuletzt Zugabe des Insulins (50 E). Es ist vorauszusetzen, daß eine 50% starke sterile Glucoselösung in der Apotheke vorrätig gehalten wird. Insulin. siccum wäre in 0,5% Phenol und 10% Glyzerin aseptisch zu lösen. Das Insulin kann auch vom Arzt selbst kurz vor der Injektion zugegeben werden. Infolge der aseptischen Herstellungsweise ist für die intravenöse Applikation nur eine frisch bereitete Lösung zu benutzen.

Als *Blasendesinfizienz* wird vielfach eine Guajacol-, Jodoform-, Anästhesin-Öllösung nach der von WILDBOLZ[1] angegebenen Vorschrift hergestellt:

$$\begin{array}{ll}\text{Guajacol} \ldots\ldots & 2{,}5 \\ \text{Jodoform} \ldots\ldots & \\ \text{Anästhesin āā} \ldots & 1{,}5 \\ \text{Ol. olivar. sterilis.} \ldots & 50{,}0\end{array}$$

Auch diese Herstellung dürfte hin und wieder für den Praktiker Bedenken veranlassen. Verhältnismäßig einfach kommt man zum Ziel, wenn man Jodoform, Anästhesin mit Guajacol im Reagensglas mit Benutzung des Wasserbades der Infundierbüchse oder des Dahlener Topfes bis zur Lösung erhitzt und diese Lösung mit 50,0 sterilisiertem Öl mischt. Sollte die Ordination öfter erscheinen, so ist es wertvoll, das sterilisierte Öl in reichlich großen Flaschen vorrätig zu halten, so daß die im Reagensglas hergestellte Lösung (5,0) in der Flasche noch Platz hat.

Isotonische Lösungen (Sera isotonica). Über Bestimmung der Isotonie und Isoionie der Lösungen vgl. BURGER [2].

Die Zahlen bedeuten Gramm der folgenden Substanzen in 100 cm³ Wasser.

Natr. chlorat. NaCl . . 0,90	Calc. chlorat. CaCl 1,26
„ nitric. $NaNO_3$ . . 1,33	Barium chlorat. $BaCl_2$ . . 2,36
„ sulfur. Na_2SO_4 . . 1,71	Strontium chlorat. $SrCl_3$ . . 1,81
„ acet. $NaCH_3COO$ 1,36	Glucose $C_6H_{12}O_6$ . . . . . 4,57 [3]
Kal. chlorat. KCl . . . 1,11	Rohrzucker $C_{12}H_{22}O_{11}$ . . 8,69
„ nitric. KNO_3 . . . 1,57	Natr. citric. $2C_3H_4(OH)$
„ acet. KCH_3COO . 1,52	$(COONa) 3 + 11H_2O$ . . 2,5
„ sulfur. K_2SO_4 . . 2,06	Tropacocain. C_8H_{14}
Lithium chlorat. LiCl . 0,66	$(OOCC_6H_5)N$ 4,0

Argent. nitric.:	Argent. nitr.		1,0 Natr. nitric. 14,0 Aqu. ad 1400,0		
Cocain. hydro-chlor.:	I. Cocain. hydrochlor. 1,0	NaCl	0,75	„ „	100,0
	II. „ „	3,0	„	0,4	„ „	100,0
Cuprum. sulf.:	Cupr. sulf.	0,1	„	0,25	„ „	30,0
Formol:	Formol	10,0	„	4,5	„ „	1000,0
Kal. permang.:	Kal. permang.	1,0	„	9,0	„ „	1000,0

---

[1] WILDBOLZ, H.: Lehrbuch der Urologie, S. 325. Berlin: Springer 1924.

[2] BURGER: Genormte Arzneimittelzubereitungen. Pharm. Zentralh. 1947, 173.

[3] Die Wirkung der Traubenzuckerlösung beruht auf Durchspülung des Körpers mit der unschädlichen Lösung, dadurch Fortschaffung von Toxinen, Wasserzufuhr, Ernährung durch den Zucker. Rohrzucker passiert den Körper unausgenutzt.

Isotonische Augenwässer.
Zinc. sulf. 0,5 — Natr. sulf. 1,35 — Aqu. dest. ad 50 cm³.
Arg. nitr. 0,5 — Natr. nitr. 0,78 — Aqu. dest. ad 50 cm³.
Cocain. mur. 0,5 — Natr. chlor. 0,62 — Aqu. dest. ad 50 cm³.

Künstliche Sera s. Natr. chlorat. S. 204.

Lokalanästhetika. Außer Cocain. hydrochloricum sind alle Lokalanästhetika bei 100⁰ sterilisierbar, also stabil.

Tabelle thermostabiler und thermolabiler Arzneikörper.

Die nachstehende, auf langjährigen Erfahrungen beruhende Tabelle des Verfassers kann nur Richtlinien geben. Wir haben keinen Grund von Arzneimittelsterilisationen abzugehen, die sich Jahrzehnte in den Leipziger Kliniken und der Privatpraxis bewährten. — F. Schlemmer und C. Törber haben sich eingehend mit der Entkeimung von Arzneilösungen durch Hitzewirkung befaßt und besonders den Begriff Thermostabilität für die Praxis in ihren Ausführungen erläutert, wonach sie einen Verlust von 5% der Arzneistoffe bei der Sterilisation noch für angemessen erachten. Zersetzungen in weiteren Grenzen fassen sie als thermolabil auf. Als maßgebende Prüfung für den Substanzverlust empfehlen auch sie eine p_H-Messung [1].

Faktoren zur Beurteilung der Sterilisation medikamentöser Lösungen: Wärme-, Alkali-, Luft-, Lichtresistenz, ferner Medium und dessen Menge, endlich Glaswert des Behälters sind fortgesetzt zu überprüfen und gewonnene Erfahrungen zu verwerten.

Thermostabil

Acid. arsenicos.	Eukodal	Natr. chlorat.	Saccharum
Äthylmorphin	Gelatine	Natr. chlorat.	Lactis
(Dionin)	Glucose	physiol.	Scopolamin-
Anästhesin	Harnstoff (Urea	Natr. citricum	salze (Hyos-
Atropin. sul-	pura)	Natr. jodat.	cin)
furic.	Homatropin.	Natr. nitros.	Strophanthin
Calc. chlorat.	hydrobromi-	Natr. salicyl.	Strychnin. ni-
Cardiazol	cum	Novocain.	tricum
Chinin. hydro-	Indigocarmin	hydrochlor.	Theobromino-
chlor.	Jod-Tetragnost	Oleum camphor.	Natr. salicyl.
Coffein. Natr.	Kongorot	Pantocain	Tropacocain-
benzoic.	Laudanon	Pantopon	salze
Coff. Natr. sali-	Liquor Kal.	Paracodin	Trypaflavin
cyl.	(Natr.)arsenic.	Pernocton	Tutocain
Dicodid	Magnesium sul-	Pilocarpinsalze	Urethan
Dilaudid	fur.	Psicain	Uroselectan
Ephedrin	Morph. hydro-	Rivanol	Zinc. sulfur.
Ephetonin	chlor.		

---

[1] Schlemmer, F. u. C. Törber: Die Entkeimung von Arzneilösungen durch Hitzeeinwirkung. Dt. Apoth.-Ztg. **1938**, Nr 42/43, 646. — Kaiser, H.: Pharmazeutisches Taschenbuch, 3. Aufl., Bd. 1, S. 347. Stuttgart: Süddeutsche Apotheker-Zeitung 1944.

Thermolabil [1]

Acid. formicic.	Codein. phos-	Hyoscyamin	Natr.kakodylic.
Adrenalin	phor.	Jodoform	Physostigmin-
hydrochlor.	Eserin. sali-	Lecithin	salze
Apomorphin.	cyl.	Luminal-	Salvarsan
hydrochlor.	Extr. Secal.	Natrium	Suprareninsalze
Chloral. hydrat.	cornut.	Methylenblau	Tuberkulin
Cocain. hydro-	Holocain.	Methylenblau-	Veronal-
chlor.	hydrochlor.	Silber	Natrium
	Hydrarg. sali-		
	cyl.		

3. Pulverförmige Arzneimittel, die gelegentlich als Streupulver
Verwendung finden, wie Borsäure, Zinkoxyd, Talkum, Kieselgur,
Bolus, Dermatol, Noviform, Xeroform, Schwe-
fel, werden am besten durch trockenes Erhitzen, je nach ihrer Thermoresistenz, keimfrei
gemacht. Man wird zweckmäßig bei allen Pulvern, die es gestatten, eine höhere Sterilisationstemperatur (150—180⁰) anwenden. Die Zeitdauer von $^1/_2$ Stunde erscheint zu kurz, zumal
wenn es sich um größere Pulvermengen handelt.
Der Verfasser machte bereits früher auf die
langsame Wärmeleitung innerhalb dieser Pulver
aufmerksam. Seine Versuche ergaben, daß
nach Verlauf von 3 Stunden die Innentempera-
tur des Pulvers noch nicht 100⁰ betrug, als ein

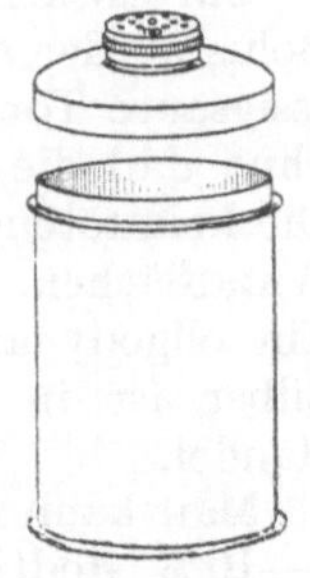

Abb. 87. Streudose
zur Sterilisation von
Pulvern.

mit 200 g Bolus gefülltes Blechgefäß von
500 cm³ Inhalt in den auf 160⁰ erhitzten Asbest-Trockenschrank
gestellt wurde. Das weniger lockere Talkum zeigte, wie zu erwarten war, ein besseres Wärmeleitungsvermögen; immerhin
hatte die 160⁰ betragende Temperatur des Trockenschrankes
ein gleiches mit Talkum gefülltes Gefäß im Innern nach 1 Stunde
erst bis auf 125⁰ zu erhitzen vermocht. Vielfach wird ein Ausglühen der geeigneten Pulver bevorzugt, wodurch man am
schnellsten zum Ziele gelangt. Zum Ausglühen können Tiegel
und Schalen von Eisen oder Porzellan benutzt werden. Das Erhitzen im Trockenschrank nimmt man in mit Wattepfropfen
verschlossenen Weithalsflaschen oder den bekannten mit Löcher-
einsatz versehenen Streudosen aus Blech vor. Von verschiedenen
Fabriken wird eine zur Sterilisation von Pulvern geeignete flache
Streudose mit verstellbarem perforiertem Deckel in den Handel
gebracht (Abb. 87). Während der Erwärmung sind die Löcher frei,

---

[1] Manche der Präparate sind auch bei 120⁰ im Autoklaven mit kurzer
Zeitdauer sterilisierbar. Vgl. KAISER: Pharmazeutisches Taschenbuch,
3. Aufl., Bd. 1, S. 348.

und nach der Sterilisation können sie durch eine kleine Drehung des oberen Deckels verschlossen werden.

Bei der Bedeutung der Bolustherapie ist der Sterilisation dieses Pulvers besonderer Wert beizumessen. Ohne Schwierigkeit kann Bolus in nicht zu großen Mengen in einem eisernen Topf oder einem Blechgefäß in die auf Brattemperatur erhitzte Kochmaschine 2—3 Stunden gestellt werden. Zur Feststellung, ob die Temperatur auch in den inneren Pulverschichten die erforderliche Höhe erreicht hat, kann man sich sog. Testobjekte bedienen, die bei der Sterilisation der Verbandstoffe näher besprochen werden (s. S. 264).

Zur Entkeimung und wegen der therapeutischen Wirkung von Bolus werden auch bactericide Substanzen, wie Borsäure, basisch essigsaure Tonerde, Silberphosphat und Silbernitrat zugesetzt, ohne daß die Aufsaugefähigkeit des Bolus dabei verlorengeht. Die keimtötende Wirkung erstreckt sich auch auf Sekrete und Wundflächen, die mit solchen Bolusgemischen behandelt werden. Ein oligodynamisch bactericides, elektrochemisch gewonnenes Silber ist in Pulververteilung als Cumasina pulverisatum im Handel.

Man kann auch nach STICH eine Verreibung von Bolus mit 5—10% Jodtinktur benutzen, so daß dieser Jodbolus dann $\frac{1}{2}$—1% Jod enthält.

Für Pulver, die ein höheres Erhitzen nicht vertragen, kommt das Tyndallisationsverfahren zur Anwendung. Man durchfeuchtet solche Pulver auch wohl schwach mit einem Gemisch aus Chloroform oder Äther mit 70—90%igem Weingeist und erhitzt sie darauf 1 Stunde auf etwa 60°.

Die Sterilisation und Sterilhaltung von Pulvern gelingt auch durch gelöste p-Oxybenzoesäureester (Nipagin, S. 155). Durch Tyndallisation dieses so bereiteten Pulvers bei 70° wird eine besonders feine Verteilung der Ester, die bei der Temperatur schon leicht flüchtig sind, hervorgerufen [1].

Jodoform wird, wie bereits erwähnt, in der Praxis als autosteril angenommen. Sonst dürfte Tyndallisation geeignet sein.

4. Tabletten können durch 1—2stündiges Erhitzen auf 150°, soweit die Arzneimittel diese Temperatur vertragen, keimfrei gemacht werden. Durch Tyndallisation scheinen zuverlässige Resultate nicht erzielt zu werden. Für eine sichere Sterilisation empfiehlt es sich, nicht die Tabletten als solche, sondern die Lösungen derselben zu entkeimen.

---

[1] SABALITSCHKA, TH.: Arch. Pharm. **1930**, 671.

5. Salben, die zu sterilisieren sind, werden in Weithalsflaschen eingefüllt und hierin 2 Stunden auf 120° erhitzt, wenn die der Salbengrundlage untermischten Arzneistoffe ein solches Erhitzen vertragen. Andernfalls kann das Verfahren der fraktionierten Sterilisation in Anwendung kommen. Während des Erkaltens ist, sofern es sich nicht um einfache, bei ruhigem Erstarren homogen bleibende Fettgemische handelt, ein wiederholtes Durchschütteln erforderlich. Bei Gegenwart von flüchtigen Stoffen muß natürlich das Sterilisationsgefäß während des Erhitzens luftdicht geschlossen sein. In manchen Fällen muß man sich auch darauf beschränken, Salbengrundlage und wirksame Arzneisubstanz getrennt oder erstere nur allein keimfrei zu machen und nach erfolgter Sterilisation die Mischung nach dem aseptischen Herstellungsverfahren (unter Benutzung von sterilem Mörser, Spatel, Flasche usw.) vorzunehmen.

Für *Pasten* gelten analoge Sterilisationsregeln.

Zu den pastenartigen Arzneiformen sind auch die sog. *Plomben* zu zählen, die zur Füllung ausgemeißelter Knochenhöhlen verwendet werden. Nach unseren Erfahrungen hat sich nachstehende Vorschrift gut bewährt: Man schmilzt je 40 Teile Walrat und Sesamöl zusammen, erhitzt das Gemisch auf 110—120°, läßt halb erkalten und gibt unter Umrühren mit sterilem Spatel 60,0 Jodoform hinzu. In ähnlicher Weise kann eine Vioformplombe aus 10,0 Vioform und je 20,0 Walrat und Sesamöl hergestellt werden. Auch dieses Gemisch hat sich in den Leipziger Kliniken bewährt.

Um es dem Arzt zu ermöglichen, stets steriles Vaselin für die verschiedensten Zwecke zur Hand zu haben, wird es in vorher erhitzten Zinntuben bei 110—120° sterilisiert. Solche Tuben werden besonders in der Geburtshilfe gern verwendet.

Sterilisation von Tuben aus Zinn und verzinntem Blei[1].

6. Ölige Lösungen. Filtration öliger Lösungen eignet sich für die Rezepturaufgaben nicht, für die Zeit und Apparatur maßgebende Faktoren sind. Man benutzt vorrätig gehaltene sterilisierte Flaschen, füllt diese mit bei 120° entkeimtem Öl und löst die Substanzen bei den ihnen zuträglichen Temperaturen[2].

7. Pflaster können nach den gebräuchlichen Verfahren nicht keimfrei gemacht werden. Ihre Sterilisation hat auch praktisch keine Bedeutung. Von frischen Pflastern zeigt das Kautschukpflaster sehr wenig Keime. Als antiseptische Mittel werden benutzt Thymol, Phenol, Methylsalizylat.

---

[1] Ref. Dt. Apoth.-Ztg. **1941,** Nr 36, S. 275.

[2] SCHÖNENBERGER, H., Über die Sterilisation in Öl gelöster Pharmaka. Südd. Apoth.-Ztg. **88, 233** (1943).

8. Laminariastifte werden von zuverlässigen Firmen der Industrie keimfrei geliefert. Die Sterilisation in der Apotheke kann in vorher sterilisierten Steckkapselgläsern vorgenommen werden, je 1 Stunde an zwei aufeinanderfolgenden Tagen bei 90—95°. Ein Erhitzen über 105° macht die Stifte an der Außenseite brüchig. Auch eine fraktionierte Sterilisation in Alkoholdämpfen ist für die ·Entkeimung der Laminariastifte zu empfehlen. In entsprechend geformten sterilisierten Steckkapselgläschen werden die Stifte aufbewahrt.

9. Flüssige pharmazeutische Präparate. Für die Konservierung wenig haltbarer, in der Apotheke vorrätig gehaltener pharmazeutischer Präparate läßt sich die Sterilisation mit besonderem Vorteil verwenden. Von solchen Präparaten seien z. B. genannt: *Solutio Succi Liquiritiae, Mel depuratum, Infusum Sennae compositum* und aus der Reihe der Sirupe: *Sirupus Althaeae, Ipecacuanhae, Mannae* und *Rhei.* Es empfiehlt sich, diese Präparate in kleinen Flaschen zu sterilisieren, mindestens aber sie gleich nach ihrer Fertigstellung noch heiß in vorher sterilisierte Gläser einzufüllen und diese nach Überschichtung mit etwas Salizylspiritus in geeigneter Weise zu verschließen. In bezug auf letzteres kann das, was früher (S. 170-—173) über die Verschlüsse der Sterilisationsgefäße gesagt ist, in entsprechender Weise verwertet werden. Wir empfehlen auch hier den schon wiederholt erwähnten Kunststoffschraubverschluß.

Was das Sterilisieren von *Mucilago Gummi arabici* anbelangt, das von mehreren Seiten angeregt wurde, sei hervorgehoben, daß er durch Erhitzen eine Veränderung erleidet. Wir empfehlen den Zusatz von 1⁰/₀₀ Nipasol-Natrium.

Auch für die vorher erwähnten pharmazeutischen Präparate ist dieser Zusatz zum Schutz gegen Luftmikroben angebracht.

10. Frische Pflanzen. Mit geeigneten Sterilisationsverfahren, z. B. durch 8—10 Min. währendes Erhitzen im Autoklaven bei 120°, können alle die Konservierung hemmenden Enzyme unwirksam gemacht werden. Frische, bestgesäuberte *Digitalisblätter* werden bei 60° 8—10 Tage gehalten, gepulvert, nochmals erwärmt und nach physiologischer Einstellung entweder in vorgewärmte Weithalsflaschen bis 100 g Inhalt oder in 2 oder 5 g-Ampullen eingetragen.

11. Keimarmes Eis läßt sich ohne Schwierigkeiten bereiten, indem man destilliertes Wasser in die peinlichst gesäuberte Gefrierform des in den Haushaltungen benutzten elektrischen Kühlschrankes eingießt. Dasselbe gelingt auch in der billigeren Eschebach-Speiseeismaschine Maya. Auch hier müßte das Innere der

Maschine mit kochendem Wasser sorgfältig gereinigt und dann erst das sterile Wasser zum Gefrieren gebracht werden.

12. Milch. Wenn auch die Milchsterilisation für den praktischen Apotheker wohl nur in seltenen Fällen in Frage kommen wird, so bestehen doch genug Beziehungen zwischen der Entkeimung dieses wichtigen Volksnahrungsmittels und der Entkeimung gewisser Arzneimittel und diätetischer Präparate. Das beste Verfahren, die Milch wenigstens annähernd keimfrei zu gewinnen, ohne ihre wertvollen Bestandteile irgendwie zu beeinflussen, ist darauf gerichtet, eine *aseptische Behandlung* mit einem möglichst schnellen Verbrauch zu verbinden. Die Gefäße werden durch Erhitzen auf 120^0 in großen Dampfsterilisatoren keimfrei gemacht. Beim Melken können keine Fremdkörper in die Milch gelangen, wenn die Gefäße überdeckt und mit entkeimten Cellulosefiltern versehen sind. Gleich nach dem Melken wird die Milch in einem Kühlraum untergebracht, der vollständig von den übrigen Gebäuden getrennt ist. Sie erfährt hier eine starke Abkühlung (2^0) und gründliche Durchlüftung und wird in sterilisierte Flaschen gefüllt, die mit Pappscheibe und Zinnkapsel verschlossen werden. Ein anderes Verfahren, für Präparate der Apotheke weitgehend keimarme Milch zu erhalten besteht darin, von notorisch gesunden Kühen peinlichst sauber gemolkene Milch in Jenaer Flaschen mit Glaskappe oder Bügelverschluß $^1/_2$—$^3/_4$ Stunden im Dahlener Topf auf 80—90^0 zu halten und danach bei möglichst niedriger Temperatur eine Kühlung vorzunehmen. Nach den Erfahrungen im Leipziger Kinderkrankenhaus soll die vorrätig gehaltene Milch vor dem Gebrauch kurz aufgekocht werden, um Coli- und Tuberkelinfektionen nach Möglichkeit zu vermeiden[1]. — Auf die Sterilisationsverfahren in den Milchhöfen kann hier nicht näher eingegangen werden.

F. Herstellung und Sterilisation von Arzneizubereitungen in Ampullen.

1. Allgemeines.

a) Ampulle. Ampullae (Diminut. v. Amphora) wurden von den Römern kolbenförmige Gefäße mit engem Hals und zwei Henkeln genannt, die aus Glas, Ton oder Leder hergestellt waren und zur Aufbewahrung von Flüssigkeiten, besonders aber von Salben und Schminken dienten. Vgl. auch das italienische Wort. Ampolla = gläsernes Fläschchen. Andere Bezeichnungen für

---

[1] Über Milchsterilisation von W. Catel. Dtsch. med. Wschr. **1933**, Nr 45, 1689.

Ampullenarten sind Amphiolen, Phiolen, Majolen, Serülen, Carpulen, Paretten usw. Der deutsche Name „Einschmelzgläser", den man einzuführen versuchte, hat wenig Anklang gefunden.

Je mehr die subkutanen, intravenösen und intramuskulären Medikationen in Aufnahme gekommen sind, um so mehr hat auch die Abgabe gebrauchsfertiger Lösungen in Ampullen an Umfang zugenommen. Auch in Deutschland hat sich die Herstellung steriler Lösungen in Ampullen zu einem bedeutenden Zweig der pharmazeutischen Technik entwickelt.

Daß die Ampullen so sehr in Aufnahme gekommen sind, kann bei ihren mannigfachen Vorzügen nicht wundernehmen. Bei Arzneimitteln, die für den wiederholten Gebrauch in bestimmten Mengen in Arzneiflaschen sterilisiert sind, ist natürlich für den darin verbleibenden Teil die Keimfreiheit nicht mehr gewährleistet, wenn die Flasche zur Entnahme eines Teiles ihres Inhaltes ein- oder mehrmals geöffnet wurde. Bei den Ampullen, die mit dosierten Einzelgaben gefüllt sind, fällt dieser Nachteil fort. Die durch Zuschmelzen geschlossene Ampulle bietet überdies im Gegensatz zu einer z. B. mit Glasstopfen verschlossenen Flasche absolute Sicherheit gegen das Eindringen von Keimen und macht es möglich, daß der Arzt auch selten gebrauchte Arzneilösungen für gelegentliche Verwendung in seiner Praxis vorrätig halten kann. Bei der Entleerung der Ampullen erweist sich die Enge ihrer Kapillaren insofern als wertvoll, als ein Zutritt von Keimen in die Flüssigkeit fast unmöglich wird. Infolge des relativ kleinen Umfanges und der Leichtigkeit der gebräuchlichsten 1 cm³-Ampullen kann der Arzt ein Taschenkästchen mit solchen, den verschiedensten Inhalt bergenden Ampullen ohne Mühe auch bei Ausübung der Praxis außerhalb seiner Wohnung stets bei sich tragen. Derartige Taschenkästchen sind auf S. 254 beschrieben und abgebildet.

Für die Selbstherstellung von Ampullen in den Apotheken sprechen verschiedene beachtenswerte Gründe:

1. Sie bietet die beste Gewähr für die richtige Zusammensetzung und Beschaffenheit der benutzten Arzneikörper und erspart so langwierige Prüfungen. Da eine genaue Prüfung des Inhaltes der eingekauften Ampullen überhaupt nicht gut durchführbar ist, fällt dieser Umstand besonders schwer ins Gewicht.

2. Bei der Selbstherstellung kann jede vom Arzt gewünschte Medikation schnell ausgeführt werden, was bei dem Bezug der Ampullen von auswärts nicht möglich ist. Dieser Vorteil kommt besonders zur Geltung, wenn es sich um Arzneikörper von geringer Haltbarkeit handelt.

3. Der Aufwand an Zeit und Arbeit ist unbedeutend, wenn die Apparate und Utensilien gebrauchsfertig vorrätig gehalten werden. Nach eigener Erfahrung waren mit den auf S. 235 beschriebenen einfachen Füllapparaten für 12 Ampullen vom Einfüllen der fertigen Lösung an, einschließlich Abdämpfen (s. S. 246) und Zuschmelzen, 12 Min. nötig. Bei Benutzung des auf S. 239 besprochenen und abgebildeten Apparates für gleichzeitige Füllung einer größeren Zahl von Ampullen wurden zum Füllen, Abdämpfen, Zuschmelzen und Prüfen durch Eintauchen in heißes Wasser (s. S. 248f.) für 90 Ampullen 30 Min. benötigt.

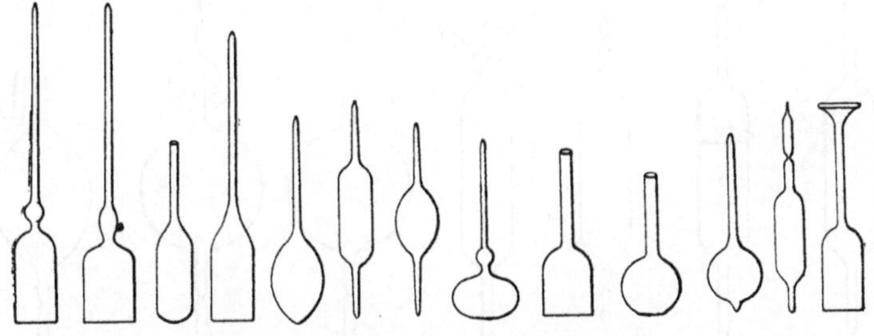
Abb. 88. Verschiedene kleinere Ampullenformen.

4. Der wirtschaftliche Nutzen ist bei der Selbstherstellung wesentlich höher als bei der Abgabe fertig bezogener Ampullen.

5. Die Technik der Ampullenfüllung fördert die Kenntnis der Natur der Arzneikörper in chemischer und physikalischer Beziehung und kann daher gelegentlich als Lehrgegenstand dienen.

Gegenüber der Tablette, die namentlich in England von den Ärzten viel in der Praxis verwandt und auch zur Herstellung von Injektionsflüssigkeiten benutzt wird, bietet die Ampulle das Arzneimittel in völlig gebrauchsfertigem Zustande, worin namentlich der vielbeschäftigte Arzt einen Vorzug erblicken muß. Außerdem können manche wichtige Arzneimittel nicht in Tablettenform gebracht werden. Die aus Tabletten hergestellten Lösungen sind nicht ohne weiteres keimfrei, und die Möglichkeit, daß der Arzt sie durch Kochen sterilisiert, ist für solche Substanzen, die ein Erhitzen nicht vertragen, ausgeschlossen. Einzelne Tabletten, z. B. solche aus Extract. Secalis cornut., geben trübe Lösungen.

b) Ampullenarten. Im Handel gibt es, wie aus den Abb. 88 und 89 zu ersehen ist, Ampullen der verschiedensten Formen. Man bevorzugt diejenigen mit flachem Boden, weil sie feststehen können. Von den abgebildeten Formen sind die erste und zweite in Abb. 88 in Deutschland wohl die beliebtesten. Sie werden an der eingeschnürten Stelle angeritzt und abgebrochen.

Die von Hand oder maschinell aus Röhren hergestellten Ampullen werden meist in einer bestimmten Sortierung nach der Spießweite an der Abschneidestelle geliefert, damit sie für die automatischen Füllmaschinen verwendbar sind.

Zu beachten ist ferner die Wandstärke des Glases. Die Ampullen aus schwachem Glas ergeben bei der Verarbeitung verhältnismäßig viel Bruch, während die starkwandigen Sorten wiederum Schwierigkeiten beim Zuschmelzen, besonders in den

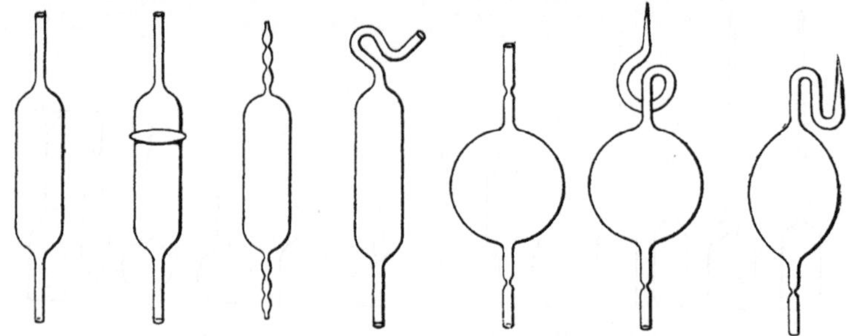

Abb. 89. Verschiedene größere Ampullenformen.

automatischen Maschinen, bieten können. Bevorzugt wird daher eine Sorte in mittlerer Wandstärke.

Die äußerlich der Trichterampulle (letzte Form der Abb. 88) ähnelnden maschinell hergestellten Ampullen sind meist recht ungleichmäßig gearbeitet, haben oft unebene Böden, exzentrisch oder schief aufsitzende Spieße und vor allem starke Abweichungen im Spießdurchmesser und in der Glasstärke. Sie bereiten deshalb beim Abschneiden und Zuschmelzen und bei der maschinellen Verarbeitung vielfach erhebliche Schwierigkeiten. Diese Übelstände waren mit Anlaß zu den neuen Konstruktionen von SICKEL (Abschnitt 4, S. 258f.). Es ist mit dessen neuen Ampullenverarbeitungsmaschinen möglich, nun auch diese Ampullen zu verarbeiten.

Die in Deutschland verhältnismäßig wenig benutzten Ampullen mit zwei Kapillaren haben den Vorzug, die billigsten zu sein und sich am leichtesten reinigen zu lassen. Sie müssen Verwendung finden bei den Vorrichtungen, die ein Ausspritzen unmittelbar aus der Ampulle erfordern. Abb. 89 zeigt Formen größerer Ampullen, die z. B. zur Füllung mit physiologischer Kochsalzlösung verwendet werden. Wichtig ist, daß bei großen zweispießigen Ampullen (ab 200 cm³) der eine Spieß mit einem

Schlauchansatz versehen ist, damit auf ihn bei Transfusionen
der Schlauch mit der Nadel aufgeschoben werden kann.

Große Ampullen mit ösenförmigem oder schwanenhalsartigem
Spieß haben den Nachteil, daß sie sich schwer reinigen lassen.
Außerdem bricht die Öse beim Aufhängen über einen Haken
leicht ab und die Ampulle samt Inhalt ist verloren. Durch eine
zweckmäßig geknotete Schnur läßt sich auch eine keinen Auf-
hängeansatz besitzende Ampulle stets befriedigend aufhängen.
Auch kann man ein besonderes Haltegestell dafür benutzen.

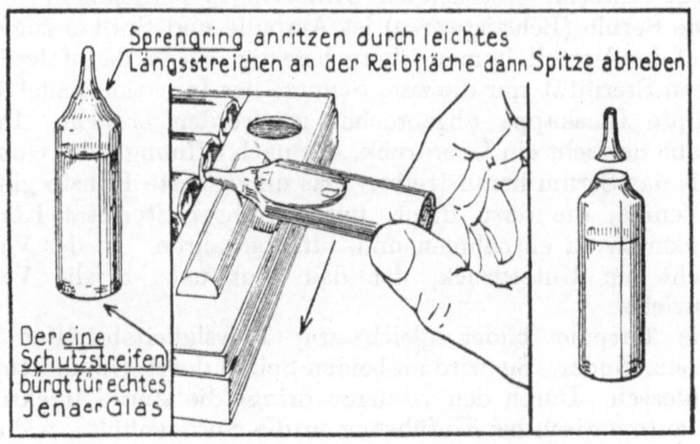

Abb. 90. Majolen. Hersteller: Jenaer Glaswerk Schott & Gen.

Für gewisse Präparate ist die Benutzung von Weithalsampullen angezeigt, deren Hals je nach Größe der Ampulle bis
1 cm Durchmesser erreicht. Sie eignen sich besonders für pulverförmige und dickflüssige Substanzen. Das Zuschmelzen ist auf
S. 247 erläutert.

Die Doppelampulle ermöglicht die Aufbewahrung zersetzlicher
chemischer Substanzen in getrennten Räumen und die Selbstherstellung einer genau dosierten sterilen Lösung kurz vor der
Injektion durch den Arzt. Alle Modelle, die Iso-Doppelampulle,
die Duplo-Amphiole von Woelm-Eschwege und die Doppelampulle mit Gummiverschluß, wie sie bei der Insulinverpackung
verwendet wird, lassen technisch noch zu wünschen übrig. Die
Iso-Doppelampulle besitzt zur Trennung von Flüssigkeit und
Substanz ein Glasstäbchen, das entfernt wird, die Duplo-
Amphiole einen leicht schmelzbaren Metallpfropfen, der bei
geringer Erwärmung schmilzt und den Inhalt beider Abteilungen
zueinander treten läßt.

Die Majole (Abb. 90) von dem Jenaer Glaswerk Schott & Gen. ist eine Ampulle aus besonders indifferentem Glas, bei der sich der Hals leicht durch Reiben an einer rauhen Fläche splitterfrei öffnen läßt. Erreicht wird dies durch ein Verfahren, das bei der Herstellung durch plötzliche regionäre Abkühlung im unteren Teil des Ampullenhalses eine Glasspannung hervorruft. Wird durch Reiben diese Stelle verletzt, so setzt sich der Sprung rundherum fort und die Spitze ist leicht abzuheben. Besonders bequem läßt sich dieses Anreiben mit Hilfe eines aus rauhem Material bestehenden Öffnerringes vornehmen.

Die Serüle (Behringwerke) ist Ampulle und Spritze zugleich. Sie hat den Vorteil, immer gebrauchsfertig zu sein, da infolge ihrer völligen Sterilität nur die zum Schutze der Injektionsnadel übergestülpte Glaskappe abgebrochen zu werden braucht. In der Ampulle herrscht ein Überdruck, der nach Öffnung eines Gummiventils das Serum heraustreibt. Das umgekehrte Prinzip gilt bei der Venüle, die dazu dient, unter völliger Sterilität Körperflüssigkeiten zu entnehmen und aufzubewahren. In der Venüle herrscht ein Unterdruck, der das Blut usw. in die Venüle hineinzieht.

Die Carpule bildet gleichzeitig Flüssigkeitsbehälter und Spritzenzylinder. Sie wird an beiden Seiten durch Gummistopfen verschlossen. Durch den vorderen dringt die sterile Injektionsnadel automatisch bei Einführung in die Spritzenhülse, während der hintere Stopfen als Kolben dient und die Flüssigkeit herausdrückt. Wegen des Gummiverschlusses ist sie nicht überall verwendbar [1].

Erwähnt seien noch die Paretten, beiderseits durch Gummikappen luftdicht verschlossene Röhrchen aus dunklem Glase, welche die CREDÉsche Lösung zum Einträufeln in die Augen Neugeborener enthalten. Hersteller: Farbenfabriken „Bayer“, Leverkusen.

So sinnreich alle diese Ampullenformen erdacht sind, erscheinen sie doch noch nicht vollkommen genug für den praktischen Gebrauch im Apothekenlaboratorium. Sie werden hauptsächlich in der Großindustrie für deren Spezialpräparate benutzt.

Gefärbte Ampullen haben den Nachteil, daß sie eingetretene Zersetzungen, die sich bei einigen wasserhellen Füllflüssigkeiten durch Annahme einer Färbung bemerkbar machen, schwer oder gar nicht erkennen lassen. Man benutzt lieber Ampullen aus ungefärbtem Glase und sorgt für den erforderlichen Lichtschutz durch die Verpackungsart.

---

[1] Dtsch. zahnärztl. Wschr. 1928 I.

In bezug auf das verarbeitete Glasmaterial gelten als die besten Ampullen des In- und Auslands die aus *Jenaer Glas* gefertigten. Die kleineren, bis 50 cm³ fassenden Ampullen werden aus dem Jenaer Fiolaxglas hergestellt, die größeren mit einem Inhalt von 50—1000 cm³ dagegen aus dem Jenaer Geräteglas, das durch seine Widerstandsfähigkeit sowohl gegen Flüssigkeiten als auch gegen schroffen Temperaturwechsel ausgezeichnet ist (vgl. S. 176). Von weiteren Thüringer Glasarten kommen unter anderem noch das *Gehlberger* Glas und das *Ilmenauer* Resistenzglas in Betracht.

Die aus Jenaer Fiolaxglas gefertigten Ampullen sind durch einen feinen Längsstrich gekennzeichnet, der bei den weißen Ampullen eine rötlichbraune, bei den braunen eine weiße Farbe zeigt.

c) Die Prüfung der Beschaffenheit des Glases der Ampullen wurde bereits im vorigen Abschnitt als überaus wichtig bezeichnet und näher erörtert (s. S. 176—179).

Wenn auch für gewisse Füllflüssigkeiten, z. B. für Äther und Coffeinlösungen, Ampullen aus alkalifreiem Glase nicht unbedingt erforderlich sind, so werden doch meistens Ampullen aus Jenaer Glas verwandt. Neben diesen noch solche aus einer billigeren Glasart vorrätig zu halten, wird sich für viele Apothekenbetriebe auch kaum lohnen.

2. Die Bereitung der Füllflüssigkeit

soll — auch bei nachfolgendem Sterilisieren der fertigen Ampullen — möglichst aseptisch vorgenommen werden.

a) Geräte. Alle Glasgeräte, insbesondere die zum Ansatz verwendeten Standgefäße und vor allem die zum Kochen dienenden Kolben sollen aus alkalifreiem Glas (Jenaer Duraxglas) bestehen und sterilisiert sowie durch Glaskappen geschützt bereitstehen.

b) Rohstoffe. Besonderer Wert ist auf eine weitgehende Reinheit der benutzten Chemikalien zu legen. In gewissen Fällen reicht die von der 6. Ausgabe des DAB. vorgeschriebene Prüfung auf Reinheit im Hinblick auf die Sterilisationsverfahren nicht aus.

c) Wasser. Das zu verwendende Wasser soll kein Alkali enthalten und ebenfalls keimfrei sein. Letzteres gilt auch von Ölen und flüssigem Paraffin, die, wie auf S. 190 und 191 angegeben ist, sterilisiert werden.

Das Wasser sei frisch oder besser doppelt destilliert. Sehr zweckmäßig zur Ampullenwasserbereitung ist der selbsttätige

Destillierapparat nach Stadler (Abb. 83) und zur Herstellung doppelt destillierten Wassers der Apparat nach Fuchs (Abb. 84).

Bei einer Ampullenherstellung größeren Umfanges empfiehlt es sich auch, Wasser mit häufiger gebrauchten Zusätzen zur Konservierung (S. 189—190, 194) und Pufferung (S. 213) gebrauchsfertig in Standgefäßen vorrätig zu halten, z. B. Nipagin 0,065 + Nipasol 0,035 ad 100,0; Chloroform 0,5%.

d) Filtration. Um recht blanke Füllflüssigkeiten, auf die besonderer Wert zu legen ist, zu erzielen, erscheint vielfach eine Filtration durch gepreßte Watte oder Schottsche Glasfilter geeigneter als eine solche durch Filtrierpapier. Trichter mit Watte- oder Papierfilter sowie Kolben für die Bereitung der Lösungen hält man sterilisiert vorrätig (s. S. 173—175).

Am bequemsten und saubersten ist die Arbeit mit den Schottschen Glasfilternutschen. Für unsere Zwecke kommt die Korngröße 4 (mit Porendurchmesser von 5—15 μ) in Betracht, am besten in den größten Ausführungen 25 G 4 oder 151 D 4. Auch die Eintauchnutschen 36 G 4 und 17 c G 4 sind zu empfehlen. Noch feinere Porendurchmesser (1—1,5 μ) weisen die für Bakterienfiltration bestimmten Filter der Korngröße 5 bzw. „5 auf 3" auf (z. B. 25 G 5 auf 3).

Das Durchsaugen erfolgt mit einer Wasserstrahlsaugpumpe mit zwischengeschalteter Woulfscher Flasche. Zum Reinigen werden die Nutschen zunächst von rückwärts mit Wasser durchspült und dann mit Bichromat-Schwefelsäure behandelt, worauf mehrmals Wasser durchzusaugen ist. Beim Sterilisieren der Glasfilter vermeide man schroffe Temperatursprünge.

e) Erforderliche Flüssigkeitsmenge. Man berücksichtige, daß der Inhalt der Ampullen nach den auf S. 232 angegebenen Gründen stets reichlich zu bemessen ist und daß man ein größeres Quantum Lösung herstellen muß, als sich zahlenmäßig für die zu füllenden Ampullen ergibt. Man pflegt auch stets 1—2 Ampullen mehr zu füllen und zu sterilisieren als benötigt werden, da es nicht selten vorkommt, daß einzelne beim Sterilisieren zerplatzen oder infolge mangelhaften Verschlusses oder aus anderen Gründen nicht abgabefähig sind. Endlich ist noch zu bedenken, daß die einzelnen Füllmethoden einen mehr oder weniger großen Überschuß an Füllflüssigkeit erfordern, worauf wir später noch eingehen werden.

3. Ampullenverarbeitung mit Einzelapparaten.

Da es sich bei der Verarbeitung mit Einzelapparaten nicht vermeiden läßt, daß die Ampullen eine mehr oder weniger lange

Zeit geöffnet bleiben, besteht die große Gefahr, daß Schwebeteilchen aus der Luft oder Fäserchen in die Ampullen eindringen. Man lege darum ganz besonders großen Wert auf eine staub- und faserfreie Atmosphäre im Arbeitsraum. Es ist jeder Umgang mit Zellstoff im Arbeitsraum zu unterlassen, Watte nur mit Vorsicht zu benutzen und der Gebrauch von Tüchern auf das unbedingt Notwendige zu beschränken. Die Tücher und vor allem auch die Arbeitsmäntel sollen aus nichtfasernden Stoffen bestehen.

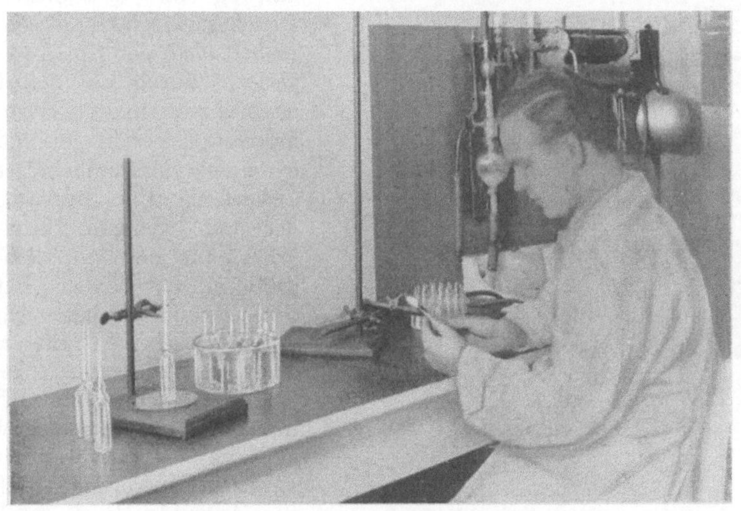

Abb. 91. Apparate zum Abschneiden und Zuschmelzen von Ampullen im Apotheken-laboratorium. (Aufnahme des Verfassers.)

Die Ampullenverarbeitung gliedert sich in folgende Einzelbehandlungen der Ampullen: Abschneiden der Ampullenhälse, Reinigung der Ampullen, Sterilisieren der leeren Ampullen, Füllen der Ampullen, Zuschmelzen der Ampullen, Sterilisieren der gefüllten Ampullen, Prüfung auf dichten Verschluß der Ampullen, Prüfung auf Flimmerfreiheit, Prüfung auf Keimfreiheit, Signieren der Ampullen, Verpackung der Ampullen.

a) Das Abschneiden der Ampullenhälse vor der Füllung erfolgt nach vorherigem Abspülen mit warmem Wasser oder denaturiertem Spiritus. Es geschieht am einfachsten mit Hilfe eines sog. Glaserdiamanten, dessen Holzgriff in waagerechter Stellung in ein Stativ eingespannt wird. Nach Feststellung der Ritzhöhe wird jede Ampulle mit leichtem Druck am Diamanten vorbeigeführt und alsdann die Kapillare abgebrochen. Bei dieser

15*

einfachen Methode lassen sich mit einiger Übung in kurzer Zeit ebenso viele Ampullen abschneiden wie mit besonderen Abschneideapparaten (Abb. 91).

Abb. 92 zeigt einen Ampullenabschneideapparat, der von Helmut Sickel, Leipzig, konstruiert ist, und bei dem man die Ampulle mit dem Spieß nach unten lediglich an einer Führungsschiene entlangzuführen braucht, ohne auf Einhaltung eines bestimmten Druckes achten zu müssen. Dabei wird der Spieß angeritzt, durch ein sofort nachschnappendes Hämmerchen abgeschlagen und in einen Sammelbehälter geworfen. Der Apparat, der mit wenigen Handgriffen für jede Ampullengröße einzustellen ist, hat den Vorteil, daß beim Abschneiden keine Splitterchen in die Ampulle gelangen können, da die Öffnung nach unten gerichtet ist, und — ein weiterer wesentlicher Vorzug — daß der Anritzdruck je nach der verarbeiteten Glassorte und Wandstärke stärker oder schwächer eingestellt werden kann und dann, unabhängig von der mehr oder weniger großen Sorgfalt der Bedienung, konstant bleibt[1].

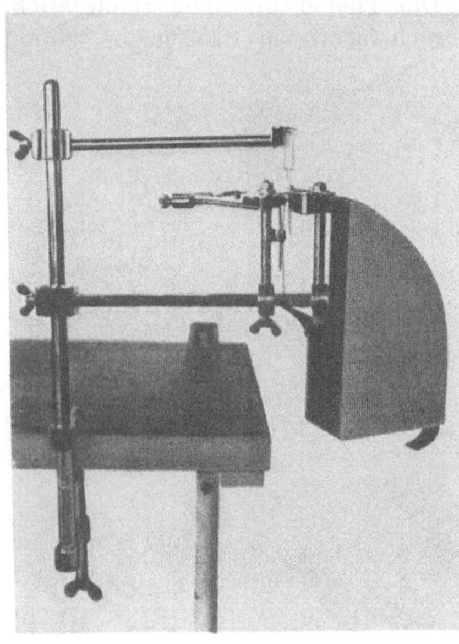

Abb. 92. Ampullenabschneideapparat von H. Sickel.

Eine wieder andere, ganz besonders sauberen Schnitt ergebende Abschneidemethode benutzt Sickel in seinen neuen vollautomatischen Ampullenverarbeitungsmaschinen (S. 258 ff.).

b) Die Reinigung der Ampullen. Im Gegensatz zur Prüfung der Glasbeschaffenheit der Ampullen, die meist alsbald nach ihrer Einlieferung vorgenommen wird, erfolgt die Reinigung am besten unmittelbar vor der Füllung. Wenn die als Ausgangsmaterial für die Ampullen dienenden Glasröhren kurz vor ihrer

---

[1] Einen einfachen Ampullenöffner mit Dreikantstein für verschiedene Ampullengrößen einzustellen liefert die Firma Rudolf Walter Fritsch, Berlin NO 55.

Verarbeitung gereinigt sind und die Ampullen gleich nach der Fertigstellung zugeschmolzen werden, ist ihre Reinigung vor der Füllung sehr erleichtert.

Um für die Reinigung der Ampullen schnell warmes Wasser zur Hand zu haben, seien Heißwasserbereiter angeführt (Abb. 93), die bei geringen Kosten, vielseitig verwendet werden können. In verschiedenen Konstruktionen wurden sie für elektrische Beheizung und für Gas in den Handel gebracht.

Die Junkerswerke stellen auch Apparate für kochendes Wasser her (den sog. Siedequell) mit Temperatureinsteller und Wassermangelsicherung.

Das Reinigen einkapillariger Ampullen kann durch das folgende Reinigungsverfahren vorgenommen werden: Man taucht eine größere Anzahl Ampullen, die durch ein herumgelegtes Gummiband zu einem Bündel zusammengehalten werden, mit nach unten gerichteten offenen Kapillaren in ein mit der erforderlichen Menge warmen destillierten Wassers gefülltes Becherglas und stellt dieses in einen tubulierten Exsikkator oder unter eine auf eine Glasplatte aufgeschliffene Vakuumexsikkatorglocke mit seitlichem oder oberem Tubus. Evakuiert man darauf den Exsikkator oder die Glocke, so tritt allmählich die Luft in kleinen Bläschen aus den Ampullen durch das Wasser aus. Sobald Luftbläschen nicht mehr bemerkbar sind, läßt man langsam wieder Luft in den evakuierten Raum eintreten. Durch den nunmehr zur Geltung kommenden Luftdruck füllen sich die Ampullen sofort. Es folgt darauf erneutes Evakuieren, durch das wiederum eine Entleerung der Gläschen bewirkt wird. Nachdem man auf diese Weise mehrmals Wasser in die Ampullen hat ein-, aus- und wieder eintreten lassen, bringt man schließlich das zuletzt eingetretene Wasser in der Weise aus ihnen heraus, daß man das aus dem Becherglase genommene Ampullenbündel mit den Kapillaren nach unten auf eine in das Evakuationsgefäß gebrachte Siebplatte stellt und nochmals evakuiert. Besonders gut läßt sich dieses Reinigungsverfahren vornehmen mit Hilfe des ROHRBECKschen Ampullenfüllapparates (s. S. 241).

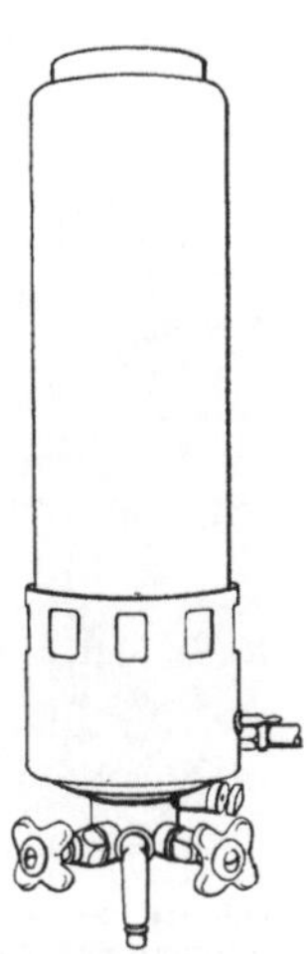

Abb. 93. Heißwasserbereiter.

Das Reinigen nach dieser Evakuationsmethode wird aber neuerdings immer mehr abgelehnt, da sich gezeigt hat, daß an den Ampullen außen anhaftende Verunreinigungen und sich von der Schnittstelle lösende Glassplitter durch das Reinigungswasser erst ins Ampulleninnere geschleppt werden und dort haften bleiben, so daß also eher eine Verunreinigung als eine Reinigung die Folge ist. Trotz größter Sorgfalt bei der Arbeit (Ampullen unabgeschnitten heiß abbrausen, staubfrei trocknen, in staubfreier Atmosphäre sauber und glatt abschneiden, mehr-

Abb. 94. Sprudelwaschautomat für Ampullen.

mals mit immer neuem Wasser nach der Evakuationsmethode spülen) ist diese Gefahr nicht zu beseitigen. Denn vollkommene Staubfreiheit ist nicht zu erzielen, und es werden sich auch stets Splitter von den Schnittstellen lösen, besonders natürlich dann, wenn die Ampullen in der Schale oder auf dem Sieb auf den Schnittstellen stehen, also an dieser Gefahrstelle auch noch mechanisch beansprucht werden, aber auch dann, wenn sie, was noch umständlicher ist, in gelochte Gestelle eingesetzt werden. So ist stets mit der Möglichkeit zu rechnen, daß durch Verunreinigungen oder durch Splitterchen, die sich von einer einzigen Ampulle ablösen, eine große Zahl anderer Ampullen innen verunreinigt werden.

Auch BOSSERHOFF und BURGER[1] lehnen aus den gleichen Gründen dieses Verfahren ab und verzichten, wie es zur Zeit noch mangels einer einwandfreien Reinigungsmethode bei Ampullen bis 20 cm³ meist geschieht, ganz auf die Reinigung.

Die theoretisch und praktisch einwandfreie, schon vor Jahren von SICKEL angegebene Methode, jede Ampulle einzeln auszuspritzen, hat erst jetzt praktische Bedeutung dadurch bekommen, daß sie sich in sein neues Verfahren der maschinellen Ampullenverarbeitung (Abschnitt 4b S. 258) ohne Leistungsminderung der Maschine eingliedern ließ.

Wesentlich sicherer und auch wirtschaftlicher als der Glasglocken-Vakuumapparat arbeitet schon der ebenfalls auf dem Evakuationsverfahren beruhende Sprudelwaschautomat (DRP.) von Rota-Aachen (Abb. 94). Wegen der Möglichkeit, ruckartig zwischen Vakuum und normalem Druck zu wechseln, können die

---

[1] BOSSERHOFF und BURGER: In ihrer sehr aufschlußreichen Arbeit über ,,Eigenherstellung von Ampullen in der Krankenhaus-Apotheke‘‘. Pharm. Zentralh. 84, Nr. 1, 2, 3 (1943).

Ampullen in kurzer Zeit beliebig oft mit einem scharfen Wasserstrahl ausgespritzt und auch von festsitzendem, eingetrocknetem Schmutz befreit werden. Auch kann man die Reinigungsflüssigkeit ohne Öffnen des Apparates auswechseln.

Als erste Reinigungsflüssigkeit wendet man bisweilen 1%ige Salzsäure an, um etwa vorhandenes Glasalkali hierdurch möglichst zu neutralisieren. Natürlich muß dann durch nachfolgendes mehrmaliges Ausspülen der Ampullen mit Wasser für vollständige Beseitigung der Salzsäure gesorgt werden. Man glaube aber nicht, daß auf diese Weise minderwertiges Glasmaterial der Ampullen wesentlich verbessert werden kann.

c) Das Sterilisieren der leeren Ampullen. Wenn auch das Sterilisieren mancher Ampullenfabrikate überflüssig erscheint, so ist es doch im Hinblick auf die mit der Abgabe der Ampullen übernommene Verantwortung anzuraten, sich der kleinen Arbeit zu unterziehen. Das Sterilisieren der Ampullen, das sich ihrer Reinigung anschließt, geschieht am einfachsten in der Weise, daß man sie in geeigneten Glasdoppelschalen, wie sie später zur Füllung im Vakuum benutzt werden, 2 Stunden im Lufttrockenschrank oder Thermostaten auf 150—160° erhitzt. Dieses Verfahren ist der Dampfsterilisation deshalb vorzuziehen, weil bei Anwendung der letzteren noch ein Nachtrocknen erforderlich ist, um die Ampullen völlig wasserfrei zu bekommen. Es empfiehlt sich, vor der Füllung auch diejenigen Ampullen zu sterilisieren, die später mit der eingefüllten Flüssigkeit der Tyndallisation oder Sterilisation bei 100° unterworfen werden. Nur bei Ampullen, die mit wäßrigen Flüssigkeiten gefüllt und später im gespannten Dampf sterilisiert werden, kann ohne Bedenken das Sterilisieren vor der Füllung unterbleiben. Zugeschmolzen bezogene Ampullen, die sich als so sauber erweisen, daß von einer Reinigung abgesehen werden kann, sterilisiert man zur Zeitersparnis, ohne die Kapillaren zu öffnen, am besten im voraus.

d) Das Füllen der Ampullen. Die Ampullen werden nicht nach Gewichtsmengen gefüllt, vielmehr werden die Füllflüssigkeiten abgemessen. Dies geschieht deshalb, weil der Arzt der Ampulle bestimmte *Raum*mengen mit der Spritze entnimmt. Sollte gelegentlich einmal verordnet sein, Ampullen mit *1 g* einer Flüssigkeit zu füllen, so ist die Annahme gerechtfertigt, daß *1 cm³* gemeint ist.

Bei einer 1%igen Morphinlösung, die in Ampullen eingefüllt werden soll, besteht natürlich für die Praxis kein Unterschied, ob 10 g davon durch Lösen von 0,1 g salzsaurem Morphin in 9,9 g Wasser bereitet, oder ob 0,1 g des Salzes in so viel Wasser gelöst wird, daß 10 cm³ Lösung resultieren. Ein beträchtlicher Unterschied macht sich aber geltend, wenn es sich z. B. um eine 10%ige Kampferätherlösung handelt, da eine nach Volumenprozenten eingestellte Lösung natürlich ganz beträchtlich mehr Kampfer enthält als eine solche, die nach Gewichtsprozenten bereitet ist. Erstere Lösung, die meist in den Kampferätherampullen des Handels enthalten ist, bietet dem Arzte den Vorteil, daß er in dem zu verbrauchenden Quantum Injektionsflüssigkeit leicht die Menge des gelösten Kampfers berechnen kann. Andererseits liegt aber keine Berechtigung vor, anzunehmen, daß eine 1%ige Kampferäther-Injektionsflüssigkeit einen verschiedenen Stärkegrad aufweist, je nachdem sie in Ampullen oder in weithalsigen Injektionsflaschen dispensiert wird. Würden die Ärzte sich immer der genannten Unterschiede bewußt sein, so würden sie sich ohne Frage einer präziseren Ausdrucksweise beim Verordnen solcher Ampullen bedienen, so daß dem Apotheker keine Zweifel über die Art der Anfertigung dieser Rezepte kommen könnten.

Mit Rücksicht darauf, daß einerseits aus den Ampullen bei knapp bemessener Füllflüssigkeit mit dieser leicht auch Luftblasen in die Pravazspritze hineingelangen und daß andererseits bei jeder Entleerung einer Ampulle geringe Flüssigkeitsmengen an ihrer inneren Glaswandung haften bleiben, empfiehlt es sich, stets etwas reichlich zu füllen, z. B. in 1cm³-Ampullen 1,1 cm³.

Die Ampullen, wenigstens diejenigen, die nach ihrer Füllung durch Erhitzen sterilisiert werden, dürfen nicht bis zur Kapillare gefüllt sein, da sie zerplatzen, wenn der Flüssigkeit bei der Erwärmung Raum zur Ausdehnung fehlt. Dieser Umstand wird von den Glasbläsereien berücksichtigt, denn der Fassungsraum der in den Handel kommenden Ampullen ist in Wirklichkeit immer größer als angegeben. So beträgt z. B. der Fassungsraum der 1 cm³-Ampullen etwa 1,3 cm³.

Viele Ampullenfüllapparate gestatten keine genaue Abmessung der Füllflüssigkeit. Bei ihrer Benutzung ist man darauf beschränkt, diejenigen Ampullen, die dem äußeren Schein nach zu knapp gefüllt sind, auszuscheiden, was für die Praxis völlig ausreichend sein dürfte.

Für die *Auswahl der Füllverfahren* sind im wesentlichen zwei Gesichtspunkte zu berücksichtigen. Zunächst ist zu unterscheiden, ob die Ampullen einzeln, eine nach der anderen, gefüllt werden, oder ob die Füllung einer mehr oder weniger großen Anzahl Ampullen gleichzeitig geschieht. Ferner sind die Füllverfahren insofern verschiedener Art, als sie nur teilweise, wie bereits erwähnt, ein genaues Abmessen der Flüssigkeit gestatten.

α) Einzelfüllung. Die nachstehend beschriebenen Einzelfülleinrichtungen arbeiten teils nach dem Pumpenprinzip (Pravazspritze, Rota-Handfüllapparat), teils nach dem Bürettenprinzip (Quetschhahnbürette, Füllapparat nach STICH), teils mit unveränderlicher Dosierkammer (Apparate nach TELLE).

Vielfach bedient man sich zur Ampullenfüllung der *Pravazspritzen* mit rostfreier Nadel. Die völlig aus Glas hergestellten eignen sich hierfür natürlich am besten, da sie gut zu reinigen und

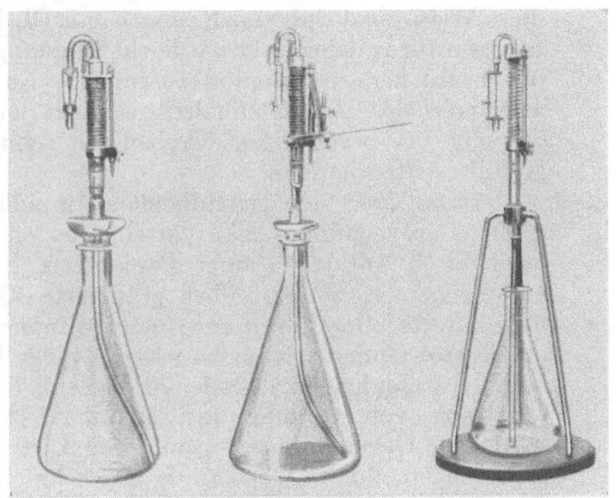

Abb. 95. Rota-Handfüllapparat für Ampullen.

zu sterilisieren sind. Die Spritzen, die 1 oder auch 5 cm³ fassen können und die durch ihre Graduierung ein genaues Abmessen der Füllflüssigkeit ermöglichen, müssen mit einer längeren, bis in den Ampullenleib hineinreichenden Nadel versehen sein. Auch die in der Veterinärpraxis gebräuchlichen Rekordspritzen von 10 oder 20 cm³ Fassungsvermögen eignen sich vorzüglich zur Ampullenfüllung. Es ist zu empfehlen, die Spritzen in einem Behälter aus Metall, Glas oder Porzellan mit übergreifendem Deckel unterzubringen, in dem sie sterilisiert und dann steril aufbewahrt werden können. Über die Behandlung der zur Verwendung kommenden Nadeln siehe S. 237.

Zur Einzelfüllung bietet der Rota-Handfüllapparat der Rota-Werke (Abb. 95) manchen Vorzug. Er besteht ganz aus Glas und man kann die Ampullen direkt aus dem Behälter füllen und Tropfen in den Hälsen vermeiden. Der ganze Apparat kann in gefülltem Zustande sterilisiert werden.

Für das Abfüllen dickflüssiger Substanzen genügen für die Kleintechnik meist weitlumige Ampullen. In den Hals derselben wird eine am oberen Rande nach außen verdickte Glasröhre als Vorstoß eingelassen, um zu vermeiden, daß der Hals benetzt wird. Durch diese Glasröhre bringt man ein möglichst weitlumiges Trichterrohr (Abb. 96). Lieferant des Trichters Robert Goetze, Leipzig C 1, Volbedingstraße 2. Im Wasserbad vorgewärmte dickflüssige Substanzen werden durch die möglichst warme Glasapparatur in die Ampulle gefüllt. Auf diese Weise sind Substanzlösungen mit Öl, konzentriertem Sirup oder Gelatine leicht in geringer Ampullenzahl herzustellen und zu füllen[1]. Nach Vorwärmung des Ampullenhalses schließt man die Öffnung bei beständigem Drehen mit schnell eingestellter Stichflamme.

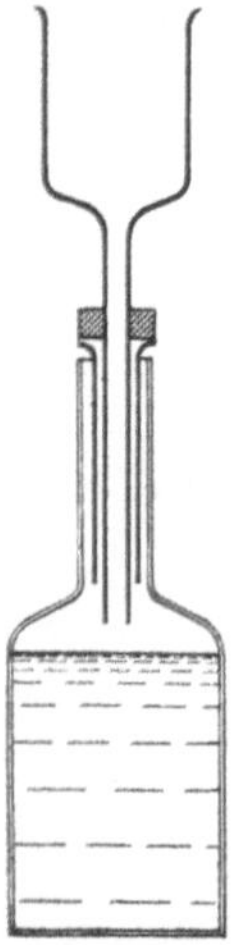

Ist die Zahl der zu füllenden Ampullen eine größere, so verwendet man vorteilhafter eine eventuell durch Aufkleben einer Papierskala in zweckentsprechender Weise selbst graduierte Quetschhahnbürette, deren untere Ausflußöffnung durch ein kurzes Gummischlauchstück mit einer Pravaznadel verbunden wird, oder, falls auf die Ausschaltung von Gummi und Metall Wert gelegt wird, eine Glashahnbürette, an deren Ausflußspitze eine längere dünne Glaskanüle angeschmolzen ist. Die letztere Abfüllvorrichtung ist natürlich ihrer Starrheit wegen weniger bequem in der Handhabung und auch wegen ihrer leichten Zerbrechlichkeit nicht sehr beliebt. Um ein schnelleres Ausfließen zu erzielen, was insbesondere bei dicken Flüssigkeiten von Vorteil ist, kann man die obere Öffnung der Bürette mit einem Druckball verbinden und durch Watte filtrierte Luft auf die Flüssigkeitssäule pressen.

Abb. 96. Ampullen mit Vorrichtung zum Abfüllen dickflüssiger Substanzen.

Der einfachste Ampullenfüllapparat, den sich jeder Apotheker selbst herstellen kann, ist die von STICH (S. 584 der Pharm. Z. 1928) beschriebene weitlumige, abgestutzte Pipette des OTTOschen Zerstörungskolbens, die dem Pharmazeuten von der toxikologischen Arbeit her bekannt ist (Abb. 97). Die Füllflüssigkeit wird mit dem Kapillartrichter eingefüllt. Bei nicht allzu ungeschickter Handhabung ist jedoch auch ein Einfüllen mit gewöhnlichem Glastrichter oder sogar überhaupt ohne Trichter

---

[1] Vgl. KESSLER: Füllen von Ampullen mit öligen Lösungen. Schweiz. Apoth.-Ztg. 1941, Nr 26. Ref. Dt. Apoth.-Ztg. 1941, 524.

möglich, wenn man die Flüssigkeit in dünnem Strahl an der
Innenwand des Einfüllrohres hinunterlaufen läßt. Voraussetzung
hierfür ist nur, daß das Einfüllrohr in seinem oberen Teile, wie
aus unserer Abbildung ersichtlich, etwas erweitert ist. Über das
untere Ende wird ein Stück Gummischlauch mit Quetschhahn
und einer Glas- oder Pravazspritzen-
nadel geschoben, die durch das Rohr
eines kleinen, mit Faden befestigten
Trichters derart beweglich ist, daß
beim Stülpen des Ampullenhalses in
den Trichter dieser hochgeschoben
und die Nadel in die Ampulle geführt wird. Einerseits dient der
Trichter als Schutzkappe, andererseits wird dadurch ein langes Zielen
der Nadel in die Ampulle vermieden.
Ebenso wie bei der Bürette kann man
auch bei der Pipette die obere Öffnung beim Füllen sehr viskoser
Flüssigkeiten mit einem Druckball
versehen. Nach dem Gebrauche läßt
sich der Apparat sehr schnell zerle-
gen, reinigen und sterilisieren. Den
Gummischlauch legt man hierzu am
besten in ein kleines Gefäß mit
1%igem Phenolwasser und erhitzt
ihn hier auf nicht zu hohe Temperatur (etwa 1 Stunde 50—60°), indem
man das Gefäß auf den Trockenschrank stellt, während man die Glas-
teile des Apparates in demselben
über 100° sterilisiert. Der Apparat
wird nach dem Sterilisieren wieder

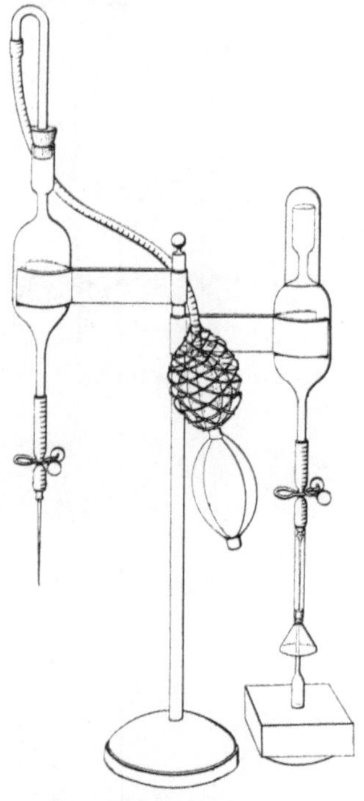

Abb. 97. Einfache Ampullenfüll-
vorrichtung nach STICH. (Aufnahme des Verfassers.)

zusammengesetzt und oben mit einer kleinen Glaskappe mit
eingelegter steriler Watte bedeckt. Vor dem erneuten Gebrauch
hat man dann nur noch nötig, die Glasnadel durch gründliches,
aber vorsichtiges Abflammen mit der Bunsenflamme zur größeren Sicherheit noch einmal zu sterilisieren.

Eine ebenfalls einfache Ampullenfüllapparatur, bestehend aus
Jenaer Erlenmeyerkolben, durchbohrtem Gummistumpfen, Röh-
rengarnitur, Jenaer Sterilfilter Nr. 213, Bürette mit Pravaznadel, mit Druckgebläse, Schlauchverbindungen, Stativ mit
Telleraufsatz, Kolbenklemme, 2 Bürettenklemmen, 2 Muffen und

Verbindungsstäben, wird von der Firma Janke & Kunkel A.G. in Leipzig C 1, in zwei Größen geliefert (Abb. 98).

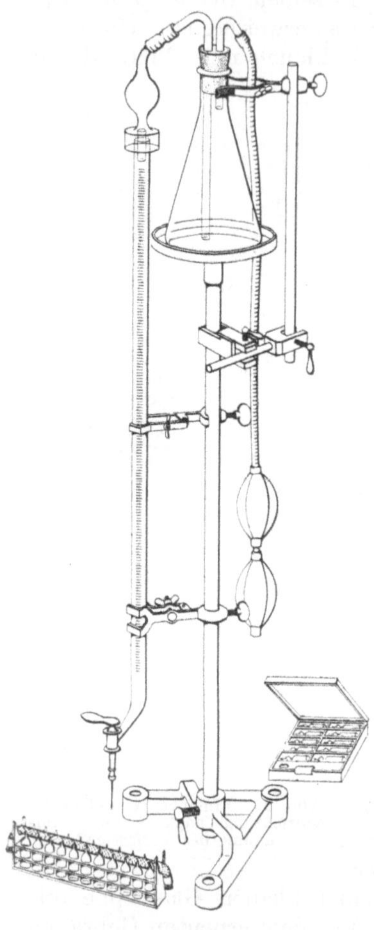

Abb. 98.
Einfache Ampullenfüllapparatur.

Zu erwähnen ist hier weiter der kleine und einfache TELLEsche Füllapparat, den ebenfalls die Glasinstrumentenfabrik Robert Goetze in Leipzig C 1 in den Handel bringt. Wie aus Abb. 99 zu ersehen ist, sind in dem Hahnküken zwei Hohlräume von bestimmtem Rauminhalt (z. B. 1,1 cm³) ausgebohrt. Bei der gezeichneten Stellung des Hahnkükens füllt sich der rechte Hohlraum mit der im oberen Behälter befindlichen Flüssigkeit an. Dreht man darauf den Hahn um 180⁰, so füllt sich der linke Hohlraum, während sich gleichzeitig der rechte entleert, indem sein Inhalt durch das enge Glasröhrchen nach unten abfließt. Zur Entleerung der Hohlräume sind auf dem das Küken umgebenden äußeren Hahnteil oben zwei Schlauchansätze angebracht, die mit einem Gummigebläse verbunden werden können.

Die Sterilisation der Glasspritze, der Bürette und der beschriebenen Abfüllapparate kann im Dampf, durch trockene Hitze, durch Auskochen in flachen Emaillebecken oder auch durch längere Einwirkung von 2%iger Formalinlösung und Nachspülen mit keimfreiem destilliertem Wasser erfolgen. Sie ist zwar nicht unbedingt erforderlich, jedoch ebenso vorteilhaft, wie z. B. die Benutzung vorher sterilisierter Ampullen, wenn es sich um solche Flüssigkeiten handelt, für die nach der Einfüllung noch eine Sterilisation bei 100⁰ in Betracht kommt. Die Sterilisation einer längeren Bürette durch Dampf kann man so vornehmen, daß man in einer Spritzflasche Wasser zum Sieden erhitzt und den aus dem

kürzeren Glasrohr austretenden Dampf durch die vorher ange-
wärmte Bürette hindurchstreichen läßt.

Die Pravaznadeln kocht man, um ein Rosten zu vermeiden,
nicht mit Wasser, sondern mit 1%iger Sodalösung aus. Noch
sicherer erfolgt ihre Sterilisation, wenn sie in 1%iger Soda- oder
Boraxlösung im Autoklaven erhitzt werden. In allen Fällen muß
ein sorgfältiges Nachspülen der Nadeln mit keimfreiem Wasser

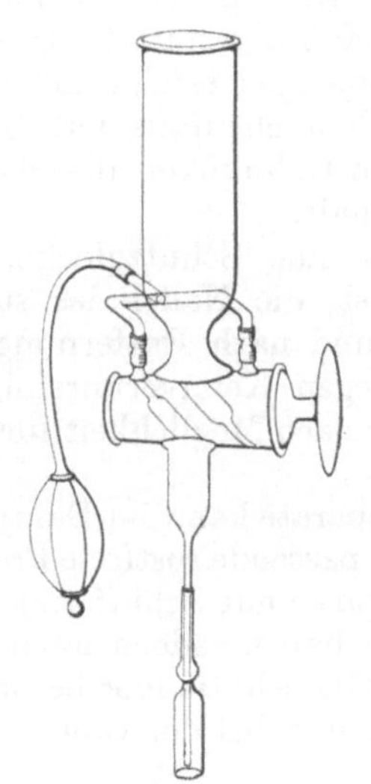

Abb. 99.
Ampullenfüllapparat nach TELLE.

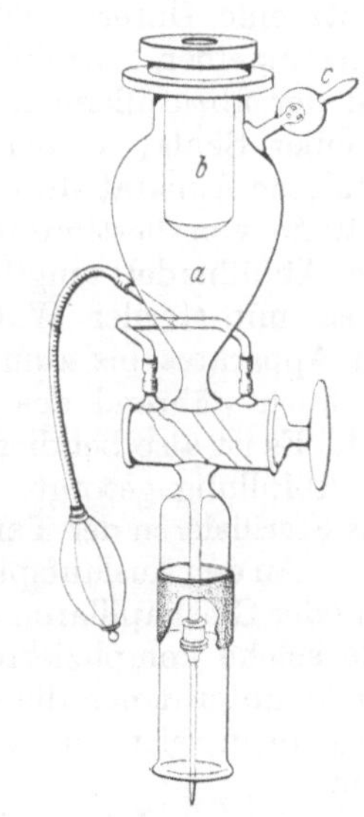

Abb. 100.
Ampullenfüllapparat nach TELLE.

folgen. Platin-Iridiumnadeln, die den meist gebrauchten, ver-
nickelten und rostfreien Stahlnadeln vorzuziehen sind, können
in einfacher Weise durch Ausglühen steril gemacht werden.
Die rostfreien Kruppschen Stahlnadeln kann man auch erhitzen
und nach Abspülen mit absolutem Alkohol bis zum Verdunsten
desselben durch die Flamme ziehen.

Die bisher beschriebenen Einzelfüllverfahren gestatten nicht,
die Ampullenfüllung völlig steril vorzunehmen; sie werden deshalb fast ausschließlich für solche Flüssigkeiten benutzt, die
nach dem Einfüllen in die Ampullen noch einer regelrechten Sterilisation unterworfen werden. Die Einzelfüllung mit Flüssigkeiten,
die eine solche Sterilisation nicht vertragen, kann mit dem
auch von Robert Goetze nach TELLE hergestellten Apparat geschehen. Er ist durch Abb. 100 veranschaulicht. Das birnenförmige

Gefäß *a*, das unten mit dem Hahn verbunden ist, hat oben durch die eingefügte Filterkerze *b* einen luftdichten Abschluß. Sein seitliches Ansatzrohr mit dem Wattefilter *c* wird an die Wasserstrahlluftpumpe angeschlossen, mit deren Hilfe die auf die Kerze gegossene Flüssigkeit in den sterilisierten Füllapparat hineingesaugt wird. Zwischen diesem und der Luftpumpe wird ein Rückschlagventil und ein Dreiwegehahn eingeschaltet, der einerseits eine Unterbrechung der Verbindung zur Luftpumpe, andererseits einen Lufteinlaß in das Gefäß *a* gestattet. Das Abmessen der abzufüllenden Flüssigkeitsmengen erfolgt nicht mit Hilfe einer Skala, sondern wie bei dem ebenfalls auf S. 237 abgebildeten Apparat durch zwei in dem Hahnküken ausgebohrte Hohlräume von bestimmtem Rauminhalt.

Die Abfüllnadel umgibt gleichfalls eine Schutzglocke, die, wenn sie mit steriler Watte gefüllt ist, die Nadel des sterilisierten Apparates bis zum Gebrauch und nach Entfernung der Watte auch während des Abfüllens gegen Keimverunreinigung schützt. Es ist also bei diesem Apparat nach Möglichkeit für eine sterile Abfüllung gesorgt.

Das Sterilisieren der TELLEschen Apparate kann im Dampf erfolgen. — An den Auslaufspitzen werden passende rostfreie Pravaznadeln oder Glaskapillaren beliebiger Stärke mit Schliff angefügt.

Alle solche komplizierten Apparate haben jedoch auch ihre Nachteile, unter denen die zahlreichen Glasschliffe hier besonders hervorgehoben seien, da sie Schwierigkeiten bei der Sterilisation bereiten.

In den letzten Jahren sind zahlreiche Apparaturen für Einzelfüllungen in den Handel [1] gekommen.

β) Massenfüllung nach der Evakuationsmethode. Die Füllverfahren, die eine gleichzeitige Füllung einer Anzahl von Ampullen ermöglichen, beruhen sämtlich auf dem Evakuationsprinzip, wie es S. 229 für die Reinigung empfohlen wurde. Man kann die Füllung so vornehmen, daß man eine mehr oder weniger große Anzahl Ampullen, die durch ein herumgelegtes Gummiband bündelartig zusammengehalten werden, mit geöffneten und nach unten gerichteten Kapillaren [2] in ein die Füllflüssigkeit enthaltendes Becherglas hineinbringt und dieses in einen tubulierten Vakuumexsikkator stellt. Man evakuiert letzteren dann mit Hilfe einer Wasserstrahlluftpumpe so lange, als sich kleine,

---

[1] Zu nennen sind: Hand-Abfüllapparat der Firma Hanns Hübener, Berlin W 35-Gotha-Wismar; vollautomatisches Dosiergerät Fluviant und Spritzfüller Tirant der Firma Walter Eils, Leipzig C 1.

[2] Von Ampullen mit zwei Kapillaren wird nur eine geöffnet.

aus den Gläschen durch die Füllflüssigkeit austretende Luftbläschen zeigen. Läßt man darauf wieder Luft zutreten, so füllen
sich die Ampullen sofort, und zwar um so mehr, je größer das im
Exsikkator erzielte Vakuum war.

Auf diesem Prinzip beruhen eine Anzahl Apparate des Handels,
die meist auch eine sterile Ampullenfüllung ermöglichen. Emp-

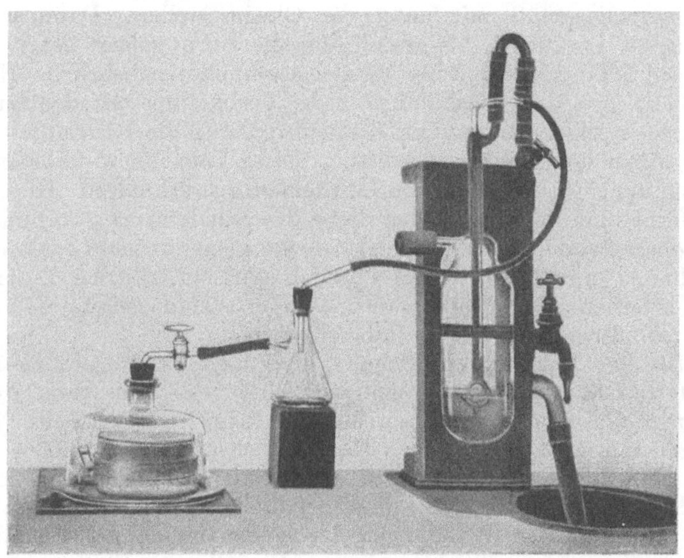

Abb. 101. Ampullenfüllung nach dem Verfahren von RICHTER-LÜTT im Laboratorium
des Verfassers.

fehlenswerte kleine billige Apparaturen stellt die Firma Dr. H.
Rohrbeck Nachf., Berlin NW 7, her.

Das einfachste und unseres Erachtens beste Verfahren zur
gleichzeitigen Füllung einer größeren Zahl von Ampullen nach
der Evakuationsmethode wurde im Prinzip von E. RICHTER
angegeben und in vereinfachter Weise von E. LÜTT beschrieben.
Das Verfahren ist in Abb. 101 dargestellt. Zwei Kristallisier-
schalen, die bequem ineinander passen und deren Boden vollständig eben sein muß, werden in folgender Weise verwendet:
In die kleinere Schale stellt man die gleichlang abgeschnittenen
Ampullen mit den Hälsen nach oben. Sie sollen die Schale
ganz ausfüllen, aber gegeneinander noch leicht verschiebbar
bleiben. Dann deckt man eine größere Schale darüber. Nun
kehrt man die beiden Schalen um, füllt die Flüssigkeit in die

größere, stellt das Ganze auf eine geschliffene Glasplatte und bedeckt es mit einer Glasglocke mit abgeschliffenem Rand und Tubus mit Absaugrohr. Zum Abdichten verwendet man am besten Gummiringe oder Glyzerinsalbe. Zwischen Saugpumpe und Glasglocke schaltet man eine kleine Saugflasche ein, um beim Nachlassen des Druckes ein Einfließen von Wasser zu verhüten. Man kann eine mit Wasser gefüllte Vergleichsampulle in einem kleinen Glasgefäß mit unter die Glocke stellen. Dann wird so lange evakuiert, bis diese Ampulle eben geleert ist. Bei einiger Erfahrung ist diese Vergleichsampulle entbehrlich. Nun schließt man den Glashahn, löst die Verbindung mit der Luftpumpe, steckt einen sterilen Wattepfropfen in die Rohrmündung und öffnet langsam den Glashahn. Diese Vorsicht ist unbedingt nötig, um ein Eindringen von Luftkeimen zu verhindern. Hierauf entfernt man die Glasglocke, dreht das Schalenpaar um, nimmt die obere Schale ab, setzt die Glasglocke wieder auf und evakuiert nochmals, um die in den Ampullenhälsen befindlichen Tropfen zu entfernen. Dann läßt man unter den vorhin genannten Vorsichtsmaßregeln wieder Luft einströmen.

Bei der Auswahl der Schalen sind folgende Regeln zu beachten: Die große Schale soll möglichst groß sein (etwa 2 cm kleineren Außendurchmesser als die lichte Glockenweite beträgt) und auch einen hohen Rand haben (aber nicht höher als die betreffenden Ampullen in abgeschnittenem Zustand hoch sind). Die kleine Schale soll soviel kleiner sein als die große, daß zwischen den Wandungen der beiden ineinanderstehenden Schalen bequem ein Trichterrohr zum Einfüllen der Füllflüssigkeit Platz hat, sie soll also einen um mindestens 1 cm (besser noch mehr) kleineren Außendurchmesser haben als der Innendurchmesser der großen Schale. Das Wichtigste aber ist, daß der Rand der kleinen Schale so niedrig ist, daß er wohl den Ampullen genügenden Halt bietet, unter keinen Umständen aber in die in der großen Schale befindliche Füllflüssigkeit (bzw. beim Reinigen in die Reinigungsflüssigkeit) eintauchen kann. Hiergegen wird leider oft verstoßen. Die Folge ist dann, daß die beim Evakuieren aus den Ampullen entweichende Luft die kleine Schale periodisch hochhebt, wobei die Flüssigkeit meist über den Rand der großen Schale verspritzt und infolge der Stoßbewegungen der kleinen Schale die empfindlichen Schnittstellen der Ampullen splittern und Unmengen von Splittern und Glasstäubchen in die Ampullen gelangen. Die Leistungsfähigkeit des Apparates ist noch zu erhöhen, wenn man mehrere Schalenpaare übereinander stellt. Befürchtet man durch den Druck der oberen Schalenpaare auf die unteren ein Splittern der Ampullenhälse, so kann man sie in einem Gestell unterbringen, wodurch jedes für sich gestützt wird. Das in Abb. 102 dargestellte Gestell ist aus festem Zinkblech gearbeitet. Mit der Wasserwaage sind die in einer für die Schalen ausreichenden Höhe abstehenden Ringe genau horizontal eingestellt. So werden die zur Vakuumfüllung benutzten Rezipienten besser ausgenutzt. Voraussetzung zum Arbeiten mit mehreren Schalenpaaren ist natürlich, daß man über eine genügend starke Luftpumpe verfügt. Dasselbe gilt auch bei der Verwendung größerer Am-

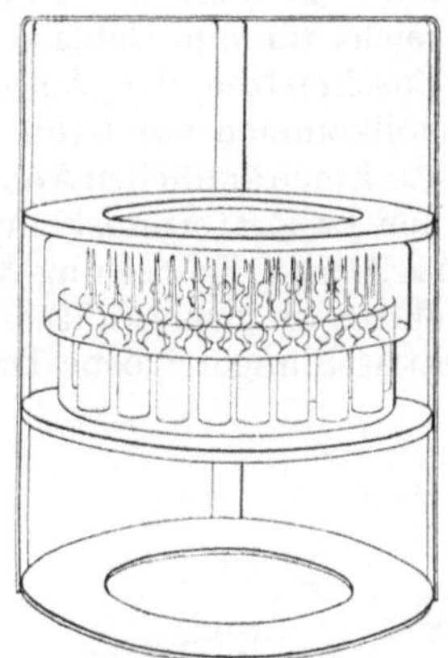

Abb. 102. Schalengestell für den Vakuumapparat.

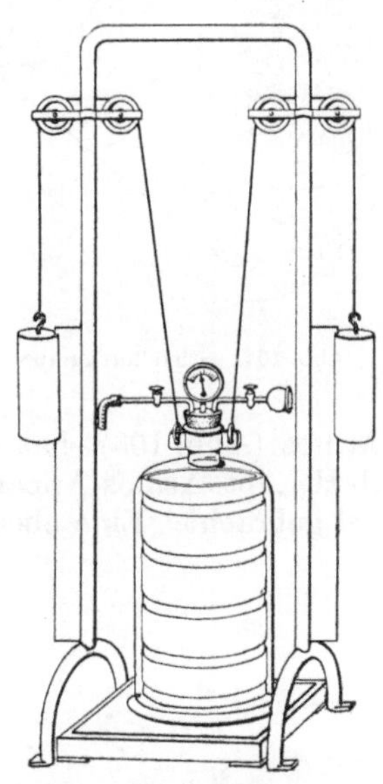

Abb. 103. Ampullenfüllapparat von Dr. H. ROHRBECK.

pullen von etwa 5 cm³ Inhalt. An dieser Stelle sei auch erwähnt, daß man die Glasglocke nicht größer als notwendig wählen wird. Selbstverständlich müssen sowohl die Schalen als auch die leeren Ampullen zuvor mit heißem Wasser abgespült werden. Die Hände sind mit Formalinseife zu reinigen. Für die einzelnen Schalen ist die Anzahl der Ampullen je nach dem Durchmesser festzulegen.

Diese Vorschläge hat sich die Firma Dr. H. Rohrbeck-Berlin NW 7 zunutze gemacht und eine Einrichtung zur Massenfüllung von Ampullen in den Handel gebracht (vgl. Abb. 103).

Die Wasserstrahlluftpumpe kann durch jede andere Pumpe ersetzt werden. Am einfachsten ist die Stiefelluftpumpe. Sie ist für kleine Betriebe sehr angebracht, wo erstere sich nicht verwenden läßt (Abb. 104).

Bei dem unregelmäßigen Druck der Wasserleitungen ist ein gleichmäßiges Entleeren des Rezipienten oft unmöglich. Sehr

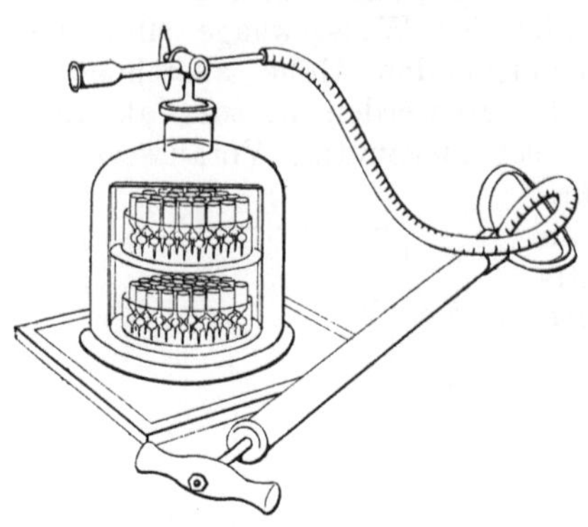

zweckmäßig ist hier die Verwendung des im Sinne der PFEIFFERschen Saug- und Druckölpumpe ($^1/_3$ PS-Motor) günstig arbeitenden Kleinmotors der AEG. (Allgemeine Elektrizitätsgesellschaft), der mit 1/40 PS arbeitet. In kurzer Zeit sind 100—150 Ampullen gefüllt. Die gewonnene Preßluft reicht für ein Gebläse zum Zuschmelzen der Ampullen vollkommen aus (Abb. 105).

Abb. 104.   Stiefelluftpumpe.

Einen ähnlichen Apparat, den Laboratoriumskompressor Atmos (Abb. 106), hat die Firma Atmos Fritzsching & Co. G.m.b.H., Abt. Atmos-Apparate, Lenzkirch (Schwarzwald), in den Handel gebracht. Eine ebenfalls elektrisch angetriebene Druck-

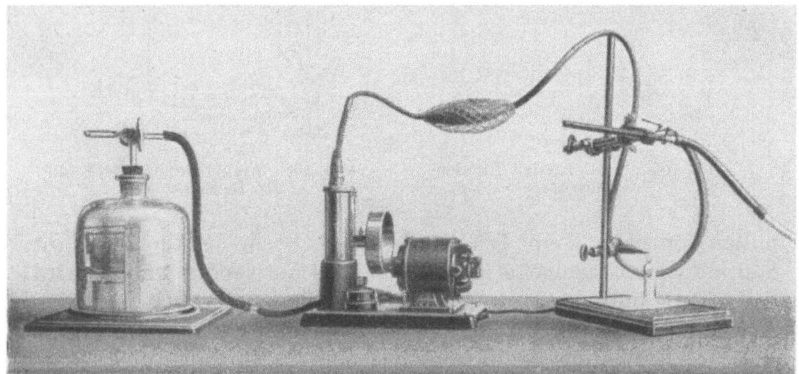

Abb. 105.   Apparatur zum Füllen und Zuschmelzen von Ampullen mittels Kleinmotors.

und Saugpumpe, welche einen Druck bis zu $1^1/_2$ atü und ein Vakuum bis zu 670 mm Hg erzeugt. Diese Pumpe kann mit einem Ampullenfüllapparat in Verbindung gebracht werden, der in 10 Min. etwa 1200 Ampullen zu 1 cm³ füllt.

Für größere Betriebe ist die Gaede-Pumpe der Firma A. Pfeiffer, Wetzlar, sehr am Platze (Abb. 107). Die Rezipienten

Abb. 106. Laboratoriumskompressor Atmos mit Elektromotor.

Abb. 107. Gaede-Pumpe der Firma A. Pfeiffer-Wetzlar. (Aufnahme aus dem Laboratorium des Verfassers.)

nebst Zubehör, wie Glasschalen u. a., werden nach Angaben des Verfassers von der Firma Robert Goetze in Leipzig C 1 einwandfrei geliefert.

So beliebt auch das auf Evakuation beruhende Füllverfahren ist, weist es doch mehrere Mängel auf. Abgesehen davon, daß die Kontrolle der in die Ampullen eingefüllten Flüssigkeitsmengen zu wünschen übrig läßt, wird man es in vielen Fällen aus ökonomischen Gründen unangenehm empfinden, daß je Schale etwa 50 cm³ mehr Füllflüssigkeit bereitet werden muß, als für die Ampullen gebraucht wird. Man kann das überschüssige Flüssigkeitsquantum auf ein möglichst geringes Maß beschränken, wenn beim Arbeiten im kleinen die zu füllenden Ampullen mit der Füllflüssigkeit statt in ein Becherglas in einen Glastrichter hineingebracht werden, der nach Abbrechen der Trichterröhre unten zugeschmolzen ist. Ein weiterer Übelstand des Verfahrens macht sich insofern bemerkbar, als die Evakuation eine Verdunstung der Füllflüssigkeit und, wenn letztere eine Lösung darstellt, eine Veränderung ihres Konzentrationsgrades hervorruft. Bei leicht flüchtigen Flüssigkeiten ist diese Verdunstung ganz erheblich, so daß z. B. Kampferätherlösung nach diesem Verfahren nicht gefüllt werden darf. Und schließlich sei nochmals auf den schon bei der Reinigung (S. 230) erhobenen schwerwiegenden Einwand hingewiesen, daß nämlich außen an den Ampullen haftende Verunreinigungen und Fäserchen und vor allem sich von den Schnittstellen ablösende Splitter und Glasstäubchen mit der Füllflüssigkeit ins Ampulleninnere geschleppt werden.

So ist das vor allem für die Großherstellung früher allgemein benutzte Verfahren der Massenfüllung nach dem Evakuationsprinzip wegen der auch bei sorgfältigster Arbeit unvermeidbaren Unsauberkeit immer mehr verlassen und durch das von SICKEL entwickelte Verfahren der maschinellen Einzelfüllung mit unmittelbar anschließendem maschinellem Zuschmelzen ersetzt worden.

γ) Füllung unter indifferenten Gasen, sog. Schutzgasen. Gegen Luftsauerstoff empfindliche Flüssigkeiten würden sich in auf normale Weise gefüllten Ampullen bald zersetzen. Das läßt sich vermeiden, wenn für die Bereitung der Lösung durch längeres Kochen möglichst luftfrei gemachtes und mit dem betreffenden Schutzgas durchströmtes Wasser benutzt und die in den Ampullen verbleibende Luft durch ein indifferentes Schutzgas (z. B. Stickstoff oder Kohlensäure) ersetzt wird.

Bei dem eben (S. 238 ff.) beschriebenen Massenfüllverfahren nach der Evakuierungsmethode erfolgt zu diesem Zweck folgende

Änderung der Arbeitsweise. Durch den Tubus der Glasglocke führen drei Rohre: ein kurzes Evakuationsrohr, ein zu der Schale führendes Trichterrohr mit Hahn zum Einleiten der Füllflüssigkeit und ein bis möglichst auf den Boden (neben der Schale) reichendes Gaszuleitungsrohr. Die Schale mit den Ampullen wird ohne Flüssigkeit unter die Glocke gestellt, worauf man möglichst weit evakuiert. Dann läßt man das Schutzgas einströmen, wiederholt diesen Vorgang noch 1—2mal und läßt sicherheitshalber noch längere Zeit ($^1/_2$ Stunde) Schutzgas durchströmen. Nun erst läßt man unter Vermeidung von Lufteintritt die Füllflüssigkeit durch das Trichterrohr in die Schale laufen und evakuiert zwecks Füllung, wobei zur Aufhebung des Vakuums wieder Schutzgas statt Luft eingelassen wird. Nach Umdrehen des Schalenpaares wird zur Entfernung der in den Kapillaren sitzenden Flüssigkeit wiederum evakuiert und abermals Schutzgas eingelassen. Alsdann werden die Ampullen sofort von Hand oder maschinell zugeschmolzen. Damit hierbei das Schutzgas nicht wieder ausgeblasen wird, verwende man möglichst engspießige Ampullen.

Beim Einzelfüllverfahren läßt man unmittelbar vor der eigentlichen Füllung die Ampullen mit Hilfe einer bis möglichst auf den Boden eingeführten Hohlnadel mit Schutzgas durchströmen. In gleicher Weise erfolgt die Schutzgasfüllung bei den in Abschnitt 4 (S. 258ff.) beschriebenen neuen SICKELschen Maschinen, in manchen Fällen auch mit Hilfe einer Doppelhohlnadel, durch deren beide Kanäle Flüssigkeit und Schutzgas gleichzeitig eingeleitet werden können. Auch bei der Auto-, Makro- und Mikrorota (S. 256—258) ist mit Hilfe einer Doppelnadel Schutzgasfüllung möglich, ohne daß dafür noch eine besondere Arbeitsstelle vorgesehen werden müßte.

Es ist einleuchtend, daß bei der rein maschinellen Ampullenverarbeitung die Schutzgasfüllung zuverlässiger vorgenommen werden kann als beim Handbetrieb und besonders bei der Evakuierungsmethode, denn beim Maschinenbetrieb vergehen von der Schutzgasfüllung und Flüssigkeitsfüllung bis zum Zuschmelzen nur wenige Sekunden und außerdem kommt hier die gasgefüllte und noch nicht geschlossene Ampulle mit der Hand nicht in Berührung, so daß also auch kein Ausdrängen von Gas durch die Handwärme erfolgen kann.

e) **Das Abdämpfen der gefüllten Ampullen.** Sind von der Füllung her im Innern der Kapillaren Flüssigkeitsmengen haften geblieben, wie es besonders bei der Evakuationsmethode der Fall ist, so wird dadurch das Zuschmelzen erschwert und vielfach sogar unmöglich gemacht, denn es entstehen dann bei allen nichtflüchtigen Substanzen beim Erhitzen der Kapillaren in der Flamme feste Rückstände oder Verkohlungen. Es können so leicht Zersetzungsprodukte in die Flüssigkeit gelangen und auch das äußere Aussehen der Ampullen wird beeinträchtigt. Vor allem aber besteht die Gefahr, daß die Rückstands- oder Kohlepfröpfe, die bei der Dichteprüfung zunächst einen einwandfreien Verschluß vortäuschen, im Laufe der Zeit herausgespült oder gelöst werden, so daß die Ampulle dann offen ist. Da dies mit bloßem Auge meist nicht erkannt werden kann, besteht so weiter die Gefahr, daß Lösungen fraglicher Stabilität und Sterilität zur Injektion kommen.

Zur Verhütung dieser Mißstände sucht man deshalb eine Reinigung der Ampullenkapillaren vor dem Zuschmelzen vo. zunehmen.

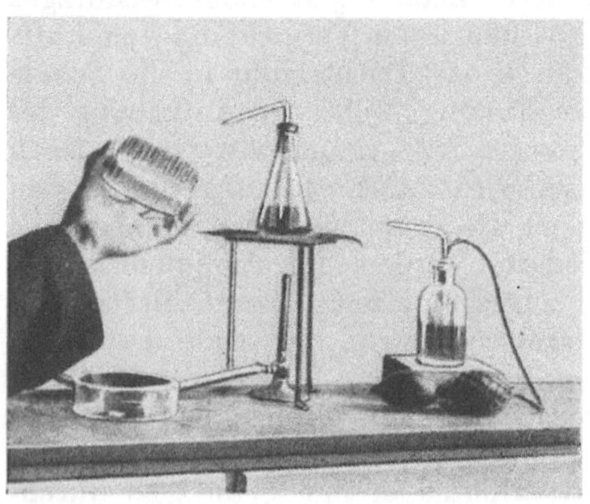

Abb. 108. Abdämpfen der Ampullenhälse vor dem Zuschmelzen.

Wenn man die Füllung der Ampullen mit einem Vakuumapparat vornimmt, kann man nach dem Füllen derselben eine geringe Wassermenge in die Hälse eintreten lassen, die man dann durch Evakuieren wieder entfernt.

Zweckmäßig und wenig umständlich ist das Abdämpfen der Ampullenhälse mit einem ganz einfachen Apparat, den sich jeder aus einem Erlenmeyerkolben, einem durchbohrten Gummi- oder Korkstopfen und einem Stück Glasrohr selbst herstellen kann. Dieses Verfahren ist in Abb. 108 dargestellt. Ampullen, die Substanzen enthalten, die nicht in Wasser löslich sind, kann man mit einem — ebenfalls in Abb. 108 (rechts) wiedergegebenen — Apparat bespritzen, der mit dem betreffenden Lösungsmittel gefüllt ist (z. B. Ätherspiritus bei Kampferampullen). Der einfache Zerstäuber mit Gummiball kann auch zum Abdämpfen mit heißem Wasser, Alkohol und Äther benutzt werden.

f) Das Zuschmelzen der Ampullen bereitet bei einiger Übung keine Schwierigkeiten. Nach Vorwärmen des Ampullenhalses wird bei beständigem Drehen mittels Stichflamme die Öffnung der Ampulle schnell geschlossen.

Bei größeren Ampullen achte man darauf, daß keine zu massige Schmelzkuppe entsteht, da sie beim Sterilisieren wegspringen könnte. Man lasse das Spießende nicht zu weit in die Flamme ragen, gehe aber im Augenblick der Herstellung des Schmelzverschlusses für ganz kurze Zeit mit der Flamme an eine tiefere Stelle, so daß durch die Erwärmung der Innenluft die Schmelzkuppe ganz wenig auf-

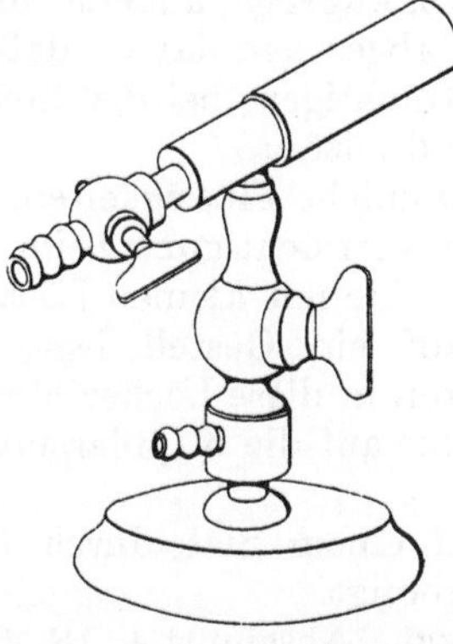

Abb. 109. Gasgebläselampe.

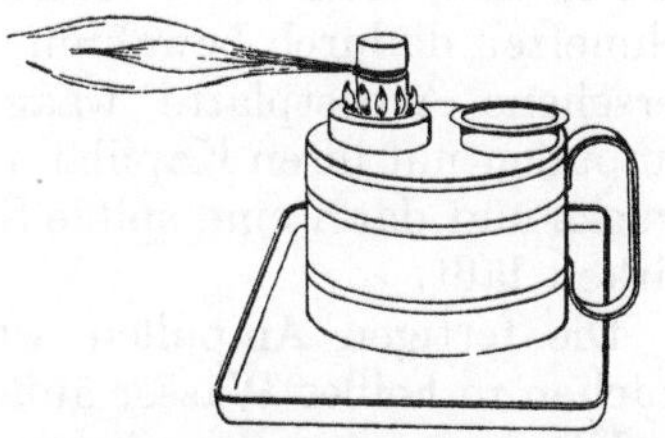

Abb. 110. Spiritusgebläselampe.

geblasen und vor allem der scharfe Absatz zwischen Spießwandung und Schmelzkuppe zu einem sanfteren Übergang ausgeglichen wird.

Man kann das Zuschmelzen auch durch Ausziehen mit einer Pinzette oder einem angeschmolzenen Glasstab vornehmen. Die obige Methode ist aber einfacher und ergibt vor allem auch mechanisch widerstandsfähigere und Transportstöße besser aushaltende Verschlüsse.

Beimischung von Sauerstoff ist beim Handzuschmelzen fast nie nötig und auch nicht vorteilhaft, wohl aber beim maschinellen Zuschmelzen.

Das Zuschmelzen erfolgt zweckmäßig in einem nicht zu hellen, besser sogar in einem abgedunkelten Raum, da man dann den Schmelzvorgang besser beobachten kann. Auch eine gefärbte Brille erleichtert dies und schont die Augen.

Abb. 109 ist eine Glasgebläselampe[1], Original Thüringer Modell mit verstellbarem Luftrohr, mit Gas- und Lufthahn, auswechselbaren Aufsteckhülsen und Messingeinsatzdüsen, feststehend. Die

---

[1] Hingewiesen sei auf die Ampullenzuschmelzvorrichtungen für Handbetrieb und für Pinzettenabzug der Firma Rudolf Walter Fritsch, Berlin NO 55.

Druckluft wird von einer Wasserstrahlluftpumpe geliefert. Abb. 110 zeigt dagegen eine für Spiritusverbrauch eingerichtete Lampe. Die Spiritusgebläselampen füllt man vorteilhaft mit hochprozentigem Weingeist, der mit etwas Äther oder Benzin versetzt ist. Ein unnötig langes Hineinhalten der Kapillare in die Flamme ist zu vermeiden, da sonst, namentlich wenn· die Luft in der Ampulle vorher nicht erwärmt ist, kugelige, äußerst dünnwandige Auftreibungen entstehen, die, abgesehen davon, daß sie das gute Aussehen der Ampulle beeinträchtigen, bei der Sterilisation nicht den genügenden Widerstand leisten.

In Ampullen eingefüllte leicht entzündliche Flüssigkeiten, wie Äther, kann man vor Entzündung und Verflüchtigung beim Zuschmelzen dadurch bewahren, daß man eine mit kleinen Löchern versehene Asbestplatte waagerecht auf ein Gestell legt, die Ampullen mit ihren Kapillaren von unten in diese Löcher hineindrückt und dann eine spitze Stichflamme auf die Kapillarspitzen wirken läßt.

Die fertigen Ampullen werden auf einem Sieb durch Eintauchen in heißes Wasser äußerlich gereinigt.

Über *maschinelles* Zuschmelzen vgl. Abschnitt 4 (S. 225).

g) Das Sterilisieren der gefüllten Ampullen. Die *Sterilisation* ist nicht für alle Ampullen erforderlich. Es scheiden diejenigen aus, deren Füllflüssigkeiten ein Erhitzen auf höhere Temperaturen nicht vertragen und daher auf dem Wege der Filtration durch die Kerze keimfrei gemacht oder unter Anwendung des aseptischen Herstellungsverfahrens mit Hilfe sterilisierter Apparate gefüllt sind. Auch für Flüssigkeiten, die, wie Äther, als keimfrei oder bactericid anzusehen sind, fällt die Sterilisation natürlich fort. Es empfiehlt sich, alle Ampullen zur Lumbal-, Sacral- und intravenösen Injektion nach dem Zuschmelzen mindestens $1/_2$ Stunde auf 100^0 zu erhitzen, falls die gelösten Arzneimittel hierbei keine Zersetzung erleiden.

Nach der Beständigkeit der jeweiligen Füllflüssigkeit richtet es sich, ob diese durch fraktionierte Sterilisation (Tyndallisation), durch Erhitzen auf 100^0 oder eine noch höhere Temperatur zu entkeimen ist. Hinsichtlich der hier in Frage kommenden Einzelheiten muß auf das im vorigen Abschnitt über die Sterilisation der verschiedenen flüssigen Arzneimittel Gesagte, insbesondere auf den Inhalt der dort eingefügten Tabelle verwiesen werden. Das Erhitzen kann im Wasserbade, in Heißluft oder auch im Dampf vorgenommen werden. Der erstgenannte Weg ermöglicht es, die Sterilisation mit der Prüfung auf keimdichten Verschluß zu vereinigen, indem man die Ampullen statt in Wasser in einer Farbstofflösung kocht bzw. auf die Tyndallisationstemperatur erwärmt. Der Vorzug, den das Erhitzen im gespannten Dampf gegenüber einem gleich hohen Erhitzen im Heißluftsterilisator hat, wurde bereits auf S. 148 erörtert.

Bei der Großherstellung ist es sehr empfehlenswert, geeignete Siebeinsätze oder Drahtkörbe zur Verfügung zu haben, in denen die Ampullen sowohl in den Sterilisator eingesetzt als auch anschließend in die Dichteprüfungsflüssigkeit eingetaucht werden können. Kleinere Ampullen können zu dem gleichen Zwecke auch in Säcke (Mullsäckchen, eventuell auch Seidenstrumpflängen) eingefüllt werden, womit man dann sehr gut hantieren kann. Für große Ampullen (200—1000 cm³) empfehlen sich Gestelle aus Metall oder Hartholz.

Die Ampullen ungeschlossen dem Sterilisationsprozeß zu unterwerfen und erst nach dessen Beendigung zuzuschmelzen, empfiehlt sich im allgemeinen nicht. Dies könnte nur für die Dampfsterilisation solcher Ampullen in Betracht gezogen werden, die mit wäßrigen Lösungen nichtflüchtiger Substanzen gefüllt sind, und bietet vielleicht bei denjenigen Lösungen, die sehr empfindlich gegen Glasalkalität sind, einen kleinen Vorteil. Die Menge des aus dem Glase abgespaltenen und in die Lösung übergehenden Alkalis steigt nämlich nicht nur mit der Zunahme der auf die Ampullen einwirkenden Temperaturgrade, sondern auch mit dem im Innern der Ampullen herrschenden Druck. BUDDE konnte nachweisen, daß schon eine Verstärkung des Druckes um 1 Atm. die Menge des frei gewordenen Glasalkalis um mehr als das Doppelte erhöhte. Sehr groß wird aber der Druck in den Ampullen nicht sein, wenn man, wie auf S. 180 angeraten wurde, bei Lösungen solcher Substanzen, die vom Glas leicht angegriffen werden, mit der Sterilisationstemperatur nicht über 100° hinausgeht und vor dem Zuschmelzen die Ampullen entsprechend erhitzt.

Trotz des im besten Sinne einwandfreien Abschlusses eines in Glashülle untergebrachten Arzneimittels, wie es die Ampulle ist, gibt auch dieses Ideal Versager. Umlagerungen in der Schmelzkuppe, innerer Druck von frei werdenden Gasen (CO_2, Cl_2 u. a.) und die bereits erwähnten höchst minimen, nicht erkennbaren Undichten an der Schmelzstelle, außerdem Veränderungen des Glases bei längerer Aufbewahrung, geben Veranlassung zum Verderb des Ampulleninhalts.

h) Die Prüfung auf dichten Verschluß der Ampullen, die nunmehr erfolgt, geschieht am einfachsten auf folgende Weise: Die vom Sterilisieren noch warmen Ampullen werden in eine kalte Farbstofflösung (Methylenblau) getaucht. Durch das

Abkühlen tritt in den Ampullen eine Druckverminderung auf, wodurch bei etwaigen Undichtigkeiten Farbstofflösung eingesaugt wird. Die gut mit Wasser abgebrausten Ampullen werden auf einem Tuch ausgebreitet, die fehlerhaften herausgesucht und schließlich mit Warmluft (Fön) getrocknet.

Bei Ampullen, die nicht sterilisiert werden, erfolgt die Dichteprüfung in der gleichen Weise, nur müssen sie vorher eine Zeitlang in Wasser solcher Temperatur gelegt werden, wie es die Füllflüssigkeit gestattet.

Man kann auch ohne Farbstoff nur mit heißem Wasser. in das die Ampullen einige Zeit eingetaucht werden, prüfen. wobei aus den undichten Ampullen ein Teil der Flüssigkeit ausgetrieben wird. Sie werden noch heiß auf ein Tuch gelegt und aussortiert. Dieses Verfahren ist aber bei weitem nicht so sicher wie die Farbstoffmethode, die selbst feinste Undichtigkeiten durch Anfärben der Flüssigkeitszone unmittelbar an der Schmelzstelle noch deutlich erkennen läßt.

Auch im Vakuumapparat oder im Rota-Sprudelwaschautomat (S. 230) läßt sich die Dichteprüfung gut vornehmen. Stehen die zugeschmolzenen Ampullen mit den Schmelzkuppen nach unten auf einem Sieb im Apparat, so werden sich beim Evakuieren die undichten Ampullen entleeren. Diese Arbeitsweise empfiehlt sich besonders dann, wenn es sich um wertvollere Flüssigkeiten handelt, die hier nach Filtration wieder verwendet werden können.

Ebenso ist bei größeren Ampullen, wo der Glasverlust erheblich wäre, das letzterwähnte Dichteprüfverfahren mit folgender Modifikation angezeigt: Auf das trockene Sieb wird ein Blatt Filterpapier gelegt. Dann werden die trockenen Ampullen, nachdem durch Herabschleudern des Spießes die Luft aus ihm verdrängt, dieser also mit Flüssigkeit gefüllt ist, mit der Schmelzkuppe auf das Filterpapier gestellt. Nun wird im Apparat nur ganz wenig Unterdruck erzeugt und dann die Vakuumprüfung abgebrochen. Bei undichten Ampullen findet sich an der betreffenden Stelle des Filterpapiers ein Feuchtigkeitsfleck. Diese Ampullen werden aussortiert, nachgeschmolzen, erforderlichenfalls nochmals sterilisiert und erneut der Dichteprüfung unterworfen. Bei dieser zweiten Dichteprüfung, der auch die Ampullen, die die erste Prüfung bestanden hatten, zu unterwerfen sind, wird ohne Unterlage von Filterpapier voll evakuiert.

Trotz aller Vorsichtsmaßnahmen erscheinen beim Lagern der Ampullen sowohl in der Großindustrie als auch im Kleinbetrieb bisweilen Zersetzungen des Inhaltes, die zum Teil auf äußerst feine Undichten zurückzuführen und selbst mikroskopisch nicht erkennbar sind.

i) Die Prüfung auf Flimmerfreiheit (Glassplitter und -stäubchen, Fäserchen, Schwebeteilchen) erfolgt am besten unter Benutzung des Tyndalleffektes, also bei seitlicher Beleuchtung in einem dunklen Raum. Besonders bequem läßt sich die Prüfung vornehmen, wenn man das Licht einer Glühlampe aus einem Gehäuse durch eine Sammellinse und einen Spalt austreten läßt, dessen Breite der Ampullengröße entsprechend verstellt werden kann.

Aber auch bei jeder guten Tages- oder künstlichen Beleuchtung läßt sich die Prüfung sehr genau durchführen, wenn man die Ampullen gegen einen dunklen Hintergrund betrachtet oder noch besser gegen ein dunkles und daneben liegendes helles Feld. Gegen das dunkle Feld erkennt man auch die feinsten hellen Schwebeteilchen oder Glassplitter und -stäubchen, während dunkle Schwebeteilchen und Fasern noch deutlicher gegen das helle Feld zu erkennen sind. Beim Prüfen soll die Ampulle nicht geschüttelt werden, weil sonst die vielen feinen und feinsten Luftbläschen die Beobachtung erschweren. Man gebe vielmehr der am Spieß mit dem Ampullenkörper nach oben gehaltenen Ampulle einen kurzen, leichten Schwenkstoß, so daß die Flüssigkeit in kreisende Bewegung gerät, und kippe dann den Ampullenkörper einmal abwärts und wieder nach oben zurück, wobei man immer abwechselnd gegen das dunkle und das helle Feld beobachtet.

k) Die Prüfung der sterilisierten Ampullen auf Keimfreiheit kommt in der Regel nur für diejenigen in Betracht, die vom Apotheker zwecks gelegentlicher Dispensation im voraus sterilisiert bezogen sind. Auf Grund ärztlicher Verordnung frisch fertiggestellte Ampullen können von einer Prüfung fast immer ausgenommen werden, da diese einen Zeitaufwand von mehreren Tagen erfordert.

Die Prüfung geschieht durch Stichproben. Man sucht möglichst solche Ampullen heraus, deren Inhalt durch ein von den anderen abweichendes Aussehen, z. B. geringere Klarheit, auffällt. Die zu untersuchenden Ampullen öffnet man durch Abbrechen der Spitze und entnimmt ihnen einige Tropfen, was zweckmäßig mit Hilfe einer an einem Ende in eine feine Kanüle ausgezogenen kleinen Glasröhre geschieht, die vorher durch mehrmaliges Durchziehen durch die Flamme sterilisiert ist. Man bringt die Tropfen in ein Reagensglas mit sterilem Nährboden und beobachtet, ob sich Keime entwickeln. In dieser Hinsicht in Betracht kommende Einzelheiten sind aus dem späteren Abschnitt

,,Prüfung von Arzneimitteln und Verbandstoffen auf Keimfreiheit" (S. 272) zu ersehen.

l) Das Signieren der einzelnen Ampullen, das möglichst nicht unterlassen werden soll, geschieht zweckmäßig mit der Spezialbedruckmaschine von B. Grauel-Berlin NW 52, Spenerstraße 23. Die Handhabung der Maschine ist sehr einfach und erklärt sich leicht durch die Abb. 111. Das elastische Kissen K wird durch Handhebel in der Pfeilrichtung bewegt und nimmt den Druck von

Abb. 111. Spezialbedruckmaschine für Ampullen.

dem Klischee oder Schriftsatz S ab. Bei dieser Bewegung laufen gleichzeitig die Walzen auf den Farbteller, nehmen neue Farbe und färben dann bei der Abwärtsbewegung den Schriftsatz ein. Die Ampulle wird auf den Abdruck des Kissens gedrückt oder darübergerollt und erhält so den gewünschten Aufdruck.

Auch andere Firmen stellen geeignete Bedruckmaschinen her.

Ein schnelleres Trocknen der Signaturen wird durch Bestrahlen mit der elektrischen Heizsonne bewirkt.

Bei der Makrorota (S. 253) und bei den neuen SICKELschen Ampullenverarbeitungsmaschinen (S. 259) erfolgt mit den anderen Vorgängen gleichzeitig auch das Bedrucken mit sofort anschließendem Einbrennen des Aufdruckes. Abgesehen davon, daß hier für das Bedrucken überhaupt keine Handarbeit erforderlich ist, bringt diese Arbeitsweise noch den Vorteil, daß sich die bedruckten Ampullen gegenseitig nicht verschmieren können und die lästige, Zeit und Platz beanspruchende Aufstellung zum Trocknen überflüssig wird.

Nach besonderer Verordnung des Arztes hergestellte Ampullenfüllungen erhalten den Vermerk „recenter paratum".

Erwähnt sei noch, daß auch Ampullen mit geätztem, beliebigem Aufdruck im Handel zu beziehen sind.

Hält der Apotheker Ampullen mit häufiger verordnetem Inhalt sterilisiert vorrätig, so wird es von Interesse für ihn sein, jederzeit feststellen zu können, wie lange sie bereits lagern. Es empfiehlt sich für diesen Fall, die einem gemeinsamen Sterilisationsprozeß unterworfenen Ampullen jeweils getrennt aufzubewahren und mit einem Kontrollzeichen zu versehen, das mit dem zugehörigen Datum in ein kleines „Sterilisationsbuch" einzutragen ist. Einige Apotheker beobachten dieses Verfahren für alle von ihnen sterilisierten Ampullen sowie auch für Verbandstoffpackungen.

Abb. 112. Karton zur Verpackung von Ampullen.

m) Die Verpackung von Ampullen erfolgt am besten in besonderen Ampullenkartons, in denen die Ampullen nebeneinander, gegen Bruch geschützt, lagern. Ein solches Pappkästchen zeigt Abb. 112. Für den Besuch des Arztes am Krankenbett ist zum Transport in der Tasche eine kleine feste Schachtel mit Klappdeckel empfehlenswert, in der einige Ampullen verschiedenen Inhalts vorhanden sind (Abb. 113).

Bei größeren Abfassungen (25, 50 und 100 Ampullen) ist es vorteilhafter, die Ampullen stehend in Kartons mit Fächereinsätzen oder mit Zwischenböden mit Lochausstanzungen unterzubringen.

n) Besondere Formen und Füllungen von Ampullen. Zu Infusionen meist isotonischer Lösungen von Kochsalz, Traubenzucker u. a. werden häufig Ampullen größeren Inhalts (250 und 500 cm^3) benutzt. Sie sind beiderseitig ausgezogen, und zwar die gebräuchlichsten auf einer Seite in eine Glasröhre, auf der anderen in einen Schlauchansatz [1]. Die unbedingt nötige Reinigung der Ampullen geschieht mit heißer Sodalösung, Nachspülen mit Salzsäure und zuletzt mit destilliertem Wasser. Die Sterilisation der so gereinigten Ampullen wird im Dampfstrom von 105°

---

[1] Über andere Formen größerer Ampullen s. S. 222, Abb. 89.

vorgenommen. Zur Füllung der Ampulle schmilzt man die Glasröhrenöffnung zu und gießt nach dem Erkalten der Schmelz-

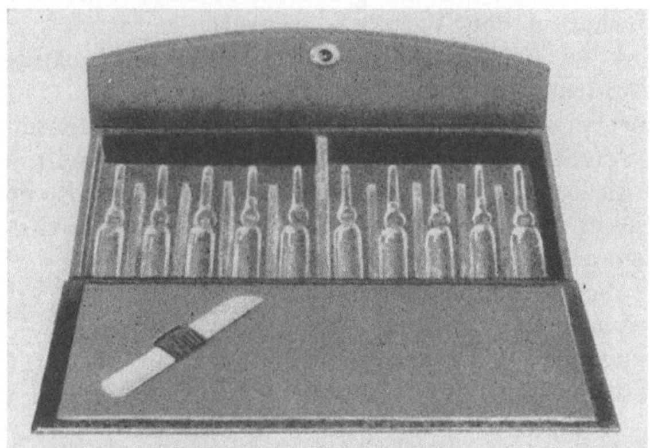

Abb. 113. Ampullenauswahl für den Krankenbesuch des Arztes.

stelle die Infektionsflüssigkeit durch Trichter mit verlängertem Rohr ein. Bei Ampullen bis zu 250 cm³ kann der Schlauchansatz

Abb. 114. Füllen und Zuschmelzen größerer Ampullen.

sofort zugeschmolzen und darauf die Sterilisation bei geeigneter Temperatur vorgenommen werden (Abb. 114). Die großen

Ampullen zu 500 cm³ werden offen sterilisiert mit einer über den Schlauchansatz gestülpten Glaskappe, aufrecht in einem Drahtkorb stehend, bei einer dem thermischen Verhalten des Inhalts entsprechenden Dampftemperatur. Nach dem Erkalten und Abheben der Glaskappe wird schnell mit dem Gebläse zugeschmolzen.

4. Maschinelle Ampullenverarbeitung.

a) Verfahren nach Sickel. Im Großbetrieb, wo man früher das mit zahlreichen Mängeln behaftete Massenfüllverfahren nach der Evakuationsmethode (S. 238ff.) zu benutzen gezwungen war, wird heute fast allgemein nach dem von Dr. Helmut Sickel, Leipzig, angegebenen und durch eine Reihe grundlegender Patente geschützten Verfahren der maschinellen Einzelfüllung mit sofort anschließendem maschinellem Zuschmelzen gearbeitet. Der Verfasser konnte hierauf schon kurz in früheren Auflagen hinweisen, da Sickel seine ersten Versuche 1922 im Ampullenlaboratorium der Kreuz-Apotheke in Leipzig mit einer selbstgebauten Maschine mit drehbaren Ampullenhaltern angestellt hatte. Nachdem es ihm gelungen war, eine Maschine zum Zuschmelzen von Ampullen zu konstruieren, löste er auch das Problem der maschinellen Einführung einer Hohlnadel in die engen Ampullenhälse und kam so in die Lage, erstmalig eine Ampullenverarbeitungsmaschine zusammenzustellen, die die Einzelabfüllung mit ihren unbestreitbaren Vorzügen ermöglicht und wegen des im gleichen Arbeitsgang erfolgenden maschinellen Zuschmelzens auch in wirtschaftlicher Hinsicht dem Vakuumfüllverfahren überlegen ist.

Beim Sickelschen Verfahren werden die Ampullen einzeln nacheinander zunächst zur Füll- und dann zur Zuschmelzstelle geführt. Zum Zwecke des Füllens wird eine Hohlnadel maschinell ins Innere der Ampulle eingeführt und durch eine Ganzglaspumpe, deren Hub auf jede gewünschte Dosierung eingestellt werden kann, wird die Flüssigkeit in die Ampullen gedrückt. An der Zuschmelzstelle werden die Ampullen in Rotation um ihre Längsachse versetzt, so daß die das Ende des Ampullenhalses bestreichende Stichflamme dichte und schön gleichmäßige Schmelzverschlüsse erzeugt. Im Gegensatz zum Vakuumverfahren entstehen beim Sickelschen Verfahren keine Flüssigkeitsverluste, keine Konzentrationsänderungen durch Verdunstung und keine Verunreinigung durch Glassplitter oder von außen eingeschleppte Fasern oder andere Unsauberkeiten. Die eingestellte Dosierung bleibt ohne Rücksicht auf etwa unterschiedliches Fassungsvermögen der Ampullen konstant, und die Hälse und das Äußere bleiben trocken.

Unter Benutzung der SICKELschen Patente werden von der Firma Rota, Aachen, jetzt Oeflingen (Baden), eine Reihe sehr brauchbarer Ampullenmaschinen in den Handel gebracht.

Bei der „Autorota" (Abb. 115), die vornehmlich für Majolen (S. 223) bestimmt ist, aber auch für Ampullen mit gut planem

Abb. 115.   Autorota von Rota-Aachen.

Boden verwendet werden kann, werden die Ampullen in großer Anzahl auf eine langsam rotierende Tellerscheibe gesetzt. Bei Majolen, die die Firma Schott & Gen. stehend in Kartons zu je 100 Stück liefert, kann mit Hilfe der zur Autorota mitgelieferten Überführungskästen und des verstellbaren Rechens der gesamte Kartoninhalt von 100 Majolen mit einem Male auf die Autorota aufgesetzt werden. Dann arbeitet die Maschine ohne Bedienung selbsttätig weiter. Die Tellerscheibe führt die Ampullen gegen eine schrittweise bewegte Transportscheibe, die am Umfang Stifte trägt. Die Ampullen legen sich einzeln in die Zwischenräume zwischen den Stiften und gelangen so zunächst zur Füllstelle. Dort wird die Ampulle so zentriert, daß die sich nun senkende Füllhohlnadel in die Ampulle eindringt und die durch die Rota-Ganzglaspumpe genau dosierte Füllflüssigkeit einspritzt. Ist keine Ampulle an der Füllstelle oder ist die Füllnadel etwa in einem zu engen Hals stecken geblieben, setzt die Pumpe selbsttätig aus, so daß kein Füllgutverlust und keine Benetzung der Maschine eintritt. Da die Rotapumpe den nach der Füllung an der Nadelspitze verbleibenden Tropfen zurücksaugt, werden die Hälse nicht benetzt. Nach dem Füllen gelangen die Ampullen zu den Schmelzstellen, wo sie durch rotierende Tellerchen in Umdrehung versetzt werden, während sie der Stichflamme ausgesetzt sind. Die Transportscheibe führt die Ampullen dann wieder auf die Tellerscheibe

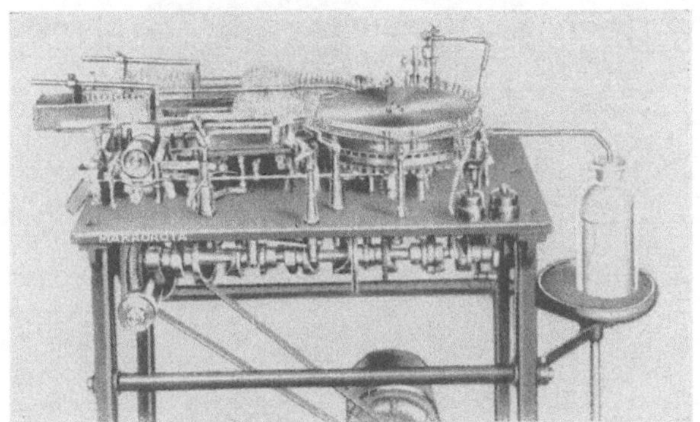

Abb. 116. Makrorota von Rota-Aachen.

zurück, wo sie sich sammeln und wieder mit dem Rechen geschlossen in einen Überführungskasten gezogen werden können. Die Stundenleistung beträgt 1200 Ampullen. Der Elektromotor der Autorota treibt gleichzeitig einen Kompressor für die für die Stichflammen benötigte Druckluft an. Das eine Modell der Autorota ist mit je einer Transportscheibe für 1 und 2 cm³-Ampullen ausgerüstet, das andere mit je einer Scheibe für 5 und 10 cm³.

Die „Makrorota" (Abb. 116) arbeitet nach dem gleichen Prinzip wie die Autorota und hat auch die gleiche Stundenleistung, sie führt aber in der gleichen Zeit auch noch das Bedrucken, Schrifteinbrennen und Sterilisieren der leeren Ampullen aus. Zu diesem Zweck wird jede Ampulle einzeln durch einen Schieber zunächst nochmals aus der Transportscheibe herausgeholt, an einem durch ein Druckwerk jedesmal neu bedruckten Gelatinekissen abgerollt und wieder zur Transportscheibe zurückgeführt. In dieser wandern sie dann zunächst durch einen elektrisch auf 200° geheizten Kanal, wobei die Schrift einbrennt und die Ampulle gleichzeitig sterilisiert wird, und gelangen abgekühlt schließlich an die Füllstelle, wo sie dann, wie in der Autorota weiterbearbeitet werden.

Während Autorota und Makrorota nur für jeweils zwei Ampullengrößen (1 und 2 oder 5 und 10 cm³) und auch nur für gut gearbeitete Ampullen verwendet werden können, dafür aber fast überhaupt keine Bedienung erfordern, ist die „Mikrorota" (Abb. 117) für alle Ampullengrößen von 1—20 cm³ und für alle

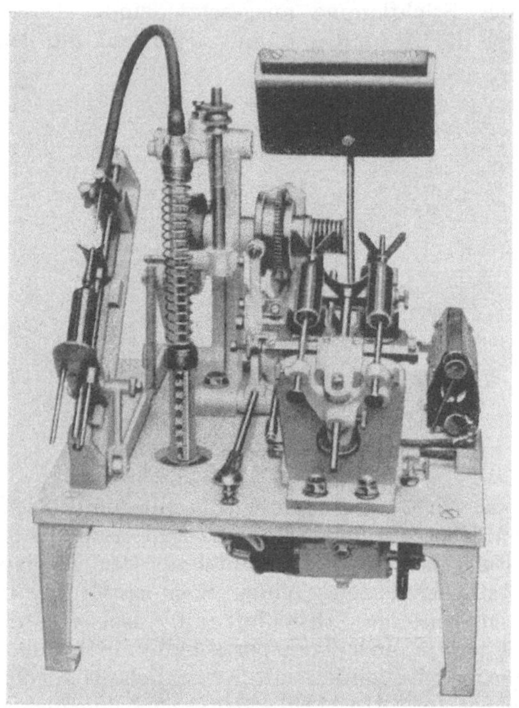

Abb. 117. Mikrorota von Rota-Aachen.

Ampullenformen (auch für zweispießige) verwendbar. Sie eignet sich darum besonders gut auch für den Apothekenbetrieb mit seinen stets wechselnden Anforderungen. Die Ampulle wird zunächst auf das an der linken Seite befindliche Füllstativ gelegt, worauf das Einführen der Füllnadel und das dosierte Füllen selbsttätig erfolgt. Dann legt man sie auf eine der beiden rechts angeordneten Zuschmelzstellen, wo die Ampulle sofort zu rotieren beginnt und automatisch zugeschmolzen wird. Die Stundenleistung beträgt 600—900 Stück.

b) Neue Verfahren und Maschinen von SICKEL. Obwohl sich die drei beschriebenen Rotamaschinen in allen Ländern in Apotheken und in der Industrie vorzüglich bewährt haben, entstanden doch Wünsche nach noch weiterer Vervollkommnung, insbesondere nach noch weiterer Ausschaltung der Handarbeit bei der gesamten Ampullenverarbeitung und nach möglichst weitgehender Verstellbarkeit für verschiedene Ampullengrößen und -formen sowie nach Verwendbarkeit auch für schlechte und ungleichmäßig gearbeitete Ampullen.

Vor allem aber zwang der noch Schwierigkeiten bereitende Umstand zur Suche nach neuen Lösungen, daß ein maschinelles Zuschmelzen naturgemäß nur dann einwandfrei möglich ist, wenn die Ampullen glatt und auf genau gleiche Länge abgeschnitten sind. Diese Gleichmäßigkeit ist aber beim Handabschneiden (mit Diamant, Carborundprisma oder mit besonderen Abschneideapparaten) nie so vollkommen und besonders im Dauerbetrieb und bei stark ungleichmäßigen Ampullen nie so hundertprozentig zu erzielen, wie es Voraussetzung für ein einwandfreies maschinelles Zuschmelzen ist. Diesen noch recht fühlbaren und das maschinelle Füllen und Zuschmelzen oft stark störenden Mangel durch Eingliederung einer wirklich geeigneten Abschneideeinrichtung in die Füll- und Zuschmelzmaschinen abzustellen, scheiterte bisher an konstruktiven Schwierigkeiten.

SICKEL hat nun — wohl unter Beibehaltung seines ursprünglichen maschinellen Einzelfüll- und Zuschmelzverfahrens, aber unter Abkehr von der bisherigen konstruktiven Anordnung — einige einander ähnelnde, ganz neue Ampullenverarbeitungsverfahren entwickelt, mit denen nicht nur das überaus wichtige Abschneideproblem, sondern auch die Probleme der weitestgehenden Ausschaltung der Handarbeit und der Verwendbarkeit für alle Ampullengrößen und Formen und selbst schlechtestgearbeiteter Ampullen als gelöst gelten können. Aus zeitbedingten Gründen sind nähere Angaben in dieser Auflage noch nicht möglich [1].

Nach einem weiteren Verfahren von SICKEL werden in einer einzigen maschinellen Anlage im geschlossenen Arbeitsgang die Ampullen angeritzt, geöffnet, gereinigt, erforderlichenfalls mit Schutzgas gefüllt, gefüllt, zugeschmolzen, bedruckt und getrocknet bzw. eingebrannt.

Vom Standpunkt unserer Betrachtungen aus interessieren bei der mehr oder weniger weitgetriebenen Automatisierung der Ampullenherstellung nicht so sehr die hohen Stundenleistungen und Ersparnisse an Arbeitskräften, ·was allerdings gerade für die Industrie von sehr ausschlaggebender Bedeutung

---

[1] Die Anschrift von Dr. H. SICKEL ist Leipzig C 1, Härtelstraße 16/18.

sein dürfte, als vielmehr die nicht zu leugnende Tatsache, daß gerade bei der diffizilen Ampullenherstellung jeder Schritt der weiteren Automatisierung, also der Ausschaltung von Handarbeit, auch einen Schritt zur Ausschaltung von Fehlermöglichkeiten, also einen qualitativen Fortschritt bedeutet. Besonders zu begrüßen ist es dabei, daß auch für die Apothekenbetriebe erschwingliche kleinere Maschinen zur Verfügung stehen und somit auch diese an den erreichten Vorteilen teilhaben können.

5. Die Einrichtung der Ampullenstation.

(Kurze praktische Hinweise für den Bedarf an Geräten, Apparaten, Raum und für die Raumgestaltung.)

a) In Apotheken mit nur gelegentlicher Ampullenherstellung sind hierfür keine besonderen Räumlichkeiten erforderlich. Auch in einem kleinen Apothekenlaboratorium lassen sich alle Arbeiten ohne Schwierigkeiten ausführen. An besonderen Geräten sind lediglich die folgenden nötig:

In Stativ eingespannter Diamant (S. 227 und Abb. 91).

Abfüllapparat nach Stich (S. 235 und Abb. 97) mit Nadel, eventuell Glasglocken-Vakuumapparat nach Richter-Lütt (S. 239 und Abb. 101) mit Wasserstrahlsaugpumpe.

Gasgebläsebrenner (Abb. 109) mit Wasserstrahldruckpumpe oder Spiritus-Gebläselampe (Abb. 110).

b) In Apotheken mit umfangreicher Ampullenherstellung. Sind im Apothekenbetrieb öfters und auch in größeren Mengen Ampullen herzustellen, ist es ratsam, für diese Arbeiten einen besonderen Raum vorzusehen (vgl. Abb. 118, 119). Je nach den besonderen Verhältnissen genügen 10—15 m². Auf gutes Tageslicht ist besonderer Wert zu legen. Empfehlenswert sind:

Kontinuierlicher Wasserdestillierapparat nach Stadler (Abbildung 83) oder nach Fuchs (Abb. 84),

Diamant oder Ampullenabschneideapparat (Abb. 91 und 92),

Abfüllapparat nach Stich (Abb. 97) mit Nadel,

Rota-Handfüllapparat (Abb. 95), eventuell Glasglocken-vakuumapparat nach Richter-Lütt (Abb. 101) mit Gaede-Pumpe (Abb. 107),

Gasgebläselampe mit Kompressor (Abb. 91, 109), bei etwas größerem Bedarf ferner:

Mikrorota (Abb. 117),

Ampullenbedruckmaschine (S. 252, Abb. 111).

Die Plätze mit den besten Lichtverhältnissen sind den Ab-
füllapparaten und der Bedruckmaschine vorzubehalten. Die
Gebläselampe und die Mikrorota stelle man dagegen lieber an
einem weniger hellen Platze auf, da der Zuschmelzvorgang bei
gedämpftem Licht besser zu beobachten ist. Der Raum, in dem
die Bedruckmaschine steht, muß dampffrei sein, weil sonst die
Ampullen beschlagen und keinen Druck annehmen. Es darf
also im gleichen Raum kein Autoklav oder Destillationsapparat
(letzterer steht am besten in einem Abzug) betrieben werden.

Um Verwechslungen
zu vermeiden, mache
man es sich zur Regel.
bei der Herstellung zu
jedem Quantum Ampul-
len ein haltbares Schild
mit Inhaltsangabe zu
geben und alle nicht so-
fort abzugebenden Am-
pullen nach der Fertig-
stellung sogleich in si-
gnierte Kästen abzu-
legen, die übersichtlich
geordnet in einem be-
sonderen Regal oder

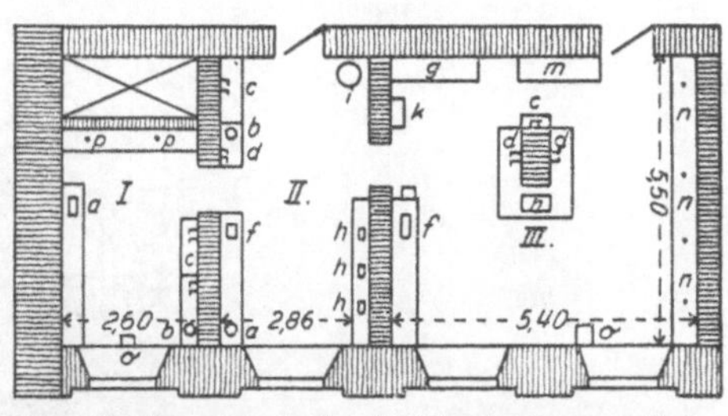

Abb. 118. Ampullenstation der Krankenhausapotheke
St. Georg in Hamburg. *a* Heißluftsterilisatoren,
b Wasserdestillationsapparate, *c* Spülbecken, *d* Wasserstrahlpumpen, *f* Ampullenfüllmaschinen, *g* Arz-
neimittelregal, *h* Waagen, *i* Autoklav, *k* Eisschrank,
m Borde, *n* Schränke für Ampullenaufbewahrung.
o Ampullenbedruckmaschinen, *p* Schränke.

Schrank aufbewahrt werden. Auch die Herstellungstage ver-
merke man bei aufzubewahrenden Ampullen.

c) In Krankenhausapotheken. Da die Krankenhausapotheke
(und dies gilt auch für einige sich besonders der Ampullenherstellung widmende Apotheken) die grundverschiedenen Aufgaben hat, sowohl kleine und auch kleinste Ampullenmengen
rezepturmäßig herzustellen, als auch eine fast industriemäßige
Großherstellung der gängigen Ampullensorten zu betreiben,
und zwar — im Gegensatz zu den meisten Industriebetrieben —
in allen Ampullengrößen, sind hier die apparativen Anforderungen
besonders groß.

Eine ausgezeichnete und mit guten Abbildungen versehene
Beschreibung der Ampullenstation der Apotheke des Allgemeinen
Krankenhauses St. Georg in Hamburg ist von BOSSERHOFF
und BURGER[1] gegeben worden. Das Studium dieser auch wert-
volle Herstellungshinweise gebenden Arbeit sei allen an der
Ampullenherstellung Interessierten empfohlen.

---

[1] Pharm. Zentralh. **84**, Nr 1, 2, 3 (1943).

Die aus dieser Arbeit entnommenen Abb. 118 und 119 zeigen den Grundrißplan ihrer Ampullenstation[1] und eine Ansicht des Raumes II derselben.

BOSSERHOFF und BURGER arbeiten mit folgender Ausrüstung:

Zwei Destillationsapparate nach FUCHS (Abb. 84), mehrere Jenaer Glasfilternutschen 26 G 4 und 151 D 4, mehrere LEYBOLDsche Wasserstrahlpumpen, einige Ampullenabschneideapparate, einige Einzelfüllapparate, Glasglocken-Vakuumapparat (für

Abb. 119. Arbeitsraum II der Krankenhausapotheke St. Georg in Hamburg mit Autorota, Wasserdestillierapparat und Autoklav.

Schutzgasfüllung), Autorota für 1 und 2 cm³, Autorota für 5 und 10 cm³, Mikrorota für 1—20 cm³, elektrischer Hochdruckautoklav, 2 elektrische Heißluftsterilisatoren, 2 Ampullenbedruckmaschinen.

d) In der Industrie. Wegen der Beschränkung auf einige wenige oder jedenfalls auf eine übersehbare Zahl von Ampullenpräparaten kann in der Industrie die Ampullenabteilung viel einfacher und jedenfalls viel übersichtlicher gestaltet werden als in Apotheken oder den bisher beschriebenen apothekenähnlichen Betrieben. Es spielt auch weniger die Größe des Betriebes als die Art der Ampullenfabrikation hier eine ausschlaggebende Rolle für die Wahl der Apparaturen und Maschinen.

Einzelapparate für das Füllen oder Zuschmelzen werden hier außer für innerbetriebliche Versuchszwecke kaum noch in Frage kommen. Auch das Evakuationsprinzip ist hier teils auf-

---

[1] Unseres Erachtens wäre eine noch stärkere Trennung in „trockene“ und „feuchte“ Räume wünschenswert.

gegeben. Werden nur wenige Ampullengrößen verarbeitet und steht gutes Ampullenmaterial zur Verfügung, empfiehlt sich die Autorota oder Mikrorota. In allen anderen Fällen, also wenn mehrere Ampullengrößen zu verarbeiten sind, und auch dann, wenn das Ampullenmaterial nicht erstklassig ist, ist zwischen der Mikrorota und einer der neuen SICKELschen Maschinen zu wählen.

Ob man bei mehreren nebeneinanderlaufenden Ampullenherstellungen besser nach Arbeitsgängen unterteilt, also z. B. einen Raum für sämtliche Füll -und Zuschmelzmaschinen, einen Sterilisierraum, einen Bedruckraum usw. vorsieht, oder jede Herstellung schon räumlich von der anderen trennt, ist nach den besonderen Umständen abzuwägen. Auf die Vorteile der Unterteilung nach Arbeitsgängen sollte man stets dann verzichten, wenn, wie z. B. bei gleichgroßen Ampullen, Verwechslungsmöglichkeiten bestehen, es sei denn, daß Füllen und Bedrucken in der gleichen Maschine erfolgt.

G. Sterilisation der Verbandstoffe.

1. Allgemeines. Da das Gebiet der Sterilisation von Verbandstoffen im wesentlichen in das Bereich des Operationstisches gehört, kann hier nur auf das maßgebende Schrifttum hingewiesen werden [1].

Geeignete Sterilisatoren für Verbandstoffe liefern die Firmen F. & M. Lautenschläger G. m. b. H., München; E. F. G. Küster G. m. b. H., Berlin N 65; Rud. A. Hartmann A.-G., Berlin-Rudow u. a.

Für Verbandstoffe ist das geeignetste Sterilisationsmittel der Dampf. Gespannter Dampf verdient auch hier den Vorzug, weil er im Vergleich zu ungespanntem eine größere Sterilisationswirkung bei kurzer Dauer hat. Über die Benutzung und Bewertung schnellströmenden Dampfes wurde bereits auf S. 193 berichtet.

Zur Sterilisierung von Verbandstoffen und Operationswäsche werden jetzt Autoklaven benutzt, die eine Entkeimung durch gespannten Dampf erzielen. Nach den für Deutschland geltenden

---

[1] HANNE, R.: Sterilität rund um den Operationstisch. Dtsch. med. Wschr. **1936** I, 589. — KONRICH, F.: Untersuchungen über die Sterilisation von Verbandstoffen durch Dampf. Dtsch. Z. Chir. **1929**, H. 1/2, 28. — KAPPIS: Organisation und ordnungsmäßiger Betrieb des Operationssaales. Dtsch. med. Wschr. **1926** I usw. — SEEMANN, H. VON: Sterilisation der Verbandstoffe. Münch. med. Wschr. **1936** I, 821. — SOBERNHEIM, G.: Altes und Neues über Desinfektion und Sterilisation. Sonderdruck Schweiz. med. Wschr. **1932** I, 11. — Auch TCP-Einheitsgerät. Vergl. Fußnote 1, S. 193.

gesetzlichen Bestimmungen muß alles für Operationszwecke dienende Material bei einer Dampfspannung von 1 atü und einer Temperatur von 120⁰ sterilisiert werden. Die Zeitdauer wird sich nach dem Umfang des Sterilisationsgutes zu richten haben. Auf Grund umfangreicher und eingehender experimenteller Untersuchungen ist KONRICH zu der Anschauung gelangt, daß diese Sterilisation in befriedigender Weise durch eine Dampftemperatur von 120⁰ (1 atü) auch gegen die widerstandsfähigsten Sporen in 5—6 Min. erreicht wird. Für KONRICH ist die Abtötung von Erdsporen als Sterilisationsnachweis maßgebend. Er fordert in Hinblick auf die Verschiedenheit und den Umfang des Materials eine Sterilisationsdauer von 15 Min. für eine ausreichende Sicherheit.

Die Frage, ob Verbandstoffe, Operationswäsche u. a bei einer Temperatur von 120⁰ angegriffen werden, findet verschiedene Beurteilung. Im allgemeinen soll die Zugfestigkeit der Gewebe bei einer Dauer von 10—15 Min. nicht leiden. In manchen Betrieben wird allerdings strömender Dampf von 100⁰ bei 2 Stunden Dauer bevorzugt. Gewebe, die über 20% Zellwolle enthalten, leiden bei einer Temperatur von 120⁰.

Bei allen diesen Verbandstoffsterilisationen ist der Nachweis wichtig, daß Dampf und Temperatur bis in das Innere der Verbandstoffschichten eindringen und hier auch die erforderliche Zeit einwirken. Für diese Feststellung kann man sich außer der *Maximalthermometer* der sog. *Testobjekte* bedienen, auf die in den früheren Abschnitten bereits Bezug genommen ist. Als solche verwendet man kleine Drahtstifte, die aus einer bei bestimmter Temperatur schmelzenden Metallegierung (z. B. aus Wismut, Blei oder Zinn) angefertigt sind. Diese werden, in kleine Steckkapselgläschen eingeschlossen, im Innern der zu sterilisierenden Verbandstoffpäckchen untergebracht.

Um zu prüfen, ob nicht nur die Temperatur, sondern auch der Dampf selbst bis ins Innere vorgedrungen ist, hat man vorgeschlagen, zwischen Fließpapier ins Innere der Verbandstoffpakete ein kleines Körnchen einer trockenen Anilinfarbe (z. B. Fuchsin) zu legen, das zerfließt und eine geringe Färbung der Papierhülle bewirkt, wenn der Dampf bis zu ihm vorgedrungen ist. Man spricht in diesem Falle von „Hydroindikatoren" im Gegensatz zu den „Thermoindikatoren".

Man kann auch Chemikalien von bestimmtem Schmelzpunkt in kleinen Glasröhrchen in die inneren Verbandstoffschichten einbetten, um aus ihrem erfolgten Schmelzen den Schluß auf

die erreichte Temperatur zu ziehen. Je nach der Höhe der fest-
zustellenden Sterilisationstemperatur kann man verwenden, z. B.

Weißes Wachs	64—65°
Salipyrin	91—92°
Phenanthren	98—100°
Antipyrin	110—112°
Antifebrin	113—114°
Sublimierter Schwefel	117°
Benzoesäure	120°
Sulfonal	125—126°
Phthalsäure	129°
Harnstoff	132°
Phenacetin	135°
Salizylsäure	155°

Natürlich wird man Stoffe mit möglichst konstantem Schmelzpunkt wählen.

GÉRARD [1] empfiehlt für den gleichen Zweck Mischungen
von Farbstoffen und Chemikalien, die in kleinen Glasröhren von
etwa 6 mm Durchmesser und 4—5 cm Länge eingeschmolzen
werden und beim Schmelzen der Chemikalien in auffälliger Weise
ihre Farbe verändern. So nimmt z. B. die rosafarbige Mischung
von Fuchsin und Benzonaphthol (1:250) bei 110° eine rubinrote,
die azurfarbige Mischung von Brillantgrün und Acetanilid (1:100)
bei 115° eine tiefgrüne und die schwach violette Mischung von
Methylviolett und Terpinhydrat (1:100) bei 117° eine dunkel-
blauviolette Färbung an.

Alle bisher genannten Testobjekte erfüllen ihren Zweck nur
unvollkommen. Sie beweisen, daß der Dampf bis ins Innere der
Verbandstoffpackungen vorgedrungen ist bzw. daß eine bestimmte
Temperatur hier geherrscht hat, nicht aber, wie lange der Dampf
oder die betreffende Sterilisationstemperatur hier zur Einwirkung
gekommen ist.

Immerhin ist man aber mit ihrer Hilfe in der Lage, aus einer
Anzahl von richtig geleiteten Versuchen für die Sterilisation
gleicher Objekte bestimmte Schlüsse hinsichtlich der erforderlichen
Sterilisationsdauer zu ziehen.

Eine Kontrolle darüber, ob der Dampf auch auf das Innere
eines sterilisierten Verbandstoffpaketes die erforderliche Zeit eingewirkt hat, ermöglicht das Einlegen eines Streifens des v. MIKU-
LICZschen Reagenspapiers. Dies wird in der Weise hergestellt, daß
man ein bandförmiges Stück nicht geleimten Papiers mit dem
Aufdruck „sterilisiert" dick mit 3%igem Stärkekleister bestreicht
und, sobald es halbtrocken ist, in eine Lösung von Jodjodkaliumlösung (1:2:100) eintaucht, wodurch das Papier blau gefärbt

---

[1] GÉRARD: Technique de Stérilisation, S. 157.

und der Aufdruck unsichtbar gemacht wird. Ist dieses Jodstärkepapier dem Dampf ausgesetzt, so wird es, je nach der Dauer seiner Einwirkung, mehr oder weniger entfärbt, so daß der Aufdruck wieder zum Vorschein kommt. Dampf von 106—107° bleicht das Papier in 10 Min. Legt man es in Verbandstoffpakete ein, so tritt bei deren Sterilisierung das Abblassen des Papiers um so später ein, je dichter und umfangreicher sie sind. Ungespannter Dampf vermag das Papier erst nach einer Zeit von mehr als einer Stunde zu entfärben. Daß die Entfärbung des Papiers nicht immer mit zu wünschender Gleichmäßigkeit eintritt, dürfte seinen Grund darin haben, daß es nicht an allen Stellen gleiche Mengen Jodstärke enthält. Sowohl dieses Kontrollpapier als auch die sog. STICHERschen Kontrollröhrchen werden zur Feststellung der im Innern der Verbandstoffe herrschenden Temperatur durch das Kontaktthermometer ersetzt. Es ist gewöhnlich derart konstruiert, daß ein Platindraht in das Quecksilbergefäß des Thermometers eingeschmolzen ist und ein anderer, der verschiebbar ist und bei jedem beliebigen Teilstrich der Skala durch eine Klemmschraube festgehalten werden kann, von oben in die Quecksilberröhre herabragt. Das Thermometer ist in den Kreis einer Batterie von zwei Daniel- oder eines größeren Chromsäureelementes eingeschaltet. Sobald die eingestellte Temperatur erreicht ist, wird der Stromkreis geschlossen, und es ertönt eine gleichfalls darin eingeschaltete Klingel.

Billiger sind die *Klammerkontaktthermometer*, die darauf beruhen, daß eine bei einer bestimmten Temperatur, z. B. 100°, schmelzende Metallegierung einen elektrischen Strom öffnet oder schließt und ein Klingelsignal ertönen läßt.

Ganz genaue Messungen ermöglichen kleine Thermosäulen, durch deren Erwärmung elektromotorische Kraft erzeugt wird, die an einem Galvanometer abgelesen werden kann. Am geeignetsten für diese Zwecke hat sich ein Thermoelement erwiesen, das auf der einen Seite aus Silber, auf der anderen aus einer Legierung von 60% Cu und 40% Ni, genannt Constantan, besteht.

Es wird in der Regel genügen, wenn man bei der Sterilisation von Verbandstoffen für je eine der Packungen gleicher Größe und gleichen Inhalts den Nachweis der stattgehabten richtigen Dampfeinwirkung erbringt oder für jede Art Verbandstoffpackung durch entsprechende Versuche in dem zu benutzenden Sterilisationsapparat ein- für allemal die Sterilisationsdauer feststellt. Außerdem sollte man häufig durch Stichproben, wie auf S. 274 näher erörtert ist, auf Keimfreiheit prüfen und sich auch auf diese Weise überzeugen, daß die Sterilisation eine einwandfreie war.

Nachdem der Dampf im Sterilisationsapparat genügend lange auf die Verbandstoffe eingewirkt hat, stellt man den Dampfzuleitungshahn ab und überbindet die Dampfaustrittsöffnung mit steriler Watte, damit beim Abkühlen des Apparates in diesen nur keimfreie Luft eintreten kann. Erst wenn die Verbandstoffe ziemlich erkaltet sind, werden sie aus dem Apparat herausgenommen.

Vorher kann man noch ein Nachtrocknen des Verbandmaterials in der Weise vornehmen, daß man eine Zeitlang heiße Luft durch den Apparat hindurchsaugt. Dies kann z. B. geschehen, indem die im Deckel angebrachte, für die Einfügung des Thermometers dienende Öffnung mit einer Wasserstrahlluftpumpe verbunden wird. Benutzt man einen Apparat mit Außenmantel, so ist es zweckmäßig, letzteren zu erhitzen, solange Luft durch den Sterilisationsraum hindurchgeleitet wird. Bei Apparaten dieser Art nimmt man meist von dem Durchleiten der Luft gänzlich Abstand und beschränkt sich darauf, das Nachtrocknen allein durch die vom Außenmantel ausgehende Wärme zu bewirken. An einigen Apparaten des Handels ist die Vorkehrung getroffen, daß die hineinzusaugende Luft zunächst eine feine, zum Glühen erhitzte Platinröhre durchströmt, so daß sterile, mit großem Trocknungsvermögen ausgestattete erhitzte Luft einwirken kann. Das nicht zu empfehlende Nachtrocknen der sterilisierten Verbandstoffe außerhalb des Sterilisationsapparates wird nur als Notbehelf in Frage kommen.

Zu erörtern bleibt noch, welche Umhüllungs- bzw. Verpackungsarten für die zu sterilisierenden Verbandstoffe geeignet erscheinen.

In gewissen Fällen, wenn nämlich das sterilisierte Verbandmaterial ohne weiteren Transport zum sofortigen Verbrauch in die Hand des Arztes gelangt, kann es in einfacher Weise mehrmals in Leinwand eingeschlagen und in zugebundenen Spankörben sterilisiert und verabfolgt werden. Letztere erhalten vielfach noch einen Nesselüberzug.

Ferner können für diesen Zweck Metallgefäße benutzt werden, von denen zunächst die in Kliniken und Krankenhäusern viel gebrauchten SCHIMMELBUSCH-Büchsen genannt seien. Meist ist rings um den Mantel dieser trommelartigen Büchsen, die einen gut schließenden Deckel haben, für den Dampfeintritt oben und unten je eine Reihe Löcher angebracht, die während der Sterilisation offen bleiben, nach deren Beendigung aber durch einen einfachen Mechanismus geschlossen werden. Kommen in solchen Büchsen größere Mengen von Verbandstoffen in festerer Packung zur Sterilisation, so können 20—40 Min. vergehen, bis der Dampf zu den innersten Verbandstoffschichten vordringt, da er nicht ungehindert von allen Seiten eindringen kann. Als vorteilhafter erweisen sich Büchsen, in denen sich die Löcher statt im Mantel im Boden und im Deckel befinden.

Ein zweckmäßiger sterilisierbarer Behälter für Verbandstoffe nach Voss wird von der Firma Ludwig Dröll in Frankfurt a. M. hergestellt. Die Watte- und Mullrollen lagern hier auf einer

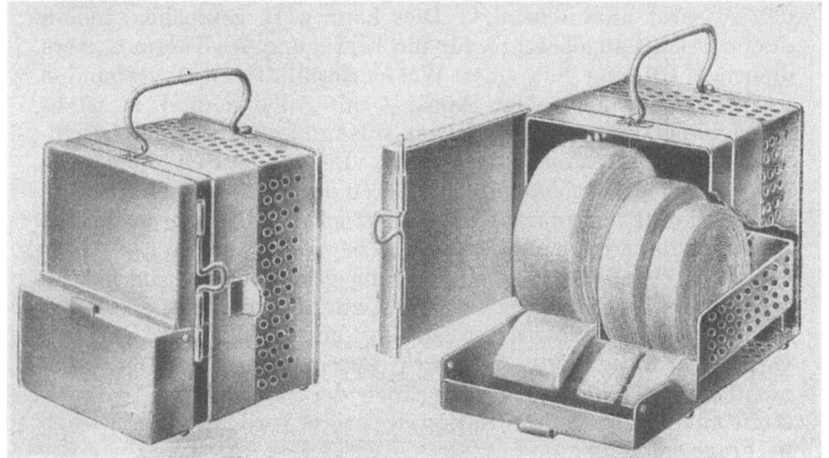

Abb. 120. Abb. 121.
Sterilisierbarer Behälter für Verbandstoffe nach Voss.

schiefen Ebene in einem Metallkasten. Die aus dem Kasten herunterhängenden Enden liegen auf einer umlegbaren Kappe, so daß die aseptische Entnahme gut durchführbar ist (s. Abb. 120 und 121).

Man kann bei den verschiedenartigen Gefäßen, in denen größere Mengen Watte und Verbandstoffe zu sterilisieren sind, das Einströmen des Dampfes in das Verbandmaterial dadurch wesentlich erleichtern, daß es durch hineingebrachte Drahtgestelle von der inneren Gefäßwand ferngehalten wird.

Für Verbandstoffe in Rollenform, insbesondere Mull und imprägnierte Mullsorten verwendet man auch gern die sog. Doppelschlitzdosen, zwei in ihrer Größe etwas verschiedene, ineinanderzustellende verzinnte Eisenblechdosen, von denen die kleinere zum Durchziehen des Verbandstoffes einen senkrecht im Mantel angebrachten Schlitz hat.

Leichter vollzieht sich das Eindringen des Dampfes in die Verbandstoffe, wenn die verzinnten Eisenblechbehälter keinen Boden haben, vielmehr aus beiderseits mit übergreifenden Deckeln zu verschließenden Zylindern bestehen. Die in diesen unterzubringenden, ebenfalls mit Filtrierpapier umhüllten Verbandstoffpakete macht man zweckmäßig so groß, daß sie beim Hineinbringen seitlich schwach zusammengedrückt werden müssen. So wird einem unerwünschten Herausgleiten aus dem Zylinder vorgebeugt. Der Verschluß der Zylinder mit den beiden Deckeln nach der Sterilisation geschieht wie bei den Blechdosen.

Behälter aus Glas zeigen sich, wie hier noch bemerkt sei, denjenigen aus Metall auch bei der Sterilisation gewisser imprägnierter Verbandstoffe überlegen. Es mag genügen, daran zu erinnern, daß Jodoformverbandstoffe enthaltende Blechgefäße durch freigewordenes Jod stark angegriffen werden und daß hierdurch auch zuweilen das eingeschlossene Verbandmaterial äußerlich verunreinigt wird.

Das Bestreben, sterilisierte Verbandstoffe möglichst billig in den Handel zu bringen, hat dazu geführt, daß auch Papierpackungen hierfür in Aufnahme gekommen sind. Vor den vorher erwähnten Metall- und Glasbehältnissen haben diese außer dem mäßigeren Preis noch den Vorteil, daß sie von geringerem Gewicht sind, sich leichter öffnen lassen und, da sich eine Papierhülle der Form eines Verbandstoffpaketes leicht anpassen läßt, weniger umfangreich sind. Andererseits ist aber in Betracht zu ziehen, daß Papierpackungen im allgemeinen nur eine geringere Widerstandsfähigkeit gegen äußere Einwirkungen haben. In kleinem Format sind die sog. Verbandpäckchen vorteilhaft eingeführt.

2. Imprägnierte Verbandstoffe. Die Herstellung dieser Verbandstoffe ist in Deutschland zumeist in die Großfabrikation übergegangen, die mit hochentwickelter maschineller Technik die Vorbereitung des Materials, das Imprägnieren, Fixieren, Trocknen, Färben ausführt. Es können daher nur für manche für die Apotheke in Frage kommende Verbandstoffimprägnationen Vorschriften erwähnt werden[1].

Es ist wichtig, den Verbandmull vorher 20 Min. bei 120° zu sterilisieren.

Bismutum subgallicum-Gaze 10%. 12 g Bism. subgall., 25 g Glyzerin, 150 g Wasser, 120 g Mull. Das Wismutsubgallat wird

---

[1] Ausführliches Schrifttum darüber findet sich in H. THOMS: Handbuch der Pharmazie, Bd. 6, 2. Hälfte, 2. Teil, S. 2307. Ferner in LOHMANN: Technik der Verbandstoffherstellung. Berlin 1939.

mit Glyzerin und Wasser gut angeschlemmt und mit dem Mull verarbeitet. *Ster.* 15 Min. bei 120⁰ im Autoklaven.

Jodoformgaze. Nach dem Ergänzungsband etwa 10%ig. 11 g Jodoform, 0,5 g Paraffin. liquid., 80 g Äther, 2,0 g Spiritus, 100 g Mull. — Nach ZELIS 12 g Jodoform, 80 g Äther, 100 g Spiritus, 12 g Glyzerin, 120 g Mull. *Ster.* Fraktioniert bei 60—65⁰.

Pyoktaningaze 2⁰/₀₀. 0,24 g Pyoktanin werden in 40 g Spiritus gelöst, mit 130 g Wasser verdünnt und damit 120 g Mull imprägniert. Vor Licht geschützt trocknen und aufbewahren. *Ster.* 15 Min. bei 120⁰ im Autoklaven.

Silbergaze, Collargolgaze 5%ig. Der Mull wird mit der wäßrigen Collargollösung imprägniert. Nach dem Trocknen wird die Gaze 1 Stunde lang im geheizten Sterilisationsapparat Formalindämpfen ausgesetzt, wodurch eine Reduktion eintritt, die das Collargolwasser unlöslich macht.

Stypticingaze 33¹/₃%ig. 100 g Stypticin, 25 g Glyzerin, 375 g Wasser, 300 g Mull. Lösung ist stets frisch zu bereiten. Vor Licht geschützt, bei gewöhnlicher Temperatur, gut gelüftet aufbewahren. *Ster.* 15 Min. bei 120⁰ im Autoklaven.

Sublimatgaze 0,5%ig. 0,6 g Sublimat, 5,0 Spiritus, 5,0 Glyzerin, 170,0 g Wasser, 120,0 g Mull. Vor Licht und Luft geschützt aufbewahren.

Vioformgaze 10%ig. 12 g Vioform werden fein angerieben mit 9,0 g Glyzerin, 60,0 g Spiritus und 90,0 g Wasser. Hiermit werden 120 g Mull imprägniert. Vor Licht geschützt warm trocknen. Mit Dampf von 100⁰ sterilisierbar.

Mit Rücksicht darauf, daß die flüchtigen Imprägnierungsmittel sich um so mehr verflüchtigen, je höher die Temperatur des einwirkenden Dampfes ist, wird man sich bei dieser Art Sterilisation, soweit es angängig ist, zweckmäßig auf die Benutzung ungespannten Dampfes beschränken.

3. Nähmaterial. Für die Sterilisation des chirurgischen Nähmaterials sind zahlreiche Methoden bekannt. Entsprechend dem Charakter dieses Buches können nur die wichtigsten der als bewährt angesehenen Methoden näher beschrieben werden.

Seide wird, auf Glasspulen aufgerollt, zur Sterilisation vielfach in einfacher Weise ¹/₄ Stunde oder länger mit Wasser ausgekocht. Ein Auskochen in Sodalösung empfiehlt sich nicht, weil diese der Seide den Bast entzieht und ihre Festigkeit beeinträchtigt. Antiseptische Substanzen dem Wasser zuzusetzen, ist ebensowenig angebracht, da die damit imprägnierten Fäden meist ebenfalls in ihrer Widerstandsfähigkeit nachteilig beeinflußt werden oder einen Reiz auf das zu nähende Gewebe ausüben.

Zweckmäßiger als durch Auskochen wird die Seide durch $^1/_2$- bzw. $^1/_4$stündiges Erhitzen im ungespannten oder gespannten Dampf (120°) keimfrei gemacht. Man setzt die gleichfalls auf Glasröllchen aufgewickelten Fäden in Reagensgläsern oder Steckkapselgläsern, die einen Wattepfropfen erhalten, der Dampfeinwirkung aus und verschließt sie nach beendeter Sterilisation durch eine sterile Gummikappe bzw. Metallkapsel.

Zur Aufbewahrung kann die sterilisierte Seide in steriles 2—5%iges Phenolwasser oder in eine Lösung aus 1 Teil Sublimat in 900 Teilen Weingeist und 100 Teilen Glyzerin gelegt werden. Bewahrt man sie trocken auf, was vielfach bevorzugt wird, so ist sie vor dem Gebrauch eine Zeitlang in 0,1%ige Sublimatlösung einzulegen.

Diese Sterilisationsmethoden seien nur der Vollständigkeit halber angeführt. Im allgemeinen dürfte das Nähmaterial vom Apotheker aus der Industrie fertig bezogen werden.

Zwirn wird in gleicher Weise wie Seide meist durch Auskochen mit Wasser oder durch Wasserdampf keimfrei gemacht.

Silberdraht sterilisiert man in der Regel ebenfalls durch Auskochen in Wasser und bewahrt ihn in 90%igem Alkohol auf.

Catgut. Die Catgutsterilisation hat sich im Laufe der Jahre vielfach gewandelt. Schwierigkeiten bietet die Sterilisation deshalb, weil verhütet werden muß, daß die Fäden an ihrer Festigkeit, Elastizität und Resorbierbarkeit Einbuße erleiden. Heißluft- und Wasserdampfsterilisation, wie auch Auskochen in Wasser können keine Anwendung finden. *Jodcatgut.* Am meisten beliebt war früher die Sterilisation durch Jod nach folgendem, zuerst von CLAUDIUS angegebenen Verfahren: Das Rohcatgut wird auf Glasplatten von etwa 20 cm Länge aufgewickelt, in eine Weithalsflasche mit Glasstopfen gegeben und von einer Lösung aus je 10 g Jod und Jodkalium in 1000 Teilen Wasser so viel hinzugegossen, daß es ganz von Jodlösung umgeben ist. Nach 8 Tagen ist der Faden steril. Vielfach läßt man ihn 10—14 Tage und auch noch länger in der Flüssigkeit liegen, doch fängt er an brüchig zu werden wenn die Jodlösung etwa 4 Wochen darauf eingewirkt hat.

Nachdem der aufgewickelte Faden an dem einen Ende der Glasplatte durchschnitten ist, sind die Einzelfäden in keimfreien Fließpapierhüllen in sterilen Gläsern aufzubewahren. Vor dem

Gebrauch kommen die trockenen oder der Jodlösung direkt entnommenen Fäden in der Regel einige Stunden in 95%igen Weingeist zur Entfernung des überschüssigen Jods, dann noch kurze Zeit in 0,1%ige Sublimatlösung.

Die gebräuchlichste Jodlösung zur Entkeimung von Catgut ist die Jodbenzinlösung 1:1000. Es sei dazu bemerkt, daß das Jod mit Benzin anzureiben ist, da in einer Mischung von Jodtinktur und Benzin das Jod teilweise abgeschieden wird.

Von den zahlreichen Catgutpräparationen des Handels seien herausgegriffen: Das Sterilogut Jodcatgut der Firma R. Graf & Co., Nürnberg. Dieses Nähmaterial enthält außer Jod keine chemischen Zusätze und erreicht vor allem im Stichkanal eine keimtötende Wirkung. Auch das versenkte Jodcatgut ruft keine Reaktion hervor. — Die Firma stellt außer diesem noch andere Catgutpräparate her, wie das jodfreie Sterilogut Neocat[1].

Nicht resorbierbare Fäden werden von *Polyvinylalkohol* hergestellt *(Synthofil A)*, die sich im tierischen Gewebe vollständig indifferent verhalten und eine hohe Zug- und Knotenfestigkeit aufweisen[2].

Pferdehaar, das in der Chirurgie mannigfache Verwendung findet, wird durch 10 Min. langes Kochen in Wasser oder im Autoklaven ohne Sodabeimischung sterilisiert. Kochen in Sodalösung würde die Haare brüchig machen.

4. Drains werden meist durch Auskochen oder durch Dampf keimfrei gemacht. Zur Zeit wird auch Einlegen in 10%ige Zephirollösung nach dem Reinigen mit kochendem Wasser zur Entkeimung empfohlen.

5. Gummihandschuhe. Sterilisation vgl. S. 176.

H. Prüfung der Arzneimittel und Verbandstoffe auf Keimfreiheit.

Nur ausnahmsweise wird es sich darum handeln, zu prüfen, ob ein Arzneimittel (z. B. Äther), ohne daß es einen Sterilisationsprozeß durchgemacht hat, als keimfrei angesehen werden kann. In der Regel ist die Prüfung auf Keimfreiheit auf sterilisierte bzw. als sterilisiert bezeichnete Arzneimittel und Verbandstoffe

---

[1] MAYR, A.: Die Lösung der Catgutfrage. Münch. med. Wschr. **1931 II.**
[2] Inaug.-Diss. von B. BRAUN aus Melsungen: Über das Verhalten des Polyvinylalkohols im tierischen Stoffwechsel und das morphologische Verhalten des Gewebes gegenüber Fäden aus Polyvinylalkohol.

beschränkt. Diese können entweder frisch sterilisiert oder nach einer kürzeren oder längeren Aufbewahrung zur Untersuchung gelangen. Im ersteren Falle beweist ein positiver Untersuchungsbefund, daß die Sterilisation eine unvollkommene war, während ein festgestellter Keimgehalt in Sterilisationsobjekten, die eine Zeitlang gelagert haben, auch auf eine nachträgliche Infektion von außen infolge ungeeigneter Aufbewahrung (z. B. in Flaschen mit nicht keimdichtem Verschluß) zurückzuführen ist.

1. **Bei Flüssigkeiten** macht sich eine Verunreinigung durch Keime häufig schon durch Veränderung der Farbe oder Auftreten eines Geruches und einer Trübung bemerkbar. Mitunter bildet sich auch ein wolkiger, mehr oder weniger dichter, gewöhnlich aus sedimentierten Keimen bestehender Bodensatz, während die überstehende Flüssigkeit klar sein kann. Bei grober Verunreinigung ist es möglich, die betreffenden Flüssigkeiten direkt mikroskopisch zu untersuchen, indem man einen Tropfen davon möglichst vom Boden des Gefäßes mit steriler, langer Pipette entnimmt und auf ein Objektglas bringt, um ihn entweder gefärbt oder ungefärbt unter dem Deckglas zu untersuchen.

Finden sich bei dieser mikroskopischen Untersuchung keine Keime, so bringt man, indem man genau so verfährt, wie über das Abimpfen der Röhrchen S. 40 gesagt ist, einige Tropfen der Flüssigkeit in ein Reagensglas mit Nährbouillon. Dieses wird 2—3 Tage bei 37—38° in den Brutofen gestellt und täglich 1—2mal betrachtet. Zeigt sich der Inhalt des Glases völlig klar, so darf mit Wahrscheinlichkeit auf Keimfreiheit der Flüssigkeit geschlossen werden. Eine entstandene mehr oder weniger starke Trübung deutet dagegen auf einen größeren oder geringeren Keimgehalt, der dann mikroskopisch näher zu untersuchen ist.

Statt Nährbouillon kann man auch verflüssigte Nährgelatine oder Nähragar mit der zu prüfenden Flüssigkeit beimpfen und weiterhin das S. 39 beschriebene Plattenausgußverfahren anwenden.

Ist nur ein geringer Keimgehalt zu vermuten, so entnimmt man, damit die Untersuchung ein zuverlässiges Resultat ergibt, mit einer sterilisierten Pipette, und zwar am besten vom Boden des Gefäßes, etwa 10 cm³ Flüssigkeit, vermischt diese in einem Erlenmeyerkolben mit etwa 50 cm³ verflüssigter Nährgelatine und betrachtet die Entwicklung der Kolonien.

Bei Untersuchungen von *Gelatine-Injektionsflüssigkeit* ist es von größter Wichtigkeit, unter Anwendung einer der auf S. 43 für die Anaerobenzüchtung angegebenen Methoden auch nach Tetanuskeimen zu fahnden.

2. Ölige Körper kann man in ungefärbten Präparaten mikroskopisch untersuchen. Auch hier nimmt man das Prüfungsmaterial möglichst von einem etwa vorhandenen Bodensatz. Zur Prüfung auf dem Wege des Kulturverfahrens werden Öle am besten mit verflüssigtem Gelatine- oder Agarsubstrat emulgiert und deren Emulsionen oder Verdünnungen auf Platten ausgegossen.

3. Bei der Prüfung **pulver- und tablettenförmiger Substanzen** auf Keimgehalt verspricht das mikroskopische Verfahren, abgesehen von dem Nachweis von Schimmelpilzen, keinen Erfolg, wohl aber das Kulturverfahren. Man bringt in verflüssigte Gelatine- oder Agar-Nährböden 3—5 Ösen des Pulvers, macht Verdünnungen und gießt nach guter Durchmischung auf Platten aus. Den auf den Platten feinverteilten Pulverkörnern etwa anhaftende Keime gehen dann als Kolonien auf. Bei Bolus und Talkum kommt auch die Prüfung auf Tetanuskeime in Betracht.

4. Salben und **Pasten** werden durch gelindes Erwärmen verflüssigt und, wenn erforderlich, mit sterilem Öl verdünnt. Darauf schüttelt man sie mit 40° warmer Agarlösung und legt Kulturen damit an. Auf der Platte lassen sich die ausgewachsenen Kolonien von den Fetttröpfchen leicht durch ihren geringeren Glanz, größere Rauheit der Oberfläche und erheblichere Undurchsichtigkeit unterscheiden und als Bakterienhaufen erkennen.

5. Bei den **Verbandstoffen** kann oft schon Auge oder Nase eine Keimverunreinigung wahrnehmen. Ein großer Teil der Luftkeime, von denen gelegentlich eine Infektion ausgeht, bildet gelbe, röte, grüne und schwärzliche Farbstoffe und erzeugt auf dem Verbandmaterial Flecke in den genannten Farben. Manche Keime, namentlich Anaeroben, verbreiten einen üblen Geruch; Schimmelpilze riechen eigenartig muffig.

Zur Prüfung auf Keimfreiheit befreit man ein Verbandstoffpaket mit sterilen Händen von seiner Hülle und entnimmt mit steriler Pinzette oder Schere, besonders von den verfärbten Stellen, kleine Stückchen. Diese bringt man, wie vorher für die Arzneimittel angegeben ist, in sterile Nährbouillon oder verflüssigte Nährgelatine oder Agarlösung.

6. Bei **Catgut** ist beobachtet worden, daß eine Trübung im ersten beimpften Bouillonröhrchen nicht eintrat, wohl aber in einem zweiten, aus diesem überimpften Röhrchen. Den Grund hierfür hat man dem antiseptischen Stoff zugeschrieben, der dem Catgut anhaftete. Man kann die Prüfung vornehmen, indem man

Teile des Fadens nach Entfernung des Desinfektionsmittels in Nährbouillon bringt, der man etwas Serum zugefügt hat, um auch den in gewöhnlicher Bouillon schlecht wachsenden Bakterien günstige Lebensbedingungen zu bieten. Die Kulturen werden in den Brutschrank gestellt und hier mindestens 10 Tage lang beobachtet, da die in Betracht kommenden Bakterien durch den Sterilisationsprozeß natürlich sehr geschwächt sind. In gleicher Weise stellt man Anaerobenkulturen her, wozu man mit Paraffinöl 2 cm hoch überschichteten Traubenzuckeragar, Traubenzuckerbouillon oder Traubenzuckerserumbouillon verwendet. Diese Prüfungen machen aber den Tierversuch keineswegs überflüssig, da stark geschwächte Bakterien wohl die Fähigkeit verloren haben, in künstlichen Nährmedien zu wachsen, im Tierkörper jedoch, wenn auch erst nach längerer Zeit, ihre Wirkung wiedererlangen können. Nur dann, wenn aerobe und anaerobe Kulturversuche negativ verliefen und auch die Versuchstiere gesund blieben, darf das betreffende Catgut als steril gelten. Eine absolute Sicherheit ist natürlich auch auf diesem Wege nicht zu erlangen, da man ja stets auf Stichproben angewiesen ist.

Zur Desinfektion der Hände [1].

Für den Apotheker hat die Desinfektion der Hände nicht nur beim bakteriologischen Arbeiten, sondern auch bei der Ausführung gewisser pharmazeutischer Verrichtungen praktische Bedeutung. Es mag hier z. B. an die Anfertigung von Wundstäbchen erinnert werden. Auch bei der Sterilisation der Verbandstoffe ist Wert darauf zu legen, daß die Sterilisationsbehälter (Metallbüchsen, Gläser usw.) durch desinfizierte Hände aus dem Apparat genommen und geschlossen werden.

Ein näheres Eingehen auf die umfangreiche, über die Händedesinfektion vorliegende Literatur, die namentlich den Chirurgen und Gynäkologen angeht, ist hier nicht möglich. Insbesondere können auch die theoretischen Ansichten über die Wirkung der bekannten bactericiden Substanzen als Hautdesinfektionsmittel

---

[1] Auf das umfangreiche Gebiet der Desinfektion von Wohnungen, Gerätschaften, Wäsche u. a. kann hier nicht eingegangen werden. Empfohlen seien hierfür das Handbuch des praktischen Desinfektors von K. GREIMER, neu bearbeitet von H. MICHAEL. Dresden: Theodor Steinkopff 1937, ebenso Leitfaden der Desinfektion von FRITZ KIRSTEIN. Berlin: Springer 1939. — Ferner Desinfektionsmerkblatt, bearbeitet im Reichsgesundheitsamt und im Robert-Koch-Institut, Ausgabe 1943, Reichsverlagsamt (Merkbl. G 55 RVA.). — Ein neues Verfahren mit schnell strömendem Dampf durch das TCP-Einheitsgerät wurde bereits S. 193 erwähnt.

nicht erörtert werden, zumal, wie schon ausgesprochen wurde, der
Einfluß dieser Substanzen auf die Lebenstätigkeit der Mikroorganismen nur in einigen Richtungen untersucht ist. Die Ad-
sorption der Mikroorganismen, ihre Permeabilität und die im
Innern des Protoplasmas ruhenden Faktoren entziehen sich in
ihrer Bedeutung als solche und in ihrer Korrelativwirkung noch
in vielen Punkten unserem Einblick.

Die Abtötung der Keime an den Händen ist eine schwierige
Aufgabe. Daß die chemischen Desinfektionsmittel für diesen
Zweck nur Unvollkommenes leisten, liegt zunächst daran, daß
ihre Lösungen keine sehr in-
tensive bactericide Kraft besitzen und ihre Wirkung nur
langsam entfalten. Weiter ist
zu berücksichtigen, daß die
Keime vielfach tief in den
Schrunden und Rissen der
Haut sitzen und überdies vom
Hautfett umgeben sind. Dieses
bietet ihnen direkten Schutz,
sofern wäßrige Lösungen von
Chemikalien zur Einwirkung
gelangen. Bereitet man dagegen die Lösungen mit Alko-

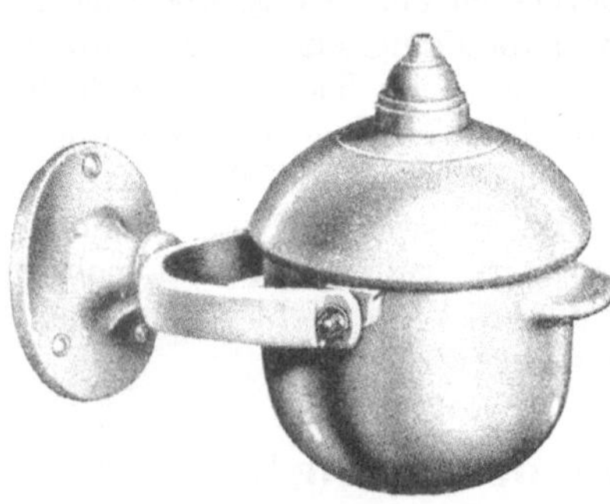

Abb. 122. Seifenspender für Handbedienung
zur aseptischen Seifenentnahme.

hol, so erhält man zwar Desinfektionsflüssigkeiten, die das
Hautfett lösen, die aber den wäßrigen Lösungen beträchtlich
an keimtötender Wirkung nachstehen können.

Da die Hände sich um so leichter keimfrei machen lassen,
je glatter sie sind, ist es angezeigt, sie häufiger einzufetten und
hierdurch dafür zu sorgen, daß die Bildung von Rissen und
Schrunden möglichst unterbleibt.

Ein Nachteil der chemischen Desinfektionsmittel macht sich bei
der Händedesinfektion auch insofern bemerkbar, als die Haut
mancher Menschen gegen gewisse Mittel große Empfindlichkeit
zeigt. So wird Sublimat z. B. selbst von gut gepflegten Händen
oft nicht vertragen.

Aber auch das Vorgehen auf physikalischem Wege leistet keine
Gewähr für sicheren Erfolg, es muß vielmehr mit der Tatsache
gerechnet werden, daß es bisher kein Verfahren gibt, eine absolute
Keimfreiheit der Hände zu erreichen.

Die Händedesinfektion beginnt mit einer Reinigung und auch
Kürzung der Fingernägel; hierauf folgt meist ein gründliches

Waschen und Bürsten mit warmem Wasser und Seife. Ein kleiner Seifenkippapparat sei hier empfohlen (Abb. 122). Es ist ratsam, die Bürsten in einem Tonbecken oder aseptischen Handbürstenbehälter, wie sie die Handlungen für ärztliche Instrumente führen, unter 1%iger Sublimatlösung aufzubewahren. Letztere färbt man zum Unterschied von der rötlich gefärbten 0,1%igen Lösung vorteilhaft schwach mit Smaragdgrün.

Der Reinigung der Hände mit einer milden Seife oder einem hautschonenden Reinigungsmittel (Satina, Präcutan usw.) schließt sich die Desinfektion durch Baden der Hände in einer Desinfektionsflüssigkeit für die Dauer von 5 Min. an. Um Hautschädigungen auszuschließen, sind stärker alkalische Desinfektionsflüssigkeiten zu vermeiden. Für die Händedesinfektion eignen sich folgende Mittel:

Konzentration

Chloramin DAB. 6	0,25—0,5%	(p_H annähernd	8,1—8,3)
Rohchloramin	0,25—0,5%	(p_H ,,	7,9—8,1)
Aquazid	2—4%	(p_H ,,	2,2—2)
Aquazidpulver	0,5%	(p_H ,,	2,2)
Rhodocrema	unverdünnt	(p_H ,,	1,6)
Pangrol	2%	(p_H ,,	7,7)
Sagrotan, seifenfrei	2%	(p_H ,,	8,4)
Baktol, seifenfrei	2%	(p_H ,,	8,3)
Sanatol	2%	(p_H ,,	8,3)

Vorstehende Angaben sind dem im Reichsgesundheitsamt und im Robert-Koch-Institut bearbeiteten Desinfektionsmerkblatt, Ausgabe 1943 entnommen. Die angegebenen p_H-Werte ergab das Berliner Leitungswasser[1].

Nach der Desinfektion werden die Hände mit abgekochtem Wasser abgespült, getrocknet und mit einer geeigneten Hautcreme eingerieben.

Eine neuere Art der Händedesinfektion ist die sog. silberne Asepsis und Chlordesinfektion. Sie beruht auf der Ionisierung des Chlors aus verdünnten Elektrolyten. Mit Hilfe des Anodenstromes werden dem Silber schnell und leicht oligodynamische Kräfte verliehen. Außerdem kommt die Wirkung von aktivem Chlor bei dieser Infektion wesentlich in Betracht [2].

---

[1] THOMANN (Bern), J.: Über Formaldehydseifen mit besonderer Berücksichtigung ihrer Verwendung als Desinfektionsmittel. Pharm. Acta Helv. 19, 161—166 (1944).

[2] Das neue System der silbernen Antisepsis und Chlordesinfektion von KRUSE und FISCHER: Verhandlg. der Med. Gesellschaft zu Leipzig 1932/33. Vgl. auch S. 159.

Biographische Angaben
über die im Buche genannten Forscher.

BANG, BERNHARD, 1848—1832, Arzt und Tierarzt in Kopenhagen, 1896 Bacterium abortus Bang.

BROWN, ROBERT, 1773—1858, Botaniker am Kew Garden London, 1827 BROWNsche Molekularbewegung. Vibrierende Bewegung suspendierter Teilchen, Wärmebewegung der Moleküle des Mediums.

CONRADI, HEINRICH, geb. 1876, Bakteriologe in Dresden, mit DRIGALSKI-Lackmus-Nutrose-Agar-Nährböden.

DRIGALSKI, KARL WILH. VON, geb. 1871, Bakteriologe, Berlin.

DUTTON, J. E., geb. 1876, 1902 Entdeckung der Trypanosoma gambiense in Westafrika.

EBERTH, KARL JOS., 1835—1926, Pathologe in Halle, 1880 Typhusbacillus, Bacillus typhi, Typhus abdominalis. KOCH 1881, GAFFKY 1884.

EHRLICH, PAUL, geb. 1854 in Strehlen (Schles.), gest. 1915 in Homburg. 1890 Professor in Berlin, 1904 in Göttingen, 1906 Direktor des Institutes für experimentelle Therapie und Chemotherapie in Frankfurt a. M., Salvarsantherapie, Differentialdiagnose, Färbung der Tuberkelkeime.

FRIEDLÄNDER, CARL, 1847—1887, Pathologe, 1883 Entdeckung des Pneumoniebacillus, Bacterium pneumoniae.

GAFFKY, G. TH. A., 1850—1918, 1884 Typhusbacillus, Typhus abdominalis.

GIEMSA, GUSTAV, Dr. med. hon. c., Prof., geb. 1867 in Blechhammer (Schlesien), gest. 1948 in Bieberwier, 1895—1897 Gouvern.-Apotheker und Chemiker in Daressalam. Bearbeiter einer Protozoenfärbemethode (GIEMSA-Färbung).

GRAM, H. CHRIST., geb. 1853, Dänemark, Professor der Pathologie und Therapie, 1884 GRAMsche Färbung.

HANSEN, ARMAUER, 1841—1912, Arzt in Norwegen, 1880 Entdeckung des Leprabacillus, Mycobacterium leprae.

KITASATO, SHEBASABURO, 1856—1931, Professor am Institut für Infektionskrankheiten in Tokio. 1894 Bacterium pestis. 1889 Reinkultur von Tetanusbakterien (siehe auch YERSIN).

KOCH, ROBERT, geb. 1843 in Clausthal, gest. 1910 in Berlin, Bakteriologe. Tub.-Bac. (1882), Choleravibrio (1884), Typhus, Milzbrand (1877).

KRUSE, WALTHER, 1864—1937, Professor für Hygiene in Leipzig, und SHIGA (s. d.), beide entdeckten 1898 Dysenteriebakterien.

LANGENBECK, BERNHARD RUDOLF K., 1810—1887, Chirurg, Berlin, 1845 Entdeckung von Actinomyces.

LAVERAN, ALPHONSE, 1845—1922, Paris, 1880 Entdeckung der Malariaparasiten im Blut.

LÖFFLER, FRIEDRICH A. J., 1852—1915, Berlin, Bakteriologe, 1884 Entdeckung des Diphtheriebacillus, Corynebacterium diphtheriae, Geiselfärbung, alkalische Methylenblaulösung.

LÖFFLER und SCHÜTZ, WILHELM, geb. 1839, 1882 Rotzbacillus, Corynebacterium mallei.

LUGOL, JEAN GEORGE ANTOINE, 1786—1851, französischer Mediziner, Arzt am Hospital St. Louis, Paris, LUGOLsche Lösung.

NEELSEN, FRIEDRICH, 1854—1894, 1884 Prosektor am Städtischen Kranken-
haus Dresden, Karbol-Fuchsinfärbung ZIEHL-NEELSEN.

NEISSER, ALBERT, 1855—1916, Dermatologe, 1879 Entdeckung des Gonococcus, Mikrococcus gonorrhoeae.

NICOLAIER, ARTHUR, geb. 1862, Universitätsprofessor und Arzt in Berlin,
1894 Entdeckung des Tetanusbacillus, Bacillus tetani.

OBERMEIER, OTTO FR. H., 1843—1873, Charité Berlin, Entdeckung der
Spirochaeta recurrentis, Erreger des Rückfallfiebers.

PETRI, JUL. RICHARD, 1852—1921, Arzt, Hygieniker und Bakteriologe,
Mitglied des Reichsgesundheitsamtes, PETRI-Schale.

PFEIFFER, RICHARD, geb. 1858, Bakteriologe in Breslau, 1891 Entdeckung
des Influenzabacillus.

PLAUT, HUGO CARL, 1858—1928, Bakteriologe, Hamburg, 1894 Spirochaeta
PLAUT-VINCENTI (Angina).

POLLENDER, 1849, Bacterium anthracis, Milzbrandbacillus (Veröffentlichung
1855), siehe auch KOCH.

SCHAUDINN, RICHARD FRITZ, 1871—1906, Zoologe, Hamburg, Kommissar
des Kaiserlichen Gesundheitsamtes. 1905 Entdeckung der Spirochaeta
pallida, Treponema pallidum. — Entamoeba histolytica, Erregerin der
tropischen Ruhr stellte er als solche fest.

SCHÜTZ, siehe LÖFFLER und SCHÜTZ.

SHIGA, KIYOSHI, geb. 1870, Professor der Bakteriologie in Tokio, 1898 Ruhr-
bacillus.

UNNA, PAUL GERSON, 1850—1929, Professor, Dermatologe, Hamburg,
Gonokokken-UNNA-PAPPENHEIM-Färbung, Leprauntersuchung.

VINCENT, JEAN, geb. 1862, Bordeaux, 1902 Professor der Epidermiologie
in Paris. PLAUT-VINCENTsche Spirochäten.

WASSERMANN, AUG. PAUL VON, geb. 1866 in Bamberg, gest. 1925 in Berlin,
Bakteriologe. Vorstand der Abteilung f. experim. Therapie und Bio-
chemie des Rob.-Koch-Instituts. Moderne Immunitätslehre. WASSER-
MANNsche Blutreaktion auf Syphilis 1906.

WEICHSELBAUM, ANTON, 1845—1920, 1887 Entdeckung des Mikrococcus
intracellularis meningititis, Genickstarrebacillus.

WEIL, ADOLF, 1848—1916, Dorpat, Entdeckung der Spirochaeta icterogenes als Erreger des Icterus infectiosus.

YERSIN, ALEXANDER JOHN E., geb. 1863, französischer Kolonialarzt, 1894
Entdeckung des Bacterium pestis, Pestbacillus, Y.-Serum: Pest-Serum.

ZIEHL, FRANZ H. P., 1857—1926, von 1887—1926 Neurologe in Lübeck.
Karbol-Fuchsinlösung ZIEHL-NEELSEN.

Sachverzeichnis.